제2판

실무 발전설비 열역학

이병은 지음

KM 경문사

• 머리말 •

저자는 모든 발전산업 종사자들이 최소한 이 책에 기술되어 있는 내용을 완전히 이해하고 업무에 임해야 한다는 믿음과 바람을 가지고 이 책을 저술하였다. 현재 국내에는 발전설비에 대한 실무적인 기술을 바탕으로 작성된 열역학 책이 없다. 따라서 실제적으로 발전설비를 운전하거나 설계하고 있는 종사자들이 대학에서 배운 열역학 지식을 발전설비에 적용하는 데 많은 어려움을 겪고 있는 것이 사실이다. 저자는 25년 동안 발전설비를 연구하면서 습득한 지식을 정리하여 발전설비 종사자는 물론이고 열역학에 새로이 입문하는 기계공학도들에게 열역학에 대한 체계적인 지식을 습득할 수 있도록 다양한 열역학 개념을 발전설비를 중심으로 쉽고 자세하게 정리하려고 노력하였다. 아울러 사이클 해석을 통하여 발전설비 성능에 대한 지식을 습득하고 주요 구성품의 작동원리를 이해할 수 있도록 노력하였다.

발전설비는 열역학, 유체역학, 연소공학, 구조역학, 금속재료공학, 회전체 동역학, 진동공학, 전기공학 등이 복합적으로 요구되는 첨단복합기계이다. 그러나 발전설비에 대한 설계는 열역학을 이용하여 시작된다. 이는 발전설비가 기본적으로 고온부에서 열을 흡수하여 저온부로 보내면서 일정한 양의 열을 일로 변환시켜 전기를 생산하는 가장 대표적인 열기관이기 때문이다. 즉 발전설비는 열을 일로 변환시키는 장치이며, 열과 일을 다루는 학문인 열역학을 바탕으로 각종 발전설비 신기술들이 개발되고 있다. 따라서 발전설비에 대한 기본적이면서 근본적인 지식을 습득하기 위해서는 열역학에 대한 지식이 필수적으로 요구된다.

1장에서는 화력발전, 원자력발전, 복합발전 등에 대한 기본적인 개념과 발전설비에 대한 일반사항을 정리하였다. 화력발전에 대해서는 미분기, 보일러, 증기터빈, 열교환기 등에 대한 형상, 운전 원리, 기본적인 설계개념, 열역학적 내용을 살펴보았다. 원자력발전과 화력발전의 차이점은 1차계통인 증기발생기에 있다. 따라서 원자력발전에 대해서는 1차계통인 NSSS와 증기 재열장치인 MSR에 대한 내용을 살펴보았다. 가스터빈 복합발전에 대해서는 발전용 가스터빈의 특징, 운전원리, 그리고 복합발전의 상대적인 우수성과 관련된 기술적인 내용을 살펴보았다. 발전설비를 구성하고 있는 주요 구성품에 대한 형상 및 운전원리를 포함한 기술적인 내용을 이해하지 못한 상태에서 발전설비 열역학을 공부하는 것은 불가능하다. 따라서 독자들은 발전설비 열역학을 공부하기 이전에 1장에 기술되어 있는 내용을 충분히 이해할 필요가 있다.

2장에서는 열역학적 개념 및 정의를 정리하였다. 특히 여기에 정리되어 있는 열역학적 관점, 물질의 상태량, 온도 및 압력 등에 대한 개념을 반드시 이해할 필요가 있다. 아울러 발전설비에 많이 사용되는 여러 가지 물리량들에 대한 내용을 정리하였다. 이 가운데 일과 동력에 대한 개념은 매우 중요하다.

3장에서는 열역학에서 가장 중요한 열역학 제1법칙을 정리하였다. 특히 발전설비에 가장 많이 사용되고 있는 열역학적 상태량인 엔탈피, 비열, 내부에너지 등에 대해서 자세하게 정리하였다.

4장에서는 이상기체 상태변화에 대한 내용을 정리하였다. 아울러 발전설비 여러 개소에서 일어나는 교축과정에 대한 내용을 자세하게 정리하였다. 이 밖에도 압축성유체의 유동에 대한 내용도 정리하였다.

5장에서는 열역학 제2법칙을 정리하였으며, 6장에서는 왕복운동 내연기관에 대한 사이클 해석에 대한 내용을 정리하였다. 비록 발전에서 내연발전이 차지하는 비중은 매우 작지만 여기에 정리되어 있는 사이클 해석 절차는 발전설비 사이클 해석에 대한 개념을 정립할 수 있는 중요한 부분이다.

7장에서는 가스터빈 복합발전에 대한 내용을 정리하였다. 가스터빈의 성능 특성은 사이클 해석을 통해서 살펴볼 수 있다. 이를 위해 가스터빈 성능을 향상시킬 수 있는 다양한 형태의 브레이턴사이클에 대한 해석을 정리하였다. 아울러 가스터빈 복합발전의 성능에 영향을 미치는 다양한 변수들에 대한 내용을 정리하였다. 가스터빈 복합발전 관련자는 이 부분에 대한 내용을 자세하게 이해할 필요가 있다.

8장에서는 랭킨사이클에 대한 내용을 정리하였다. 랭킨사이클은 열기관 가운데 유일하게 작동유체로서 물/증기를 사용한다. 따라서 물의 상태변화에 대해서 자세히 살펴보았다. 아울러 이상적인 랭킨사이클 해석을 수행하였으며, 랭킨사이클 해석에 이용되는 각종 열역학적 선도를 정리하였다. 그리고 랭킨사이클 열효율 향상 방법과 다양한 형태의 랭킨사이클에 대한 자세한 내용을 정리하였다.

9장에서는 연료와 연소에 대한 내용을 정리하였다. 발전설비에는 매우 다양한 연료가 사용되고 있지만 여기서는 가스터빈 연료로 사용되고 있는 천연가스와 액체연료에 대해서 살펴보았다. 따라서 석탄에 관심있는 독자는 다른 전공서적을 참고하기 바란다. 아울러 이 장에서는 NOx 생성 메커니즘과 NOx 생성 억제방법을 정리하였다.

본 책은 여러 차례 산업체 강의를 통하여 검증된 자료를 기초로 작성되었다. 아울러 저자는 본 책이 우리나라의 발전산업기술 발전에 큰 기여를 할 수 있을 것이라고 확신한다. 마지막으로 본 책의 출판에 깊은 관심을 가져주신 경문사 관계자 모든 분들께 깊은 감사를 드린다.

2014년 6월

저자

차례

제1장 발전설비 일반사항

제2장 개념 및 정의

제3장 열역학 제1법칙

화력발전

원자력발전

복합발전

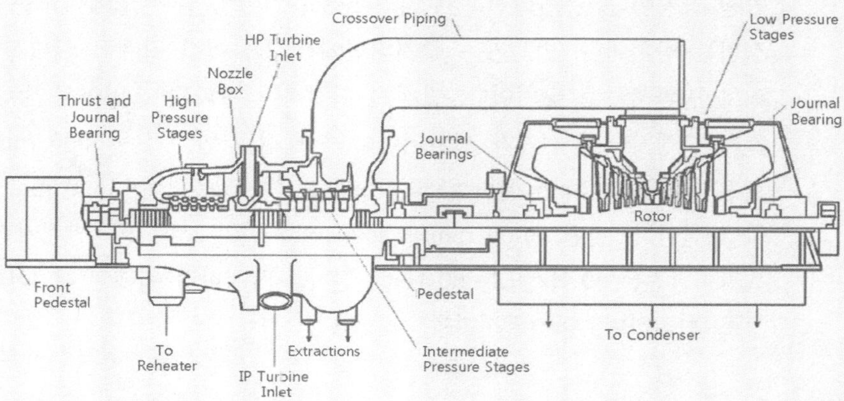

자연계에는 다양한 종류의 에너지가 존재한다. 가장 대표적인 에너지로는 석탄, 석유, 천연가스, 원자력, 지열, 수력, 풍력, 바이오매스 등이 있다. 이들 에너지를 이용하여 인류가 유익하게 사용할 수 있는 동력을 발생시키는 장치를 원동기라 한다. 원동기 가운데 열에너지를 이용한 동력 발생 장치를 열기관이라 하며, 발전설비는 가장 대표적인 열기관이다.

현재 가장 많이 이용하고 있는 대형 발전설비 형태로는 화력발전, 원자력발전, 가스터빈과 증기터빈으로 구성된 복합발전 등이 있다. 1884년 파슨스(Charles Parsons)에 의하여 최초의 현대식 고속 증기터빈이 개발된 이후로 증기터빈은 높은 열효율, 신뢰성, 내구성으로 인하여 발전용 열기관으로 가장 많이 사용되고 있다.

1937년 휘틀(Frank Whittle)이 최초로 제트엔진을 개발한 이래 가스터빈 엔진은 기술적으로 큰 발전을 이루었다. 특히 가스터빈은 큰 비출력(작동유체 단위질량유량당 출력)으로 인하여 항공용 엔진뿐만 아니라 일반 산업용 엔진으로도 널리 사용되고 있으며, 산업용 엔진 가운데 발전용 가스터빈이 차지하는 비중이 가장 높다. 발전용 가스터빈은 천연가스나 경유를 사용하기 때문에 석탄화력발전에 비해서 공해물질 배출이 현저하게 낮다. 아울러 가스터빈을 증기터빈과 결합시킨 복합발전은 가스터빈에서 배출된 고온의 배기가스를 이용하여 증기를 생산하여 증기터빈에서 추가적으로 발전하기 때문에 상대적으로 높은 열효율을 가진다.

1.1 화력발전

그림 1.1과 1.2에 전 세계적으로 가장 많은 전력생산을 담당하고 있는 석탄화력발전 구성요소가 나타나 있다. 화력발전 설비를 구성하는 핵심 구성요소로 보일러, 증기터빈, 발전기를 들 수 있다. 보일러는 연료의 화학적 에너지를 열에너지로 변환시켜주는 증기 발생 장치이다. 증기터빈은 보일러에서 증기에 공급된 열에너지를 기계적 에너지로 변환시키는 장치이다. 발전기는 증기터빈에서 만들어진 기계적 에너지를 전달받아 전기에너지로 변환시키는 장치이다. 발전기 회전자는 자화되어 있어서 발전기 축이 회전하면 발전기 고정자에서 전기가 생산된다. 증기터빈과 발전기는 3000 rpm 또는 3600 rpm으로 회전한다. 3000 rpm 설비는 50 Hz의 전기를 생산하며, 3600 rpm 설비는 60 Hz의 전기를 생산한다. 한편, 3000 rpm과 3600 rpm 설비 모두 2극 발전기를 사용한다. 이에 반해 원자력발전은 50 Hz 또는 60 Hz의 전기를 생산하기 위해 각각 1500 rpm 또는 1800 rpm으로 회전하며, 4극 발전기를 사용한다.

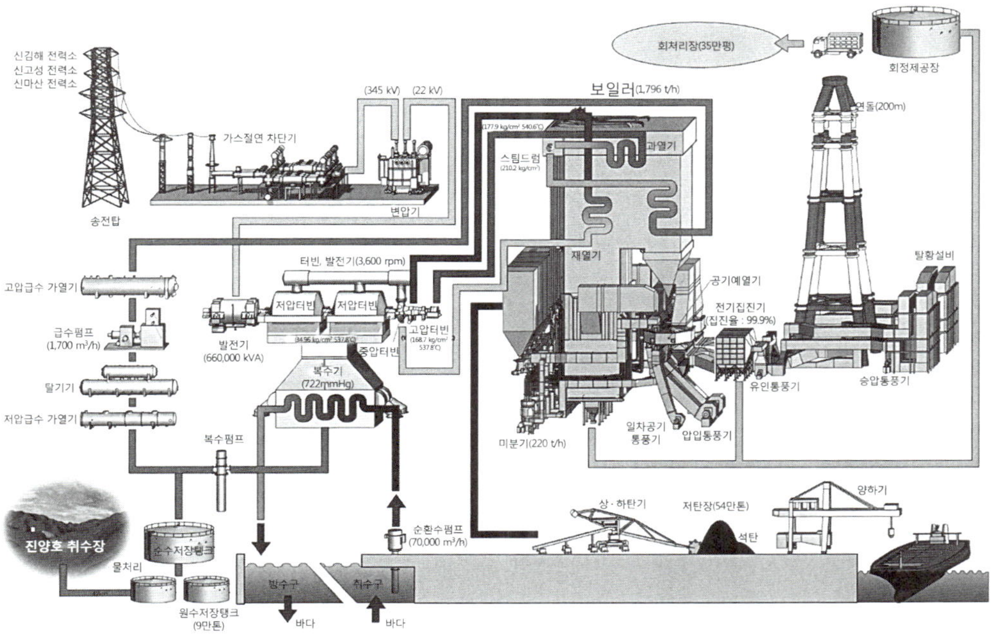

그림 1.1 삼천포화력발전 1, 2호기 계통도

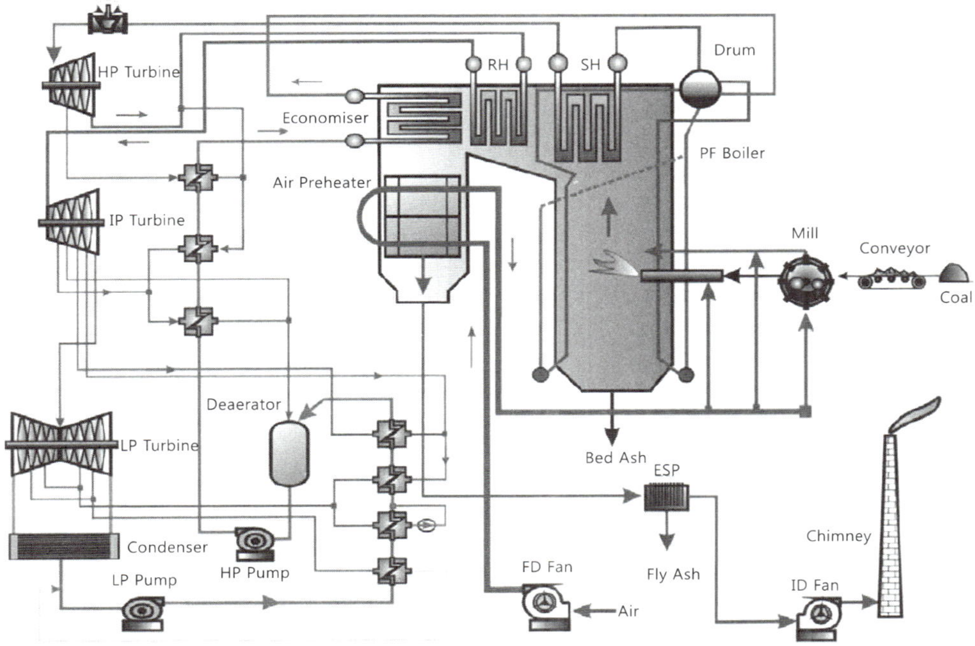

그림 1.2 석탄화력발전 구성(작동유체 흐름 중심)

1.1.1 미분기

전기 생산은 그림 1.1과 1.2에 나타나 있는 것처럼 보일러에 석탄을 공급하면서 시작된다. 일차적으로 석탄 야적장에 보관되어 있는 석탄을 약 1인치 이하의 크기로 잘게 부수어 석탄 사일로로 이송한다. 석탄 사일로는 여러 시간 발전할 수 있는 양의 석탄을 저장할 수 있는 크기로 되어 있다. 석탄 사일로에 있는 석탄은 미분탄을 만들기 위해 그림 1.3에 나타나 있는 것처럼 미분기로 보내진다. 미분기에서 만들어진 미분탄은 공기를 이용하여 보일러 윈드박스에 설치되어 있는 버너로 보내진다. 미분기에는 공기가열기에서 가열된 일차공기가 FD팬을 통해서 공급된다. 미분기에 공급하는 일차공기를 가열하는 이유는 미분탄을 건조시켜 원활하게 버너로 이송시키기 위함이다. 아울러 공기가열기에서의 일차공기와 보일러를 빠져나가는 연도가스의 열교환을 통하여 연도가스 온도를 낮추어서 보일러 효율을 높게 유지시키기 위함이다.

대표적인 미분기가 그림 1.4에 나타나 있다. 석탄 사일로에 담겨 있는 석탄은 미분기 중앙 상부에 있는 석탄 유입구를 통하여 회전하는 그라인딩 링 중앙으로 공급된다. 공급된 석탄은 그라인딩 링의 회전에 따른 원심력으로 인해서 외부로 밀려나면서 그라인딩

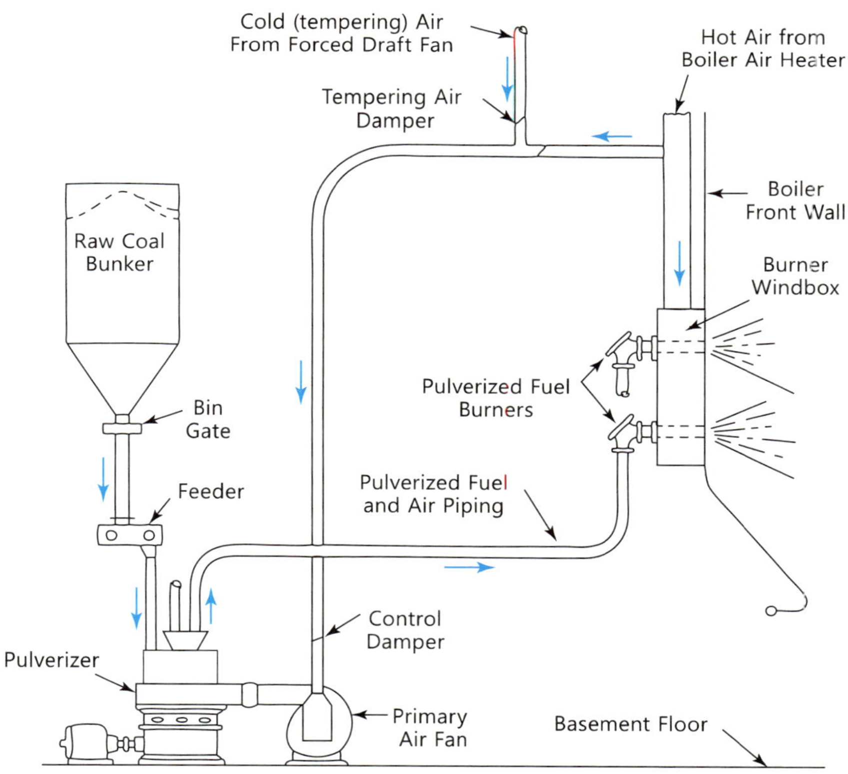

그림 1.3 미분탄 공급 계통도

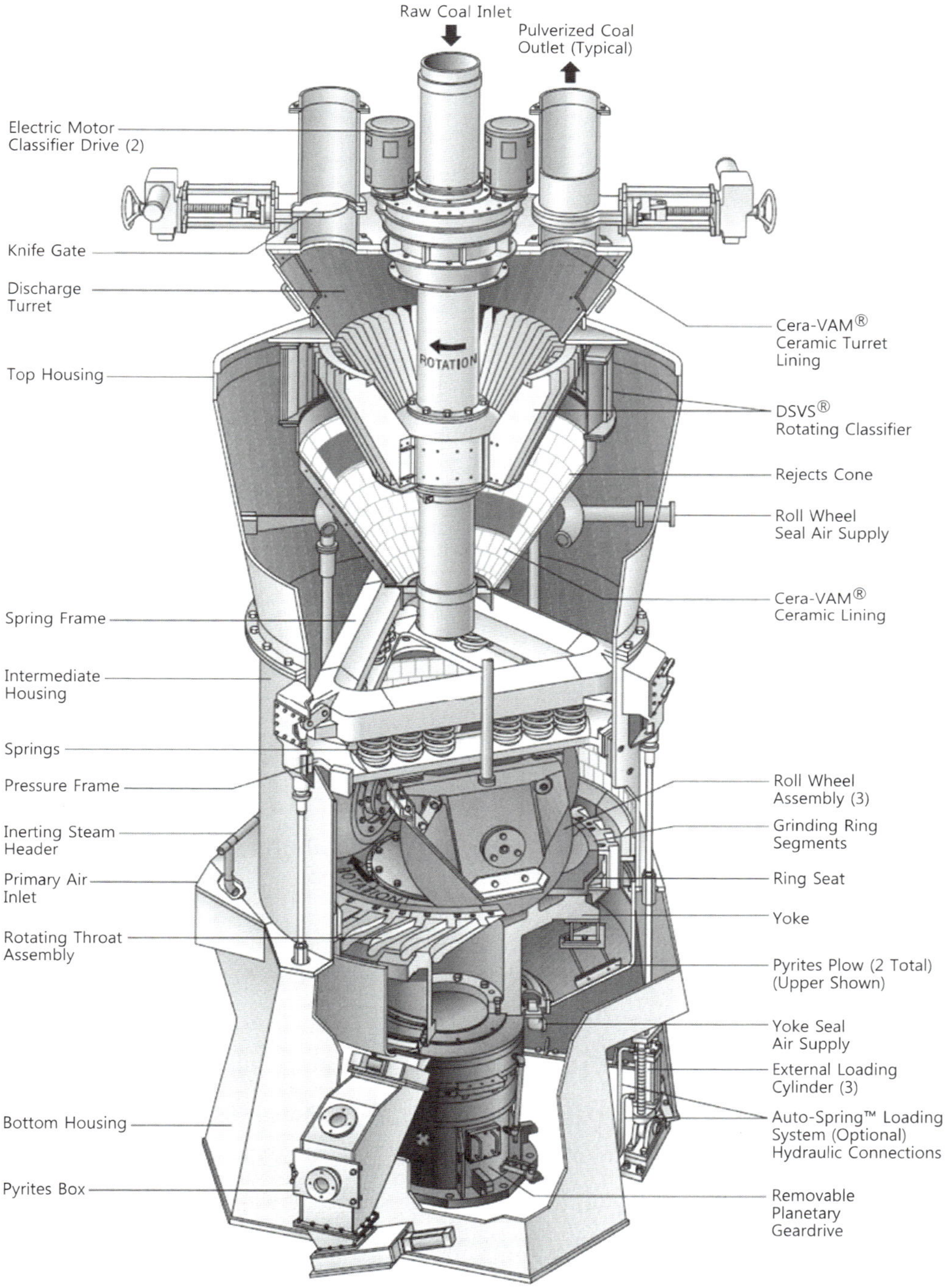
Raw Coal Inlet
Pulverized Coal Outlet (Typical)
Electric Motor Classifier Drive (2)
Knife Gate
Discharge Turret
Top Housing
ROTATION
Cera-VAM® Ceramic Turret Lining
DSVS® Rotating Classifier
Rejects Cone
Roll Wheel Seal Air Supply
Cera-VAM® Ceramic Lining
Spring Frame
Intermediate Housing
Springs
Pressure Frame
Inerting Steam Header
Primary Air Inlet
Rotating Throat Assembly
Roll Wheel Assembly (3)
Grinding Ring Segments
Ring Seat
Yoke
Pyrites Plow (2 Total) (Upper Shown)
Yoke Seal Air Supply
External Loading Cylinder (3)
Auto-Spring™ Loading System (Optional) Hydraulic Connections
Bottom Housing
Pyrites Box
Removable Planetary Geardrive

그림 1.4 미분기(B&W)

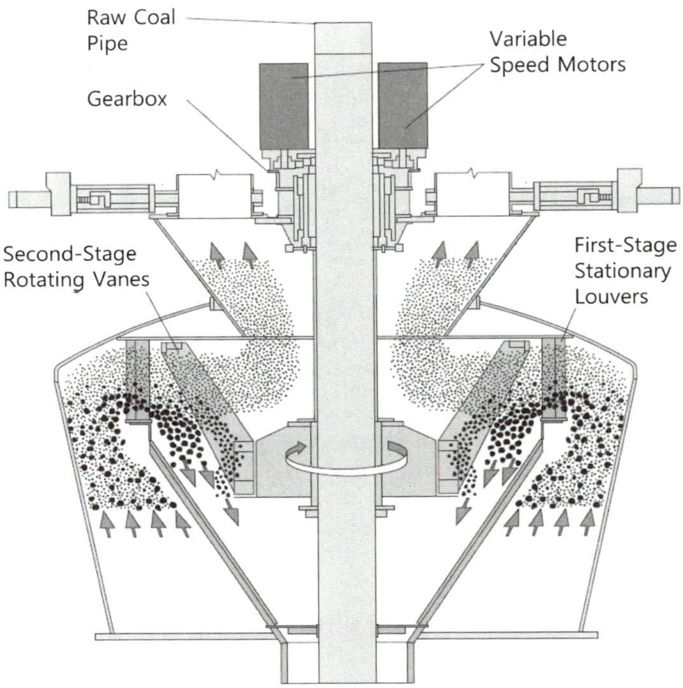

그림 1.5 미분탄 분류 원리(B&W)

링에 맞물려 피동적으로 회전하는 롤에 의해 분쇄되어 미분탄이 된다. 미분기 하부로 공급되는 일차공기는 그라인딩 링 주위를 흐르면서 롤에서 분쇄되어 그라인딩 링 밖으로 배출되는 미분탄을 부양시켜 미분탄을 미분기 상부로 운반한다. 미분기 상부로 운반된 미분탄은 일차적으로 그림 1.4와 1.5에 나타나 있는 고정 베인을 통과한다. 고정 베인은 미분기 반지름방향을 중심으로 경사지게 설치되어 있기 때문에 고정 베인을 통과한 일차공기와 미분탄은 비교적 큰 원주방향 속도성분을 가지며, 이로 인해 그림 1.5에서 볼 수 있는 것처럼 큰 지름을 가지는 미분탄은 원심력으로 인해서 일차공기로부터 분리된다. 이렇게 분리된 미분탄은 리젝트 콘을 타고 흘러내려 그라인딩 링 중앙으로 다시 떨어지고 새로이 미분기에 공급된 석탄과 함께 분쇄된다. 한편, 지름이 작은 미분탄은 일차공기와 함께 회전분류기를 통과한다. 이 과정에서 비교적 큰 지름을 가지는 미분탄은 회전분류기 베인과 충돌하면서 회전분류기 내부로 진입하지 못하고 배출되어 리젝트 콘을 통해서 그라인딩 링으로 떨어진다. 회전분류기를 통과한 미분탄은 미분기를 빠져나가 보일러로 공급된다. 한 개의 미분기에는 보일러에 있는 윈드박스 개수와 동일한 수의 미분탄 공급관을 가진다.

모든 종류의 석탄은 많은 양의 미네랄을 함유하고 있더라도 미분탄으로 만들어 연소시킬 수 있다. 미분탄을 만드는 목적은 고체연료를 기체연료처럼 연소시키기 위함이다. 따라서 미분탄 연소기술이 개발된 이후에 대량의 석탄연소가 가능해졌기 때문에 발전용 보일러 용량이 급격하게 증가하였다. 아울러 증기의 온도와 압력을 USC(Ultra-supercritical) 조건으로 올릴 수 있게 되어 석탄화력발전의 사이클 효율이 크게 향상되었다.

석탄에는 다양한 미네랄이 포함되어 있다. 석탄에 포함되어 있는 미네랄은 석탄의 원료인 식물에 자연적으로 포함되어 있던 것들과 오랜 기간의 석탄 생성과정에서 외부로부터 유입된 것들이 있다. 석탄에 포함되어 있는 미네랄은 석탄이 연소하면서 그림 1.6에 나타나 있는 것과 같은 다양한 형태의 회분이 된다. 대형 화력발전소에서 대량으로 생성되는 회분에는 미연탄소가 포함되어 있다. 일반적으로 회분에 포함되어 있는 미연탄소가 3% 이하(이 기준은 국가별로 다를 수 있다)이면 회분을 재활용할 수 있다. 그러나 회분에 미연탄소가 3% 이상 포함되어 있으면 재활용하지 못하기 때문에 막대한 처리비용이 요구된다. 아울러 회분에 미연탄소가 많이 포함되어 있다는 것은 석탄에 포함되어 있는 열량을 모두 이용하지 못했다는 것이기 때문에 경제적으로 손실이다. 회분에 포함되어 있는 미연탄소를 최대한 줄이기 위해서는 미분탄 크기를 더욱 잘게 분쇄해야 한다.

미분기 회전분류기의 회전속도를 증가시키면 미분탄 분말도가 향상된다. 이는 회전분류기의 회전속도가 증가하면 고정 베인을 통과한 일차공기의 회전속도가 증가하여 미분탄에 작용하는 원심력이 증가하여 회전분류기를 통과하는 미분탄의 평균지름이 작아지기 때문이다. 미분탄 분말도는 미분탄 가운데 입자크기 75 μm 이하의 미분탄이 차지하는 비중으로 나타낸다. 그림 1.7에 나타나 있는 실험적인 연구결과를 통해서 확인할 수 있는 것처럼 회전분류기의 회전속도가 증가하면 미분탄 평균지름이 작아져서 미분탄 분말도가

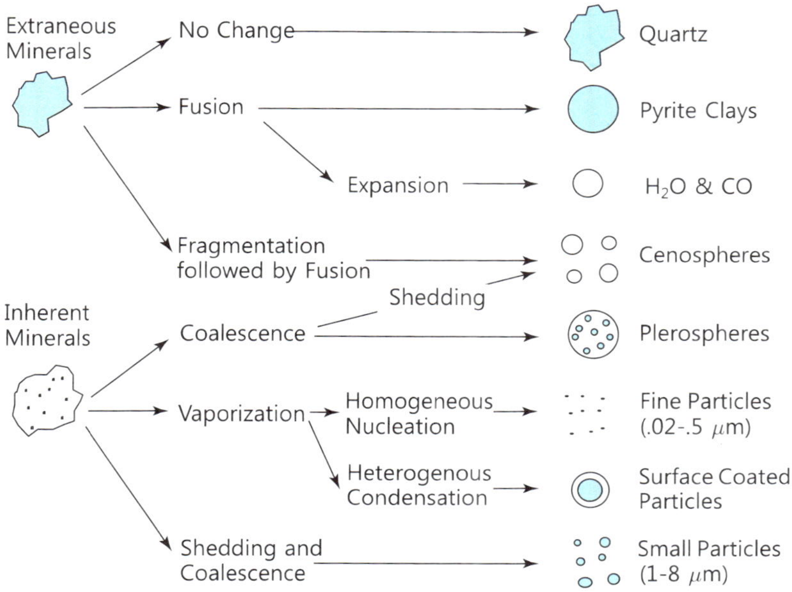

그림 1.6 회분 생성 개략도

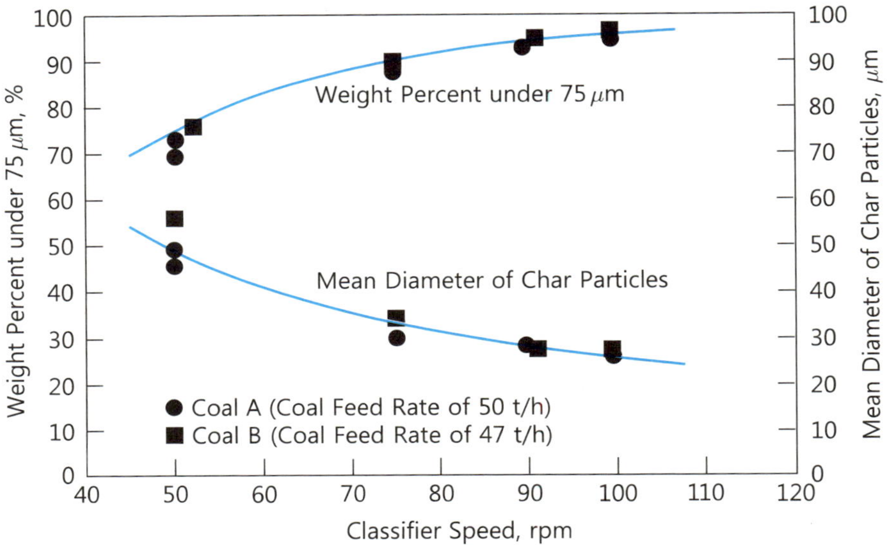

그림 1.7 회전분류기 속도에 따른 미분탄 입자크기 분석

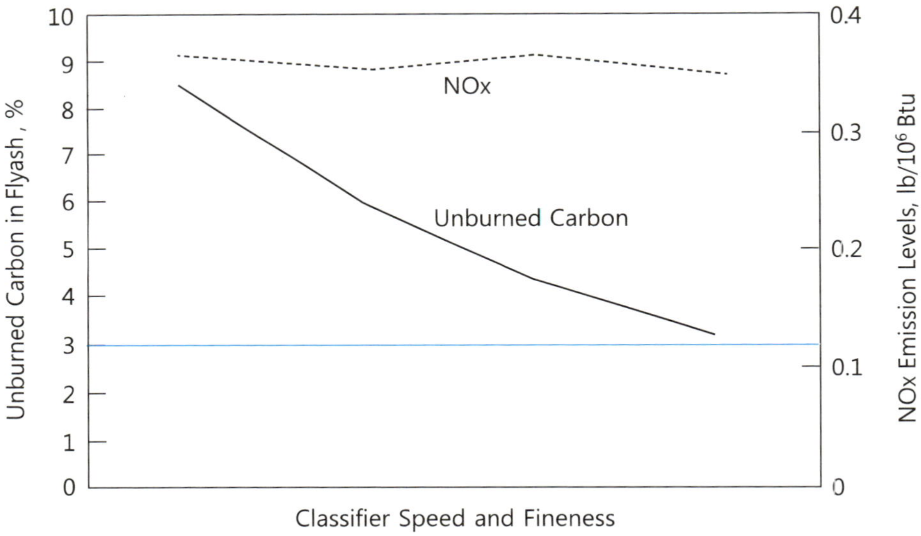

그림 1.8 회전분류기 속도 및 미분탄 분말도에 따른 회분 내 미연탄소 및 NOx 배출농도

향상된다. 그림 1.8에 미분탄 분말도와 회분에 포함된 미연탄소 관계를 나타냈다. 이 그림을 통해서 미분탄 분말도가 향상될수록 미연탄소가 감소하는 것을 알 수 있다. 그러나 미분탄 분말도가 향상되더라도 질소산화물 생성에는 큰 영향을 미치지 못한다는 것을 알 수 있다.

1.1.2 보일러

보일러 화로에 공급된 미분탄은 연소되면서 석탄에 포함되어 있는 화학적 에너지가 열에너지로 변환된다. 연소가 진행되는 동안에 화로 내부온도는 1500°C 이상 유지된다. 그림 1.9에 석탄을 연료로 사용하는 드럼형 보일러가 나타나 있다.

보일러에 공급된 압축수는 그림 1.2에서 확인할 수 있듯이 일차적으로 이코노마이저에서 연도가스에 의해서 가열된다. 압축수는 가열되는 동안 기화되지 않고 액체상태를 유지한다. 이코노마이저를 빠져나온 압축수는 상부헤더라고 불리는 드럼으로 보내진다.

드럼에는 그림 1.2와 1.10에 나타나 있는 것처럼 네 가지 관이 연결되어 있다. 즉 이코노마이저로부터 급수가 공급되는 관, 하부헤더로 급수를 공급해주는 다운커머, 가열되면서 증기를 생성하여 상부헤더로 공급해주는 라이저, 그리고 드럼에 모인 포화증기를 과

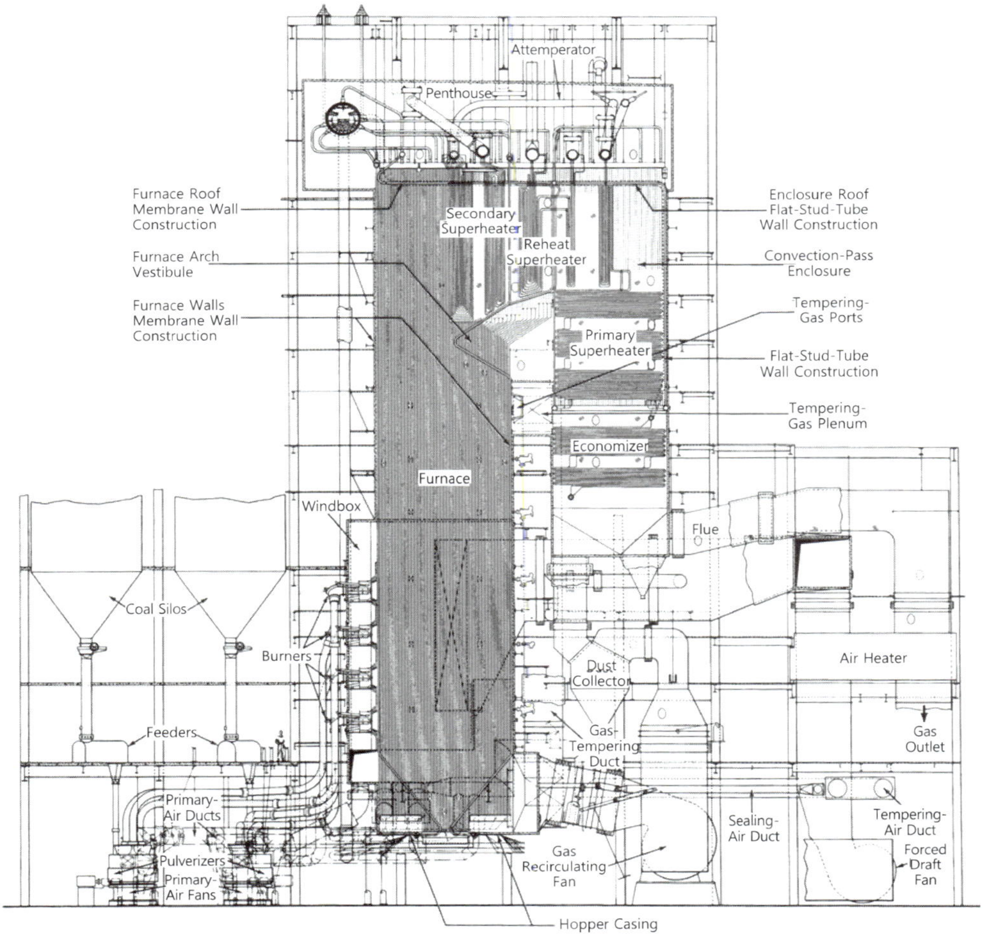

그림 1.9 드럼형 보일러

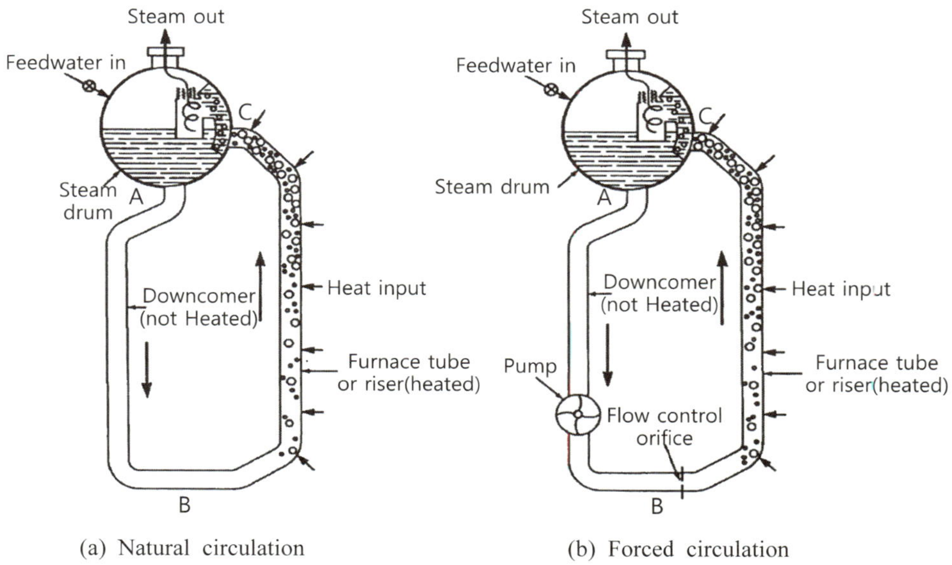

그림 1.10 순환방식에 의한 보일러 분류

열기로 보내주는 관 등이 연결되어 있다.

보일러는 증발기에서의 작동유체 순환과 관련하여 그림 1.10에 나타나 있는 것처럼 자연순환식과 강제순환식으로 구분한다. 자연순환식 보일러에서 라이저라고 불리는 보일러 벽면튜브를 채우고 있는 물은 가열에 의해 부분적으로 기화되어 물-증기 혼합물이 된다. 그러나 다운커머는 가열하지 않기 때문에 그 내부는 물로 채워져 있다. 그런데 라이저에서 생성된 물-증기 혼합물의 밀도는 다운커머에 있는 물의 밀도보다 작기 때문에 중력에 의하여 다운커머에 있는 물은 내려오고 라이저에 있는 물-증기 혼합물은 밀려 올라간다. 이렇게 가열되지 않은 물과 물-증기 혼합물의 밀도 차이에 의해서 순환하는 보일러를 자연순환식 보일러라 한다. 물이 순환하는 비율은 다음과 같은 네 가지 변수에 의해서 결정된다.

1) 보일러 높이: 보일러 높이가 높을수록 가열하지 않은 물과 가열한 물-증기 혼합물의 밀도차가 커지기 때문에 순환유량이 증가한다.
2) 운전압력: 운전압력이 증가할수록 가열하지 않은 물과 가열한 물-증기 혼합물의 밀도차가 줄어들어 순환유량이 감소한다.
3) 열입력: 열입력이 증가할수록 라이저에 더 많은 증기가 생성된다. 따라서 가열하지 않은 물과 가열한 물-증기 혼합물의 밀도차가 커져서 순환유량이 증가한다.
4) 튜브 지름: 튜브 지름이 커지면 마찰손실이 줄어들기 때문에 순환유량이 증가한다.

강제순환식 보일러는 다운커머에 펌프를 설치하여 추가적인 순환동력을 얻는다. 보일러 운전압력이 증가할수록 라이저와 다운커머 내부의 밀도 차이가 줄어든다. 따라서 보일러 운전압력이 일정한 압력에 도달하면 밀도 차이에 의한 순환 구동력이 충분하지 못하게 된다. 이런 경우 다운커머에 펌프를 설치하여 압력차를 발생시켜서 순환유량을 조절한다. 강제순환식은 일반적으로 운전압력을 임계압력(22.09 MPa, 3206 psia)에 가깝거나 초과하도록 설계하는 보일러에 적용한다. 강제순환식 보일러는 순환동력을 펌프로부터 얻기 때문에 열입력이 유리한 지름이 작은 튜브를 사용할 수 있다. 아울러 각각의 튜브에 오리피스를 설치할 수 있기 때문에 유량과 튜브온도를 더욱 균일하게 유지시킬 수 있다. 이런 장점들은 순환펌프 및 펌프동력에 소요되는 비용을 상쇄하기 때문에 경제성에 영향을 미치지 않는다.

그림 1.2를 통해서 확인할 수 있듯이 드럼을 빠져나온 포화증기는 과열기로 보내지며, 과열기에서 가열되어 과열증기가 된다. 과열증기 온도는 급수 분무장치로 구성되어 있는 과열 저감기를 이용하여 미리 정해진 최고온도로 일정하게 유지된다. 과열기를 빠져나온 과열증기는 주증기관을 통하여 HP터빈으로 보내진다. HP터빈을 빠져나온 냉재열증기는 재열기에서 가열되어 온재열증기가 되어 IP터빈으로 보내진다.

최근에는 USC 발전이 일반화되면서 드럼형 보일러 대신에 그림 1.11에 나타나 있는 관류형 보일러를 주로 사용하고 있다. 관류형 보일러와 드럼형 보일러의 외형적 차이는 드럼에 있다. 즉 드럼형은 기수분리 장치인 드럼을 가지고 있는 데 반해서 관류형은 드럼이 없다는 점이다. 이런 차이는 열역학적 고찰을 통해서 확인할 수 있다.

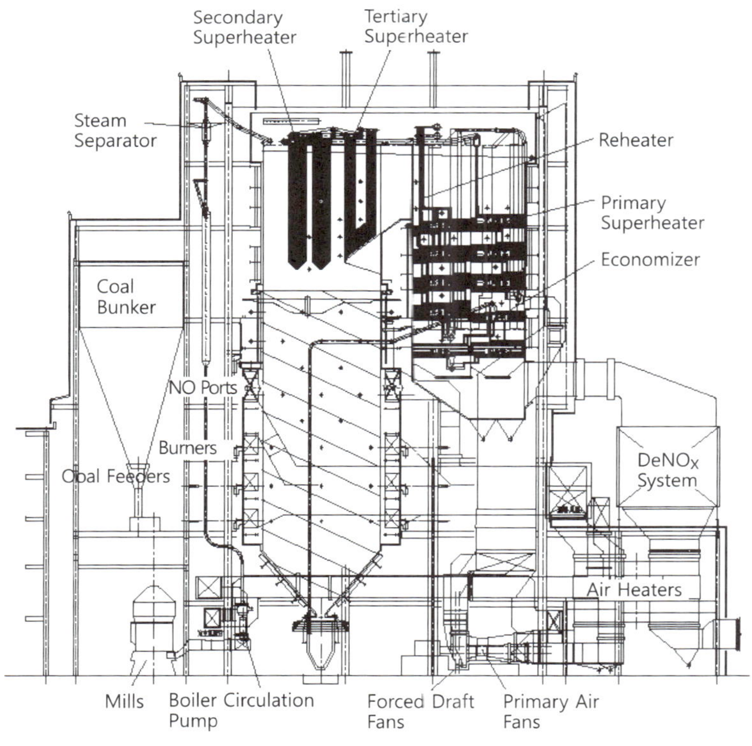

그림 1.11 관류형 보일러

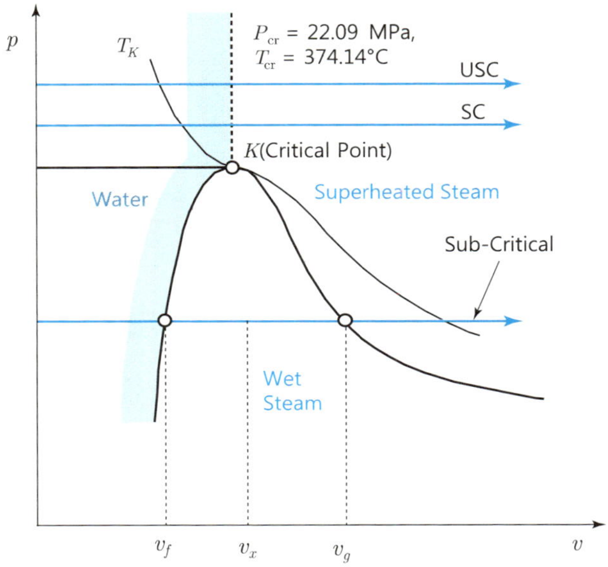

그림 1.12 USC 개념

물을 임계압력보다 높은 압력에서 가열하면 그림 1.12에 나타나 있는 것처럼 액체상태의 물은 습증기 상태를 거치지 않고 곧바로 과열증기가 된다. 이런 상태에서 상변화가 일어나는 순간에는 물의 밀도와 과열증기 밀도 크기에 차이가 없기 때문에 드럼형 보일러를 사용할 수 없다. 현대식 관류형 보일러는 보일러 기동 시 드럼 역할을 담당하기 위해서 대개 하나의 특수한 분리기를 가지고 있다. 이밖에도 일부 관류형 보일러의 시동계통에는 급수 유량이 부족한 경우에 벽면튜브 유량을 증가시키기 위해서 특수 순환펌프를 사용하고 있다. 드럼형 보일러는 아임계조건에서 운전되는 데 반해서 관류형 보일러는 초임계조건에서 운전된다.

보일러를 빠져나온 연도가스는 공기가열기에서 미분기로 공급하는 일차공기와의 열교환을 통해서 온도가 140～160°C 정도로 낮아진다. 공기가열기를 빠져나온 연도가스는 ID팬 동력에 의해서 스택으로 보내진다. 현대식 보일러는 보일러와 스택 사이에 탈질설비, 전기집진기, 탈황설비가 설치되어 있다. 탈질설비는 연도가스에 포함되어 있는 질소산화물을 제거하고, 탈황설비는 연도가스에 포함되어 있는 황산화물을 제거한다. 연도가스에 포함되어 있는 회분은 전기집진기에서 포집된다.

보일러 효율은 다음과 같이 정의한다.

$$\eta_{Boiler} = \frac{W(h_g - h_f)}{Q \times H} \times 100 \ [\%] \tag{1.1}$$

여기서 W는 증기유량(lb/h), h_g는 주증기 엔탈피(Btu/lb), h_f는 보일러에 공급하는 급수 엔탈피(Btu/lb), Q는 연료유량(lb/h), H는 연료 발열량(Btu/lb)이다.

연습문제 1.1

어떤 보일러의 증기유량은 4,994,457 lb/h, 주증기 압력은 3515 psia, 엔탈피는 1421.7 Btu/lb이고, 보일러 급수 온도는 505°F, 엔탈피는 496.12 Btu/lb이다. 보일러에는 발열량이 13,700 Btu/lb인 연료를 시간당 347,920 lb로 공급하고 있다. 이 보일러 효율을 계산하여라.

풀이

식 (1.1)을 이용하여 보일러 효율을 계산하면 다음과 같다.

$$\eta_{Boiler} = \frac{4,994,457(1421.7-496.12)}{13,700 \times 374,920} \times 100 = 90\%$$

■

1.1.3 증기터빈

보일러에서 생성된 주증기는 높은 수준의 압력에너지와 열에너지를 포함하고 있다. 이들 에너지는 증기터빈을 통과하면서 터빈 로터축을 회전시키기 위한 기계적 에너지로 변환된다. 이런 에너지 변환은 그림 1.13과 1.14에 나타나 있는 증기터빈 단을 구성하는 노즐과 버켓에서 두 단계로 일어난다. 일차적으로 노즐에서 증기가 팽창하면서 가속되어 압력에너지의 일부가 운동에너지로 변환된다. 그림 1.14에 나타나 있는 속도삼각형을 살펴보면 노즐통로 단면적은 하류로 가면서 작아진다. 따라서 노즐통로에서 증기유동은 가속되면서 압력은 낮아진다. 그런데 노즐에서 발생하는 일이 없기 때문에 노즐에서 에너지 변환이 진행되는 동안에 에너지(엔탈피) 총량은 변하지 않는다. 그러나 실제적으로 이차유동손실과 노즐 표면에서 마찰손실이 발생하기 때문에 노즐을 통과하는 동안에 약간의 에너지가 손실된다. 따라서 노즐을 빠져나온 증기에는 높은 수준의 열에너지, 운동에너지, 압력에너지가 포함되어 있다. 이차적으로 노즐을 빠져나온 증기는 버켓으로 유입되어 높은 수준의 에너지 일부가 버켓에서 로터축을 회전시키기 위한 기계적인 일로 변환된다. 따라서 버켓을 빠져나온 증기의 에너지 수준이 낮아진다.

증기터빈을 자세하게 이해하기 위해서는 버켓통로에서 일어나는 에너지 변환을 살펴볼 필요가 있다. 버켓으로 유입된 증기의 운동에너지는 버켓을 통과하면서 크게 작아진다. 이는 그림 1.14에 나타나 있는 속도삼각형에서 증기의 절대속도가 버켓 통과 후에 크게 작아지는 것을 통해서 확인할 수 있다. 그리고 다음 단 노즐에서 증기는 남아 있는 압력에너지의 일부를 사용하여 또 다시 가속된다. 증기터빈은 이렇게 압력에너지를 모두 소진하기 위해 다수의 단으로 구성되어 있다. 열에너지는 엔탈피로 표현된다. 엔탈피는 증기의 내부에너지, 유동에너지, 운동에너지의 합이다. 버켓을 빠져나온 증기의 온도는 크게 낮아지기 때문에 내부에너지가 작아지며, 이로 인해서 열에너지도 작아진다. 버켓통로

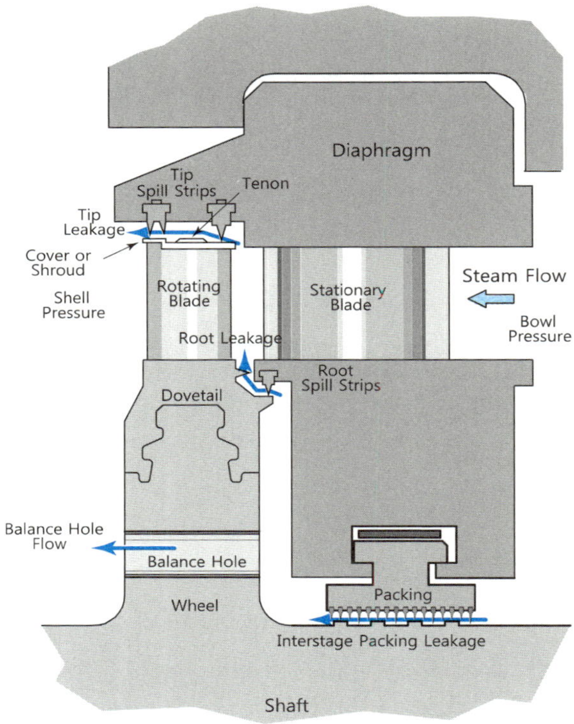

그림 1.13 증기터빈 단에서 증기유동

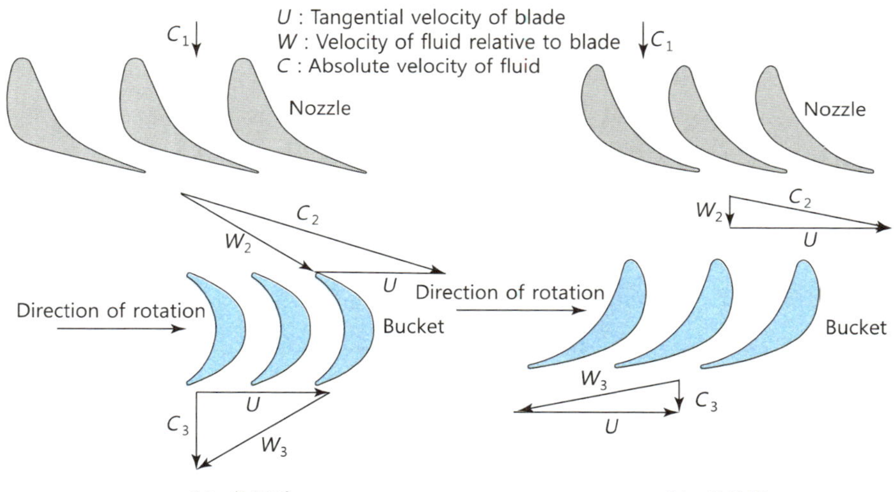

그림 1.14 속도삼각형

에서 발생하는 압력에너지 크기의 변화는 증기터빈 형태에 따라서 다르게 나타난다. 증기터빈은 충동형과 반동형 두 가지로 구분한다. 그림 1.14(a)에 나타나 있는 충동터빈은 버켓으로 유입된 증기의 유동방향을 바꾸어 회전동력을 얻는다. 충동터빈의 버켓통로 단면적은 하류로 가면서 일정하기 때문에 버켓을 통과하는 동안에 증기의 속도와 압력은 일정하게 유지된다. 따라서 충동터빈에서 발생하는 압력강하는 모두 노즐에서만 일어난다. 이에 반해서 그림 1.14(b)에 나타나 있는 반동터빈의 버켓통로 단면적은 하류로 가면서 작아지기 때문에 증기가 가속되면서 압력이 낮아진다. 따라서 반동터빈은 버켓 열로부터 고속으로 배출되는 증기의 반발력을 이용해서 회전동력을 얻는다. 반동터빈 단에서 발생하는 압력강하는 노즐과 버켓에서 절반씩 일어난다.

증기터빈 버켓에서 발생하는 회전동력은 충동터빈과 반동터빈에 관계없이 양력이 발생하는 원리를 이용해서 이해할 수 있다. 증기터빈 버켓 단면은 그림 1.15에 나타나 있는 것과 같이 압력면과 흡입면으로 구성되어 있다. 버켓으로 유입된 증기는 앞전 근처에서 분리되어 압력면과 흡입면을 따라서 흘러간다. 이렇게 분리된 증기는 버켓 뒷전에서 서로 합류한다. 그런데 흡입면의 길이가 압력면에 비해서 길기 때문에 흡입면을 따라 흐르는 증기는 더욱 빠른 속도로 이동한다. 따라서 그림 1.16에 나타나 있는 것처럼 흡입면 압력은 압력면에 비해서 낮으며, 이로 인해서 버켓에 양력이 발생한다. 버켓에 발생한 양

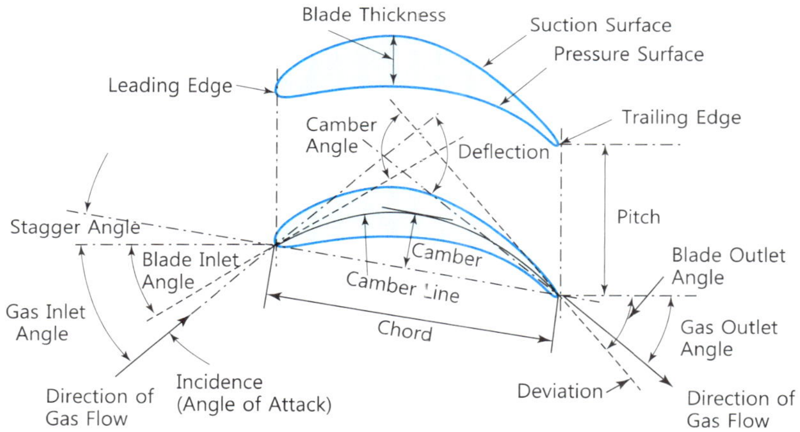

그림 1.15 터빈 블레이드 명칭

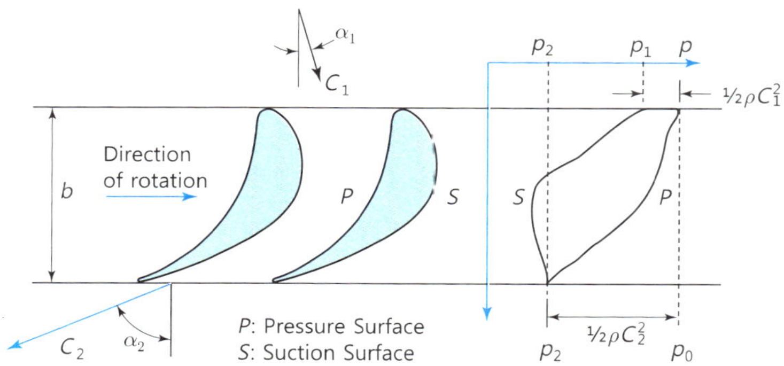

그림 1.16 양력에 의한 증기터빈 회전동력 발생 원리

(a) Opposed-flow HP-IP터빈

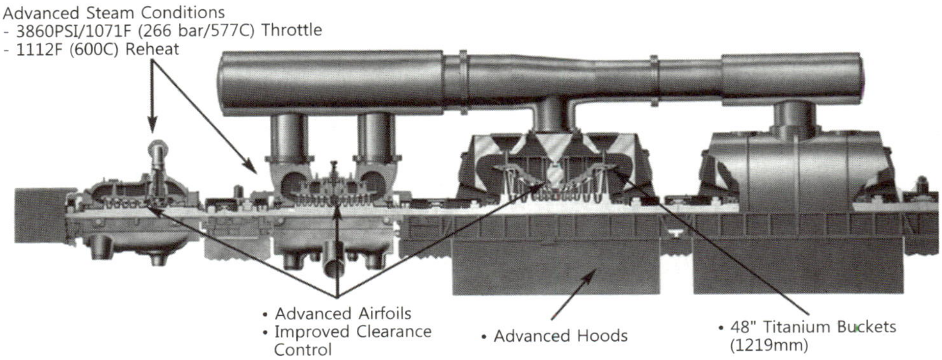

(b) Single-flow HP터빈, Double-flow IP터빈

그림 1.17 대형 증기터빈(GE)

력으로 인해서 로터축에 회전동력이 발생한다.

발전기는 증기터빈으로부터 회전동력을 전달받아 전기에너지로 변환시킨다. 발전기에서 만들어진 전기에너지의 대부분은 전력망으로 공급하며, 일부는 발전소 보조기기인 펌프나 팬 동력으로 공급한다. 발전기에서 생산된 전기는 전력망에서 발생하는 송전손실을 줄이기 위해 승압시켜 송출한다.

증기터빈은 높은 압력비(터빈입구압력/터빈출구압력)를 가지기 때문에 다수의 단을 설치하여 점진적으로 압력을 강하시킨다. 증기터빈 각 단에서 증기 팽창이 일어나면 증기 압력은 급격히 낮아지고 비체적은 급격히 증가한다. 따라서 그림 1.17에 나타나 있는 것과 같이 대형 증기터빈은 한 개의 케이싱(실린더)에서 급격히 증가된 증기의 비체적을 수용하기 어렵기 때문에 증기터빈을 HP터빈, IP터빈, LP터빈으로 분리한다.

그림 1.18에 HP터빈과 IP터빈이 하나로 결합되어 있는 대형 증기터빈의 중요 구성품이 나타나 있다. 노즐박스는 보일러에서 유입된 주증기를 환형으로 만들어서 HP터빈 1단에 공급한다. HP터빈을 빠져나온 냉재열증기는 재열기에서 열량을 공급받아 온재열증기가 되어 IP터빈으로 유입된다. IP터빈을 빠져나온 증기는 cross-over pipe를 거쳐서 LP

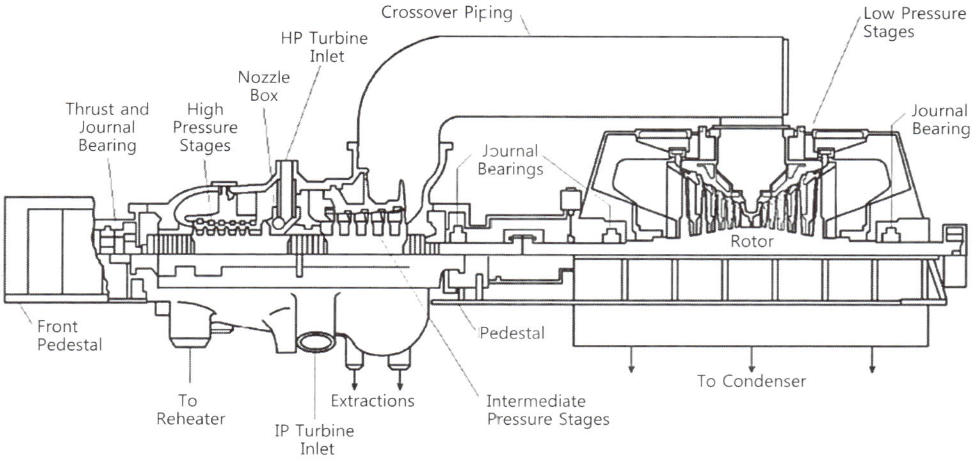

그림 1.18 대형 증기터빈 부품 명칭

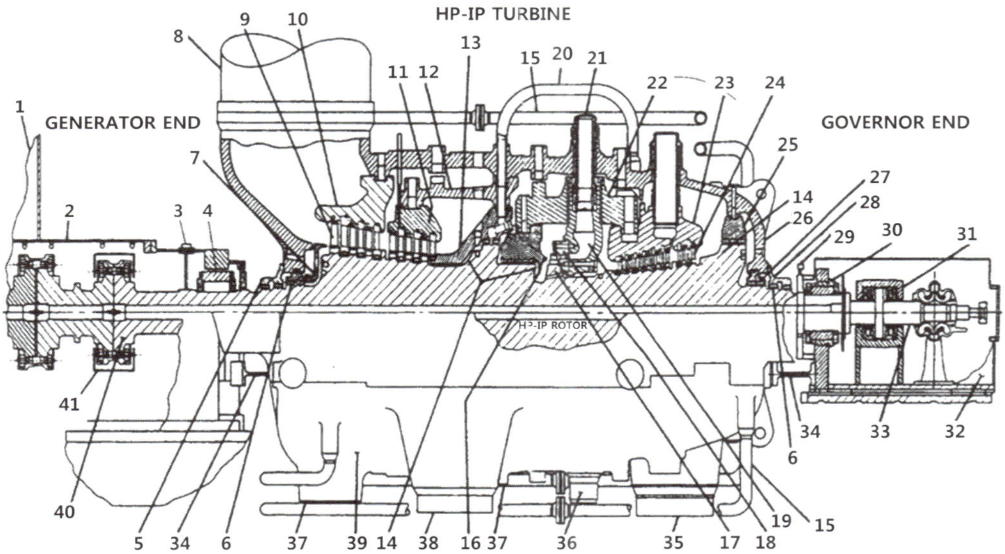

1 LP TURBINE
2 BEARING HOUSING AND COUPLING GUARD COVER
3 VIBRATION PICKUP
4 NO. 2 BEARING
5 HP-IP OUTER GLAND
6 GLAND SEAL
7 HP-IP INNER GLAND
8 HP-IP EXHAUST (Crossover Pipe)
9 IP BLADING
10 NO. 2 IP BLADE RING
11 NO. 1 IP BLADE RING
12 INNER CYLINDER
13 IP DUMMY RING
14 BALANCE POSITION
15 EQUILIBRIUM PIPE
16 HP DUMMY RING
17 CONTROL STAGE
18 NOZZLE BLOCK
19 INLET NOZZLE CHAMBER
20 COOLING STEAM PIPE
21 MAIN STEAM INLET
22 HP INNER CYLINDER
23 HP BLADE RING
24 HP BLADING
25 LP DUMMY RING
26 HP-IP OUTER CYLINDER COVER
27 HP-IP INNER GLAND GVN
28 HP-IP OUTER GLAND GVN
29 VIBRATION PICKUP
30 NO. 1 BEARING
31 THRUST BEARING
32 GOVERNOR PEDESTAL
33 ROTOR EXTENSION SHAFT
34 CENTERING BEAM
35 HP EXHAUST (Cold Reheat Outlet)
36 MAIN STEAM INLET
37 EXTRACTION
38 REHEAT STEAM INLET
39 HP-IP OUTER CYLINDER BASE
40 COUPLING
41 COUPLING GUARD

그림 1.19 혼합 HP-IP터빈 구성품

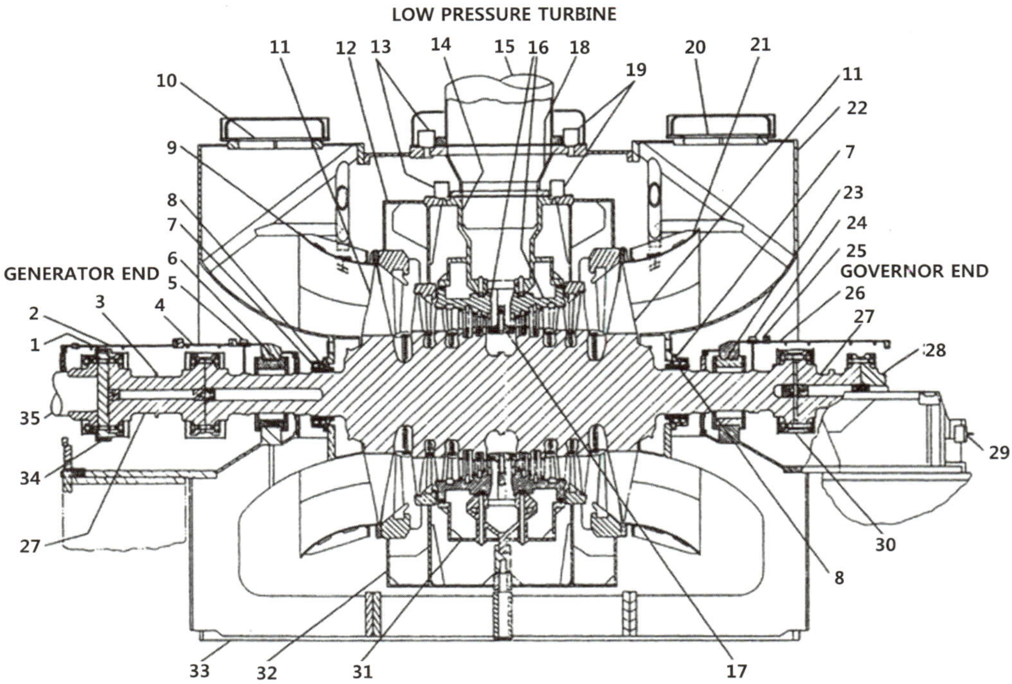

1 SPEED SENSING PICKUP
2 COUPLING COVER
3 DIFFERENTIAL EXPANSION PICKUP LOCATION
4 BEARING COVER
5 VIBRATION PICKUP
6 NO. 4 BEARING
7 GLAND
8 GLAND SEAL
9 EXHAUST FLOW GUIDE
10 BREAKABLE DIAPHRAGM
11 BLADING
12 INNER CYLINDER COVER NO. 2
13 TOP SEALING DIAPHRAGMS
14 INNER CYLINDER COVER NO. 1
15 TURBINE STEAM INLET
16 BLADE RINGS
17 INLET FLOW GUIDE
18 CROSSOVER PIPE ADAPTER
19 TOP SEALING DIAPHRAGMS
20 BREAKABLE DIAPHRAGM
21 EXHAUST FLOW GUIDE
22 OUTER CYLINDER COVER
23 NO. 3 BEARING
24 VIBRATION PICKUP
25 BEARING AND COUPLING COVER INNER
26 BEARING AND COUPLING COVER OUTER
27 COUPLING
28 HP-IP ROTOR
29 CENTERING BEAM
30 COUPLING GUARD
31 INNER CYLINDER BASE NO. 1
32 INNER CYLINDER BASE NO. 2
33 OUTER CYLINDER BASE
34 TURNING GEAR COUPLING SPACER
35 GENERATOR ROTOR

그림 1.20 LP터빈 구성품

터빈으로 유입된다. LP터빈을 빠져나온 증기는 복수기로 보내진다.

그림 1.19에 혼합 HP-IP터빈 구성품을 나타냈으며, 그림 1.20에 LP터빈 구성품을 나타냈다.

증기터빈은 배기형상에 따라 응축터빈과 배압터빈으로 분류하며, 증기터빈 중간에서의 증기 출입과 관련하여 추기터빈, 유입터빈, 재열터빈 등으로 분류한다. 이밖에 증기터빈의 로터축 배치형태에 따라 직렬터빈과 병렬터빈으로 분류한다.

응축터빈(condensing steam turbine)이란 그림 1.21에 나타나 있는 것과 증기터빈 하류에 응축계통이 연결되어 있는 증기터빈을 말한다. 즉 응축터빈은 터빈에서 팽창된 증기를 진공에 가까운 상태로 운전하는 복수기로 배출하기 때문에 최대의 에너지 낙차를 이

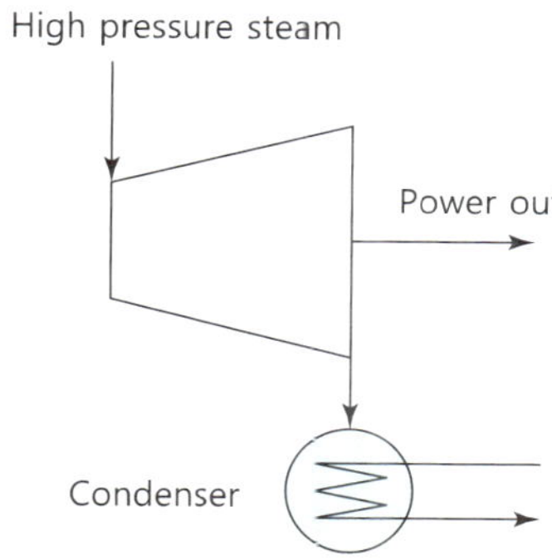

그림 1.21 응축터빈 개략도

용하여 큰 출력을 생산한다. 복수기 내부에 설치되어 있는 관군은 그 내부에 냉각수가 흐르면서 표면이 냉각되기 때문에 증기가 관군 표면에 접촉하면서 응축된다. 증기가 응축되면 비체적이 급격히 작아지기 때문에 밀폐용기인 복수기 내부는 지속적으로 진공상태가 유지된다. 따라서 응축터빈에서는 매우 높은 압력으로부터 진공압력까지 증기의 팽창이 일어나기 때문에 큰 동력이 발생한다. 복수기에서 만들어진 응축수는 응축수펌프를 이용하여 탈기기로 보내진다. 탈기기에서는 응축수에 포함되어 있는 용존산소를 제거한다. 탈기기 하부에 있는 용존산소가 제거된 응축수는 급수펌프를 이용하여 승압시켜 보일러로 보내지며, 보일러에서 가열되어 다시 주증기가 된다. 이때 승압된 응축수를 압축수라 한다. 그림 1.22에 응축터빈을 이용한 복합발전 열평형도(heat balance)가 나타나 있다. 화력발전과 마찬가지로 복합발전에서도 복수기를 빠져나온 응축수는 탈기기에서 용존산소를 제거한 후에 급수펌프를 이용하여 HRSG로 보내진다. 그림 1.23에 대형 응축터빈에 사용하는 복수기를 나타냈다.

집단 발전용으로 이용하고 있는 대형 증기터빈은 모두 응축터빈이다. 이는 응축터빈이 증기를 진공압력까지 팽창시키므로 동일 조건의 주증기를 이용하여 최대의 출력을 생산할 수 있으며, 저온에서 방열과정이 진행되므로 높은 열효율을 나타내기 때문이다. 저온에서의 방열과정은 냉각수 온도에 영향을 받기 때문에 응축터빈의 열효율 및 출력은 대기조건에 의해서 영향을 받는다. 따라서 응축터빈 출력은 바닷물이나 강물 온도가 낮은 겨울철에는 증가하지만 여름철에는 낮아지는 특징을 가진다.

진공압력 상태에서 증기의 비체적이 매우 크기 때문에 응축터빈을 빠져나가는 증기의 체적유량은 매우 크다. 따라서 응축터빈 마지막 단 블레이드(LSB; Last Stage Blade or Bucket)는 길이가 길어진다. 그러나 길이가 긴 LSB를 채택한다 하더라도 LSB를 빠져나가는 증기속도는 매우 빠르다. 그런데 LSB 하류에는 더 이상 블레이드가 없기 때문에 LSB를 빠져나가는 증기가 가지고 있는 운동에너지는 손실로 작용한다. 응축터빈은 LSB 하류에 LP exhaust hood를 설치하여 LSB를 고속으로 빠져나가는 증기의 운동에너지를

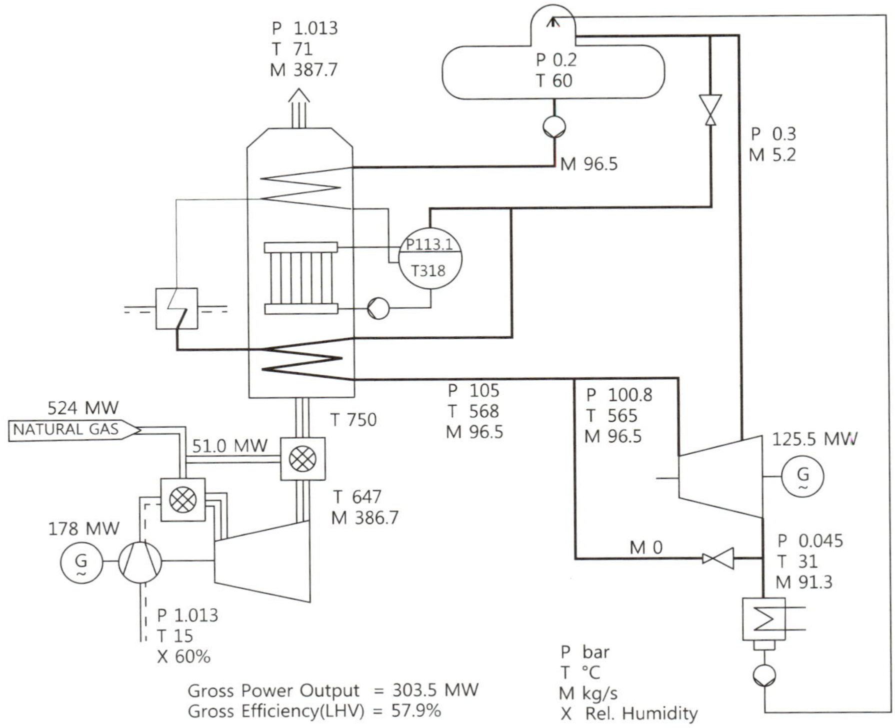

그림 1.22 복합발전 heat balance(응축터빈 포함)

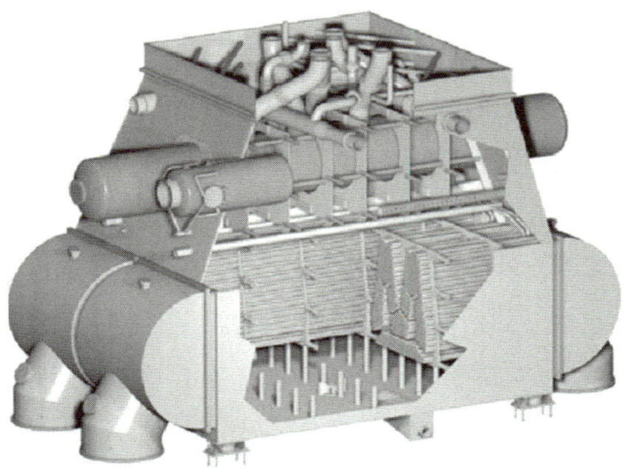

그림 1.23 대용량 복수기

압력에너지로 회복시켜 배기손실을 최소화시켜야 한다. 디퓨저 역할을 완벽하게 수행할 수 있는 고성능 LP exhaust hood를 설계하기 위해서는 고도의 유체역학 기술이 요구된다.

LSB를 빠져나가는 증기는 건도가 90% 정도인 습증기이다. 따라서 고속으로 회전하는 LSB 팁 앞전 흡입면에 습분침식이 발생한다. 습분침식이 발생하면 LSB의 표면거칠기가 증가할 뿐만 아니라 LSB 형상이 바뀌어 공기역학적 손실이 급격히 증가한다. 따라서 대형 응축터빈은 습분침식이 발생하는 부분에 방식막을 부착하거나 LSB를 티타늄합금 소재로 제작하여 급격한 습분침식이 발생하지 않도록 해야 한다.

화력발전과 원자력발전용 응축터빈은 5 MW급 소형부터 1,500 MW급 대형에 이르기까지 다양하다. 한편, 복합발전용 응축터빈은 최대 200~250 MW급까지 개발하여 사용하고 있다. 복수기 내부 압력은 바닷물을 냉각수로 사용하는 경우 대개 1.5 in.Hga 정도이며, 가장 차가운 냉각계통의 경우 0.75 in.Hga부터 공기를 냉각재로 사용하는 경우에는 최대 10 in.Hga 정도이다. 이렇게 복수기는 대기압보다 낮은 압력에서 운전하기 때문에 복수기 연결부 틈새를 통하여 외부 공기가 복수기 내부로 누설되어 유입된다. 이렇게 누설되어 유입된 공기는 복수기 내부에 존재하는 비응축가스와 함께 진공펌프를 이용하여 제거한다.

배압터빈(backpressure steam turbine)이란 그림 1.24에 나타나 있는 개략도에서 확인할 수 있듯이 증기터빈 하류에 복수기가 없으며, 이로 인해 배압터빈은 비응축터빈이라고도 불린다. 배압터빈에서 증기는 대기압보다 높은 압력을 가지고 증기터빈을 빠져나가며, 배출된 증기는 발전 이외의 목적으로 사용한다. 일반적으로 배압터빈은 대량의 저압증기를 필요로 하는 산업분야와 발전과 지역난방을 동시에 수행하는 열병합발전에 흔히 사용한다. 대기압보다 높은 압력상태에서 증기의 비체적은 비교적 작은 편이기 때문에 그림 1.25에서 확인할 수 있는 것처럼 배압터빈은 응축터빈에 비해 증기터빈 최종단 블레이드와 배기 파이프도 역시 작은 편이다. 배압터빈의 용량은 대개 100~120 MW를 초과하지 않는다.

산업용으로 사용하는 증기압력은 50, 150, 250 psig 세 가지가 있으며, 증기온도는 포화증기 온도보다 크게 높지 않은 편이다. 지역난방용 증기압력은 산업용에 비해서 낮은 편이다. 배압터빈은 높은 압력의 증기를 발전 이외의 목적으로 사용하기 때문에 응축터빈에 비해서 전기 생산 능력이 크게 떨어진다. 예를 들면, 배압터빈 입구 증기조건이 750

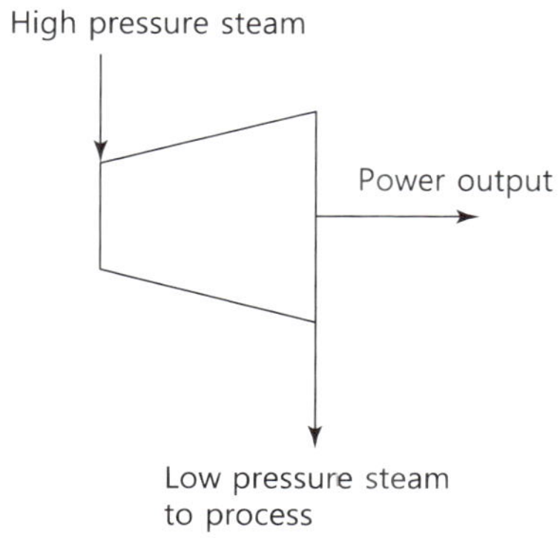

그림 1.24 배압터빈 개략도

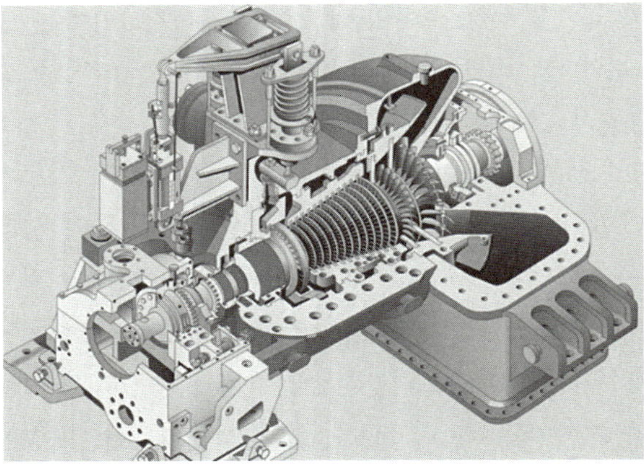

(a) 응축터빈－65 MW

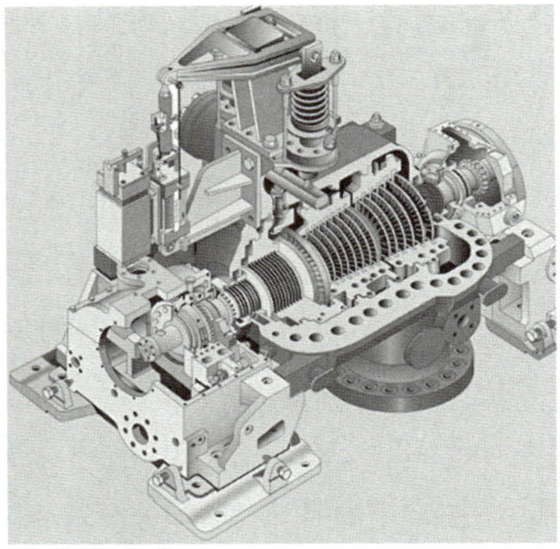

(b) 배압터빈－28 MW

그림 1.25 소형 증기터빈(Siemens)

psig/800°F이며, 150 psig 압력을 가지는 증기를 외부로 배출한다면 동일한 입구 증기 조건을 가지는 응축터빈에 비해서 절반이 약간 넘는 정도의 전기를 생산할 수 있다. 그림 1.22와 1.26에 나타나 있는 복합발전 상부사이클은 서로 동일하다. 그러나 하부사이클을 구성하는 증기터빈은 각각 응축터빈과 배압터빈이며, 배압터빈의 출력은 응축터빈의 60% 정도라는 것을 확인할 수 있다. 배기압력은 사용하고자 하는 증기압력에 적합하도록 조절밸브를 이용하여 제어한다. 공정에 사용된 증기는 그림 1.25에 나타나 있는 것처럼 개방형 열교환기인 탈기기로 보내진 후에 급수펌프를 이용하여 HRSG로 보낸다.

추기터빈(extraction steam turbine)이란 그림 1.27에 나타나 있는 것처럼 증기터빈 중간 단에서 증기의 일부를 추출할 수 있도록 증기터빈 케이싱에 추출공이 설치되어 있는 증기터빈을 말한다. 증기터빈 중간 단에서 증기를 추출하는 것을 추기라 한다. 대형 발전용 증기터빈은 사이클 효율을 향상시키기 위해 급수를 가열하며, 급수가열을 위한 열원으로 추출한 증기를 사용한다. 따라서 발전용 대형 증기터빈은 모두 추기터빈이다. 그러나 복합발전에 사용하는 증기터빈은 신속한 기동특성을 유지하기 위해 급수가열기를 사용하지 않는 경우가 더 많다. 한편, 추출한 증기는 산업용 및 지역난방용으로도 사용할 수 있다. 추출하는 증기압력은 자동적으로 조절되게 할 수도 있다. 추출하는 증기유량을 조절할 수 있는 증기터빈은 열병합 계통에 요구되는 열용량이 낮은 경우에는 증기유량을 줄여서 증기터빈에서 더 많은 출력을 생산한다. 그림 1.28에 가장 대표적인 추기터빈인 GE사의 증기터빈이 나타나 있다.

유입터빈(admission steam turbine)은 증기터빈 중간 단, 배기구, 또는 cross-over pipe에 증기를 추가적으로 유입시켜 전기 생산 능력을 증가시키는 증기터빈을 말한다. 유입터빈은 흔하지 않지만 다양한 압력을 가지는 다수의 보일러가 존재하는 경우에 사용할

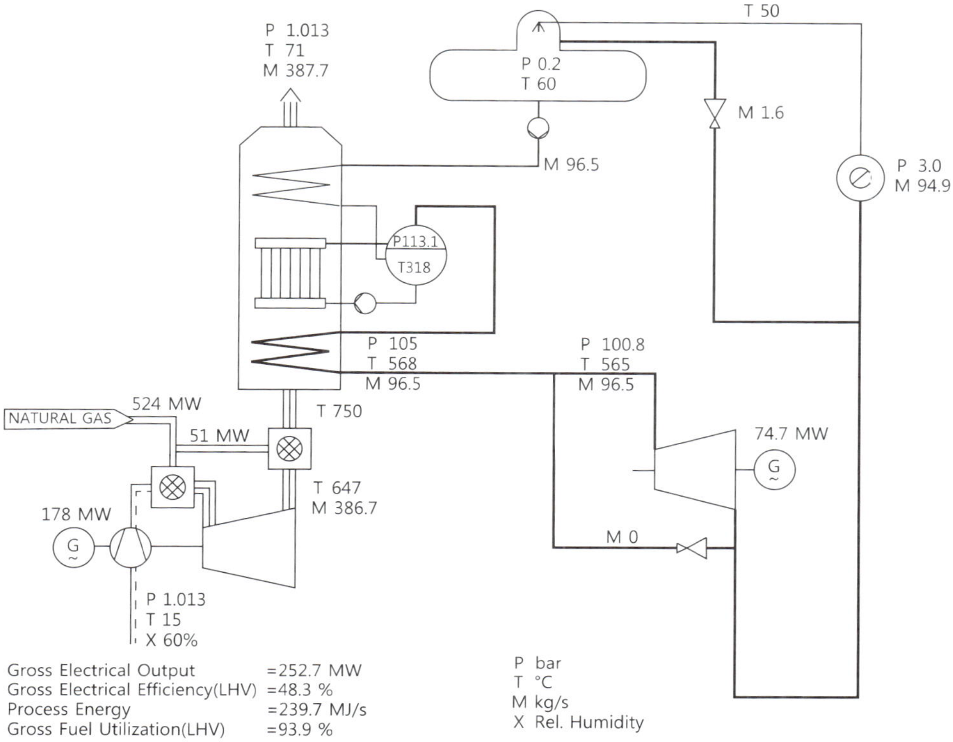

그림 1.26 가스터빈 열병합발전 heat balance(배압터빈 포함)

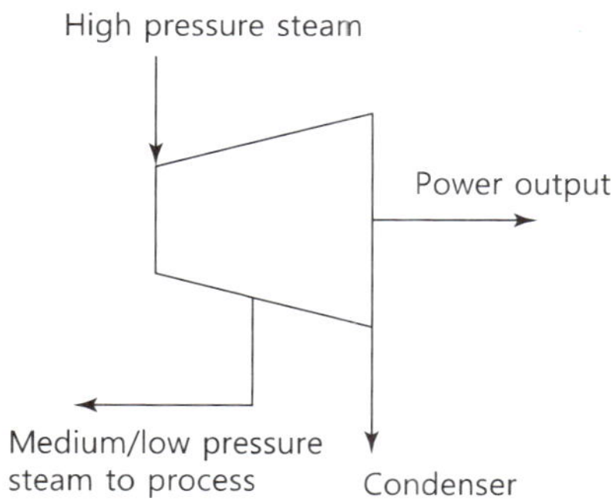

그림 1.27 추기터빈 개략도

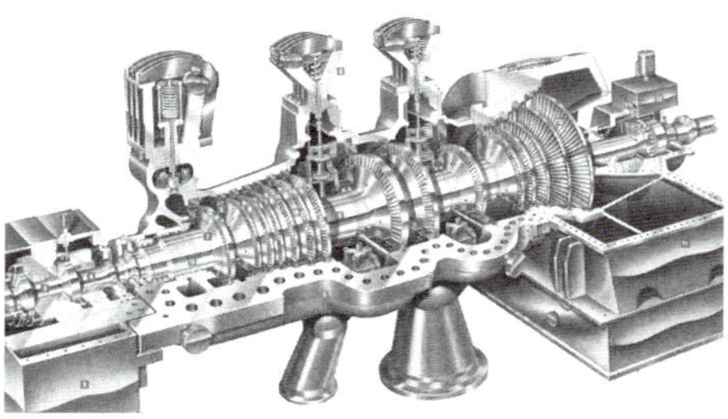

그림 1.28 대표적인 추기터빈(GE)

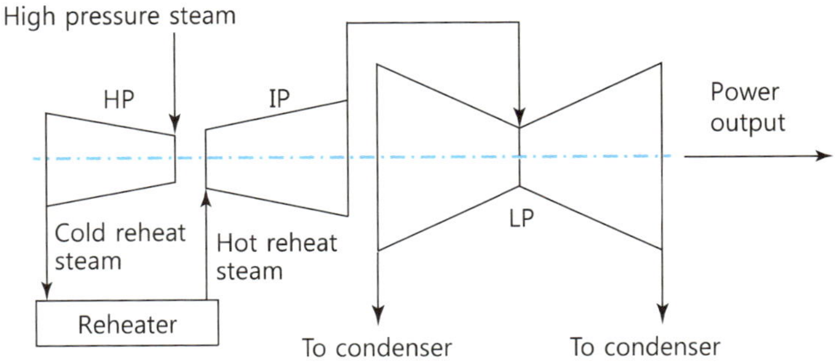

그림 1.29 재열터빈 개략도

수 있다. 추기터빈과 유입터빈 모두 케이싱에 있는 증기 출입구에는 증기유량조절밸브를 설치한다. 일반적으로 유입터빈은 설계기간이 길어지며, 표준화된 증기터빈에 비해서 가격이 비싸다.

재열터빈(reheat steam turbine)은 높은 압력으로 운전하는 대형 발전용 증기터빈에 적용하는 특수한 응축터빈으로, 그림 1.29에 나타나 있는 것처럼 HP터빈을 빠져나온 증기를 보일러에 있는 재열기로 보내서 다시 가열하여 IP터빈으로 보내는 증기터빈을 말한다. 대형 화력발전용 증기터빈은 모두 재열터빈이며, 최근 개발된 복합발전용 증기터빈도 대부분 재열터빈이다. 대형 발전용 증기터빈의 재열증기 압력은 대개 HP터빈에 유입되는 주증기 압력의 1/4 정도로 낮지만 온도는 주증기 온도와 동일한 수준으로 재열한다. 그러나 경우에 따라서는 재열증기 온도가 주증기 온도보다 약간 높은 경우도 있으며, 그 한계는 증기터빈에 사용하는 블레이드 소재의 크립 특성에 의해서 결정된다. 증기를 재열시키면 증기터빈 출력과 효율이 증가하는 동시에 LP터빈에서 습분이 낮아지는 장점을 가진다. 재열터빈은 재열에 따른 추가적인 설비로 인해서 제작비가 증가한다. 그러나 재열에 따른 사이클 효율 상승으로 얻어지는 경제적인 효과가 매우 크기 때문에 재열에 따른 제작비 증가를 상쇄하고도 남는다. 재열터빈은 증기의 배출과 유입을 원활히 할 수 있도록 다수의 케이싱을 가지며, 기동 및 천이운전 동안에 증기터빈을 제어하기 위해 IP터빈 입구에 재열스톱밸브와 인터셉트밸브를 설치한다. 그림 1.30에 USC 발전용 2중 재열 증기터빈을 나타냈다.

직렬터빈(tandem-compound steam turbine)은 그림 1.31에 나타나 있는 것처럼 HP터빈, IP터빈, LP터빈, 발전기가 동일 축 선상에 일렬로 정렬되어 있는 증기터빈을 말한다. 직렬터빈은 한 개의 발전기가 필요하기 때문에 병렬터빈에 비해서 가격을 낮출 수 있다. 그러나 전체적인 로터축 길이가 길어지기 때문에 진동에 따른 문제가 발생할 수 있다. 대부분의 발전용 증기터빈은 직렬터빈이다.

병렬터빈(cross-compound steam turbine)은 그림 1.32에 나타나 있는 것처럼 HP터빈과 IP터빈이 한 개의 로터축에 연결되어 있으며, LP터빈은 별도의 분리된 로터축을 가진

그림 1.30 2중 재열 증기터빈(GE)

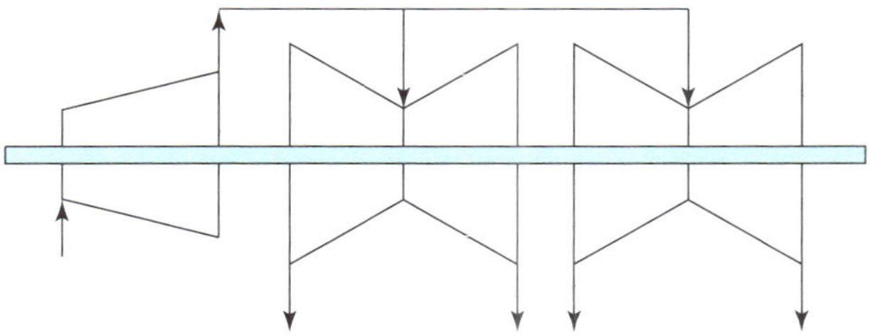

그림 1.31 직렬터빈 개념도

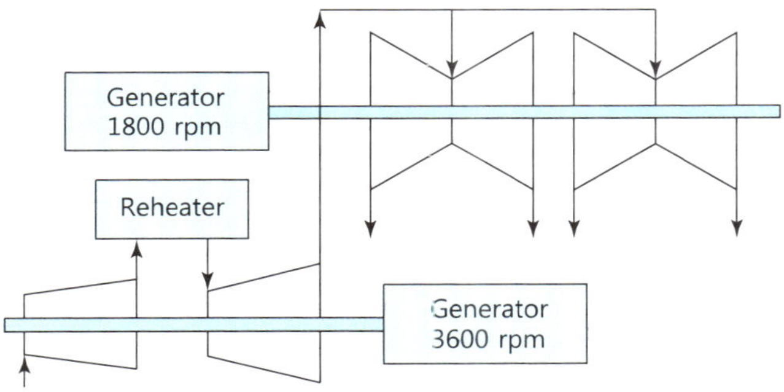

그림 1.32 병렬터빈 개념도

다. 병렬터빈은 로터축 길이가 길어지는 초대형 증기터빈에 흔히 사용한다. 아울러 병렬터빈은 한 개의 발전기로 증기터빈 전체의 출력을 감당하기 어려운 경우에 사용한다. 증기터빈 용량이 매우 크면 LSB 길이가 증가하여 습분침식에 의한 성능저감이 나타나고 유지보수 비용이 현저하게 증가할 우려가 있다. 이런 경우 병렬터빈을 채택하여 LP터빈의 회전수를 낮추면 습분침식에 따른 문제를 쉽게 해결할 수 있다. 아울러 LP터빈 회전수를 낮추면 더 긴 LSB를 채택할 수 있기 때문에 배기손실을 줄일 수 있어서 증기터빈 성능이 향상된다. 그러나 병렬터빈은 두 개의 발전기가 필요하기 때문에 일반적으로 설비가격이 증가하는 단점을 가지고 있다. 그림 1.33에 실제적인 병렬터빈을 나타냈다.

그림 1.33 병렬터빈(1050 MW, 250 bar/600/610℃(3626 psia/1112/1130℉), 4-flow 48″ LSB, 열효율 48.7%, GE)

1.1.4 급수가열기

응축터빈을 이용하는 화력발전과 원자력발전은 열교환기인 급수가열기를 이용하여 복수기로부터 보일러로 공급하는 급수를 가열하면 사이클 효율이 크게 향상된다. 열원으로는 증기터빈 중간 단에서 추출한 고온의 증기를 사용한다. 다수의 열교환기를 이용하여 급수를 가열하면 재생사이클이 된다. 재생사이클은 이상적인 카르노사이클에 근접한 사이클이기 때문에 단순 랭킨사이클에 비해서 높은 사이클 효율을 가진다. 따라서 제작비 상승에도 불구하고 대형 발전소에는 약 7~10기의 급수가열기를 설치한다.

대형 화력발전은 다수의 밀폐형 급수가열기와 한 개의 개방형 급수가열기를 사용한다. 밀폐형 급수가열기는 셸-튜브 열교환기로서 튜브 내부에 흐르는 저온의 급수는 증기터빈에서 추출한 고온 증기에 의해서 가열되며, 추출한 증기는 튜브 표면에서 응축된다. 밀폐형 급수가열기에서는 추출한 증기와 급수가 직접적으로 혼합되지 않기 때문에 서로 다른 압력을 가진다.

개방형 급수가열기는 급수와 급수보다 더 높은 온도를 가지는 추출한 증기가 직접적으로 섞이면서 열교환이 이루어지는 접촉식 열교환기이다. 따라서 추출한 증기와 급수는 동일한 압력을 가져야 한다. 개방형 급수가열기는 밀폐형에 비하여 우수한 전열특성을 가진다. 그러나 개방형 급수가열기는 가열기 사이에 펌프를 필요로 한다는 단점도 가지고 있다.

개방형 급수가열기의 중요한 기능은 탈기이다. 탈기란 급수 속에 포함되어 있는 용존산소를 제거하는 것을 말한다. 따라서 개방형 급수가열기는 흔히 탈기기라 불린다. 급수에 고농도의 산소가 포함되어 있으면 급수와 접촉하는 구성품 및 배관에 부식 및 침식이 발생한다. 그런데 급수 온도가 17℃ 상승할 때마다 부식성이 2배 이상 강해진다. 따라서 급수에 높은 농도의 산소가 포함되어 있으면 안 된다. 일반적으로 보일러 급수는 20 ppb 이하의 산소를 포함하도록 규정하고 있다.

탈기는 물을 분무시켜 가열하면 용존산소를 방출하는 특성을 이용하여 이루어진다. 일반적으로 응축수는 탈기기 상부에서 하방으로 분무된다. 탈기기 하부로 공급하는 추출된 가열증기가 상승하면서 상부에서 분무된 응축수 물방울을 포화온도까지 가열시킨다. 이때 물방울에 포함되어 있는 용존산소가 방출되어 탈기기 상부로 이동하며, 이곳에서 외부로 빼낸다. 급수 탱크는 포화수와 탈기된 응축수로 채워져 있으며, 그 위에는 증기를 채워서 공기가 재흡수되는 것을 방지한다. 플랜지와 펌프 실(seal)에서 발생하는 작은 양의 공기누설을 피할 수 없기 때문에 탈기는 지속적으로 이루어진다.

1.2 원자력발전

발전설비는 작동유체인 증기를 생산하는 1차계통과 증기를 이용하여 전기를 생산하는 2차계통으로 분류한다. 원자력발전 1차계통을 일반적으로 NSSS(Nuclear Steam Supply System)라 부르며, NSSS에는 PWR(Pressurized Water Reactor, 가압수로)과 BWR(Boiling Water Reactor, 비등수로) 두 가지 방식이 있다. 2차계통은 증기터빈과 발전기로 구성되어 있다.

PWR 원자력발전 계통도가 그림 1.34에 나타나 있다. NSSS를 구성하는 주요 구성품으로는 그림 1.35에 나타나 있는 원자로, 증기발생기, 가압기, 냉각재 펌프 등이며, 이들은 모두 원자로 격납건물 내부에 설치한다.

1.2.1 원자로

원자로는 핵 연쇄반응을 지속적으로 발생시키고 제어할 수 있는 장치이다. 원자력 핵분열을 통해 발생하는 열은 증기를 만드는 데 사용하며, 생성된 증기는 증기터빈을 회전시켜 발전을 하거나 선박용 프로펠러를 회전시켜 추진력을 얻는 데 사용한다.

우라늄 235(U^{235}) 또는 플루토늄 239(Pu^{239})와 같은 핵분열물질은 중성자를 흡수할 때 핵분열이 일어난다. 무거운 핵은 두 개 또는 그 이상의 가벼운 핵으로 쪼개지면서 핵분열 생성물이라고 알려져 있는 운동에너지, 감마 방사선 및 자유 중성자를 방출한다. 이렇게 방출된 중성자의 일부는 다른 핵분열물질에 흡수되어 또 다시 핵분열을 일으켜서 더 많

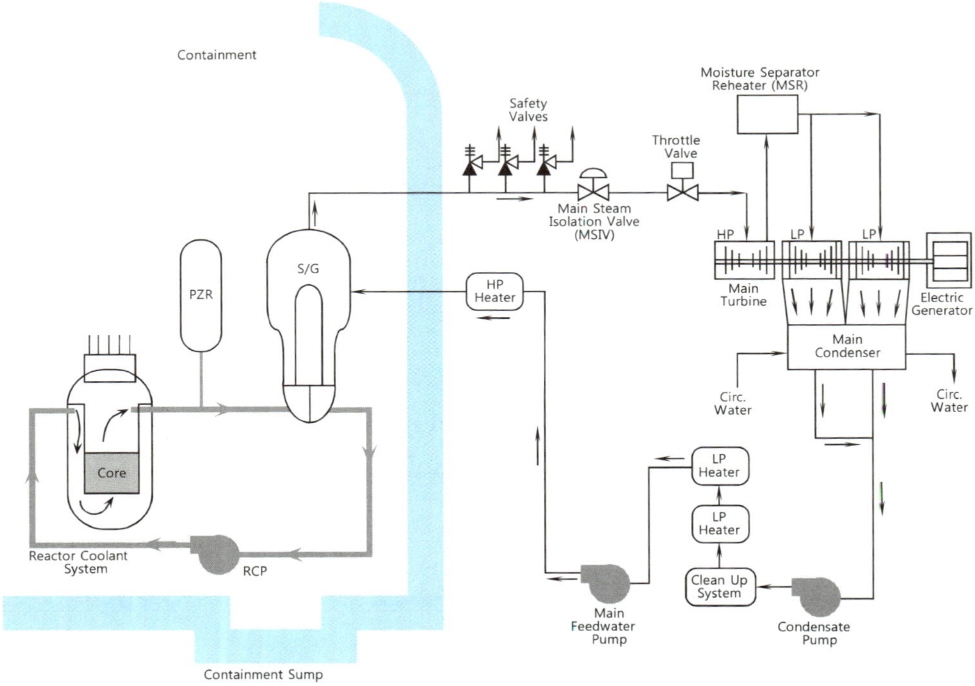

그림 1.34 PWR 원자력발전 계통도

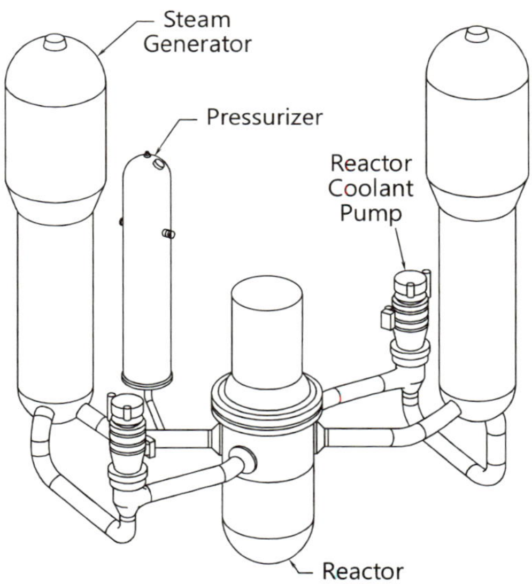

그림 1.35 NSSS 주요 구성품(PWR)

은 중성자를 방출시킨다. 이를 핵 연쇄반응이라 한다.

핵 연쇄반응은 중성자 흡수 능력이 뛰어난 물질과 노심부에서 핵분열 시 방출되는 중성자를 감속시켜 더 많은 핵분열을 조장하는 물질인 중성자 감속재를 사용하여 제어한다. 흔히 사용하는 감속재로는 경수라고 불리는 보통의 물(전 세계 원자로의 75%), 흑연(원자로의 20%), 중수(원자로의 5%) 등이 있다. 중수(D_2O)는 중수소와 산소의 결합으로 만들어진 물로서 보통의 물보다 무겁고 비등점과 어는점이 높다.

노심부에서는 여러 가지 방법으로 열이 생성된다. 즉 핵분열 생성물의 운동에너지는 이런 핵들이 주위에 있는 원자들과 충돌할 때 열에너지로 변환된다. 아울러 핵분열이 일어나는 동안 생성된 감마선의 일부는 원자로에 흡수되면서 감마선이 가지고 있는 에너지는 열로 변환된다. 또 핵분열 생성물과 중성자 흡수를 통해서 방사화된 물질의 방사성 붕괴에 의하여 열이 발생한다.

노심부에서 발생한 열을 흡수하기 위해 그림 1.36에 나타나 있는 것처럼 노심부 주위를 순환하는 냉각재를 사용한다. 냉각재로는 대개 물을 사용하지만 가끔 가스, 액체금속, 또는 용해소금을 사용하기도 한다. 냉각재를 이용하여 흡수한 열은 원자로 밖으로 이동시켜 증기를 생산하는 데 사용한다. 대부분의 원자로는 PWR처럼 증기터빈에 보내기 위한 고압의 증기를 생산하기 위해 가열하는 물과 물리적으로 분리된 냉각계통을 가지고 있다. 그러나 BWR과 같이 증기터빈에 보낼 증기를 생산하기 위한 물을 노심부에서 직

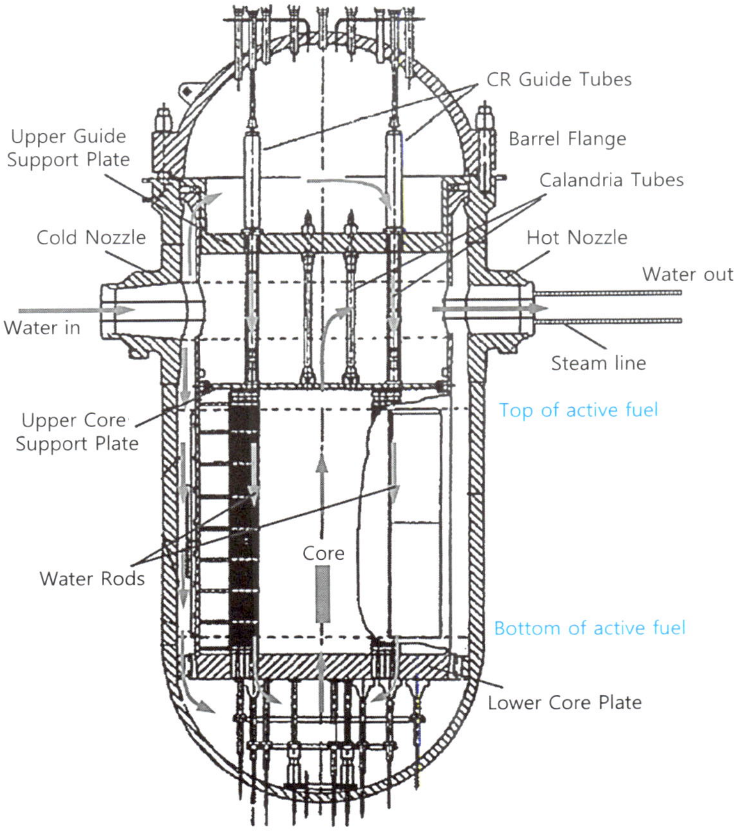

그림 1.36 원자로 내부 냉각재 흐름도

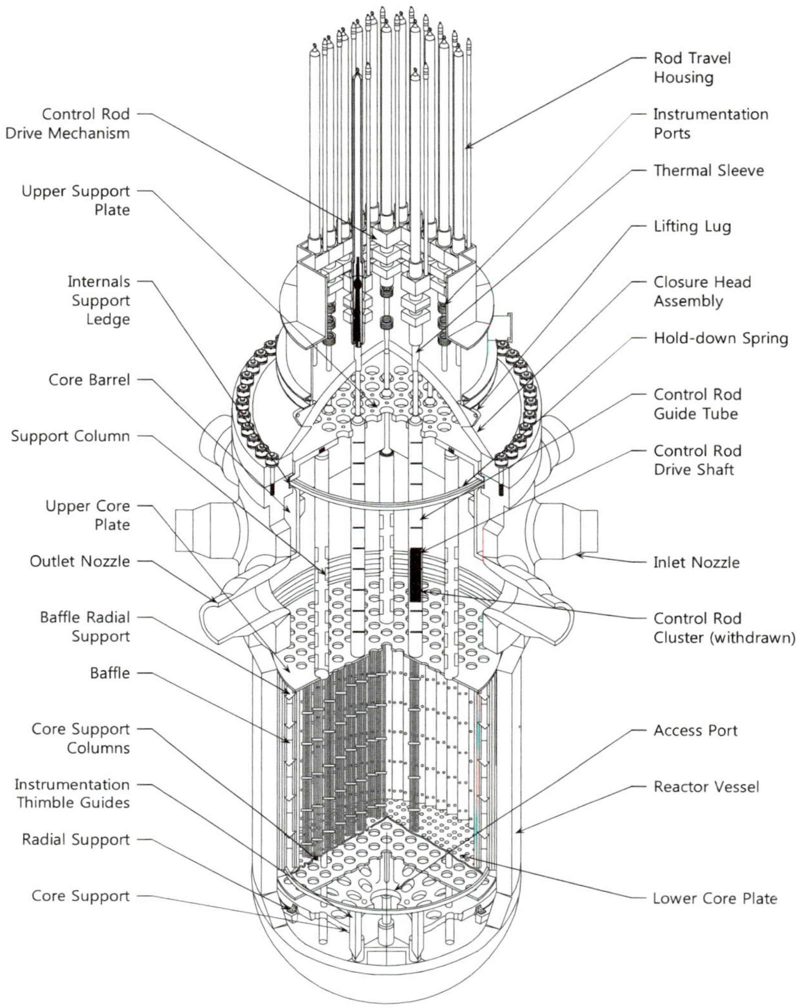

그림 1.37 원자로 형상 및 명칭

접 가열하는 원자로도 있다.

원자로 출력은 추가적인 핵분열에 기여하는 중성자 수를 제어하여 조절한다. 중성자 수는 중성자 흡수 능력이 뛰어난 카드뮴이나 붕소 등을 막대 형태로 제작한 제어봉을 노심 내부에서 상하로 움직여서 조절한다. 제어봉을 이용하여 더 많은 중성자를 흡수하면 핵반응에 기여하는 중성자 수가 줄어든다. 제어봉은 그림 1.37에 나타나 있는 것처럼 원자로 상부에 설치하며, 제어봉을 원자로 아래로 더 깊이 밀어 넣으면 원자로 출력이 줄어들고, 반대로 제어봉을 빼내면 출력이 증가한다.

일부 원자로는 냉각재를 중성자 감속재로 사용하기도 한다. 감속재는 핵분열 시 고속중성자를 열중성자로 바뀌게 하며, 이 과정에서 고속중성자가 가지고 있는 에너지를 잃게 하여 원자로 출력을 증가시킨다. 열중성자는 고속중성자보다 핵분열에 더 많이 기여

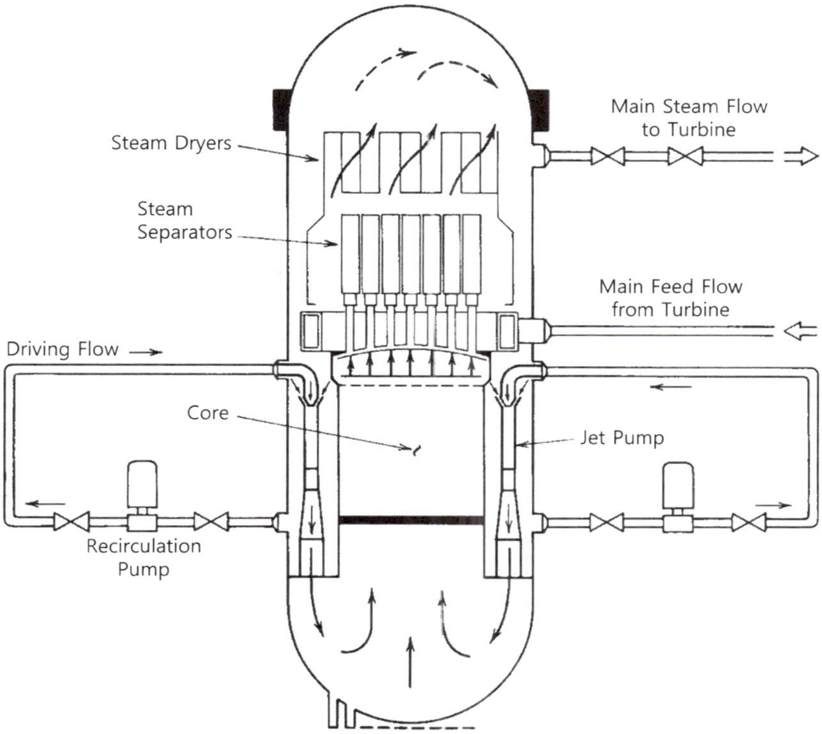

그림 1.38 BWR 냉각재 흐름도

하기 때문에 더 많은 중성자를 감속시킨다는 것은 원자로로부터 더 많은 출력을 얻는다는 것을 의미한다. 만약 냉각재를 감속재로 사용하는 경우에는 온도변화가 냉각재/감속재의 밀도에 영향을 미치기 때문에 출력에 변화가 생긴다. 냉각재 온도가 높아지면 밀도가 작아지기 때문에 냉각재 효과가 작아진다.

BWR은 그림 1.38에 나타나 있는 것처럼 증기터빈에서 동력발생에 사용하기 위한 증기를 만들기 위한 물을 노심부에서 직접 가열한다. 따라서 냉각재와 증기터빈에 사용하는 물이 분리되어 있는 PWR과 달리 BWR은 냉각재가 증기터빈을 순환한다. 노심부에서 가열되어 발생한 증기는 원자로 상부에 설치되어 있는 습분분리기와 증기건조기를 통과하면서 습증기에 포함되어 있는 물방울을 제거하여 건도 100%에 가까운 포화증기가 된다. 따라서 BWR은 그림 1.39에 나타나 있는 것처럼 원자로 격납건물에 원자로만 들어 있다.

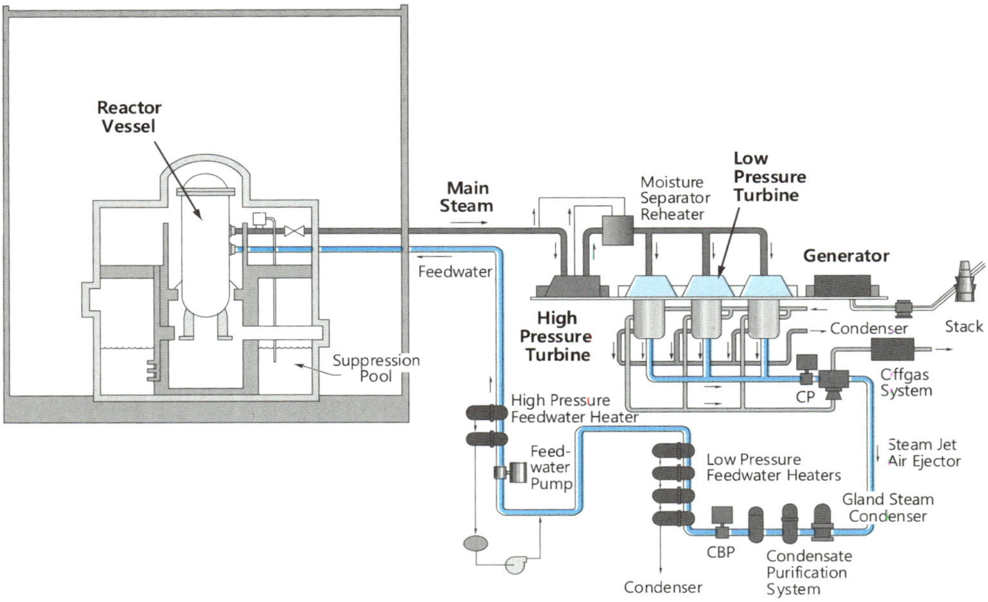

그림 1.39 BWR 원자력발전 계통도

1.2.2 가압기

PWR 냉각재계통을 채우고 있는 냉각재는 일정한 밀도를 유지하기 위해 항상 액체 상태로 존재해야 하며, 비등이 일어나면 안 된다. 따라서 원자로 냉각재계통을 채우고 있는 냉각재는 운전온도에서 냉각재 비등이 일어나지 않도록 충분히 높은 압력을 유지해야 한다. 그러므로 운전온도에서 냉각재 비등이 일어나는 압력보다 높은 압력으로 냉각재를 가압하기 위한 가압계통이 요구된다.

PWR에 사용하는 가압기를 그림 1.40에 나타냈다. 가압기는 그림 1.35에서 확인할 수 있듯이 원자로 냉각재계통에 하나의 파이프를 이용해서 직접 연결한다. 가압기 내부에 채워져 있는 냉각재는 원자로 냉각재계통을 채우고 있는 냉각재와 동일한 것이다. 그러나 가압기 내부에 채워져 있는 냉각재는 원자로 냉각재계통을 순환하지 않고 정체되어 있다.

냉각재는 비압축성 유체이기 때문에 가압기 파이프에 연결되어 있는 모든 부분에는 파이프에 채워져 있는 냉각재 압력이 전달되어 작용한다. 비록 높이의 차이에 의해서 냉각재계통 모든 지점에서의 압력이 동일하지는 않지만 냉각재계통 내부 어떤 한 지점에서의 압력이 변하면 모든 지점에서의 압력이 균일하게 반응한다. 이런 현상을 이용하여 가압기가 설계되었으며, 가압기와 연결된 파이프 내부의 압력조절을 통해서 원자로를 포함한 원자로 냉각재계통 전체의 압력을 조절한다. 가압기는 그림 1.35에 나타나 있는 것처럼 원자로 냉각재계통을 구성하는 두 용기인 원자로 및 증기발생기에 비해서 작은 용기로

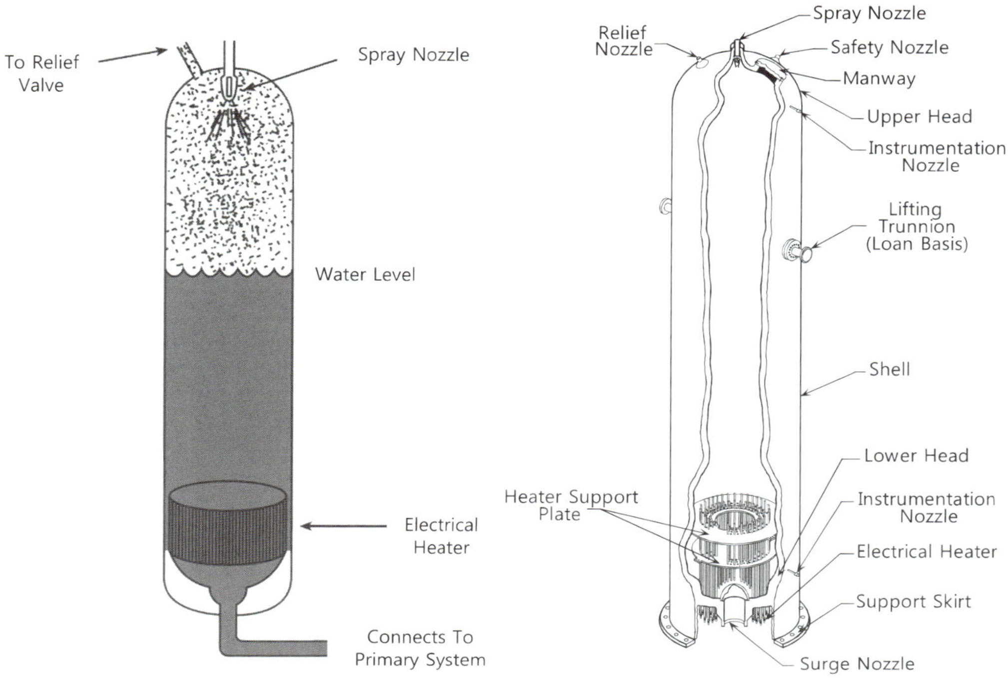

그림 1.40 가압기 작동원리 및 명칭

되어 있다.

가압기 내부압력은 가압기에 채워져 있는 냉각재 온도를 변화시켜 조절한다. 가압기 내부는 냉각재와 냉각재가 증발하여 생성된 증기가 혼재되어 있는 포화상태이며, 포화상태에서 압력과 온도는 서로 연계된다. 즉 포화상태에서는 포화온도가 결정되면 포화압력이 결정되고, 포화압력이 결정되면 포화온도가 결정된다. 따라서 가압기 내부를 채우고 있는 냉각재 온도가 올라가면 압력도 올라가고 냉각재 온도가 내려가면 압력도 내려간다. 따라서 냉각재계통의 압력을 증가시킬 때 사용하기 위해 가압기 하부에 대형 전기히터가 설치되어 있다. 냉각재계통의 압력을 낮추기 위해서는 가압기 내부로 차가운 냉각재를 분사시켜 냉각재 온도를 낮춘다. 이를 위해서 그림 1.40에 나타나 있는 것처럼 가압기 상부에 냉각재 분사 노즐이 설치되어 있다.

가압기는 두 가지 부가적인 기능을 가지는데, 하나는 원자로 냉각재계통을 채우고 있는 냉각재 수위를 감시하는 것이다. 원자로 냉각재계통은 정상운전 시 냉각재로 완전히 채워져 있기 때문에 냉각재 수위를 감시할 수 있는 곳이 없다. 그러나 노심부 안전을 유지하기 위해 냉각재 수위가 줄어드는 것을 조기에 감지할 수 있어야 한다. 가압기는 원자로 격납건물 내부 높은 위치에 설치하기 때문에 만약 가압기 내부에 충분한 양의 냉각재가 채워져 있다면 냉각재계통 모든 용기는 냉각재로 채워져 있다고 확신할 수 있다. 따라서 냉각재계통에서 유일하게 냉각재가 완전히 채워져 있지 않은 가압기에 냉각재 수위

감시 장비가 설치되어 있다. 가압기의 또 다른 부가적인 기능은 냉각재계통에서 발생하는 갑작스런 압력변화에 대한 완충 역할이다. 가압기 상부에는 냉각재 수위를 읽을 수 있도록 냉각재 수위 계측기가 설치되기 때문에 특별히 액체의 냉각재가 채워지지 않도록 설계한다. 따라서 가압기 내부를 채우고 있는 냉각재는 정상운전 시 고온을 유지하고 있기 때문에 그림 1.38에 나타나 있는 것처럼 액체 냉각재 상부에 있는 공간에는 냉각재가 기화하여 생성된 증기가 채워져 있다. 그런데 증기는 압축성 유체이기 때문에 원자로 냉각재계통에서 발생하는 급격한 압력변화를 흡수하여 충격을 완화시켜 준다. 따라서 운전자는 원자로가 작동하는 동안에는 가압기 상부에 항상 증기가 채워져 있도록 해야 한다.

가압기 상부에는 POSRV(Pilot Operated Safety Relief Valve)가 설치되어 있다. 비정상적인 운전조건이 발생하여 가압기 내부압력이 어떤 정해진 최댓값을 초과하면 POSRV가 자동적으로 열리고 가압기로부터 증기가 배출되어 가압기 내부압력이 낮아진다. 이렇게 배출된 증기는 스파저를 이용하여 원자로 격납건물 내부에 설치되어 있는 수조 내부로 분사시켜 응축시킨다.

1.2.3 증기발생기

PWR 노심부에서 가열된 냉각재는 냉각재펌프를 이용하여 증기발생기로 보내진다. 가열된 냉각재는 그림 1.41에 나타나 있는 것처럼 증기발생기 하부에 설치되어 있는 U-튜브를 지나는 동안에 증기터빈에 사용할 증기를 생산하기 위한 물과 열교환이 이루어지면서 냉각된다. 이 과정에서 냉각재는 증기터빈에 사용하는 물과 혼합되지 않는다. 증기발생기에서 냉각된 냉각재는 그림 1.34에 나타나 있는 것처럼 냉각재펌프를 통해서 원자로로 보내져서 다시 가열된다.

U-튜브 주위를 순환하는 물은 가열되면서 습증기로 변해 U-튜브 상부에 있는 습분분리기로 유입된다. 습분분리기로 유입되는 증기의 건도는 약 25%이며, 습분분리기로부터 배출되는 증기의 건도는 약 97%이다. 그림 1.42에 습분분리기에서 습분이 분리되는 원리가 나타나 있다. 습분분리기로 유입된 낮은 건도의 증기(chum flow)는 그림 1.43에 나타나 있는 스피너 블레이드를 지나면서 직선운동이 회전운동으로 바뀐다. 선회기 역할을 수행하는 스피너 블레이드를 통과한 증기는 그림 1.44(a)에 나타나 있는 것처럼 습분분리기 내부에서 선회유동을 한다. 따라서 증기에 포함되어 있는 물방울에 원심력이 발생하여 습분분리기 내벽에 부딪히면서 수막을 형성한다. 이때 물방울이 커질수록 큰 원심력이 발생하기 때문에 그림 1.44에 나타나 있는 것처럼 습분분리기 하부에서 제거한다. 습분분리기 벽면은 다공판으로 되어 있기 때문에 습분분리기 내벽에 형성된 수막은 작은 구멍들을 통해서 습분분리기 외부로 빠져나간 후에 중력에 의하여 하부로 흘러가서 다시 가열된다. 습분분리기 상부에는 와이어 메시가 설치되어 있어서 선회유동은 다시 직선운

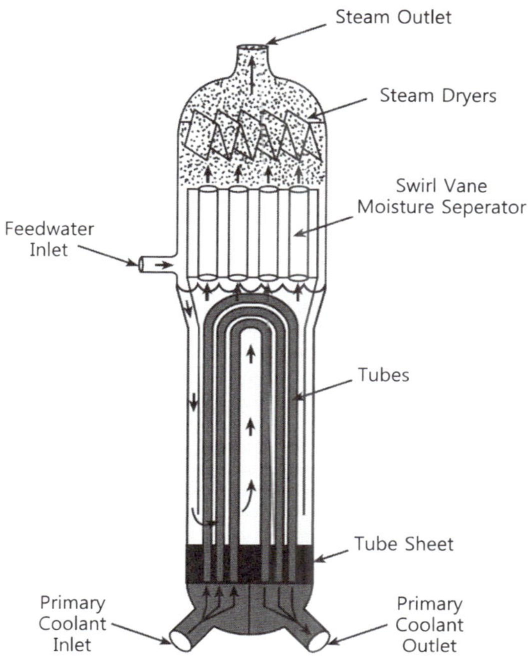

그림 1.41 증기발생기 운전원리

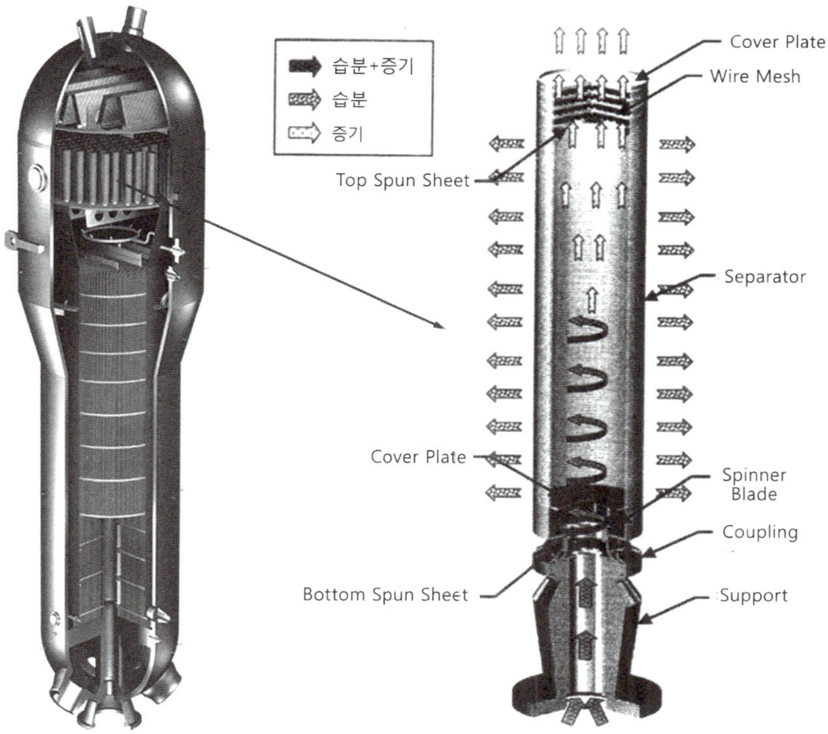

그림 1.42 증기발생기 및 습분분리기(두산중공업)

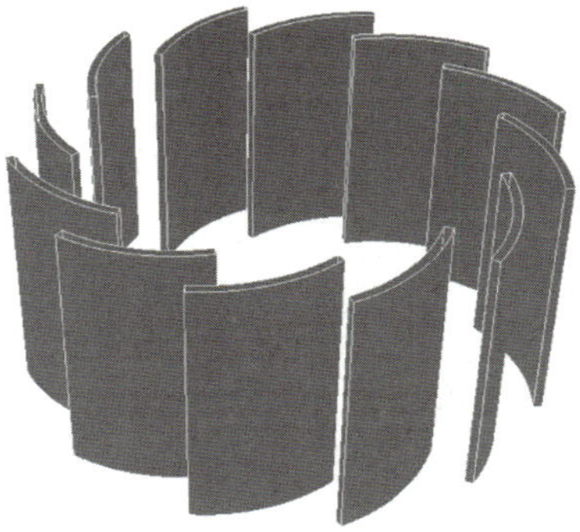

그림 1.43 스피너 블레이드

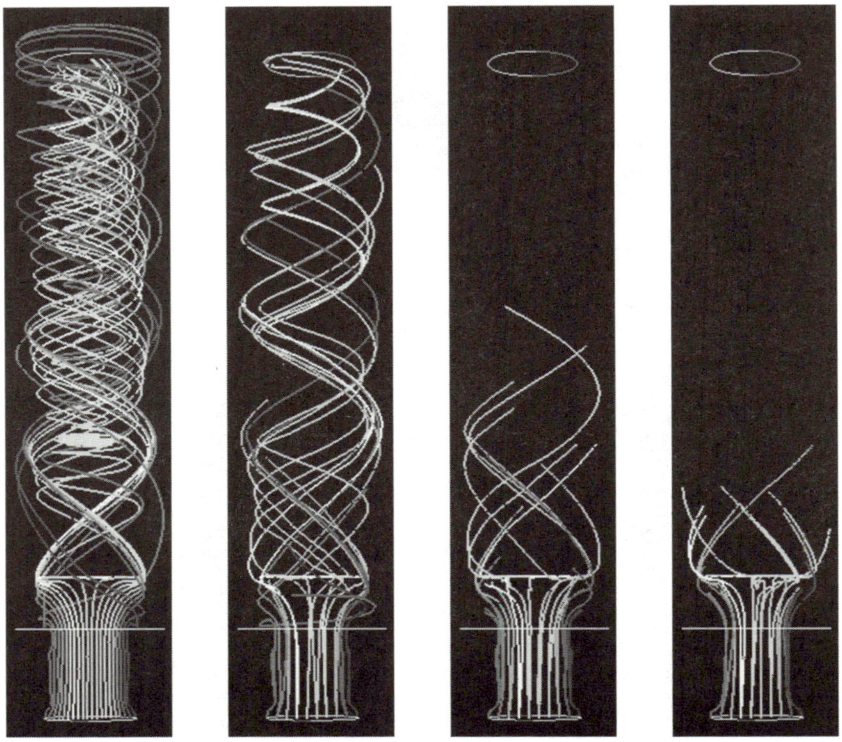

(a) (b) (c) (d)

(a) steam pathlines,

(b) droplet trajectories ($d_p = 20\ \mu m$),

(c) droplet trajectories ($d_p = 40\ \mu m$),

(d) droplet trajectories ($d_p = 70\ \mu m$)

그림 1.44 증기발생기 내부유동

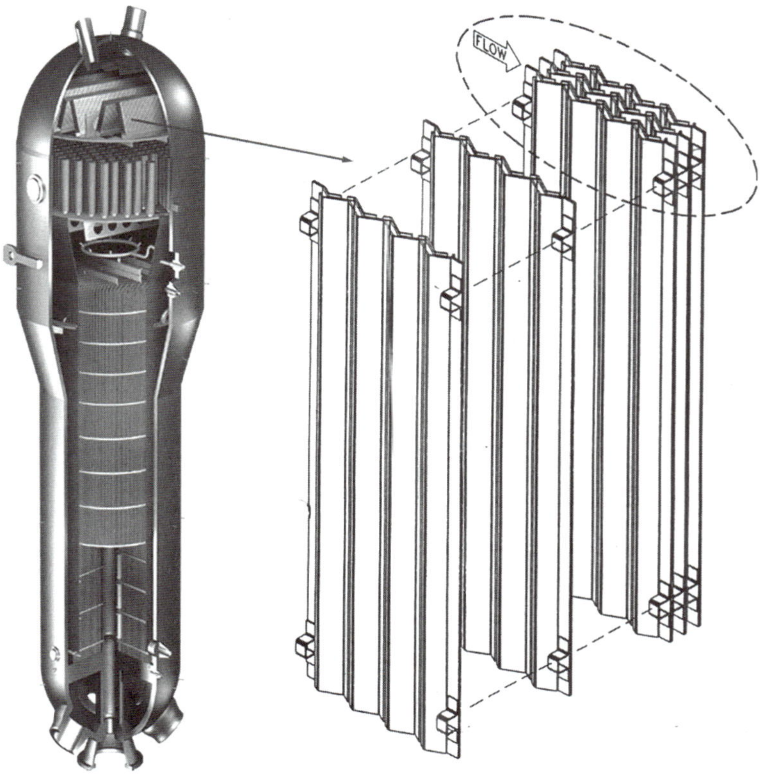

그림 1.45 증기발생기 및 증기건조기(두산중공업)

동으로 바뀌어 증기는 건도가 높아진 상태로 습분분리기를 빠져나가 상부로 향한다.

습분분리기를 빠져나온 증기는 약 3%의 습분을 포함하고 있기 때문에 그림 1.45에 나타나 있는 증기건조기를 통과시켜 건도 100%에 가까운 포화증기를 만들어 증기터빈으로 보낸다. 증기건조기는 chevron vane을 여러 장 겹쳐서 다발 형태로 제작한다. Chevron vane은 그림 1.46에 나타나 있는 것처럼 규칙적으로 굴곡진 형상을 가지기 때문에 증기 유동은 굴곡진 부분에서 여러 번 진행방향이 바뀐다. 증기에 포함되어 있는 물방울은 관성력을 가지고 있기 때문에 굴곡진 부분에서 급격히 변하는 증기의 유선으로부터 쉽게 이탈하여 chevron vane 벽면에 충돌하면서 제거된다. 그림 1.46에서 확인할 수 있듯이 증기건조기에서는 20 μm 이상의 지름을 가지는 물방울은 거의 모두 제거된다. 따라서 증기건조기를 통과한 증기는 건도 100%에 가까운 포화증기가 된다.

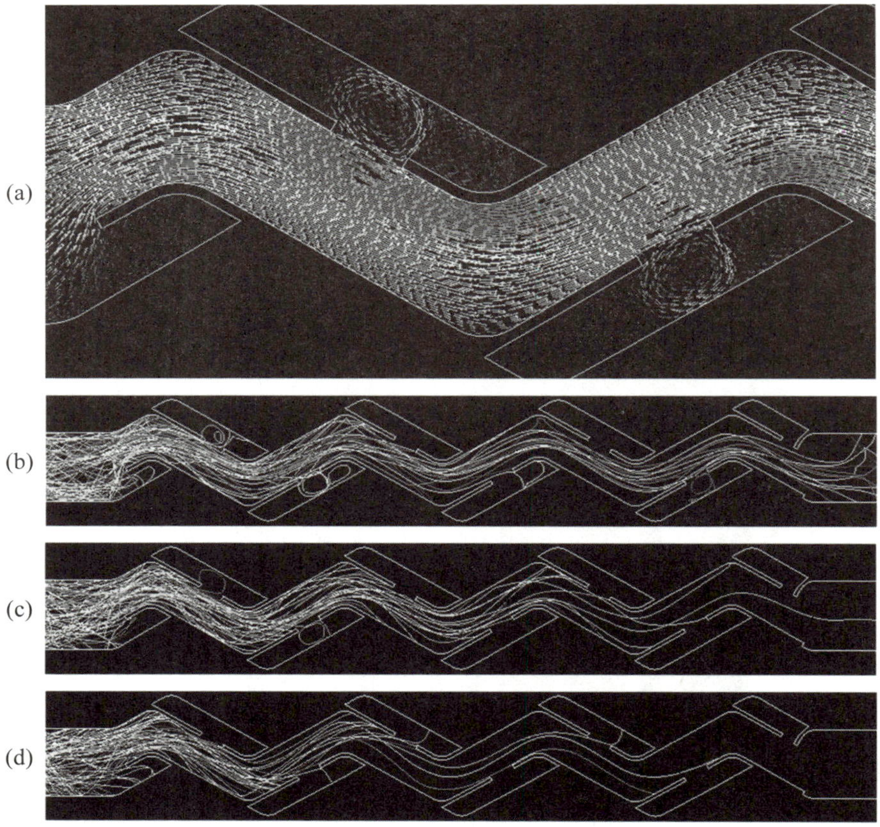

(a) velocity vectors for steam, (b) droplet trajectories ($d_p = 10\ \mu m$),
(c) droplet trajectories ($d_p = 20\ \mu m$), (d) droplet trajectories ($d_p = 40\ \mu m$)

그림 1.46 Chevron vane 내부유동

1.2.4 MSR

원자력발전용 증기터빈이 화력발전용 증기터빈과 다른 점은 IP터빈이 없다는 것과 증기터빈 회전수가 다르다는 것이다. 그리고 또 하나의 차이는 그림 1.47에 나타나 있는 것처럼 원자력발전소에는 증기터빈과 나란히 MSR(Moisture Separator Reheater)이 설치한다는 점이다. MSR은 그림 1.48에 나타나 있는 것처럼 chevron vane으로 구성된 습분분리기와 2단의 재열기로 구성되어 있다. 대개 MSR에 사용하는 chevron vane은 원자력 증기발생기의 증기건조기에 사용하는 것과 동일하다. 화력발전에서는 HP터빈을 빠져나온 증기를 재열시키면 사이클 효율이 향상될 뿐만 아니라 LP터빈 출구에서 증기의 습분이 낮아지기 때문에 증기터빈에 발생하는 습분손실이 줄어들어 증기터빈 성능이 향상된다. 또 LSB 습분침식이 줄어들어 성능저감이 줄어들고 유지보수비용이 절감되는 장점을 가진다. 원자력발전 HP터빈에 유입되는 증기는 건도 100%에 가까운 포화증기이며, HP

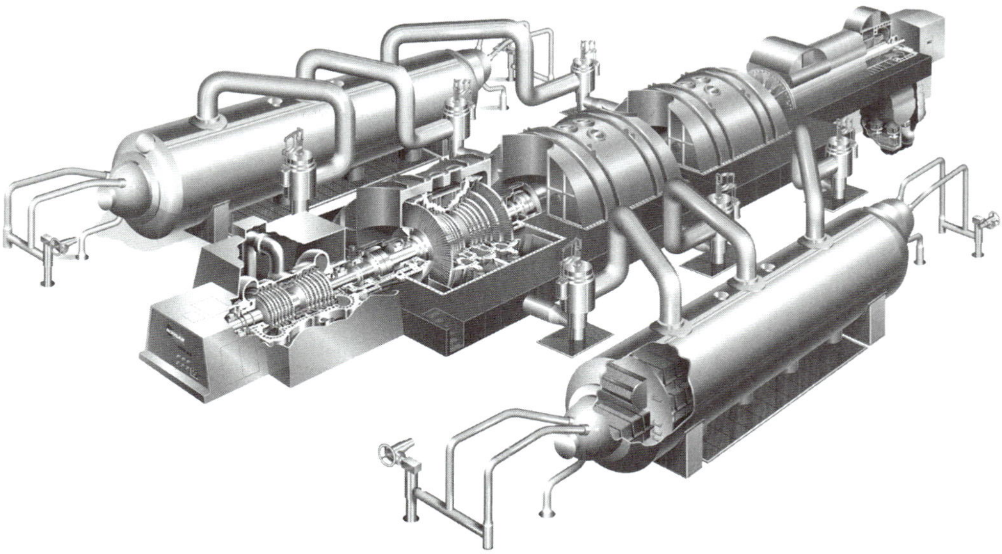

그림 1.47 원자력발전용 증기터빈(MSR 포함)

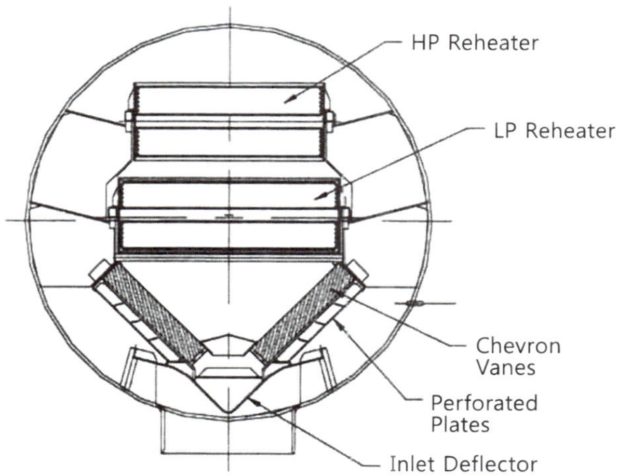

그림 1.48 MSR 단면도

터빈을 빠져나오는 증기에는 약 14%의 습분이 포함되어 있다. 따라서 원자력발전 HP터빈에서는 큰 습분손실이 발생하며, 이로 인하여 원자력발전 HP터빈은 과열증기를 사용하는 화력발전 HP터빈에 비해서 효율이 약 7% 낮다. 원자력발전 HP터빈을 빠져나온 증기는 MSR에 있는 습분분리기를 통과하면서 물방울이 제거되어 다시 건도 100%에 가까운 포화증기가 된다. 습분분리기를 빠져나온 증기는 다시 2단의 재열기를 통과하면서 과열증기가 된다. 그러나 증기를 재열시키기 위해 증기발생기로부터 공급되는 포화증기를 열원으로 사용하기 때문에 MSR을 빠져나오는 과열증기 온도는 HP터빈으로 공급되는

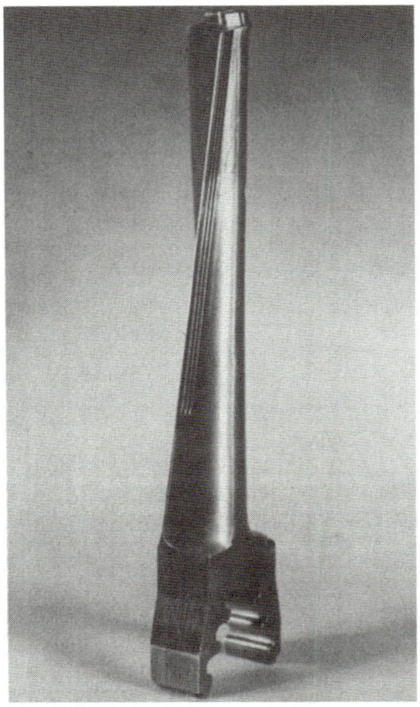

그림 1.49 습분제거용 그루브가 설치된 원자력발전용 버켓

포화증기 온도보다 약간 낮다. 이렇게 증기를 재열시키면 LP터빈에서 습분손실이 크게 줄어들기 때문에 증기터빈 성능이 향상될 뿐만 아니라 LSB 습분침식도 줄어든다.

그러나 비재열사이클 원자력발전에서는 MSR을 사용하지 않고 MS(Moisture Separator)를 사용한다. MS에는 재열기가 없기 때문에 건도 100%에 가까운 포화증기를 LP터빈으로 공급한다. 따라서 재열사이클 원자력발전과 비재열사이클 원자력발전의 LP터빈 출구 습분을 비교하면, 복수기 압력 2.5 in.Hga를 기준으로 각각 10%와 15% 정도이다. 따라서 MSR을 사용하는 재열사이클이 MS를 사용하는 비재열사이클에 비해서 습분손실이 크게 줄어들어 증기터빈 성능이 훨씬 우수하다. 참고로 LP터빈을 빠져나오는 증기의 습분은 두 경우 모두 비교적 낮은 편인데, 이는 LP터빈 후단부 여러 단에 그림 1.49에 나타나 있는 것과 같은 습분제거용 그루브를 가지는 버켓을 설치하여 LP터빈을 빠져나오기 전에 증기에 포함되어 있는 많은 양의 물방울을 미리 제거하기 때문이다. 습분제거용 그루브를 가지는 버켓을 설치하면 LP터빈 출구에서 습분이 비재열사이클의 경우 3.3%, 재열사이클의 경우 2.0% 정도 낮아진다.

1.3 복합발전

1.3.1 일반사항

복합발전이란 열역학적인 측면에서 복합사이클을 의미한다. 복합사이클이란 하나의 발전소에 두 개의 열역학적 사이클이 결합되어 있는 것을 말한다. 즉 복합사이클은 가스터빈을 이용하는 브레이턴사이클과 증기터빈을 이용하는 랭킨사이클이 결합되어 있는 것이다. 이렇게 두 개의 사이클을 결합하여 이용하면 하나의 사이클을 이용하는 것보다 높은 열효율을 얻을 수 있다. 그림 1.50에 3-압, 재열증기사이클 복합발전 열평형도가 나타나 있다. 이 그림을 통해서 가스터빈과 증기터빈을 결합시키면 60%에 가까운 열효율을 얻는다는 것을 알 수 있다. 발전 유형별 열효율을 비교하여 나타낸 그림 1.51을 통해서 확인할 수 있듯이 복합발전은 다른 형태의 발전에 비해서 열효율이 크게 높은 편이다. 따라서 국내에도 그림 1.52에 나타나 있는 것처럼 전체 발전설비 시설용량 기준으로 복합발전이 약 1/4 정도를 차지하고 있다. 그림 1.53에 국내 최대의 시설용량 4,300 MW를 가지는 복합발전단지를 나타냈다.

두 개의 사이클을 결합하는 경우에 고온에서 운전하는 사이클을 상부사이클, 저온에서 운전하는 사이클을 하부사이클이라 한다. 복합발전 하부사이클은 상부사이클에서 배출하는 열을 이용하기 때문에 복합발전은 높은 열효율을 나타낸다. 일반적으로 서로 다른 두 가지 작동유체를 가지는 사이클의 조합은 운전영역에 따라 장점을 가지는 작동유체를 달리하여 사용할 수 있기 때문에 열역학적으로 우수한 특성을 나타낸다. 가스터빈 복합발전 상부사이클에 사용하는 작동유체인 공기는 쉽게 구할 수 있으며, 비교적 낮은 압력에

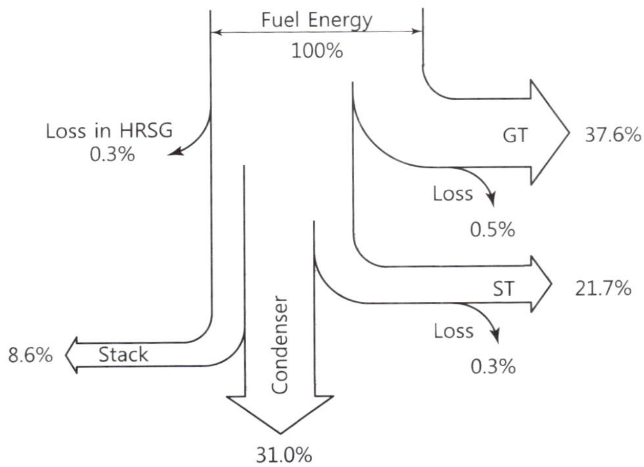

그림 1.50 3-압, 재열증기사이클 복합발전 열평형도

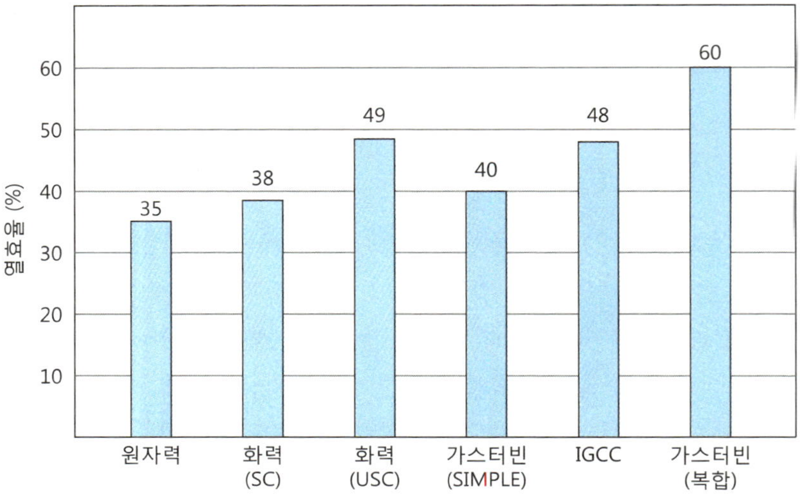

그림 1.51 발전 유형별 열효율 비교

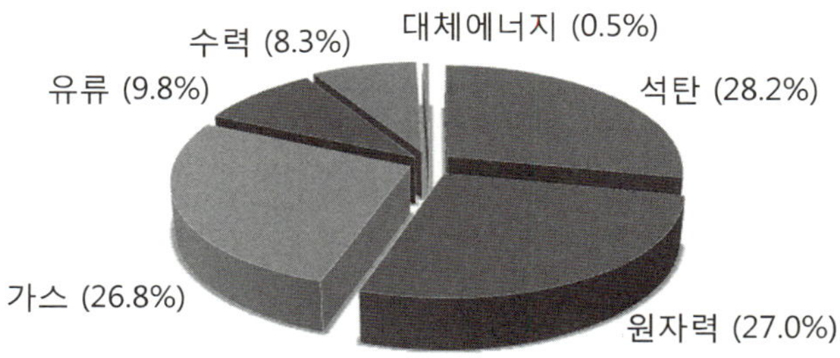

그림 1.52 국내 발전용량 비교(2008년 에너지원 기준)

그림 1.53 국내 최대 복합발전단지(서인천-신인천 복합발전, 4,300 MW)

서 고온을 유지할 수 있다. 이에 반해서 하부사이클에 사용하는 작동유체인 물/증기는 쉽게 구할 수 있을 뿐만 아니라 무해하며, 비열이 크기 때문에 비교적 중·저온 상태에서도 많은 열량을 보관할 수 있다. 따라서 이렇게 서로 다른 두 가지 작동유체를 조합하면 매우 높은 고온에서 열량을 받아들이고 매우 낮은 온도에서 열을 배출할 수 있다. 결과적으로 복합발전은 고온과 저온에 적합한 두 가지 서로 다른 작동유체를 조합하여 높은 열효율을 얻을 수 있다. 그리고 상부사이클과 하부사이클은 작동유체 사이에 열을 교환할 수 있는 열교환기를 통해서 연결하며, 가스터빈 복합발전에서 열교환기는 HRSG이다.

고효율 발전용 가스터빈 개발로 인해서 가스터빈 복합발전은 상업운전 시장에 진출할 수 있었다. 발전용 가스터빈은 초기에 열효율이 낮아서 주로 비상발전용으로 사용하였다. 따라서 발전용 가스터빈은 초기에 단순사이클로 이용하였다. 그러나 1970년대 후반 들어 가스터빈 배기가스 온도는 고효율 복합발전에 이용될 수 있을 정도로 충분히 높은 수준에 도달하였다. 이는 가스터빈 배기가스 온도가 충분히 높아서 HRSG에서 높은 에너지 수준을 가지는 증기를 생산할 수 있게 되었다는 것을 의미한다. 따라서 가스터빈은 오랫동안 널리 사용하고 있던 증기터빈과 쉽게 결합되어 복합사이클이 완성될 수 있었다. 그림 1.54에 복합발전 계통도를 나타냈다.

대용량의 전기를 직접적으로 저장할 수 있는 방법은 없으며, 간접적으로 저장하는 방법으로 양수발전이 있다. 그러나 발전과 펌핑을 위해 동일한 수차를 이용하는 양수발전은 용량도 제한적일 뿐만 아니라 효율이 낮기 때문에 비경제적이다. 따라서 전기는 소비자가 필요로 할 때 즉시 생산해서 공급해야 한다. 하루를 기준으로 살펴보면, 전기수요는

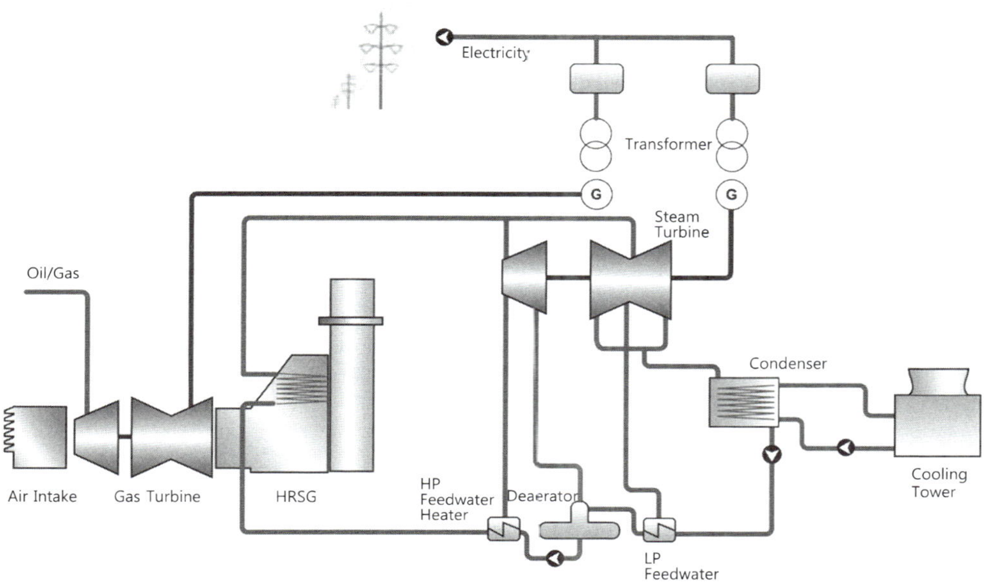

그림 1.54 복합발전 계통도

큰 변동폭을 가지기 때문에 수요와 공급에 균형을 맞추기 위해서 발전설비는 전기수요 변동에 즉각적으로 응답해야 한다. 가스터빈 복합발전은 신속한 기동 및 정지 특성, 즉 뛰어난 운전유연성을 가지고 있기 때문에 전기수요 변동에 즉시 대처하기 위한 발전설비로 가장 적합하다. 이밖에도 가스터빈 복합발전은 다음과 같은 여러 가지 장점을 가지고 있다.

1) 초기 건설비용이 저렴하다

복합발전의 가장 큰 장점 가운데 하나는 설비가 매우 조밀하여 화력발전이나 원자력발전에 비해 설치공간이 매우 작다는 점이다. 아울러 복합발전은 점차 대형화되고 있으며, 최근에는 가스터빈 1기와 증기터빈 1기로 구성하는 1-on-1 배치(1-on-1 configuration)의 대형 500 MW급 모델이 개발되어 기저부하용으로도 사용하고 있다. 복합발전 시스템이 대형화되면서 열효율은 증가하고 발전설비 건설단가는 급격히 낮아지는 추세이다. 표 1.1에 발전 유형별 발전설비 초기 건설단가를 비교하여 나타냈다. 그리고 그림 1.55에 복합발전 초기 건설단가를 구성품 기준으로 분류하여 나타냈다.

표 1.1 발전설비 최초 설치 단가 비교(2007년 기준)

Type of Plant	Output (MW)	Specific Price (US$/kW)
Combined cycle power plant	800	550～650
Steam power plant (coal)	800	1200～1400
Nuclear power plant	1250	2000～3000

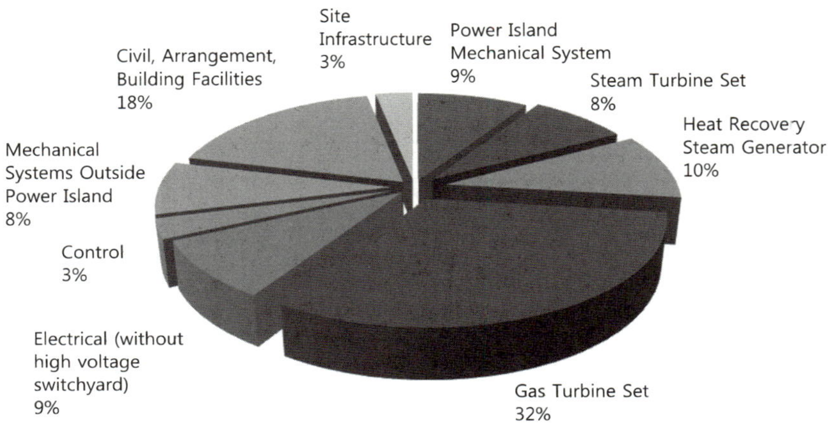

그림 1.55 복합발전 초기 건설단가 분류(400 MW 복합발전 기준)

2) 건설기간이 짧다

복합발전에 사용하는 주요 구성품은 공장에서 완전히 조립하여 성능시험까지 마친 후에 발전소로 이송하여 설치하기 때문에 발전소 건설기간이 상대적으로 짧다. 표 1.2에 발전설비 유형별 건설기간을 비교하여 나타냈다.

표 1.2 발전소 건설기간 비교

Type of Plant	Output (MW)	Construction Period (Month)
Combined cycle power plant	800	20～30
Steam power plant (coal)	800	40～50
Nuclear power plant	1250	60～80

3) 연료 유연성이 매우 크다

대부분의 복합발전용 가스터빈은 주로 천연가스를 연료로 사용한다. 그러나 경유, 나프타, 케로신뿐만 아니라 심지어 원유까지도 발전용 가스터빈 연료로 사용한다.

4) 이용도 및 신뢰도가 높다

복합발전은 첨두부하용뿐만 아니라 기저부하용으로도 사용한다. 이는 복합발전의 이용도 및 신뢰도가 석탄화력발전이나 원자력발전에 비하여 우수하기 때문이다. 표 1.3에 발전설비 유형별 이용도 및 신뢰도를 비교하여 나타냈다.

표 1.3 발전설비 이용도 및 신뢰도 비교

Type of Plant	Availability (%)	Reliability (%)
Combined cycle power plant	90～94	95～98
Steam power plant (coal)	88～92	94～98
Nuclear power plant	88～92	94～98

발전설비 이용도 및 신뢰도는 다음과 같이 정의한다.

$$\text{Reliability} = \left(1 - \frac{\text{FOH}}{\text{PH}}\right) \times 100 \tag{1.2}$$

$$\text{Availability} = \left(1 - \frac{\text{UH}}{\text{PH}}\right) \times 100 \tag{1.3}$$

여기서 FOH(total forced outage hours for unplanned outages and repairs)는 계획되지 않은 운전정지 및 수리로 인해 강제적으로 운전을 정지한 총 시간, PH는 기간(통상적으로 1년, 8,760시간), UH[total unavailable hours (forced outage, failure to start, scheduled maintenance hours, unscheduled maintenance hours)]는 이용할 수 없는 총 시간으로서 강제 운전정지, 시동 실패, 계획 정비시간, 계획되지 않은 정비시간 등을 모두 합친 것이다.

5) 운전유지비가 저렴하다

일반적으로 복합발전의 운전유지비는 석탄화력발전 및 원자력발전에 비해서 저렴하다. 표 1.4에 발전설비 유형별 운전유지비를 비교하여 나타냈다.

표 1.4 발전설비 유지비 비교

Type of Plant	Output (MW)	Fixed (Million US$/year)	Variable (US$/MWh)
Combined cycle power plant	800	6～8	2～3
Steam power plant (coal)	800	12～15	2.5～3.5
Nuclear power plant	1250	40～60	2.0

고정비는 주로 인건비와 보험비용이다. 변동비는 발전소 운전 방식에 따라 달라지며, 주로 예비품 구입비용이다.

6) 운전유연성이 우수하다

복합발전용 가스터빈은 신속한 기동 및 정지 특성으로 인하여 첨두부하용으로 많이 사용한다. 한편 전력망에 공급하는 전력이 수요보다 부족하면 전기 주파수가 낮아져서 전기의 품질이 저하된다. 운전유연성이 매우 우수한 발전용 가스터빈은 전기 주파수 조절용으로도 사용한다.

7) 공해물질 배출이 적다

발전용 가스터빈은 NOx와 일산화탄소 배출농도를 낮추기 위해 저공해 예혼합연소기를 사용한다. 최근 개발하고 있는 발전용 가스터빈은 NOx 배출농도가 9 ppmvd 이하이다. 발전용 가스터빈은 고효율 연소를 통하여 일산화탄소 배출농도 또한 5～25 ppmvd를 유지하고 있다. 그림 1.56에 대표적인 복합발전용 가스터빈을 나타냈다. 이 그림에서 연소기는 항공용 가스터빈 연소기와 다르다는 것을 확인할 수 있다. 즉 발전용 가스터빈은 항공용 가스터빈과 달리 공기저항 및 무게는 중요한 설계요소가 아니기 때문에 연소기를 외부로 돌출시켜 장착할 수 있다. 따라서 가스터빈 로터축을 길이를 늘이지 않고도 연소기 내부에서 연소가 이루어지기 이전에 연료와 압축공기를 충분히 혼합시킬 수 있는 공간을 확보할 수 있다.

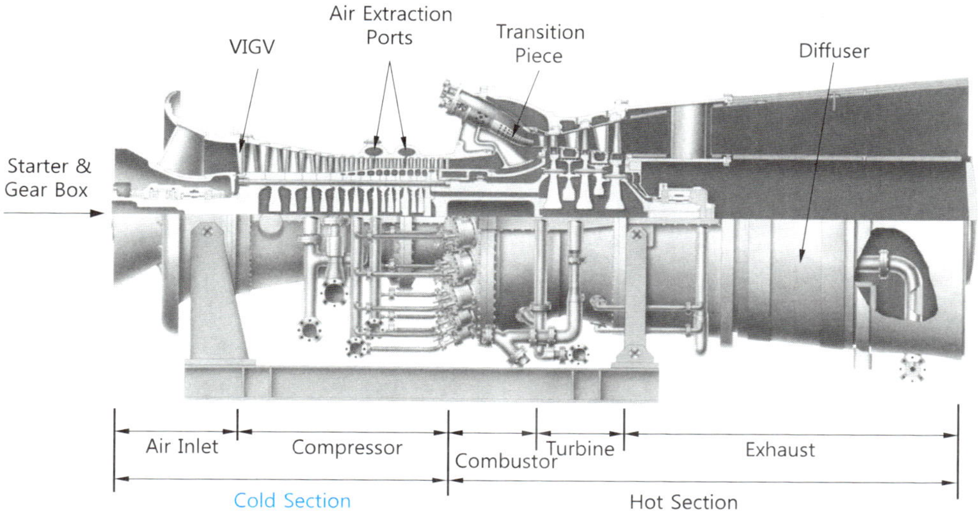

그림 1.56 발전용 가스터빈(7FA, GE)

8) 출력증강을 위한 다양한 방법이 있다

복합발전에는 기본적인 출력 이외에 추가적으로 출력을 증강시킬 수 있는 다양한 방법이 있다. 가장 대표적인 예로, 가스터빈 유입공기 냉각, 물 또는 증기분사, HRSG 입구에서의 조연 등이 있다. 따라서 복합발전은 시설용량을 늘리지 않고도 전력을 추가적으로 생산할 수 있기 때문에 매우 경제적이다.

1.3.2 가스터빈

가스터빈으로 유입된 공기는 압축기를 통과하면서 압축되어 온도와 압력이 증가한다. 압축기는 터빈과 단일 축으로 연결되어 있으며, 공기를 압축시키는 데 필요한 회전동력을 터빈으로부터 공급받는다. 따라서 압축기에서는 기계적 에너지가 압력에너지로 변환된다.

압축기를 빠져나온 압축공기는 안정된 연소를 위해 속도를 낮추기 위한 디퓨저를 거쳐서 연소기로 유입된다. 연소기에서는 공해물질 발생을 최대한 억제하기 위해 압축공기와 연료를 연소되기 이전에 미리 혼합시킨다. 미리 혼합된 연료-공기는 정압상태에서 연소된다. 그러나 실질적으로 연소가 일어나는 동안에 마찰손실과 연소에 의한 급격한 온도상승으로 인해서 3~4% 정도의 압력손실이 발생한다. 연소가 일어나면 연료가 가지고 있는 화학적 에너지가 열에너지로 변환되면서 연소가스 온도가 급격히 증가한다. 따라서 연소가스의 에너지(엔탈피) 수준이 급격히 증가한다. 연소가스의 온도가 급격히 증가하면 비체적도 급격히 증가한다. 그러나 연소기 체적은 일정하기 때문에 급격히 증가된 비체적을 가지는 연소가스는 매우 빠른 속도로 연소기를 빠져나간다. 따라서 터빈은 연소기

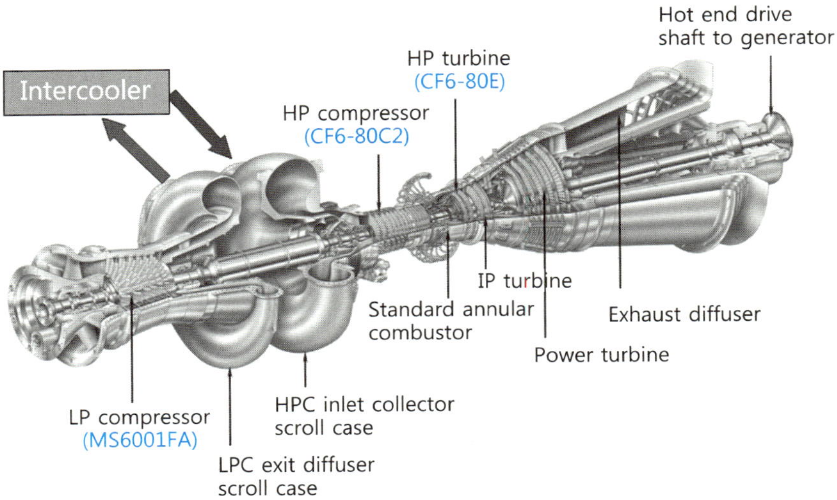

그림 1.57 항공파생형 산업용 가스터빈(LMS100, GE)

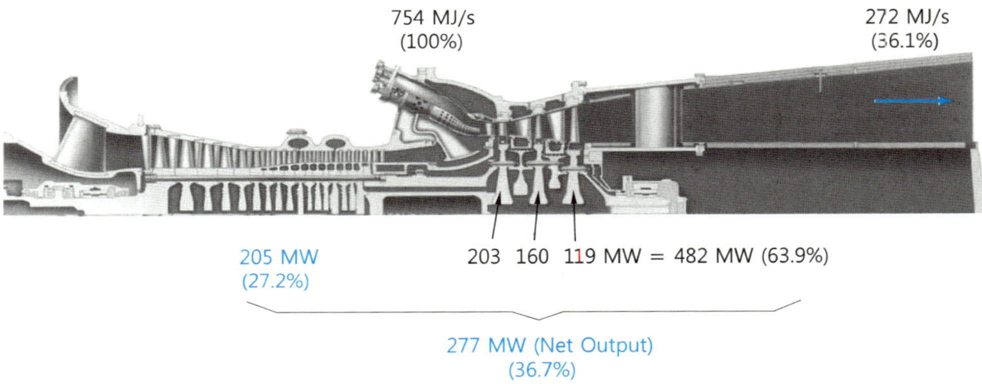

그림 1.58 발전용 가스터빈 열평형

로부터 열에너지, 압력에너지, 운동에너지를 공급받는다.

터빈에서 일어나는 에너지 변환과정은 증기터빈에서 살펴본 내용과 동일하다. 가스터빈 압력비는 증기터빈에 비해 매우 낮기 때문에 터빈은 대개 4단으로 구성되어 있다. 그러나 그림 1.57에 나타나 있는 압력비가 높은 항공파생형 가스터빈은 더 많은 터빈 단수를 가진다.

그림 1.58에 어떤 실질적인 발전용 가스터빈에 대한 열평형(heat balance)을 나타냈다. 이 그림에 나타나 있는 것과 같이 연소기에 공급한 전체 열량 가운데 약 2/3는 터빈에서 기계적인 일로 변환되며, 그 가운데 절반은 압축기 구동동력으로 사용하고 나머지 절반은 발전기를 구동시켜 전기를 생산한다. 따라서 발전용 가스터빈의 열효율은 약 33% 정도이다. 한편, 연소기에 공급된 전체 에너지 가운데 나머지 1/3은 가스터빈을 그대로 빠

져나간다. 이렇게 빠져나가는 많은 에너지로 인하여 가스터빈 배기가스 온도는 거의 600℃에 달한다.

1.3.3 HRSG

HRSG(Heat Recovery Steam Generator, 배열회수보일러)는 가스터빈 배기가스에 포함되어 있는 열에너지를 증기로 변환시킨다. HRSG에서 생산된 증기는 그림 1.59에 나타나 있는 것처럼 증기터빈으로 공급되어 전기를 생산한다. 따라서 HRSG와 증기터빈은 하부사이클인 랭킨사이클을 구성한다. 그림 1.60에 대표적인 수평형 HRSG를 나타냈다.

복수기 응축수는 HRSG의 이코노마이저로 보내져서 약간 과냉된 상태로 가열시킨 후 드럼으로 보낸다. 드럼으로 보내진 물은 증발기를 순환하면서 가열되어 물-증기 혼합물로 다시 드럼으로 돌아와서 물과 증기로 분리된다. 드럼에서 분리된 포화증기는 가장 높은 가스터빈 배기가스 온도와 열교환을 하는 과열기로 보내져서 과열증기가 된다.

HRSG는 가스터빈의 신속한 기동에 따른 급격한 열팽창을 흡수할 수 있어야 한다. HRSG의 기동성은 드럼 두께에 의해서 가장 큰 영향을 받는다. 드럼 두께는 신속한 기동을 위해서 최대한 얇아야 한다. 그러나 가스터빈 배기가스 온도가 높은 첨단가스터빈을 이용한 복합발전은 최고의 랭킨사이클 효율을 얻기 위해서 더 높은 증기압력이 요구되며, 이로 인해서 기동시간이 길어진다. 이런 경우에 기동시간을 단축시키기 위해 드럼이

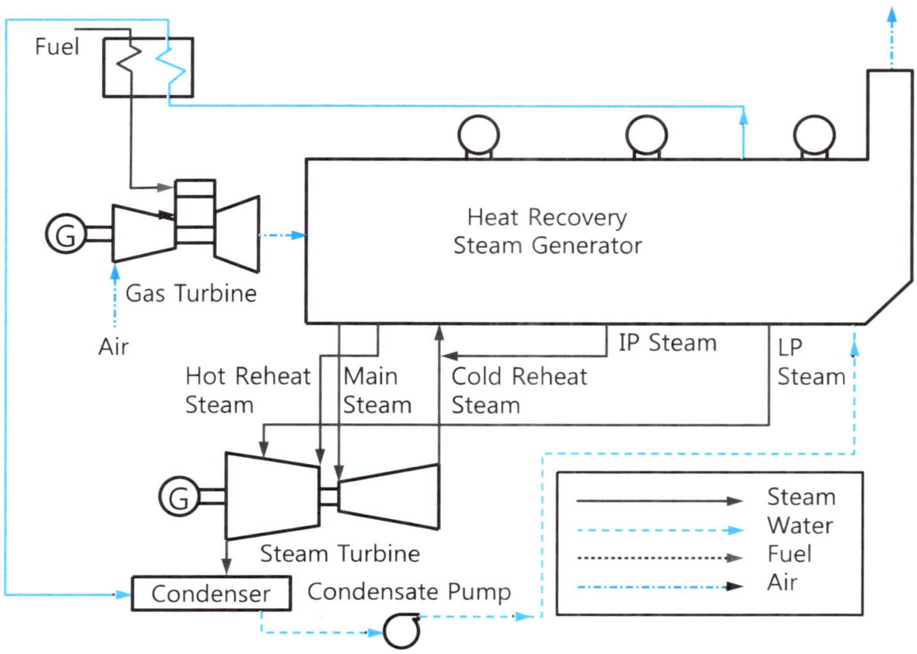

그림 1.59 복합발전 증기사이클(3-pressure, reheat cycle)

필요 없는 관류형 HRSG를 사용한다. 그림 1.61에 관류형 HRSG가 나타나 있다. 이 관류형 HRSG는 국내의 대표적인 민자발전회사인 GS EPS에 H-class 가스터빈과 함께 설치되어 있다.

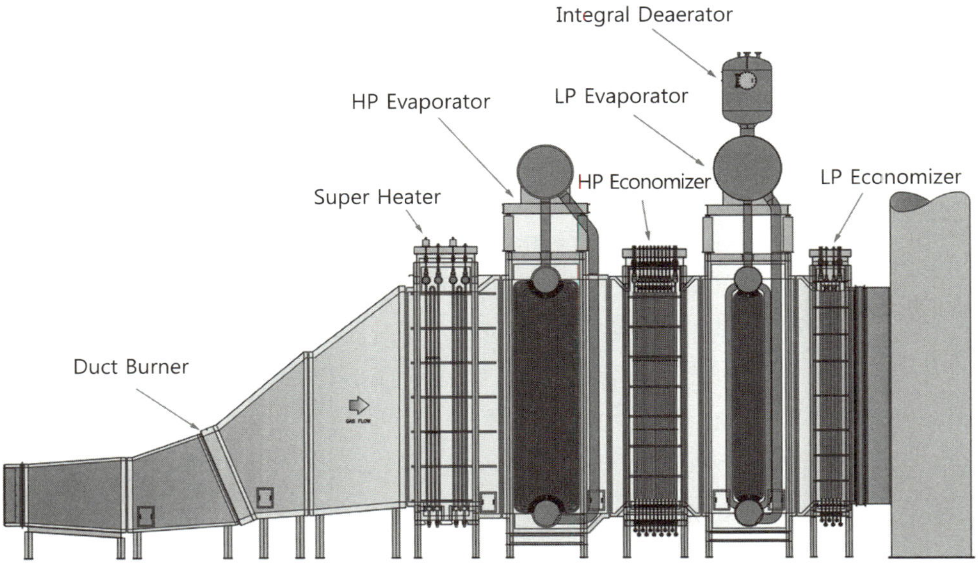

그림 1.60 수평형 HRSG(2-pressure)

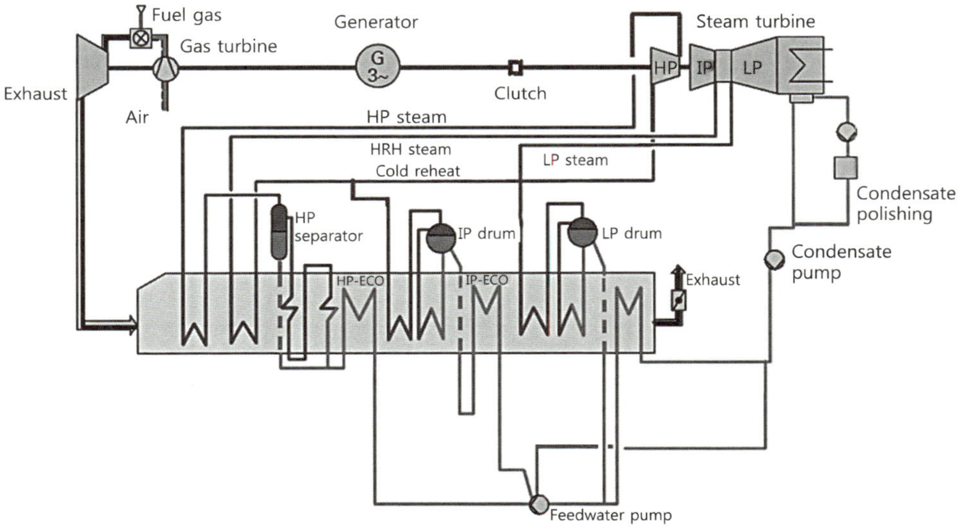

그림 1.61 관류형 HRSG(3-pressure)

1.3.4 증기터빈

복합발전용 증기터빈은 HRSG에서 생산된 증기를 모두 발전에 사용하면 가스터빈 1기 출력의 절반 또는 절반을 약간 초과하는 정도의 전기를 생산한다. 따라서 복합발전용 증기터빈은 대형 화력발전용 증기터빈에 비해 용량이 작다. 일반적으로 복합발전의 주증기 조건은 자연순환식 HRSG에 대한 증기압력과 LSB의 습분침식을 고려하여 결정한다. 그리고 밀폐형 급수가열기는 사용하지 않거나 사용하더라도 작은 수를 사용한다. 이는 신속한 기동특성 확보와 LP터빈에 필요한 증기유량을 확보하기 위함이다. 일반적으로 복합발전용 증기터빈의 LP터빈은 대형 화력발전용 LP터빈을 그대로 사용한다. 지속적인 성능 개량이 이루어지고 있는 복합발전용 가스터빈에 대응하기 위해 HRSG와 증기터빈 성능도 지속적으로 개량하여 하부사이클의 성능을 최적화시켜야 한다. 그러나 고성능 LP터빈을 개발하기 위해서는 많은 시간과 비용이 요구된다. 따라서 대개의 경우 LP터빈은 기존에 개발되어 있는 것을 그대로 사용하고 상대적으로 짧은 기간에 설계가 가능한 HP터빈과 IP터빈을 개선하여 대처한다. 참고로 500 MW 한국표준화력 정격부하운전 시 LP터빈 출력은 125 MW이다.

가스터빈 배기가스 온도가 600℃를 초과함에 따라 증기의 재열에 필요한 충분한 열량을 확보할 수 있게 되었으며, 이로 인해서 그림 1.62에 나타나 있는 것과 같은 3-압 재열사이클 증기터빈이 일반화되고 있다. 재열사이클을 채택하면 상대적으로 높은 주증기 압력을 이용해야 하는데, 이런 경우 증기의 체적유량이 줄어들기 때문에 증기터빈 효율이 낮아진다. 이는 체적유량이 줄어들면 길이가 짧은 블레이드를 사용해야 하기 때문이다. 그러나 이런 문제는 가스터빈 2기에 증기터빈 1기를 설치하는 2-on-1 배치를 채택하여 해결하고 있다. 한편, 주증기 온도가 높아지면 HRSG, 증기배관, 증기터빈 등을 제작하기 위해 고급 소재가 요구된다.

복합발전에서 사용하는 증기온도는 석탄화력발전 수준에 도달하였다. 그러나 복합발전에서 사용하는 증기압력은 약 100～170 bar로서 석탄화력발전의 160～300 bar에 비해 크게 낮은 편이다. 증기압력이 낮으면 체적유량이 증가하여 증기터빈 효율이 향상된다. 그러나 비재열 증기터빈의 주증기 압력을 낮추는 것은 증기터빈 출구에서 습분 및 LSB의 습분침식에 의해 제한을 받는다. 한편, 증기의 체적유량이 일정한 상태에서 증기터빈으로 유입되는 주증기 압력이 증가하면 사이클 효율이 향상된다. 그러나 HRSG 튜브 두께가 증가하여 열적 유연성이 떨어지고 가격이 비싸진다. 따라서 주증기 압력이 높아짐에 따라 열적 유연성이 악화되는 것을 피하기 위해 관류형 HRSG의 사용이 증가하고 있다.

복합발전에서는 흔히 서로 다른 압력을 가지는 증기를 생산한다. 이런 경우 증기터빈은 다수의 증기 입구를 가지기 때문에 증기터빈 출구로 가면서 증기의 질량유량이 점차 증가한다. 이런 이유 때문에 일반 화력발전의 LSB는 증기터빈 전체 출력의 약 10% 정

(a) 207D-17 증기터빈, GE

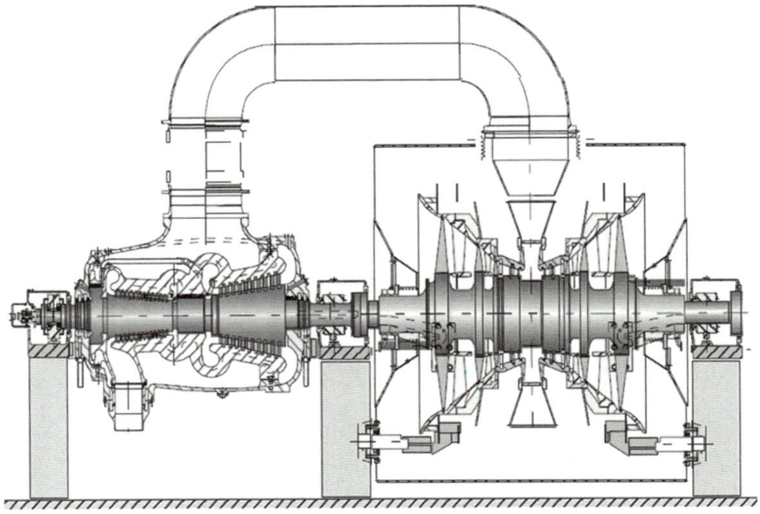

(b) Siemens

그림 1.62 복합발전용 재열터빈

도를 생산하는 데 비해서 복합발전에서는 LSB에서 전체 출력의 약 15%가 생산된다. 3-압 증기터빈은 증기터빈 출구에서 증기의 질량유량이 증기터빈 입구에서의 질량유량에 비해 약 30% 정도 증가한다. 이는 대형 화력발전용 증기터빈 출구에서의 질량유량이 입구에서의 질량유량에 비하여 약 65% 정도로 줄어드는 것과 비교하면 크게 차이가 나는 것을 알 수 있다. 한편, 복합발전용 증기터빈은 빈번한 기동 및 정지로 인하여 짧은 기동시간이 요구된다.

2장 | 개념 및 정의

2.1 열역학적 계와 검사체적

2.2 열역학적 관점

2.3 물질의 상태량과 상태

2.4 온도 및 압력

2.5 단위계

2.6 운동량과 충격량

2.7 힘

2.8 일과 열

2.9 동력

2.10 역학적 에너지

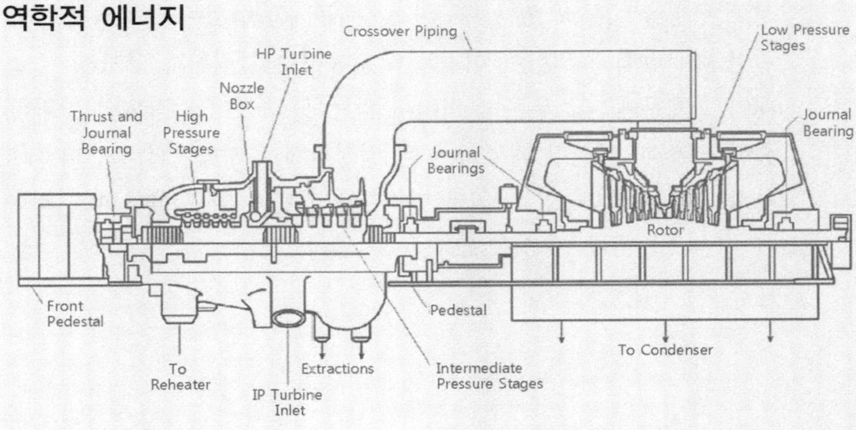

열역학은 열을 기계적 에너지로 변환시켜 실생활에 이용하기 위해 연구하기 시작한 과학이다. 열역학은 다른 과학과 마찬가지로 경험적인 관찰에 기반을 두고 발전하였으며, 이들 관찰은 열역학 제0, 제1, 제2법칙으로 공식화되었다.

열역학은 에너지와 엔트로피를 다루는 과학이다. 우리는 아직 엔트로피에 대해서 배우지 않았다. 따라서 이를 다르게 표현하면, 열역학은 에너지와 평형을 다루는 과학이라고 할 수 있다. 그러므로 물질의 열역학적 상태는 에너지와 평형에 도달하게 하는 에너지 전달을 고찰할 수 있는 열역학적 상태량으로 나타낸다.

열역학은 일과 열을 다루는 과학이다. 일이란 힘을 가해서 어떤 물체를 이동시켰을 때 힘과 변위의 곱으로 주어지는 물리량을 말한다. 열이란 온도차가 존재하는 경우에 계의 경계를 넘어서 이동하는 에너지를 말한다. 일과 열은 열역학적 상태량이 아니라 물질의 에너지 상태 및 열역학적 상태량을 달라지게 하는 열역학적인 양이다. 즉 일과 열은 에너지 전달이다.

따라서 열역학을 공부하기 위해서 에너지, 엔트로피, 일과 열, 그리고 각종 물질의 열역학적 상태량에 대한 개념을 숙지해야 한다.

2.1 열역학적 계와 검사체적

열역학적 계(system)는 해석대상인 어떤 양의 물질이라고 정의한다. 단, 해석대상 물질은 일정한 질량과 동일성을 가져야 한다. 그림 2.1에 나타나 있는 것처럼 열역학적 계 외부에 있는 것은 모두 주위라고 하며, 계와 주위는 경계에 의하여 분리된다. 계의 경계는 고정되어 있을 수도 있고 움직일 수도 있다.

그림 2.2에 나타나 있는 것처럼 상하로 자유롭게 움직이는 피스톤 위에 무게 W인 물체를 올려놓고 공기로 채워진 실린더를 가열하는 실험을 살펴보자. 가열하기 전에 힘은 서로 평형을 이루고 있다. 즉 피스톤 위에 올려 있는 물체의 무게에 의한 힘의 크기는 실린더 내부압력에 의하여 피스톤에 작용하는 압력힘과 크기가 서로 같고 방향이 서로 반대이기 때문에 피스톤은 움직이지 않는다. 가열이 시작되면 실린더 내부 공기 온도가 상승한다. 이때 실린더 내부 압력은 일정하게 유지되면서 실린더 내부 공기의 비체적이 증가하기 때문에 피스톤은 위로 밀려 올라가면서 일을 한다. 따라서 이 실험을 통해서 다음과 같은 몇 가지 사실을 확인할 수 있다.

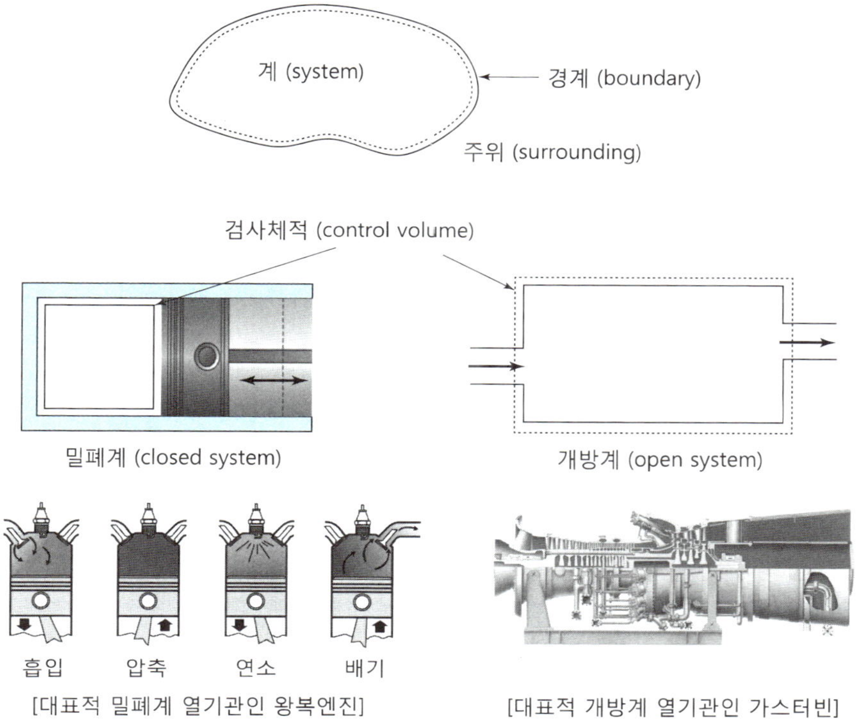

그림 2.1 열역학적 계와 검사체적

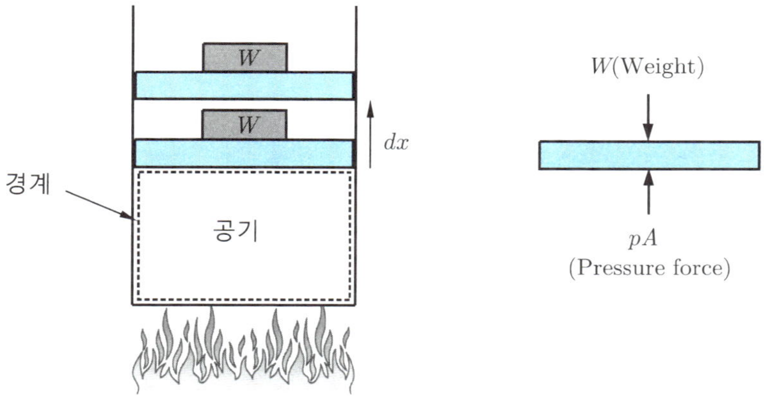

그림 2.2 계의 예

1) 열과 일은 계의 경계를 넘어간다.
2) 계를 구성하는 물질(여기서는 공기)은 일정하다.
3) 계의 경계는 움직인다.

열역학에서는 작동유체라는 용어가 자주 등장한다. 작동유체(working fluid)란 계 내부를 채우고 있거나 흐르는 물질로서 에너지를 보관할 수 있는 능력을 가지고 있다. 즉 작동유체는 계 외부로부터 일이나 열을 받아 저장하기도 한다. 작동유체는 물과 같은 비압축성 유체와 공기와 같은 압축성 유체가 있으며, 물과 같이 상변화가 일어나는 물질이 존재하는 반면에 이상기체와 같이 상변화가 일어나지 않는 물질이 있다. 작동유체는 동작유체 또는 작동물질로 불리기도 한다.

계는 고립계, 밀폐계, 개방계로 분류한다. 고립계(isolated system)란 계 외부로부터 완전히 독립된 계를 말한다. 따라서 고립계는 계의 경계를 통해서 열과 일의 출입이 없으며, 작동유체 또한 출입이 없는 계를 말한다. 밀폐계(closed system)는 열과 일은 계의 경계를 출입하지만 작동유체는 계의 경계를 출입하지 못하고 고립되어 있는 계를 의미하며, 개방계(open system)는 열과 일 및 작동유체 모두 계의 경계를 출입하는 계를 말한다. 대표적인 밀폐계 열기관으로는 그림 2.1에 나타나 있는 것처럼 왕복엔진이 있으며, 대표적인 개방계 열기관으로는 가스터빈이 있다.

2.2 열역학적 관점

계를 구성하는 물질의 거동은 그림 2.3에 나타나 있는 것처럼 미시적 관점과 거시적 관점에 의하여 조사될 수 있다. 미시적 관점이란 물질을 구성하는 원자 단위로 물질의 거동을 살펴보는 것이다. 미시적 관점으로 물질을 분석하는 것은 불가능하다. 예를 들어,

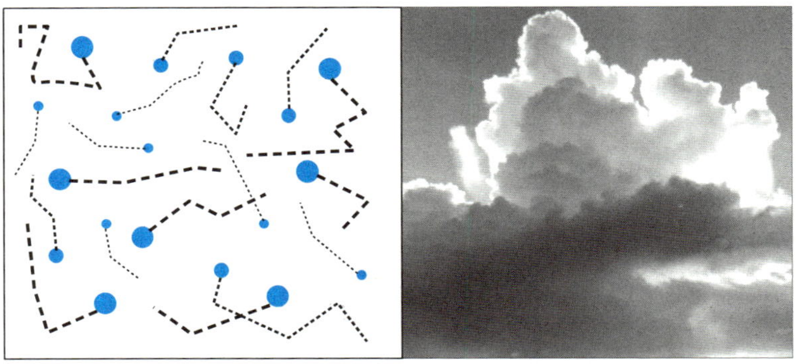

Microscopic View (미시적 관점)　　Macroscopic View (거시적 관점)

	Microscopic View	Macroscopic View
Mass unit	Molecular	Whole gas
Physical properties	Mass, Momentum, Energy	Density, Temperature, Pressure

그림 2.3 열역학적 관점 비교

미시적 관점을 이용하여 물질의 속도를 계산하기 위해서는 3개의 축 방향 성분을 계산해야 한다. 그러기 위해서는 원자수의 3배에 해당하는 수식을 이용해야 하는데, 이는 현대의 최첨단 컴퓨터로도 계산을 수행하기 어렵다.

거시적 관점이란 물질을 구성하는 많은 분자들의 전체적인 또는 평균적인 효과를 살펴보는 것이다. 이들 효과는 인간의 감각에 의하여 감지될 수 있으며, 계기에 의해서 측정될 수 있다. 즉 인간이 실제로 감지하고 측정한 것은 다수의 분자들에 대한 시간평균효과이다.

미시적 관점에서는 원자 질량을 기준으로 둘리량들을 계산할 수 있다. 따라서 질량, 운동량, 에너지 등이 미시적 관점으로 살펴볼 수 있는 양이다. 이에 반해서 거시적 관점에서 살펴볼 수 있는 물리량으로는 밀도, 온도, 압력 등이 있다.

2.3 물질의 상태량과 상태

열역학적 계를 구성하는 물질은 많은 수의 분자로 구성되며, 기체, 액체, 고체로 존재할 수 있다. 열역학에서는 이런 물질의 구성 상태를 나타내기 위해 상(phase)을 사용한다. 상이란 완전히 균일한 어떤 양의 물질이라고 정의한다. 2개 이상의 상이 공존하는 경우 각각의 상은 상경계에 의하여 서로 분리된다. 물질은 어떤 상에서 다양한 온도와 압력 상태로 존재할 수 있으며, 이를 열역학적으로 "물질은 다양한 상태(state)로 존재한다."고 한다.

열역학은 기본적으로 에너지와 평형을 다루는 과학이라고도 할 수 있다. 어떤 한 물질의 열역학적 상태는 에너지를 나타낼 수 있는 상태량과 평형상태에 이르게 하는 에너지 전달에 의하여 기술된다. 상태량이란 물질의 상태를 기술할 수 있는 정량적인 변수를 말한다. 대표적인 상태량에는 온도, 압력, 비체적 등이 있다.

열역학적 상태량은 강도성 상태량과 종량성 상태량 두 가지로 분류한다. 강도성 상태량은 물질의 질량과 관계가 없는 상태량으로써 압력, 온도, 밀도 등이 이에 해당된다. 반면에 종량성 상태량은 질량에 정비례하여 변하는 상태량으로써 질량, 체적, 에너지 등이 이에 해당된다. 이들 상태량에 대한 이해를 돕기 위해서 그림 2.4에 나타나 있는 것처럼 어떤 물질을 정확하게 이등분해보자. 이때 강도성 상태량은 이등분하더라도 그 값이 변하지 않는다. 이에 반해 종량성 상태량은 이등분하는 경우 그 상태량도 절반이 된다.

열역학에서는 추상적인 상태량도 많이 취급하는데, 대표적인 추상적인 상태량으로는 내부에너지, 엔트로피, 엔탈피 등이 있다. 그런데 이런 추상적인 상태량들은 모두 종량성 상태량이다. 열역학에서는 상태변화에 많은 관심을 둔다. 상태변화란 작동유체가 일이나

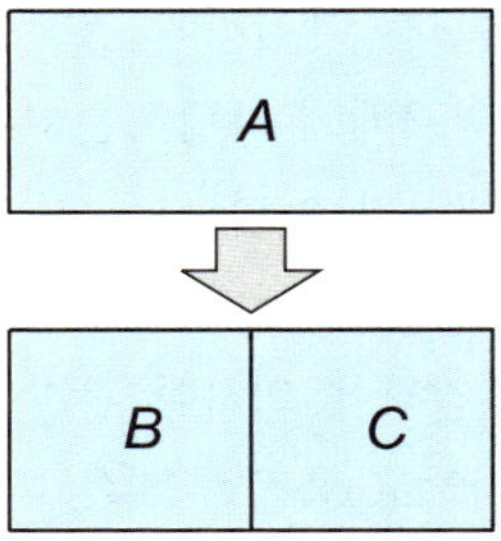

그림 2.4 물질의 이등분

열에 의하여 한 상태에서 다른 상태로 변화되는 것을 말한다. 열역학에서는 상태변화가 일어나는 경우 물질의 질량이나 체적의 변화에는 관심을 두지 않는다. 즉 열역학에서는 강도성 상태량을 이용하여 상태변화를 관찰한다. 그러므로 대부분의 종량성 상태량을 단위질량으로 나누어서 강도성 상태량으로 만들어준다. 비체적(specific volume), 비내부에너지(specific internal energy), 비엔트로피(specific entropy), 비엔탈피(specific enthalpy) 등은 강도성 상태량이다. 따라서 이런 여러 가지 상태량 앞에 붙는 접두사 '비(specific)'는 어떤 종량성 상태량을 단위질량으로 나누어 주어서 강도성 상태량으로 만들었다는 것을 나타낸다. 열역학에서 종량성 상태량은 대문자를 사용하여 나타내며, 종량성 상태량을 단위질량으로 나누어 준 강도상 상태량은 소문자를 사용하여 나타낸다. 예를 들면, 체적은 대문자인 V로 나타내며, 비체적은 소문자인 v로 나타낸다. 한편, 물질의 밀도는 단위체적당 질량으로 정의되며 기호 ρ로 표시한다. 따라서 비체적과 밀도는 강도성 상태량이며, 다음과 같이 서로 반비례 관계를 가진다.

$$v = \frac{V}{m} = \frac{1}{\rho} \tag{2.1}$$

그림 2.5에 나타나 있는 것처럼 어떤 계에서 상태변화가 일어날 때 그 상태변화의 연속된 경로를 과정이라 한다.

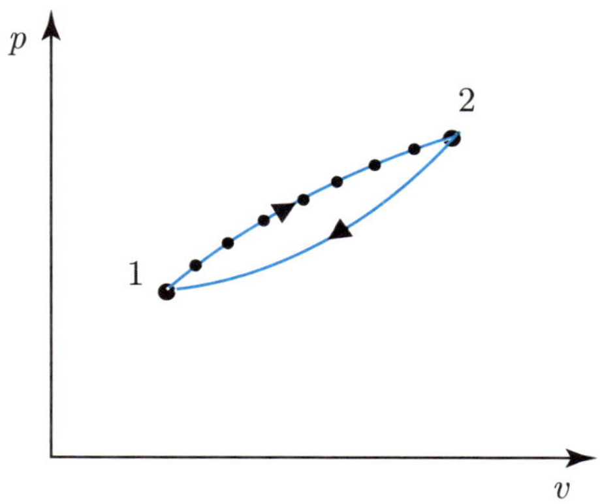

그림 2.5 과정

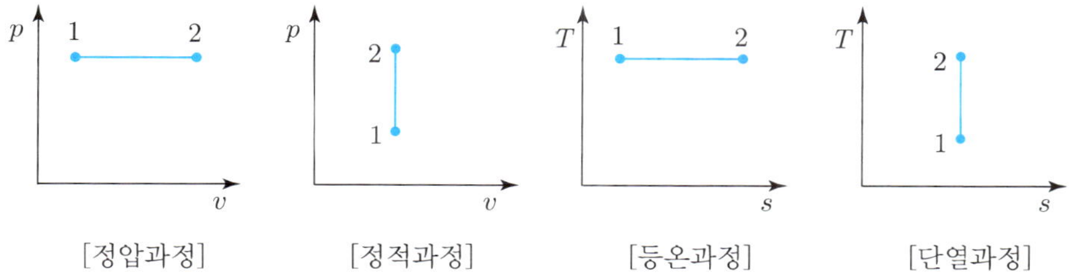

그림 2.6 대표적인 열역학적 과정

과정에는 그림 2.6에 나타나 있는 것과 같이 여러 가지가 있으며, 열역학에서 다루는 중요한 과정은 다음과 같다.

1) 정압과정(constant pressure process): 압력이 일정하게 유지되는 과정(p=const.)
2) 정적과정(constant volume process): 체적이 일정하게 유지되는 과정(v=const.)
3) 등온과정(constant temperature process): 온도가 일정하게 유지되는 과정(T=const.)
4) 단열과정(adiabatic process): 계에 열 출입이 없는 과정($\delta q = 0$, pv^{γ}=const.)
5) 등엔트로피과정(isentropic process): 단열과정인 동시에 가역과정(s=const.)
6) 폴리트로픽과정(polytropic process): 실제적인 과정(pv^{n}=const.)

한편, 과정은 가역과정과 비가역과정으로 구분된다. 가역과정이란 역학적으로 평형을 이루면서 열적으로도 평형을 이루는 과정을 말하며, 계나 주위에 어떤 변화도 일으키지 않으면서 역과정에 의하여 원래 상태로 돌아갈 수 있는 과정을 말한다. 어떤 과정이 가역과정이 되기 위해서는 다음과 같은 조건들을 만족시켜야 한다.

1) 가역과정은 그 과정이 일어난 후에 그 과정을 역으로 지나가는 경우에 에너지 전달 방향은 반대지만 그 양은 같아야 한다.
2) 가역과정이 일어나는 동안 계와 주위는 매 순간 평형상태 또는 준평형상태가 되어야 한다.
3) 가역과정은 마찰, 혼합, 열전달, 또는 비탄성변형 등과 같은 비가역적인 요소가 없어야 한다.

위와 같은 조건 가운데 하나라도 만족시키지 못하면 그 과정은 비가역과정이다. 그러나 위의 조건을 모두 만족시키는 과정은 실제로 존재하지 않는다. 가역과정은 가장 이상적인 과정으로서 각종 장치의 설계에 있어서 추구해야 할 과정이며, 실제로 가역과정에 가까울수록 효율이 높은 기계장치가 된다.

2.4 온도 및 압력

열역학은 거시적 관점을 바탕으로 발전하고 있다. 그러나 각종 열기관의 설계 및 해석에 있어서 가장 중요하게 취급하는 열역학적 상태량인 온도와 압력을 개념적으로 이해하기 위해 물질의 미시적 관점에서의 고찰은 매우 유익하다. 미시적 관점에서 살펴보면, 물질을 구성하고 있는 분자는 그림 2.7에 나타나 있는 것처럼 무질서하게 움직인다. 이 경우 각각의 분자는 운동에너지를 가지며, 그 값은 다음과 같다.

$$KE = \frac{1}{2}mc^2$$

여기서 KE는 운동에너지, m은 분자의 질량, c는 분자의 이동속도를 나타낸다. 이 각각의 분자가 가지는 운동에너지의 평균값이 우리가 온도라고 정의하여 사용하는 상태량이다. 즉 "온도는 물질을 구성하는 분자의 이동에 따른 운동에너지의 평균값"이다. 그림 2.7에 나타나 있는 밀폐용기를 가열하는 경우를 상상해보자. 이 그림은 온도변화에 따른 분자의 운동 상태를 개념적으로 나타낸 것이다. 즉 가열이 일어나면 계 내부로 열에너지가 공급되기 때문에 분자운동이 활성화되어 분자들의 운동에너지가 증가하는 것이며, 이는 곧 온도 증가로 나타나는 것이다.

공기를 압축시키면 가열하지 않았는데도 온도가 상승한다. 이는 그림 2.8에 나타나 있는 것처럼 압축이 일어나면 공기 분자가 동일한 속도로 이동한다고 하더라도 공기 분자의 밀도가 증가하여 단위체적당 분자의 운동에너지 평균값이 증가하기 때문에 온도가 상

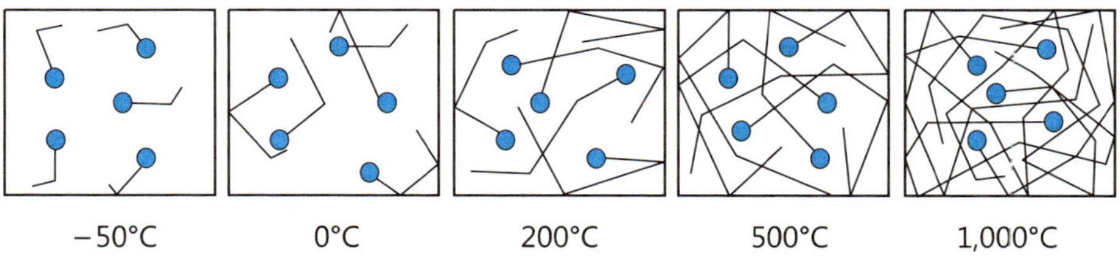

그림 2.7 분자운동에 따른 온도변화 개념도

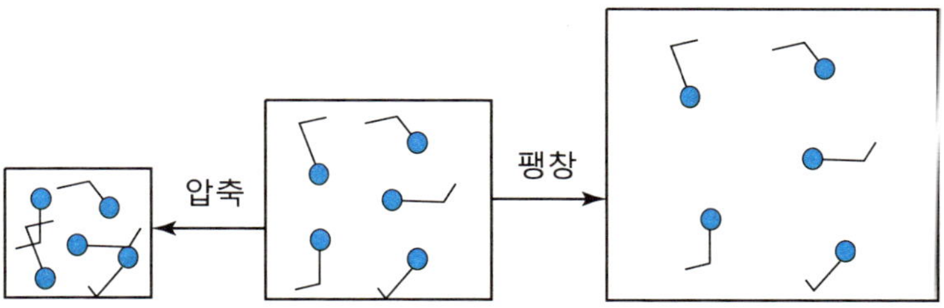

그림 2.8 압축 및 팽창에 따른 온도변화 개념도

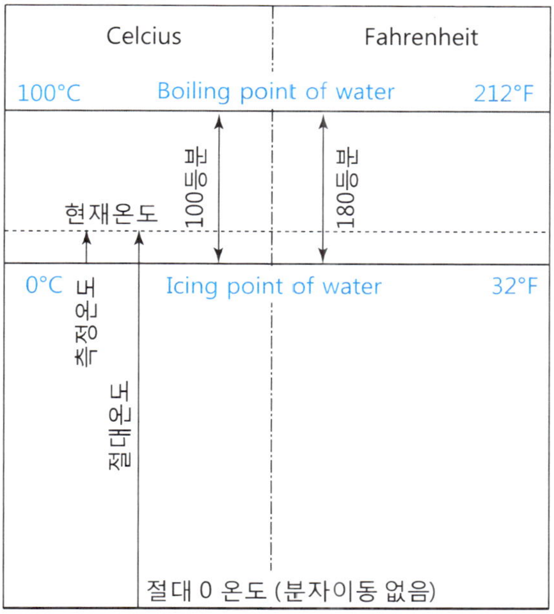

그림 2.9 상용온도와 절대온도 관계

승하는 것이다. 한편, 팽창이 일어나면 압축과 반대로 공기 분자의 밀도가 감소하여 단위 체적당 분자의 운동에너지 평균값이 작아지기 때문에 온도가 내려간다.

온도를 계속해서 낮추다가 어떤 온도에 도달하면 분자운동이 정지한다. 온도는 분자들의 운동에너지 평균값이므로 모든 분자들이 정지해 있으면 온도는 0(zero)이며, 이 조건이 절대0도이다. 우리는 일상적으로 그림 2.9에 나타나 있는 것처럼 물의 빙점과 비등점을 임의의 값으로 설정하고 그 간격을 서로 다른 일정한 간격으로 나눈 상용온도인 섭씨온도와 화씨온도를 사용하고 있다. 그러나 이런 상용온도는 온도가 분자의 운동에너지 평균값이라는 사실을 뒷받침하지 못한다. 이 사실로부터 다음과 같은 두 가지 중요한 결론을 얻을 수 있다. 첫째는 온도는 절대0도 이하로 절대로 내려갈 수 없다는 것이며, 둘째는 물리적인 의미를 나타내기 위해서 온도는 반드시 절대온도를 사용해야 한다는 것이다. 즉 모든 열역학적 관계식에는 반드시 분자의 운동에너지 평균값을 나타내는 절대온도를 사용해야 한다. 절대온도는 다음과 같이 계산한다.

$$K = ℃ + 273.15 \tag{2.2}$$

$$R = {}^\circ F + 459.69 \tag{2.3}$$

여기서 K는 켈빈(Kelvin)온도, R은 랭킨(Rankine)온도를 나타내며, 각각 섭씨온도와 화씨온도에 대한 절대온도를 나타낸다.

섭씨온도를 화씨온도로, 화씨온도를 섭씨온도로 환산하기 위해서는 다음과 같은 관계

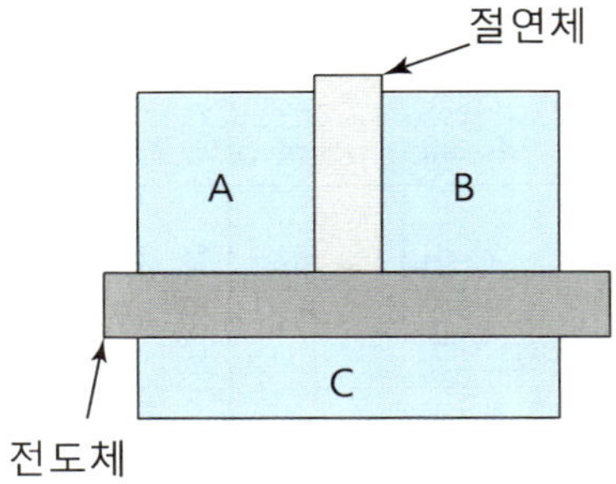

그림 2.10 열역학 제0법칙 개념도

식을 사용하며, 이 관계식들은 그림 2.9로부터 쉽게 유도할 수 있다.

$$℃ = \frac{5}{9}(°F - 32) \tag{2.4}$$

$$°F = \frac{9}{5}℃ + 32 \tag{2.5}$$

온도가 서로 다른 두 물체를 접촉시키면 높은 온도를 지닌 물체는 온도가 낮은 물체로 열량을 전달하기 때문에 온도가 내려가며, 낮은 온도의 물체는 열량을 받아들이기 때문에 온도가 올라가서 두 물체의 온도는 최종적으로 서로 같아진다. 이런 상태를 열평형을 이루었다고 한다. 한편, 그림 2.10에 나타나 있는 물체 A와 물체 C가 열평형을 이루고 있다고 가정하자. 그리고 물체 B가 물체 C와 열평형을 이루고 있다면 물체 A는 물체 B와 열평형을 이루며, 세 물체는 모두 동일한 온도를 가진다. 이를 열역학 제0법칙이라 한다.

압력은 단위면적당 작용하는 힘으로 정의한다.

$$p = \frac{F}{A} \tag{2.6}$$

여기서 p는 압력, F는 힘, A는 힘이 작용하는 단면적을 나타낸다.

압력을 개념적으로 이해하기 위해 미시적 관점에서 살펴보면, 그림 2.11에 나타나 있는 것처럼 “압력은 물질을 구성하는 분자들의 운동량에 대한 척도”이다. 어떤 속도를 가진 분자는 벽면에 충돌한 후에 되튀어나간다. 이때 벽면에는 분자의 질량과 속도의 곱으로 정의되는 운동량 변화가 나타난다. 뒤에서 살펴보겠지만 운동량의 시간에 대한 변화율이 힘이다. 따라서 분자가 벽면에 충돌할 때 벽면에는 분자의 운동량 변화로 인하여 힘이 가해지며, 식 (2.6)에 나타나 있는 것처럼 단위면적당 작용하는 힘이 압력이다. 그런데 벽면에는 수많은 분자가 무질서하게 충돌한다. 따라서 힘은 통계적으로 벽면에 수직으로 작용하며, 이로 인해 압력은 항상 벽면에 수직으로 작용한다.

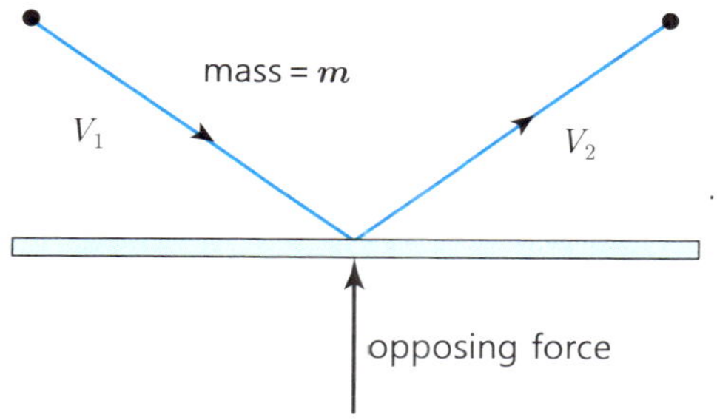

그림 2.11 압력 정의

어떤 밀폐용기를 가열하면 밀폐용기 내부의 온도와 압력이 동시에 증가한다. 이는 가열을 통해 공급된 열량이 분자 운동을 활성화시키기 때문이다. 분자 운동이 활성화되어 분자 속도가 커지면 분자의 운동에너지가 증가하여 온도가 올라갈 뿐만 아니라 분자의 운동량이 증가하여 압력이 증가한다. 이렇게 미시적 관점에서의 온도와 압력의 관찰은 이들 상태량에 대한 물리적 이해를 쉽게 해준다.

그림 2.12에 어떤 기체의 무게 변화에 대한 압력 변화를 나타냈다. 동일한 체적을 가지는 두 개의 실린더 내부를 차지하고 있는 기체의 무게가 2배인 경우 분자 수가 2배이기 때문에 운동량 또한 2배가 되어 압력이 2배가 된다. 이런 현상 또한 미시적 관점에서의 관찰을 통해서 쉽게 이해할 수 있다.

압력단위는 여러 가지가 동시에 사용되고 있다. 아래에 표준대기압을 여러 가지 압력단위에 대해서 정리하였다. 이를 이용하면 여러 가지 압력단위를 쉽게 변환시킬 수 있다.

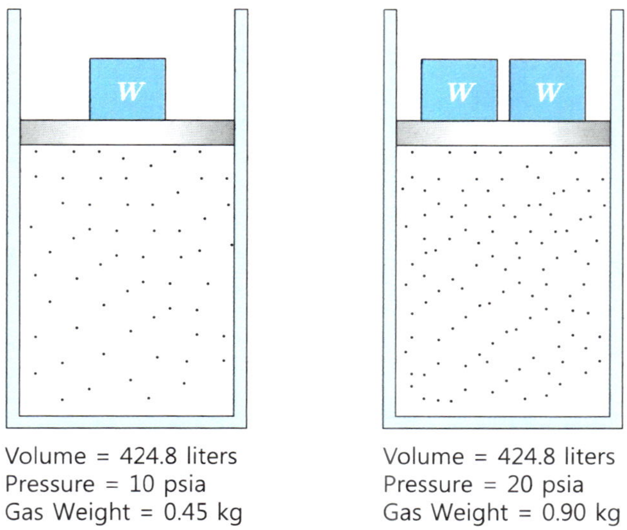

그림 2.12 압력과 기체의 무게 관계

$$
\begin{aligned}
1\ \text{atm} &= 760\ \text{mmHg} \\
&= 1.0332\ \text{kg/cm}^2\ [\text{공학단위계}] \\
&= 1.0332\ \text{ata} \\
&= 1{,}013.25\ \text{mbar}\ (1.01325\ \text{bar}) \\
&= 101{,}325\ \text{Pa}\ (=\text{N/m}^2)\ [\text{국제단위계}] \\
&= 14.696\ \text{psia}\ (=2{,}116\ \text{lb/ft}^2)\ [\text{공학단위계}] \\
&= 29.92\ \text{in.Hga} \\
&= 34.0\ \text{ftH}_2\text{O}
\end{aligned}
$$

압력은 압력계를 이용하여 측정하며, 측정위치에 따라서 대기압력이 달라질 수 있다. 그림 2.13에 나타나 있는 것처럼 대기압력과 계기압력을 합친 값을 절대압력이라 한다. 우리는 우리가 존재하고 있는 환경에서 우리 몸에 작용하고 있는 압력을 전혀 느끼지 못하고 있다. 그러나 실제로 우리가 존재하고 있는 환경에서 대기압력이 작용하고 있으며, 압력을 측정하기 위한 압력계는 눈금이 0을 가리키고 있다. 따라서 압력계를 이용하여 어떤 곳의 압력을 측정한다면 압력계에 나타나는 압력은 계기압력이며, 그곳에 작용하는 실제 압력은 대기압력에 계기압력을 더해 준 절대압력이 작용하는 것이다. 따라서 물리적으로 압력의 크기는 절대압력이 타당하기 때문에 온도와 마찬가지로 열역학 관계식에서는 절대압력을 사용해야 한다.

$$\text{절대압력} = \text{대기압력} + \text{계기압력} \tag{2.7}$$

한편, 계기압력이 음(−)의 부호를 가지는 경우 그림 2.13에 나타나 있는 것처럼 이를 진공압력이라 하며, 그 크기가 측정대기압과 같아질 때 완전진공이 된다.

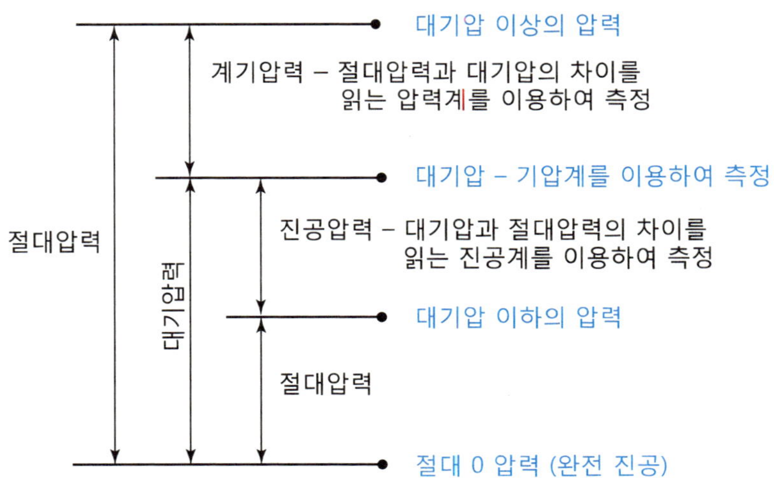

그림 2.13 각종 압력 관계

2.5 단위계

기계공업에서 사용하고 있는 단위로는 질량을 기본으로 하는 절대단위계와 힘을 기본으로 하는 공학단위계가 있다. 각종 공업규격 국제화를 추진하고 있는 국제표준화기구 ISO는 국제단위계 사용을 권장하고 있으며, 현재 많은 나라가 국제단위계를 사용하고 있다. 그러나 기계공업에서는 아직도 공학단위계 역시 널리 사용하고 있으므로 두 단위계에 대한 이해가 동시에 요구된다.

2.5.1 절대단위계

절대단위계에서 사용하는 기본단위는 길이, 질량, 시간이다. 절대단위계에는 MKS단위계와 CGS단위계가 있다. MKS단위계는 길이, 질량, 시간에 대한 단위로 각각 m, kg, sec를 사용하며, CGS단위계는 cm, g, sec를 사용한다.

MKS단위계에서 힘 단위는 N(Newton)이며, 1 N은 1 kg의 물체를 1 m/s^2으로 가속시킬 수 있는 힘으로 정의한다. 이를 수학적 표현으로 나타내면 다음과 같다.

$$1\ \text{N} = 1\ \text{kg} \cdot \text{m/s}^2 \tag{2.8}$$

CGS단위계에서 힘 단위는 dyne이며, 1 dyne은 1 g의 물체를 1 cm/s^2으로 가속시킬 수 있는 힘으로 정의한다. 이를 수학적인 표현으로 나타내면 다음과 같다.

$$1\ \text{dyne} = 1\ \text{g} \cdot \text{cm/s}^2 = 10^{-5}\ \text{N} \tag{2.9}$$

2.5.2 국제단위계

1960년 국제위원회는 기본적인 물리량에 대한 표준으로 국제단위계를 사용하기로 합의하였다. 국제단위계는 흔히 SI단위계라고도 불리며, SI는 프랑스어 "Le Système International d'Unites"의 약어이다. 사실 국제단위계는 절대단위계와 마찬가지인데, 절대단위계가 하나의 물리량에 복수의 단위를 사용함으로써 야기되는 혼란을 방지하기 위해 제안되었다. 국제단위계에서는 길이, 질량, 시간에 대한 단위로 각각 m, kg, sec를 사용하며, 힘 단위로는 N을 사용한다. 즉 국제위원회는 절대단위계 가운데 하나인 MKS단위계를 국제단위계로 선정하였다.

2.5.3 공학단위계

공학단위계는 길이, 힘, 시간을 기본단위로 사용하고 있다. 공학단위계는 국제단위계와 달리 질량 대신에 힘(kg_f)을 기본단위로 사용하는 것이 특징이다. 공학단위계에서 질량 단위는 $kg_f \cdot s^2/m$이다.

국제단위계와 공학단위계에 대한 기본단위와 조립단위를 비교하여 표 2.1에 나타냈다. 각 단위계는 기본단위를 조합하여 다른 물리량을 나타낼 수 있는데, 이를 조립단위라 한다. 조립단위에 대한 예로는 속도[m/s], 압력[N/m^2] 등이 있다.

표 2.1 단위계 비교

단위계	국제단위계	공학단위계	단위 환산
기본단위	길이(m) 질량(kg) 시간(sec)	길이(m) 힘(kg_f) 시간(sec)	
질량	kg	$kg_f \cdot s^2/m$	
힘	N(Newton)	kg_f	1 kg_f = 9.81 N
압력	Pa(= N/m^2)	kg_f/m^2	1 kg_f/cm^2 = 98,069 Pa
일(에너지)	J(Joule)	$kg_f \cdot m$	1 $kg_f \cdot m$ = 9.81 J
열량	J(Joule)	kcal or Btu	1 kcal = 427 $kg_f \cdot m$ = 4.185 kJ 1 Btu = 778 $lb_f \cdot ft$ = 1.055 kJ
동력	W(Watt)	PS(= $kg_f \cdot m/s$)	1PS = 75 $kg_f \cdot m/s$ = 735.5 W

각각의 단위는 크기를 편리하게 나타내기 위해 단위 앞에 접두어를 붙여서 사용한다. 표 2.2에 자주 사용하는 접두어를 정리하였다.

표 2.2 단위계에 사용되는 접두어

배수	명칭	기호	배수	명칭	기호
10	Deca	da	10^{-1}	Deci	d
10^2	Hecto	h	10^{-2}	Centi	c
10^3	Kilo	k	10^{-3}	Milli	m
10^6	Mega	M	10^{-6}	Micro	μ
10^9	Giga	G	10^{-9}	Nano	n
10^{12}	Tera	T	10^{-12}	Pico	p
10^{15}	Peta	P	10^{-15}	Femto	f
10^{18}	Exa	E	10^{-18}	Atto	a

한 가지 주의할 것은 공학단위계를 사용할 때 힘 단위인 kg_f 대신에 하첨자 f가 생략된 kg이 일반적으로 사용되고 있다는 점이다. 따라서 공학단위계를 절대단위계로 잘못 해석하면 큰 오류를 범하게 된다. 그러므로 각종 문제의 해석에 앞서 사용된 단위계가 어떤 것인지 신중하게 파악해야 한다.

어떤 문제를 해석하는 데 있어서 단위를 가진 수를 사용한 계산이 필요한 때는 항상 그 수와 함께 단위를 기록하여 계산하는 것이 좋다. 어떤 계산을 수행하는 동안에 어느 단계에서 방정식이나 표현의 일부가 일치하지 않는 단위를 포함한 것을 발견하였다면 그것은 어디에선가 실수를 범했다는 것을 의미한다. 따라서 단위를 기록하여 함께 계산하는 방법은 좋은 검산법이다.

2.6 운동량과 충격량

물체의 질량과 속도의 곱인 mV를 운동량(momentum)이라고 정의한다. 따라서 운동량은 다음과 같다.

$$P = mV \tag{2.10}$$

일정한 힘 F가 t_1에서 t_2까지 시간 간격 Δt 동안 물체에 작용할 때 힘과 시간 간격의 곱을 충격량이라 하며, 다음과 같이 나타낸다.

$$J = F(t_2 - t_1) = F\Delta t \tag{2.11}$$

충격량은 벡터량으로서 그 방향은 힘이 작용하는 방향과 동일하며, 그 크기는 힘과 그 힘이 물체에 작용한 시간의 곱이다. 따라서 충격량에 대한 국제단위는 N · s이며, 공학단위로는 kg_f · s로서 운동량 단위와 같다.

충격량을 살펴보기 위해 식 (2.11)에 뉴턴의 제2법칙을 적용하면 다음과 같다.

$$F(t_2 - t_1) = ma\Delta t = m\frac{\Delta V}{\Delta t}\Delta t = m\Delta V$$

만약에 질량이 일정하다면, 위 식은 다음과 같이 표현할 수 있다.

$$F(t_2 - t_1) = P_2 - P_1 \tag{2.12}$$

식 (2.11)과 (2.12)를 비교하면 다음과 같은 충격량-운동량 정리를 얻는다.

$$J = P_2 - P_1 \tag{2.13}$$

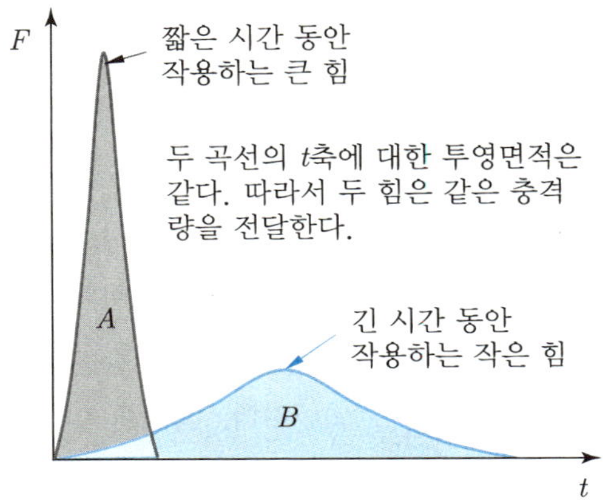

그림 2.14 충격량

충격량-운동량 정리란 "어떤 시간 간격 동안 발생하는 물체의 운동량 변화는 그 시간 동안 물체에 작용하는 힘의 충격량과 같다."는 것이다. 한편, 충격량-운동량 정리는 힘의 크기가 일정하지 않아도 성립한다.

$$\int_1^2 F dt = \int_1^2 d(mV) = P_2 - P_1$$

따라서 충격량은 다음과 같다.

$$J = \int_1^2 F dt \tag{2.14}$$

식 (2.14)는 충격량에 대한 일반적 정의를 나타낸다.

그림 2.14에 일정한 높이에서 계란을 떨어뜨리는 두 가지 실험에 대한 충격량을 비교하여 나타냈다. 이 그림에서 세로축에는 힘, 가로축에 시간을 나타냈기 때문에 식 (2.14)에 의하면 각각의 면적은 충격량이다. 이 실험에서 첫 번째는 계란을 딱딱한 바닥에 그대로 떨어뜨리고, 두 번째는 바닥에 부드러운 담요를 깔아놓고 떨어뜨린다. 계란은 동일한 높이에서 떨어지며, 떨어진 후에는 정지상태가 되기 때문에 운동량 변화는 두 가지 실험에서 모두 동일하다. 따라서 충격량은 서로 동일하며, 면적 A와 B는 서로 같다. 그런데 계란이 딱딱한 바닥에 떨어질 때 충돌시간이 매우 짧다. 따라서 그림에 나타나 있는 면적 A와 같이 계란에는 순간적으로 큰 힘이 작용하여 계란이 깨진다. 그러나 계란이 담요 위에 떨어질 때는 충돌시간이 상대적으로 길어진다. 따라서 그림에 나타나 있는 면적 B와 같이 계란에는 큰 힘이 작용하지 않기 때문에 계란은 깨지지 않는다.

연습문제 2.1

테니스 선수가 25 m/s 속도로 날아온 질량 0.1 kg의 공을 받아쳐서 30 m/s 속도로 날려 보냈다.

(1) 테니스 라켓에 작용하는 충격량을 계산하라.

(2) 테니스 공이 라켓과 0.02초 동안 접촉해 있었다. 이때 라켓에 작용하는 평균 힘을 계산하라.

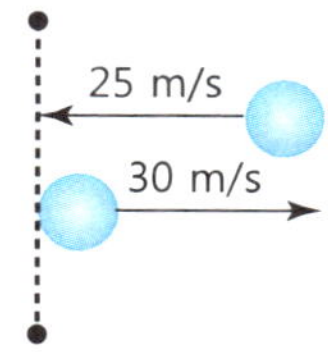

풀이

(1) 식 (2.13)에서 충격량은 운동량 변화량과 같으므로

$$P_1 = m_1 V_1 = 0.1 \text{ kg} \times -25 \text{ m/s} = -2.5 \text{ kg} \cdot \text{m/s},$$
$$P_2 = m_2 V_2 = 0.1 \text{ kg} \times 30 \text{ m/s} = 3.0 \text{ kg} \cdot \text{m/s},$$
$$J = P_2 - P_1 = 5.5 \text{ kg} \cdot \text{m/s}.$$

(2) 식 (2.12)에서 평균힘은 다음과 같다.

$$F = (P_2 - P_1)/(t_2 - t_1),$$
$$F = 5.5 \text{ kg} \cdot \text{m/s} / 0.02 \text{ s} = 275 \text{ N}$$ ■

이 연습문제를 통해서 입자가 벽면에 충돌할 때 벽면에 힘을 가하며, 이로 인해 벽면에는 압력이 작용한다는 사실을 이해할 수 있다.

2.7 힘

힘(force)이란 일을 할 수 있는 능력을 말하며, 물체의 운동상태를 변화시키기 위해서 한 물체가 다른 물체를 밀거나 당기는 것으로도 정의한다. 힘에는 접촉 힘과 비접촉 힘이 있는데, 중력과 자기력이 대표적인 비접촉 힘에 속한다.

힘은 물리적으로 다음과 같이 운동량의 시간에 대한 변화율로 정의한다.

$$F = \frac{d(mV)}{dt} = m\frac{dV}{dt} = ma \tag{2.15}$$

$$a = \frac{dV}{dt}$$

여기서 m은 물체의 질량, V는 물체의 속도, a는 가속도, t는 시간을 의미한다.

시간의 변화에 관계없이 질량이 일정하다면 식 (2.15)에 나타나 있는 것처럼 뉴턴의 제2법칙이 유도된다. 이 식을 통해서 일정한 질량에 힘을 가하면 시간이 지남에 따라 물체의 속도가 변한다는 것을 알 수 있다. 한편, 속도의 시간에 대한 변화율은 가속도이다.

질량은 모든 물체가 가지고 있는 고유한 성질로서 위치에 따라 변하지 않는다. 한편, 무게(weight)는 질량과 차이를 두어 나타내는데, 무게란 지표면에 놓인 물체가 지구로부터 받는 만유인력을 말한다. 즉 무게는 지구가 물체를 당기는 힘이다. 지표면에서 모든 물체는 중력가속도 g를 받으므로 뉴턴의 제2법칙을 이용하여 질량이 m인 물체의 무게를 나타내면 다음과 같다.

$$W = mg \tag{2.16}$$

국제단위계에서 힘 단위는 N이며, 공학단위계에서 힘 단위는 kg_f이다. 공학단위계의 힘을 국제단위계로 나타내면 다음과 같다.

$$1\ kg_f = 1\ kg \times 9.81\ m/s^2 = 9.81\ kg \cdot m/s^2 = 9.81\ N \tag{2.17}$$

유체는 끊임없이 형상이 바뀌기 때문에 일정한 질량을 가지지 않는다. 따라서 유체유동에 의한 힘을 계산하기 위해 식 (2.15)를 사용할 수 없다. 유체유동에 의한 힘을 살펴보기 위해 그림 2.15에서와 같이 노즐로부터 정상상태로 분사되는 유동을 살펴보자. 유동에 의한 힘을 구하기 위해 검사면으로 유입되는 유동을 살펴보기로 하자. 이 면에서 유체 속도는 일정하며, 유체는 지속적으로 이 단면을 통과한다. 따라서 식 (2.15)는 다음과 같이 된다.

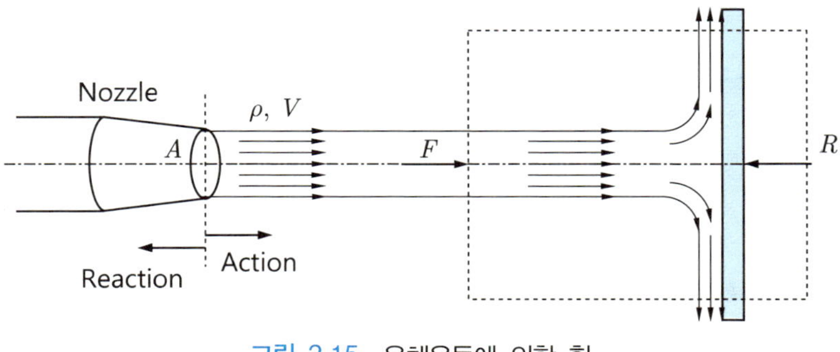

그림 2.15 유체유동에 의한 힘

$$F = \frac{d(mV)}{dt} = V\frac{dm}{dt} = \dot{m}V \tag{2.18}$$

여기서 $\dot{m}$은 유체의 질량유량, V는 검사면을 통과하는 유체 속도를 나타낸다. 어떤 단면을 통과하는 유체의 질량유량은 다음과 같다.

$$\dot{m} = \rho VA \tag{2.19}$$

여기서 ρ는 밀도, A는 유체가 흘러가는 단면적을 나타낸다. 정상유동인 경우 어떤 단면을 통과하는 유체의 질량유량은 항상 일정하기 때문에 다음 관계가 성립한다.

$$\dot{m} = \rho VA = \text{const.} \tag{2.20}$$

식 (2.20)을 연속방정식(continuity equation)이라 한다.

결과적으로 유체유동에 의한 힘은 다음과 같다.

$$F = \dot{m}V = \rho V^2 A \tag{2.21}$$

따라서 그림 2.15에서와 같이 노즐로부터 분사되는 유동이 물체에 부딪치는 경우 유체가 물체에 가하는 힘의 크기는 $\rho V^2 A$라는 것을 알 수 있다. 한편, 노즐에는 뉴턴의 제3법칙인 작용-반작용의 법칙에 의하여 반력이 생기며, 그 힘의 크기 또한 $\rho V^2 A$이다.

2.8 일과 열

일과 열은 열역학적 상태량이 아니라 에너지 상태 및 열역학적 상태량을 달라지게 하는 열역학적인 양이다. 일이란 어떤 물체에 힘을 가하여 일정한 거리를 이동시켰을 때 나타나는 에너지 전달이다. 따라서 일이란 계의 열역학적 상태량을 달라지게 하는 에너지라고 할 수 있다. 이에 대한 이해를 돕기 위해 그림 2.16에 나타나 있는 것처럼 실린더 내부를 채우고 있는 기체를 압축시키는 피스톤을 생각해보자. 피스톤에 힘을 가하여 실린더 내부의 기체를 압축시키는 것은 기체에 일을 가하는 것이다. 이 경우 실린더 내부를 채우고 있는 기체의 온도와 압력이 상승한다. 따라서 일은 열역학적 상태량을 달라지게

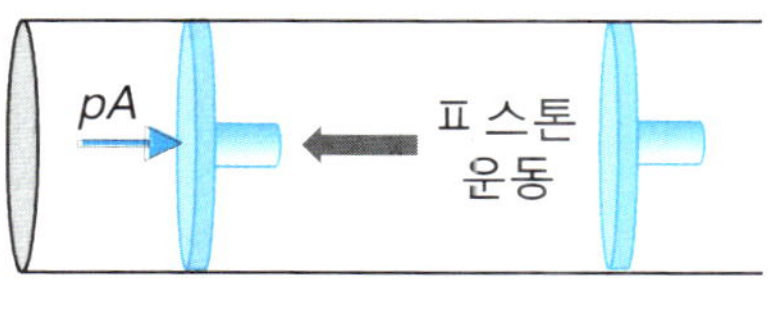

그림 2.16 피스톤을 이용한 실린더 내부 기체 압축

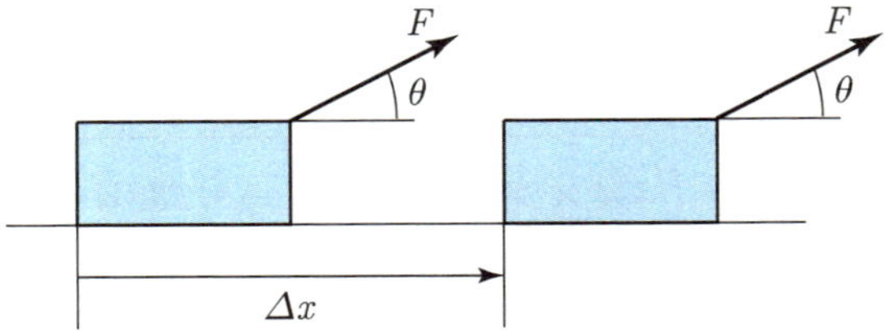

그림 2.17 힘에 의한 물체의 이동에 따른 일

한다는 것을 알 수 있다. 열역학에서 일을 계 내부로 공급하는 경우 음(−)의 일이라 하며, 일이 계 외부로 전달되는 경우 양(+)의 일이라 한다.

일의 크기는 물체의 이동방향으로 작용한 힘의 크기와 물체가 이동한 거리의 곱으로 정의하며, 수학적 표현은 다음과 같다.

$$W = F \cdot x \tag{2.22}$$

여기서 F는 물체의 이동방향으로 작용하는 힘, x는 물체의 이동거리이다. 그리고 그림 2.17에 나타나 있는 것과 같이 힘의 방향과 물체의 진행방향이 서로 다른 경우에 일의 크기는 물체가 이동하는 방향으로 작용하는 힘의 크기와 물체의 이동거리와의 곱이 된다. 따라서 힘이 작용하는 방향과 물체의 진행방향이 서로 다른 경우에 일의 크기는 다음과 같다.

$$W = (F\cos\theta)\,\Delta x \tag{2.23}$$

일의 단위로는 줄(J; Joule)을 사용하며, 줄은 다음과 같이 정의한다.

$$1\ \mathrm{J} = 1\ \mathrm{N \cdot m} \tag{2.24}$$

한편, 공학단위계에서 일의 단위는 $\mathrm{kg_f \cdot m}$이다.

여기서 시위를 떠나는 화살의 속도를 계산하는 문제에 대해서 살펴보자. 화살은 궁사가 시위를 놓는 순간부터 시위를 떠나는 순간까지 계속해서 다른 힘을 전달받는다. 이는 그림 2.16에 나타나 있는 피스톤에 힘을 가하여 실린더 내부 기체를 압축하는 경우에도 마찬가지이다. 따라서 화살에 전달된 일의 크기를 구하기 위해서 식 (2.22)를 사용할 수 없다. 왜냐하면 이 식은 물체에 작용하는 힘의 크기가 일정한 경우에만 사용할 수 있기 때문이다. 이렇게 물체에 작용하는 힘의 크기가 시간에 따라서 달라질 때, 거리를 미소구간 Δx로 나누면 이 간격 동안 작용하는 힘의 크기는 거의 일정하다고 가정할 수 있다. 따라서 이 작은 변위 동안 힘에 의한 일의 크기는 다음과 같다.

$$W_x = F_x \cdot \Delta x$$

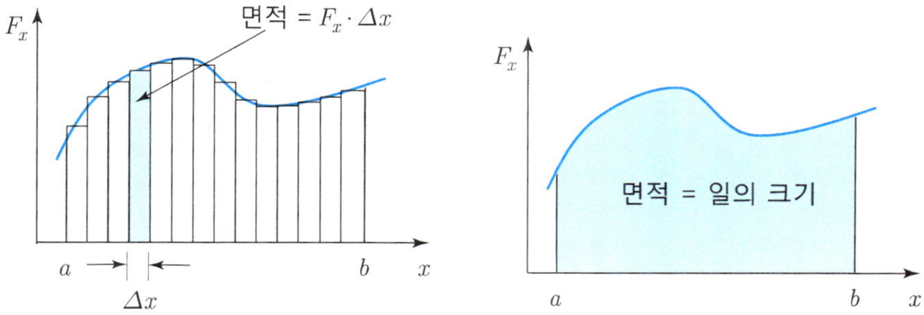

그림 2.18 힘의 크기가 변하는 경우 하는 일

이 크기는 그림 2.18에서 음영으로 처리된 작은 직사각형의 면적이다. F_x 곡선을 x축을 따라서 무수히 많은 간격으로 나누면 전체적인 일의 크기는 a와 b 사이의 작은 직사각형들의 합과 근사적으로 비슷하다.

$$W \cong F_1 \Delta x_1 + F_2 \Delta x_2 + F_3 \Delta x_3 + \cdots$$

위 식에서 미소구간 Δx가 일정하면, 일은 적분을 이용하여 간단하게 나타낼 수 있다.

$$W = \int_a^b F_i \cdot dx \tag{2.25}$$

차가운 숟가락을 뜨거운 커피 잔에 넣으면 숟가락은 따뜻해지고 커피는 조금 식는다. 이렇게 두 물체 사이에 온도변화가 일어나는 이유는 한 물체에서 다른 물체로 에너지가 전달되기 때문이다. 이렇게 온도 차이에 의해 발생하는 에너지 전달을 열전달이라 하며, 이렇게 전달되는 에너지를 열, 또는 열량이라 한다.

일이 거시적으로 조직화된 에너지 전달인 반면에 열은 미시적으로 비조직화된 에너지 전달이다. 이에 대한 이해를 돕기 위해 기체로 채워진 밀봉된 용기를 가열하는 실험을 살펴보기로 한다. 이 경우 열역학적 상태량인 온도와 압력을 살펴보면, 비록 가해진 일이 없더라도 밀봉된 용기 내부에 있는 기체의 에너지 상태가 바뀌었다는 것을 알 수 있다. 열역학적 개념에서 열은 이런 에너지 전달을 의미한다. 그러나 계가 일단 평형상태에 도달하면 에너지가 열에 의해 전달되었는지 아니면 일에 의해 전달되었는지 확인하기 어렵다. 따라서 열은 미시적으로 비조직화된 에너지 전달이다.

열에 의한 에너지 전달은 Q로 나타내며, 다음과 같은 식으로 나타낸다.

$$Q = mc\Delta T \tag{2.26}$$

여기서 m은 물체의 질량, c는 비열, ΔT는 가열하기 전과 후의 온도 차이를 나타낸다. 비열(specific heat)이란 어떤 단위질량을 가지는 물체의 온도를 1℃ 상승시키는 데 필요한 열량을 의미한다. 열역학적 계에서 전달된 열이 없으면 단열이라 한다. 즉 계의 경계를 출입하는 열이 없는 과정이 단열과정이다. 열역학에서 계 내부로 공급하는 열을 양(+)의 열이라 하며, 계를 빠져나가는 열을 음(−)의 열이라 정의한다. 한편, 단위질량당 전달된 열량을 나타내기 위해 소문자인 q를 사용한다. 따라서 식 (2.26)은 다음과 같이 나타낼 수 있다.

$$q = c\Delta T \tag{2.27}$$

2.9 동력

동력(power)은 단위시간당 일로 정의하며, 일률이라고도 한다. 일의 크기는 시간과 관계없기 때문에 일의 능률을 나타내는 동력은 열기관의 성능을 파악할 수 있는 중요한 물리량이다. 동력의 형식으로는 하중을 들어 올릴 때 나타나는 직선동력과 증기터빈/가스터빈과 같은 회전기계에서 나타나는 회전동력이 있다. 한편, 왕복운동 내연기관은 직선동력을 회전동력으로 변환시키는 대표적인 열기관이다. 직선동력은 힘×속도, 회전동력은 토크×각속도로 계산한다. 동력의 단위로는 와트(W; Watt)를 사용하며, 와트는 다음과 같이 정의한다.

$$1\ \text{W} = 1\ \text{J/s}$$

공학단위에서는 동력의 단위로 마력을 사용하고 있으며, 마력은 다음과 같이 정의한다.

$$1\ \text{PS} = 75\ \text{kg}_f \cdot \text{m/s} = 735.5\ \text{W(미국식)}$$
$$1\ \text{HP} = 76.07\ \text{kg}_f \cdot \text{m/s} = 746\text{W(영국식)}$$

회전동력은 직선동력과 개념적으로 동일하다. 그러나 대부분의 회전기계에서 회전속도는 rpm을 이용하여 나타낸다. 따라서 회전동력을 나타내는 공식은 직선동력을 나타내는 공식과 다르게 표현된다. 그림 2.19에 나타나 있는 회전운동에서 각 θ만큼 회전했을 때 이동한 거리는 $r\theta$이다. 따라서 회전동력은 다음과 같다.

$$P = F \cdot r\theta / t = T\omega \tag{2.28}$$

여기서 P는 동력, r은 회전반경, T는 토크($T = F \times r$)이며, ω는 각속도이다.

회전운동에서 각속도는 다음과 같다.

$$\omega = \frac{2\pi n}{60} \tag{2.29}$$

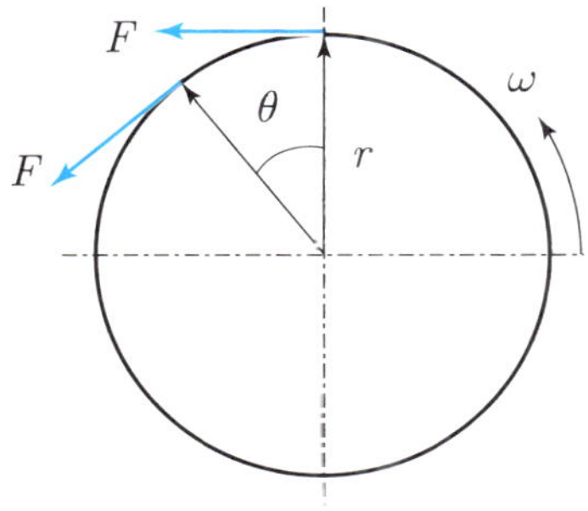

그림 2.19 회전운동

여기서 n은 rpm을 나타낸다. 따라서 회전동력은 다음과 같다.

$$P = \frac{2\pi T n}{60} \tag{2.30}$$

2.10 역학적 에너지

에너지는 역학적 에너지, 화학적 에너지, 전자기에너지, 핵에너지 등 다양한 형태로 우주 공간에 존재한다. 에너지는 다른 에너지로 변환된다. 그런데 어떤 형태의 에너지가 다른 형태의 에너지로 변환되더라도 에너지 보존법칙에 의해 우주 안에 존재하는 총 에너지 양은 변하지 않는다.

역학적 에너지란 운동에너지와 위치에너지를 합친 것이다.

2.10.1 운동에너지

그림 2.20에 일정한 힘 F가 작용하여 물체의 속도와 변위가 변하는 것을 나타냈다. 이 경우 뉴턴의 제2법칙으로부터 가해진 힘의 크기가 일정하기 때문에 물체는 일정한 가속도 a로 운동한다. 만일 이 물체가 Δx만큼 이동했다면 힘 F가 물체에 한 일은 다음과 같다.

$$W = F\Delta x = ma\Delta x \tag{2.31}$$

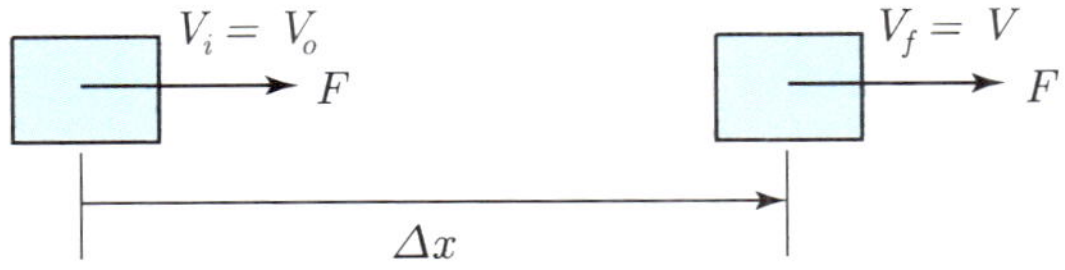

그림 2.20 일정한 크기의 힘이 작용하여 물체의 변위와 속도가 변하는 운동

한편, 물체가 등가속도 운동을 하면 다음과 같은 관계가 성립한다.

$$V^2 - V_o^2 = 2a\,\Delta x$$

이 식을 식 (2.31)에 대입하면 다음과 같은 식이 얻어진다.

$$W = \frac{1}{2}m\,V^2 - \frac{1}{2}m\,V_o^2$$

여기서 $\frac{1}{2}m\,V^2$은 물리학에서 운동에너지(kinetic energy)라고 정의하는 매우 중요한 물리량이다. 따라서 질량이 m, 속도 V로 이동하는 물체가 가지는 운동에너지 KE는 다음과 같다.

$$KE = \frac{1}{2}m\,V^2 \tag{2.32}$$

운동에너지는 스칼라이며, 일과 같은 단위를 가진다. 이는 $\frac{1}{2}m\,V^2$으로부터 나온 $kg \cdot m^2/s^2$은 줄(J)과 동일하다는 것을 통해서 확인할 수 있다.

$$1\ kg \cdot m^2/s^2 = 1\ kg \cdot m/s^2 \cdot m = 1\ N \cdot m = 1\ J$$

2.10.2 위치에너지

물체가 중력장에서 자유낙하할 때 중력이 물체에 힘을 가하여 결과적으로 물체의 운동에너지가 증가한다. 그림 2.21에서와 같이 중력에 의해서 자유낙하로 떨어지는 무게 mg인 공을 살펴보자. 이 경우 중력에 의한 일은 다음과 같다.

$$W = mg(z_1 - z_2) = mgz_1 - mgz_2$$

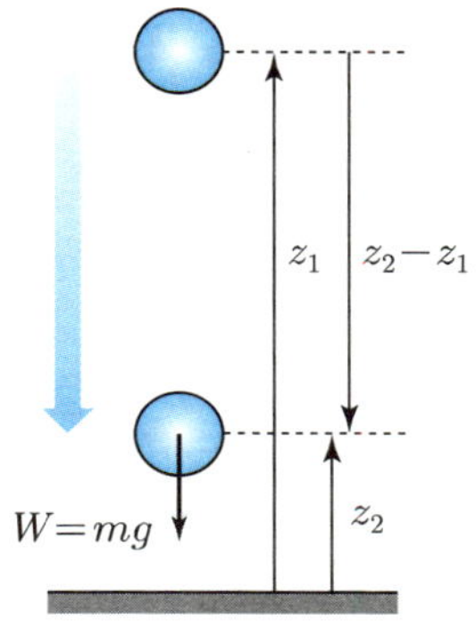

그림 2.21 위치에너지 개념도

여기서 mgz는 물리학에서 위치에너지(potential energy)라고 정의하는 매우 중요한 물리량이다. 따라서 기준면에서 높이 z의 위치에 있는 질량 m인 물체가 가지는 위치에너지 PE는 다음과 같다.

$$PE = mgz \tag{2.33}$$

위치에너지 단위는 일이나 운동에너지 단위와 동일하며, 국제단위계에서 줄(J)로 나타낸다.

2.10.3 역학적 에너지 보존법칙

역학적 에너지는 운동에너지와 위치에너지의 합으로서 중력만 일을 한다면 역학적 에너지는 일정하다. 즉 운동에너지와 위치에너지의 총합은 변하지 않는다는 것이 역학적 에너지 보존법칙이다.

$$\text{역학적 에너지} = KE + PE \tag{2.34}$$

역학적 에너지 보존법칙은 그림 2.22에 나타나 있는 단진자 운동을 이용하면 쉽게 이해할 수 있다. 즉 단진자는 가장 높이 올라가서 정지하는 위치에서 최대 위치에너지를 가지며, 이때 운동에너지는 0이다. 그러나 단진자가 가장 낮은 지점을 통과하는 순간 단진자의 위치에너지는 운동에너지로 변환되어 최고 속도를 가진다. 그러나 단진자가 운동하는 동안 단진자의 위치에너지와 운동에너지의 합은 항상 일정하게 유지된다. 역학적 에너지 보존법칙을 수식으로 정리하면 다음과 같다.

$$KE_1 + PE_1 = KE_2 + PE_2 \tag{2.35}$$

이 식을 이용하면 단진자가 $\theta = 0$이 되는 지점을 통과할 때의 속도($V = \sqrt{2gl(1-\cos\theta)}$)를 구할 수 있다.

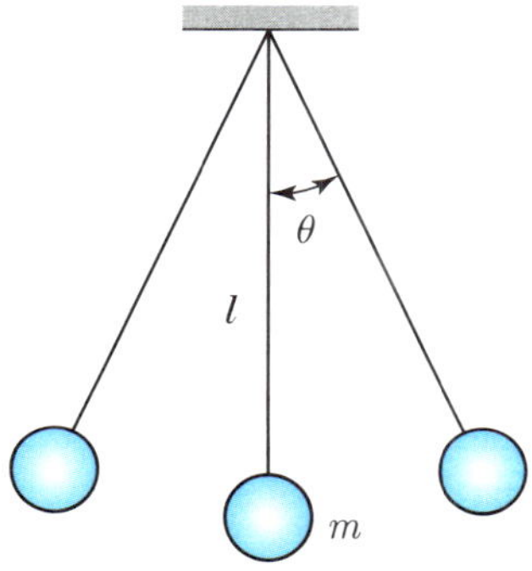

그림 2.22 단진자 운동

실전문제

1. 300°C는 몇 °F인가?
2. 300K는 몇 R인가?
3. 30 kg의 물체를 10 m 들어 올렸다. 이때 일의 크기를 계산하라.
4. 질량이 10 kg인 물체를 100 N의 힘을 가해 가속시켰다. 이때 물체의 가속도를 계산하라.
5. 표준 중력가속도는 9.80665 m/s^2이다. 질량 10 kg인 물체에 작용하는 힘의 크기를 계산하라.
6. 중력가속도가 9.40 m/s^2인 지점에서 질량이 10 kg인 물체에 작용하는 힘의 크기를 계산하라.
7. 압력계에 나타난 압력이 3.3 MPa이었다. 이때 대기압이 99 kPa이었다면 절대압력은 얼마인가?
8. 어떤 용기의 내부압력을 측정하였더니 5 kg/cm^2이었다. 이때 대기압력은 101300 Pa이었다. 절대압력은 몇 kg/cm^2인가?
9. 피스톤 지름이 4 cm이고 실린더 내부압력이 30000 kg/m^2인 경우 피스톤에 작용하는 힘의 크기를 계산하라.
10. 어떤 엔진이 2800 rpm으로 회전하고 있는 상태에서 축의 토크를 측정하였더니 320 N·m이었다. 이 엔진의 출력(동력)은 얼마인가? 국제단위계와 공학단위계로 각각 계산하라.

정답

1. 572°F
2. 540 R
3. 2940 J
4. 10 m/s^2
5. 98.0665 N
6. 94 N
7. 3399 kPa
8. 6.0329 kg/cm^2
9. 37.7 kg
10. 93.8 kW, 127.6 PS

3장 열역학 제1법칙

3.1 일과 열
3.2 내부에너지
3.3 열역학 제1법칙
3.4 엔탈피
3.5 밀폐계에서의 열역학 제1법칙
3.6 개방계에서의 열역학 제1법칙
3.7 비열
3.8 열역학 제1법칙 응용

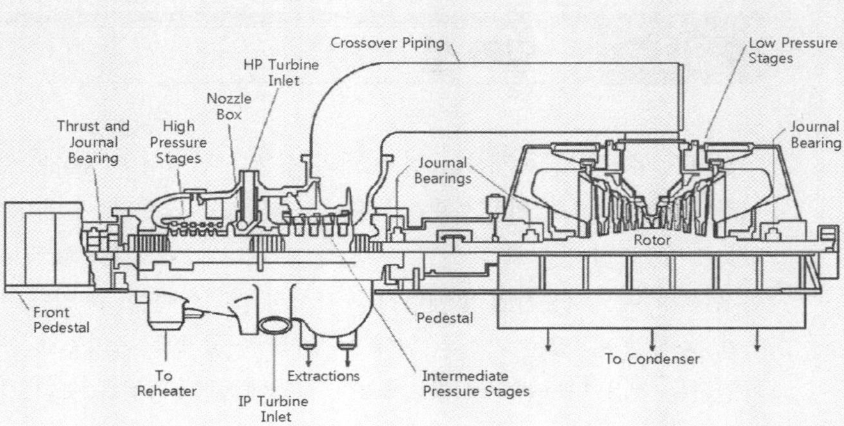

각종 열기관을 개발하는 궁극적인 목적은 인류에게 유익한 동력을 생산하기 위한 것이다. 열기관은 열의 일부를 일(동력)이나 역학적 에너지로 변환시키는 장치이다. 열을 일로 변환시키기 위해서는 힘이 필요한데 열 속에는 힘에 대한 요소가 없다. 따라서 열을 직접적으로 일로 바꿀 수는 없으며, 반드시 열기관을 필요로 한다. 열기관은 공기나 증기와 같은 물질의 압력 및 온도가 쉽게 변하는 성질을 이용하여 열을 일로 변환시킨다. 열기관에 이용하는 공기나 증기와 같은 물질을 작동유체라 하며, 작동유체는 온도 및 압력 변화를 이용하여 열에너지를 저장할 수 있다. 작동유체에 포함되어 있는 열에너지는 열기관에 직선동력이나 회전동력을 발생시킬 수 있는 다양한 에너지 형태로 변환된다. 따라서 각종 열기관을 이해하는 데 있어서 가장 중요한 것은 열기관을 구성하고 있는 에너지 변환장치에서 일어나는 열과 일의 전달 및 변환이다. 이는 에너지 변환장치에서의 열과 일의 전달 및 변환을 통하여 주요 설비들의 운전원리, 설계방법, 출력, 효율 등과 같은 가장 핵심적인 내용들을 살펴볼 수 있기 때문이다. 가장 대표적인 열기관인 발전설비는 석탄이나 석유 등을 사용하여 얻어지는 열에너지를 다양한 에너지 변환과정을 통하여 최종적으로는 전기에너지로 변환시키는 장치이다. 따라서 발전설비를 이해하기 위해서는 전기에너지가 만들어지기까지 다양하게 이루어지는 에너지 전달 및 변환과정을 자세하게 이해해야 한다. 즉 열원으로부터 열을 얻는 방법과 열을 가능한 많은 역학적 에너지나 일로 바꾸는 방법을 이해하는 것이 매우 중요하다.

열역학 제1법칙은 에너지 보존법칙이라고 불린다. 이는 열은 에너지의 한 형태로서 열은 일로 변할 수 있고 일 또한 열로 변할 수 있으며, 이런 변화가 아무리 진행되더라도 에너지 총량은 변하지 않고 항상 일정하게 유지되기 때문이다. 다른 말로 표현하면, "어떤 주어진 시간에 계 내부로 들어간 에너지는 그 계로부터 빠져나간 에너지와 그 계 내부에 저장된 에너지를 합친 것과 동일하다."라고 할 수 있다. 계 내부를 채우고 있는 물질로는 고체, 액체 기체가 될 수 있으며, 또한 이들의 혼합체도 될 수 있다.

3.1 일과 열

열이란 온도차가 존재하는 경우 계의 경계를 넘어서 이동하는 에너지이다. 열에너지는 여러 가지 모습으로 바뀔 수는 있지만 소멸되지는 않는다. 우리가 에너지를 눈으로 볼 수 없듯이 열 또한 눈으로 확인할 수 없다. 그러나 그림 3.1에 나타나 있는 것과 같은 간단한 실험장치를 이용하면 열에너지를 가시적으로 살펴볼 수 있다. 이 그림은 상하로 자유롭게 움직일 수 있는 피스톤 위에 무게 W인 물체를 올려놓고 공기로 채워진 실린더를 가열하는 것을 나타낸 것이다. 가열하기 전에 힘의 평형을 살펴보면 실린더 내부 압력에

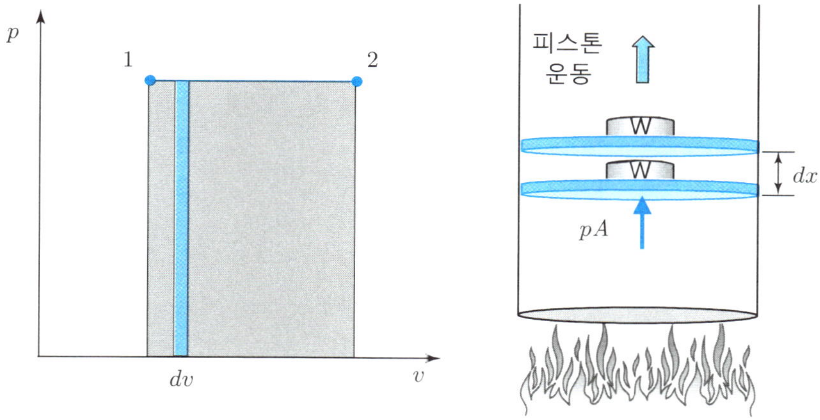

그림 3.1 정압가열과정 및 $p-v$선도

의한 힘과 물체의 무게는 서로 평형을 유지한다. 가열이 시작되면 실린더 내부 공기 온도는 상승한다. 그런데 피스톤은 실린더 내부를 자유롭게 움직일 수 있기 때문에 실린더 내부 압력은 일정하게 유지되는 상태에서 공기의 비체적이 증가하여 피스톤은 위로 밀려 올라간다. 피스톤이 위로 밀려 올라가면 피스톤 위에 올려 있는 물체 W가 일정한 거리를 이동한 것이므로 가열을 통하여 결국 일이 만들어진다는 것을 알 수 있다. 이 실험을 통해서 열은 직접적으로 일을 하는 것이 아니라 작동유체에 전달되어 작동유체의 상태를 변화시켜 일을 발생시킨다는 것을 알 수 있다.

일 또한 열로 변환된다. 이를 확인하기 위해 그림 3.2에 나타나 있는 줄(Joule)의 실험을 살펴보자. 이 실험장치에서 낙하추가 중력으로 인해 하강하면 밀폐용기 내부를 채우고 있는 액체 온도는 교반기 회전에 의해 상승한다. 이 실험을 통해서 일이 열로 변환되는 것을 확인할 수 있다.

이제 일의 크기를 정량적으로 계산해보자. 일의 크기는 일정한 크기의 힘 F를 가하여

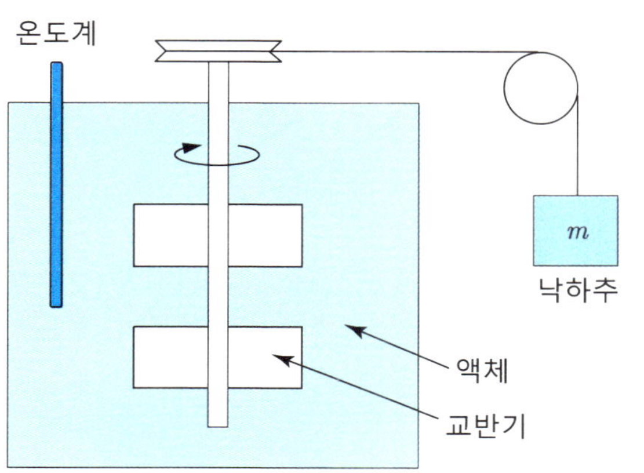

그림 3.2 줄의 실험장치

어떤 물체를 거리 x만큼 이동시켰을 때 힘과 거리의 곱이다. 그림 3.1에서 살펴본 정압 가열과정에서 이루어진 일의 크기를 구해보자. 이 그림에서 피스톤을 밀어 올리는 힘의 크기는 피스톤 면적과 압력의 곱이다. 따라서 미소일 크기는 다음과 같다.

$$dW = Fdx = pA\,dx = p\,dV$$

여기서 p는 실린더 내부 압력, A는 피스톤 단면적, V는 실린더 내부 체적을 나타낸다. 그리고 단위질량당 미소일은 다음과 같다.

$$dw = \frac{dW}{m} = \frac{p\,dV}{m} = p\,dv \tag{3.1}$$

여기서 w는 단위질량당 일의 크기, m은 실린더 내부를 채우고 있는 공기 질량, v는 공기의 비체적이다. 식 (3.1)은 어떤 상태변화가 일어날 때 미소일 크기는 압력과 미소비체적을 곱한 값과 같다는 것을 나타낸다. 따라서 식 (3.1)의 양변을 적분하면 단위질량당 일은 과정이 진행되는 동안 만들어진 모든 미소일(pdv)을 합친 값이다. 예를 들면, 그림 3.3에서와 같이 상태 1에서 상태 2로 경로 a를 따라 상태변화가 진행될 때 발생하는 일의 크기는 경로 a의 v축에 대한 투영면적 크기가 된다.

일은 경로함수(path function)이다. 경로함수를 이해하기 위해 그림 3.3에 나타나 있는 상태변화를 살펴보자. 이 그림에서 상태변화는 상태 1에서 상태 2로 경로 a와 경로 b를 따라서 각각 진행되며, 최초 상태와 최종 상태는 서로 동일하다. 이제 식 (3.1)을 이용하여 상태변화가 일어나는 각각의 과정에 대한 일 크기를 구해보자. 경로 a를 따라서 상태변화가 일어날 때 일의 크기는 면적 $1-a-2-v2-v1-1$이다. 한편, 경로 b를 따라서 상태변화가 일어날 때 일 크기는 면적 $1-b-2-v_2-v_1-1$이다. 그런데 이 두 면적의 크기는 서로 다르기 때문에 일 크기는 과정이 진행된 경로에 따라서 달라진다는 것을 알

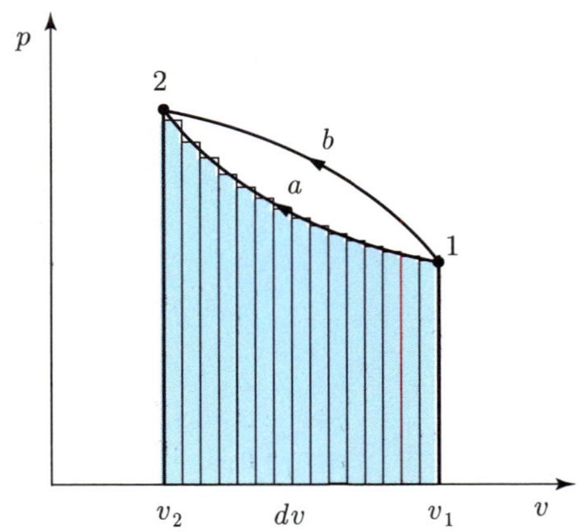

그림 3.3 열역학적 상태변화 및 일의 정의

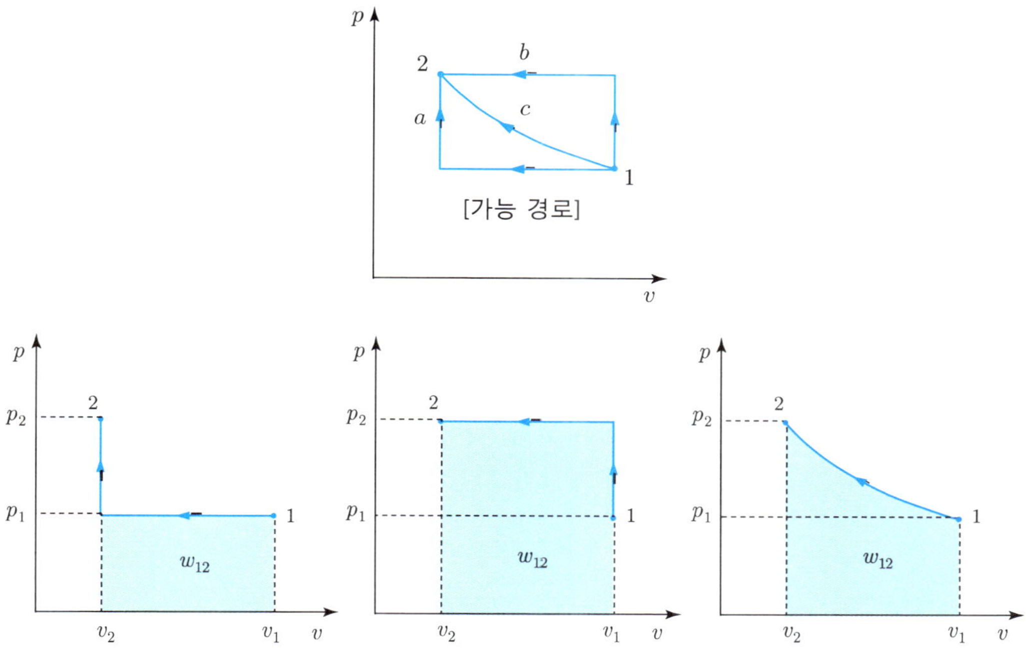

(a) 경로 a에 대한 일의 크기 (b) 경로 b에 대한 일의 크기 (c) 경로 c에 대한 일의 크기

그림 3.4 과정에 따른 일의 크기 변화

수 있다. 이렇게 상태변화 경로에 따라서 어떤 물리량의 크기가 달라지는 경우 이를 경로함수라 한다.

앞에서 설명한 내용은 그림 3.4를 이용하면 더욱 쉽게 이해할 수 있다. 이 그림에서 상태 1과 상태 2는 동일하며, 상태 1에서 상태 2로의 상태변화는 그림에 나타나 있는 것처럼 서로 다른 세 가지 경로 a, b, c를 따라서 일어난다고 가정하자. 여기서 일 크기를 나타내는 과정의 v축에 대한 투영면적 크기가 서로 다르다는 것을 확인할 수 있다. 따라서 일은 상태변화가 일어난 경로에 따라서 크기가 달라지는 경로함수이며, 수학적으로 불완전미분이다. 이 책에서 완전미분에 대해서는 미분기호 d, 불완전미분에 대한 미분기호는 δ를 사용하기로 한다. 한편, 불완전미분에 대한 적분은 완전미분에 대한 적분과 구분하기 위해 다음과 같이 표현한다.

$$\int_1^2 \delta w = w_{12}$$

따라서 어떤 과정 중에 발생한 일 크기는 다음과 같다.

$$w_{12} = \int_1^2 \delta w = \int_1^2 p\,dv \tag{3.2}$$

식 (3.2)는 열역학적으로 매우 중요한 의미를 가진다. 즉 이 식은 $p-v$선도에서 과정이 진행된 경로의 v축에 대한 투영면적 크기가 일의 크기라는 것을 의미한다. 따라서 $p-v$선도를 그리는 궁극적인 목적은 과정 중에 계 내부로 공급해주거나 계에서 발생한 일 크기를 쉽게 살펴보기 위함이다. 식 (3.2)를 이용하여 계산되는 일은 밀폐계에서의 일이며, 절대일(absolute work)이라 한다.

열에 대한 단위는 공학단위계에서 전통적으로 kcal, 또는 BTU를 사용하고 있다. 1 kcal란 물 1 kg의 온도를 14.5°C에서 15.5°C로 1°C 상승시키는 데 필요한 열량이다. 한편, 물 1 lb의 온도를 1°F 상승시키는 데 필요한 열량을 1 BTU(British Thermal Unit)라 한다. 열은 일로 변환이 가능하고 일 또한 열로 변환이 가능하기 때문에 열을 일, 또는 일을 열로 환산할 필요가 있다. 줄은 그림 3.2에 나타나 있는 실험장치를 이용하여 일과 열 사이에는 다음과 같은 관계가 성립한다는 것을 밝혀냈다.

$$1\ \text{kcal} = 427\ \text{kg}_f \cdot \text{m} = 4.185\ \text{kJ} \tag{3.3}$$

식 (3.3)을 영국단위계로 나타내면 1 kg = 2.20459 lb, 1°C = 9/5°F의 관계가 있기 때문에 다음과 같다.

$$1\ \text{BTU} = 778\ \text{lb}_f \cdot \text{ft} = 0.252\ \text{kcal} = 1.055\ \text{kJ} \tag{3.4}$$

뒤에서 살펴보겠지만 열도 일과 마찬가지로 경로함수이며 불완전미분이다. 따라서 상태 1과 상태 2 사이의 과정 중에 전달된 열은 다음과 같다.

$$q_{12} = \int_1^2 \delta q \tag{3.5}$$

일과 열은 방향성(부호)을 가진다. 즉 일과 열은 계 밖으로 빠져나가거나 계 내부로 공급될 때 서로 다른 부호를 가진다. 그림 3.5에 나타나 있는 것처럼 계 내부로 공급하는 일은 음(−)의 일이며, 계에서 생산되는(계를 빠져나가는) 일은 양(+)의 일이다. 열은 일과 반대로 계 내부로 공급하면 양(+)의 열이며, 계 외부로 빠져나가면 음(−)의 열이다. 참고로, 계에서 생산되는 일은 우리가 이용할 수 있는 일이며, 계 내부로 공급해주어야

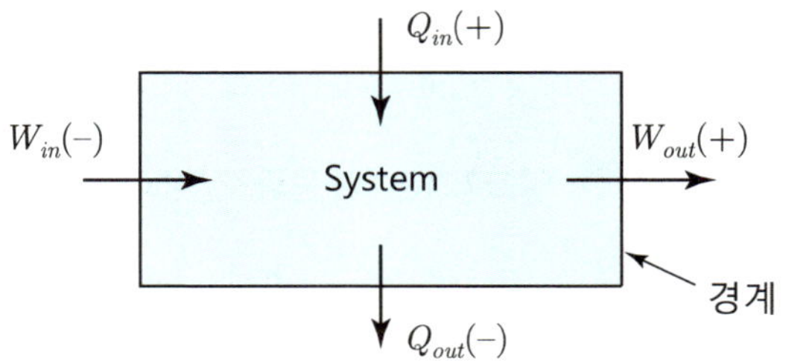

그림 3.5 열과 일에 대한 부호 및 방향성 정의

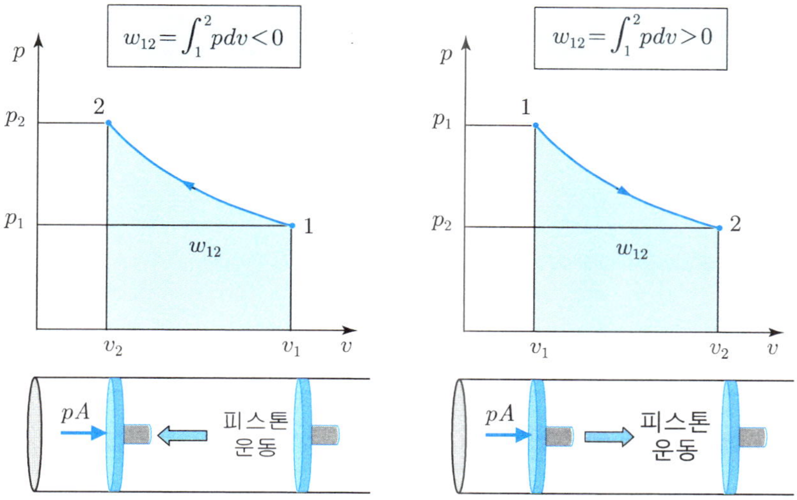

[계가 압축될 때의 p-v선도] [계가 팽창될 때의 p-v선도]

그림 3.6 열과 일에 대한 부호 및 방향성 정의

하는 일은 우리가 소비해야 되는 일이다. 예를 들면, 그림 3.6에 나타나 있는 것처럼 왕복엔진에서 작동유체를 압축시키기 위해 피스톤에 공급해주는 일은 음(−)의 일이며, 팽창과정 시 피스톤에서 만들어지는 일은 양(+)의 일이다. 이 밖에도 발전용 가스터빈에서 압축기 구동을 위해서 압축기에 공급해주는 일은 음(−)의 일이며, 터빈에서 생산되는 일은 계 외부로 공급되는 일로서 양(+)의 일이다. 한편, 왕복엔진이나 가스터빈에 연료를 공급하는 것은 양(+)의 열이며, 배기가스를 통하여 고온의 열이 엔진 밖으로 빠져나가는 것은 음(−)의 열이다.

일과 열의 부호는 각각의 관계식을 이용한 계산 결과에 포함되어 있다. 따라서 계산 결과를 이용하여 일과 열의 방향성을 판단하면 된다.

3.2 내부에너지

내부에너지(internal energy)는 물체가 가지는 총 에너지 가운데 역학적 에너지(운동에너지와 위치에너지)와 전기 및 자기에너지 등 의계와의 관계에 의해 좌우되는 외적인 에너지를 제외한 물체 자신이 가지고 있는 내적인 에너지를 말한다.

온도와 압력에 대한 정확한 이해를 위해서 미시적 관점에서 분자운동의 관찰은 매우 유익하다는 것을 앞에서 살펴보았다. 그러나 온도와 압력은 무수히 많은 분자들에 대한 평균값을 나타내며, 그 평균값을 측정할 수 있다는 측면에서 거시적 상태량에 해당된다.

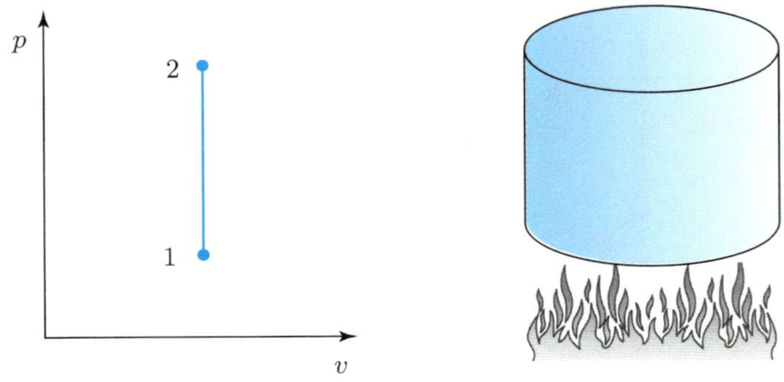

그림 3.7 정적가열과정 및 $p-v$선도

비록 직접적으로 측정하기는 어렵지만 각각의 분자들은 에너지를 가진다. 따라서 이들 분자들은 진동하고 회전하며 불규칙한 운동을 하는데, 이에 관련된 에너지를 운동에너지와 위치에너지 같이 체계적인 형태로 나타내기 어렵다. 따라서 이런 무질서한 형태로 저장되어 있는 에너지를 내부에너지라 정의한다.

내부에너지를 다른 측면에서 살펴보기 위해 그림 3.7에서와 같이 강체로 만들어진 밀폐용기에 채워진 물질을 가열하는 경우를 살펴보자. 우리는 그림 3.1에 나타나 있는 간단한 실험을 통하여 열이 일로 변환되는 것을 살펴보았다. 그런데 그림 3.7에서와 같이 체적이 일정한 상태에서 물질을 가열하면 계 내부로 열량을 공급했음에도 불구하고 계에 의해서 이루어진 일은 전혀 없다. 이런 사실은 그림 3.7에 나타나 있는 $p-v$선도에서 v축에 투영된 면적이 0이라는 것을 통해서도 쉽게 확인할 수 있다. 그러나 계에서 일을 하지는 않았지만 열량을 공급받아 계 내부를 채우고 있는 물질의 온도와 압력이 상승하기 때문에 열이 계 내부로 전달되어 들어갔다는 것은 확실하다. 따라서 그 열은 계 내부에 어떤 에너지의 형태로 존재하며, 이를 내부에너지라 정의할 수 있다. 따라서 어떤 물체가 가지고 있는 에너지는 다음과 같이 역학적 에너지와 내부에너지의 합으로 나타낼 수 있다.

$$E = U + KE + PE \tag{3.6}$$

여기서 U는 내부에너지, KE는 운동에너지, PE는 위치에너지이다.

작동유체가 순수한 기체이면 온도 변화량을 이용하여 내부에너지 변화량을 계산할 수 있다. 이는 내부에너지가 온도만의 함수, 즉 $u = u(T)$이기 때문이다. 즉 기체의 내부에너지는 온도에 비례하여 증가하는 성질을 가진다. 그러나 작동유체가 물/증기이면 온도 변화량을 이용하여 내부에너지 변화량을 계산할 수 없다. 이는 물/증기는 온도가 변하는 동안에 상변화를 수반하며, 상변화가 일어나는 동안에 내부에너지 일종인 증발열이나 융해열과 같은 잠열은 온도에 비례하지 않는 성질을 가지기 때문이다.

어떤 질량을 가지는 물체의 내부에너지는 U로 나타내며, 단위질량당 내부에너지인 비내부에너지는 u로 나타낸다.

3.3 열역학 제1법칙

열역학 제1법칙은 에너지 보존법칙을 열적인 현상에 응용한 것으로서 열과 일 사이에 일정한 관계가 성립하며, 국제단위계를 사용하는 경우 열과 일 모두 단위는 kJ을 사용하며, 열과 일의 관계는 다음과 같다.

$$Q = W \tag{3.7}$$

여기서 Q는 열, W는 일로서 단위는 모두 kJ이다. 식 (3.7)은, 열은 에너지의 한 형태로서 일로 변환시킬 수 있으며, 역으로 일을 열로 변환시키는 것도 가능하다는 것을 의미한다. 또 열을 일로 변환시키거나 일을 열로 변환시키더라도 에너지 총량은 항상 일정하다는 것을 의미한다. 아울러 에너지를 소비하지 않고 일을 만들 수는 없다는 사실을 알 수 있다. 그림 3.8에 어떤 발전용 가스터빈에 대한 실제적인 열과 일의 출입을 나타냈다. 이 그림에서 연소기에 공급한 열량의 일부는 터빈에서 일로 변환되었으며, 터빈에서 사용되지 못한 나머지 열량은 가스터빈을 그대로 빠져나가고 있다는 것을 알 수 있다. 그리고 공급한 열량의 크기는 가스터빈에서 실질적으로 만들어진 일과 빠져나간 열량의 합과 같다는 것을 알 수 있다. 따라서 여기서 에너지 총량은 일정하다는 사실과 에너지를 소비하지 않고 일을 발생시킬 수 없다는 사실을 확인할 수 있다. 참고로, 발전용 가스터빈에서는 터빈에서 발생한 동력의 일부를 압축기로 전달하여 공기를 압축시키는 데 사용한다.

한편, 공학단위계를 사용하는 경우 열역학 제1법칙은 다음과 같다.

$$Q = AW, \quad JQ = W \tag{3.8}$$

여기서 A는 일의 열당량, J는 열의 일당량이다. 공학단위계인 경우 열 단위는 kcal, 일 단위는 $kg_f \cdot m$이다. 따라서 하나의 관계식에 서로 다른 단위를 가지는 물리량이 존재하

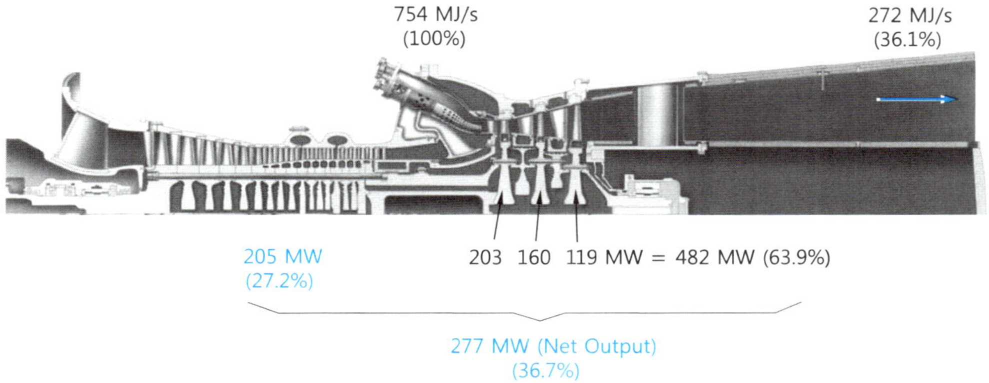

그림 3.8 발전용 가스터빈에서 열과 일 분포 예

면 안 되기 때문에 일의 열당량 또는 열의 일당량을 이용하여 열역학 제1법칙을 표현하고 있다. 일의 열당량과 열의 일당량은 각각 다음과 같다.

$$A = \frac{1}{427}\ \text{kcal/kg}_\text{f}\cdot\text{m} \tag{3.9}$$

$$J = 427\ \text{kg}_\text{f}\cdot\text{m/kcal} \tag{3.10}$$

열역학 제1법칙은 사이클을 겪는 계에 대해서도 성립한다. 이를 수식으로 표현하면 다음과 같다.

$$\oint \delta q = \oint \delta w \tag{3.11}$$

여기서 적분기호 $\oint$는 사이클적분을 의미한다. 사이클이란 어떤 상태에서 출발하여 일련의 과정을 거친 후에 다시 최초의 상태로 돌아오는 것을 의미한다. 따라서 사이클적분은 사이클을 구성하는 일련의 과정들에 대한 각각의 적분을 모두 더해주면 된다. 예를 들어, 그림 3.9에 나타나 있는 오토사이클에 대한 열과 일의 사이클적분은 다음과 같다.

$$\oint \delta q = \int_1^2 \delta q + \int_2^3 \delta q + \int_3^4 \delta q + \int_4^1 \delta q = q_{12} + q_{23} + q_{34} + q_{41}$$

$$\oint \delta w = \int_1^2 \delta w + \int_2^3 \delta w + \int_3^4 \delta w + \int_4^1 \delta w = w_{12} + w_{23} + w_{34} + w_{41}$$

이제 상태변화가 일어나는 계에 대한 열역학 제1법칙을 유도하기로 한다. 그림 3.10에 나타나 있는 것처럼 어떤 계가 상태 1에서 상태 2까지 경로 a를 따라서 상태변화가 일어나고, 다시 상태 2에서 경로 b 또는 c를 거쳐서 상태 1로 되돌아오는 사이클이 이루어진다면 열역학 제1법칙에 관한 식 (3.11)을 두 개의 사이클에 대하여 각각 정리할 수 있다.

우선 식 (3.11)을 사이클 $1 \to a \to 2 \to b \to 1$에 대하여 정리하면 다음과 같은 결과를 얻는다.

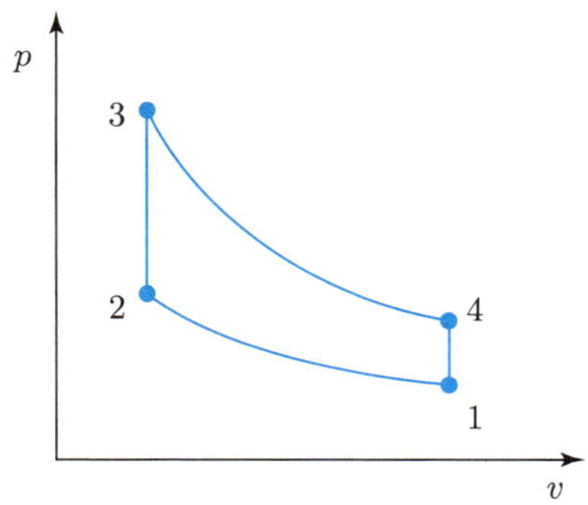

그림 3.9 오토사이클 $p-v$선도

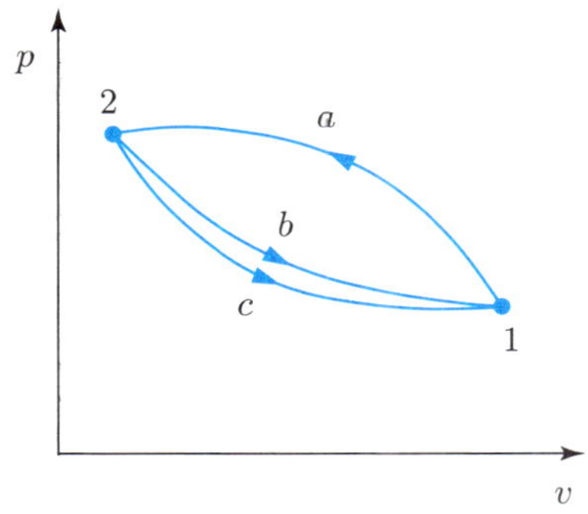

그림 3.10 열역학적 상태량을 나타내는 $p-v$선도

$$\int_{1a}^{2a}\delta q+\int_{2b}^{1b}\delta q=\int_{1a}^{2a}\delta w+\int_{2b}^{1b}\delta w \tag{3.12}$$

참고로 $\int_{1a}^{2a}\delta q$는 상태 1에서 출발하여 경도 a를 따라서 상태 2에 도달하는 과정에서 전달된 열량을 의미한다.

이제 식 (3.11)을 사이클 $1 \to a \to 2 \to c \to 1$에 대하여 정리하면 다음과 같은 결과를 얻는다.

$$\int_{1a}^{2a}\delta q+\int_{2c}^{1c}\delta q=\int_{1a}^{2a}\delta w+\int_{2c}^{1c}\delta w \tag{3.13}$$

식 (3.12)에서 식 (3.13)을 빼고 정리하면 다음과 같은 결과를 얻는다.

$$\int_{2b}^{1b}\delta q-\int_{2c}^{1c}\delta q=\int_{2b}^{1b}\delta w-\int_{2c}^{1c}\delta w$$

위 식을 정리하면 다음과 같은 결과를 얻는다.

$$\int_{2b}^{1b}(\delta q-\delta w)=\int_{2c}^{1c}(\delta q-\delta w) \tag{3.14}$$

그런데 식 (3.14)가 성립하기 위해서는 $(\delta q-\delta w)$값이 최초상태와 최종상태에만 관계되며, 경로 b, c에 대해서는 전혀 영향을 받지 않아야 한다. 이는 점함수(point function)를 의미하며, 수학적으로 계의 상태량에 대한 완전미분이다. 여기서 이 상태량은 계의 에너지이며, 기호 e로 표시하면 다음과 같은 결과가 도출된다.

$$\delta q-\delta w=de$$

위 식을 다시 정리하면 다음과 같다.

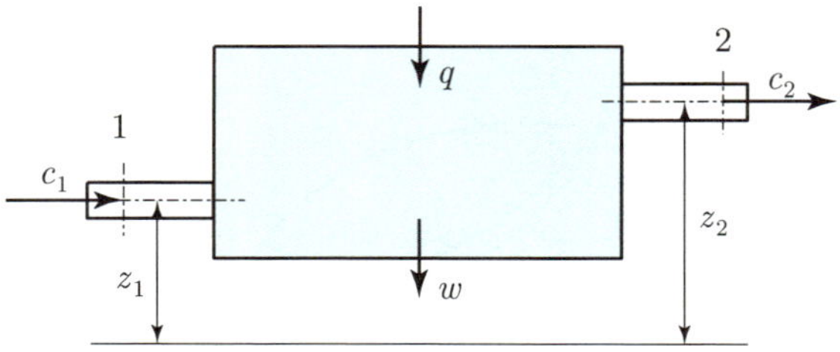

그림 3.11 개방계

$$\delta q = de + \delta w \tag{3.15}$$

식 (3.15)는 열역학 제1법칙을 나타내는 관계식이다. 이 식은 "어떤 계에 열량을 가하면 그 열량의 일부는 일로 변환되며, 나머지는 계의 각종 에너지 변환에 사용된다."라는 것을 의미한다.

식 (3.15)에 포함되어 있는 의미를 좀더 자세하게 살펴보기 위해 그림 3.11에 나타나 있는 개방계에 대한 열역학 제1법칙을 살펴보자. 참고로 입구 및 출구가 오직 한 군데라는 제약은 없다. 다만 다수의 입구와 출구가 존재하는 경우에 입구로 유입되는 질량유량의 합은 출구로 빠져나가는 질량유량의 합과 같아야 한다. 이 그림에서 계 내부로 열량을 공급하고 있으며, 계는 외부로 일을 공급하고 있다. 이는 모든 열기관의 공통적인 특징이며, 이렇게 열과 일의 방향을 지정하면 열과 일은 모두 양(+)의 값을 가진다. 경험적 사실을 바탕으로 작동유체가 출입하는 개방계를 살펴보면, 에너지에는 내부에너지, 유동에너지(FE, flow energy), 운동에너지, 위치에너지가 있다. 물론 여기에는 추가적으로 표면장력, 자기력, 전기력 등에 의한 에너지가 있을 수 있지만 이들 에너지는 터보기계나 일반 왕복엔진과 같은 열기관에는 큰 영향을 미치지 못한다. 이는 이런 에너지들이 열기관을 통과하는 작동유체에 큰 영향을 미치지 못하기 때문이다. 따라서 에너지는 다음과 같이 표현된다.

$$e = u + FE + KE + PE \tag{3.16}$$

식 (3.16)을 미분형으로 표시하면 다음과 같다.

$$de = du + d(FE) + d(KE) + d(PE)$$

따라서 열역학 제1법칙은 다음과 같은 일반식으로 표현된다.

$$\delta q = du + d(FE) + d(KE) + d(PE) + \delta w \tag{3.17}$$

내부에너지를 가지는 유체가 유동하면 유체는 에너지를 가지는데, 이를 유동에너지 또는 유동일이라 한다. 즉 유동에너지는 계의 검사표면을 통과하는 질량과 관련된 일을 의미한다. 따라서 유동에너지는 다음과 같이 정의한다.

$$FE = \int pA\,dl = \int p\,dV = m\int p\,dv$$

여기서 m은 검사표면을 통과하는 유체의 질량, v는 유체의 비체적을 나타낸다. 따라서 단위질량당 유동에너지는 다음과 같다.

$$FE = \int pdv \tag{3.18}$$

그림 3.11에서 유동에너지 p_1v_1은 유동관 상류에 있는 유체가 계 내부로 유입되기 위해서 계 입구 앞쪽으로 이동하는 데 따른 에너지(일)이다. 즉 p_1v_1은 유체 유동에 의해서 계 내부로 유입되는 에너지를 나타낸다. 이와 유사하게 p_2v_2는 계를 빠져나가는 출구 앞으로 유체를 이동시키기 위한 계 내부 유체에 의한 에너지(일)이다. 따라서 p_2v_2는 계를 빠져나가는 에너지로서 에너지 전달을 나타낸다.

한편, 단위질량당 운동에너지와 위치에너지는 다음과 같다.

$$KE = \frac{1}{2}c^2 \tag{3.19}$$

$$PE = gz \tag{3.20}$$

여기서 c는 유체의 속도, g는 중력가속도이다. 식 (3.17)에 식 (3.18), (3.19), (3.20)을 대입하고 정리하면 다음과 같은 관계식이 구해진다.

$$q_{12} = (u_2 - u_1) + (p_2v_2 - p_1v_1) + \frac{1}{2}(c_2^2 - c_1^2) + g(z_2 - z_1) + w_{12} \tag{3.21}$$

식 (3.21)은 일반적인 열역학 제1법칙을 나타내는 매우 중요한 식이다. 이 식에 열기관을 통과하는 작동유체의 질량유량을 곱해주면 다음과 같은 관계식이 구해진다.

$$\dot{Q}_{12} = \dot{m}\left[(u_2 - u_1) + (p_2v_2 - p_1v_1) + \frac{1}{2}(c_2^2 - c_1^2) + g(z_2 - z_1)\right] + \dot{W}_{12} \tag{3.22}$$

여기서 $\dot{Q}$는 열 흐름률(the rate of heat flow), $\dot{W}$는 동력(power)이며 국제단위계를 사용하는 경우 단위는 모두 W(=J/s)이다.

연습문제 3.1

질량이 10 kg인 강철구를 100 kg의 물이 담겨 있는 수조에 떨어뜨렸다. 초기에 강철구는 수면으로부터 10 m 높이에 위치하였으며, 강철구와 물의 온도는 동일하였다. 이 경우 다음 조건들에 대해서 ΔU, ΔKE, ΔPE, Q, W를 계산하라. 단, 중력가속도는 9.8 m/s^{2}이다.

(1) 강철구가 물에 들어가려는 순간

(2) 강철구가 물속에서 막 정지한 순간 (단, 강철구가 물속에서 이동한 거리는 무시한다.)

(3) 주위로 열전달이 일어나서 강철구와 물 모두 초기의 온도가 된 순간

풀이

(1) 열역학 제1법칙은 다음과 같다.

$$\delta q = du + d(FE) + d(KE) + d(PE) + \delta w$$

이 식을 질량이 포함된 식으로 나타내서 적분하면 다음과 같이 된다.

$$Q_{12} = \Delta U + \Delta FE + \Delta KE + \Delta PE + W_{12}$$

그런데 강철구에 대한 문제라서 작동유체의 흐름을 무시할 수 있으므로 이 문제에서 유동에너지는 고려할 필요가 없다.

우선 과정이 진행되는 동안 전달된 열량은 없다. 따라서 $Q_{12} = 0$이다.

또한 과정이 진행되면서 이루어진 일이 없다. 따라서 $W_{12} = 0$이다.

또한 온도변화가 없기 때문에 내부에너지 변화량도 없다. 따라서 $\Delta U = 0$이다.

위치에너지 변화는 다음과 같다.

$$\Delta PE = mg(z_2 - z_1) = 10 \text{ kg} \times 9.8 \text{ m/s}^2 \times (-10 \text{ m}) = -980 \text{ J}$$

열역학 제1법칙을 이용하여 운동에너지 변화를 계산한다.

$$\Delta KE = -\Delta PE = 980 \text{ J}$$

(2) 강철구가 정지했으므로 운동에너지 변화는 없다. 그러나 강철구가 물과 접촉하면서 마찰열이 발생하고 물 온도가 상승했을 것이므로 내부에너지 변화가 발생한다. 따라서 다음과 같은 관계식이 성립한다.

$$Q_{12} = 0,\ \ W_{12} = 0,\ \ \Delta KE = 0$$
$$\Delta PE = -\Delta U = -980 \text{ J}$$

(3) 마찰로 인해 발생한 열이 계 밖으로 전달되어 빠져나갔기 때문에 열량 출입이 발생한다. 그러나 초기 온도와 동일해졌기 때문에 내부에너지 변화는 없다. 따라서 다음과 같은 관계가 성립한다.

$$\Delta U = 0,\ \ \Delta KE = 0,\ \ W_{12} = 0$$

열역학 제1법칙으로부터 다음과 같은 결과를 얻을 수 있다.

$$Q_{12} = \Delta PE = mg(z_2 - z_1) = -980 \text{ J}$$

■

3.4 엔탈피

엔탈피(enthalpy)에 대한 개념을 살펴보기 위해 그림 3.1에 나타나 있는 정압가열을 살펴보자. 이 상태변화에 대해서 열역학 제1법칙을 적용하면 다음과 같다.

$$q_{12} = (u_2 - u_1) + \int_1^2 pdv$$

$$q_{12} = (u_2 - u_1) + p\int_1^2 dv = (u_2 - u_1) + (pv_2 - pv_1)$$

정압과정이기 때문에 $p = p_1 = p_2$가 되므로 위 식은 다음과 같이 나타낼 수 있다.

$$q_{12} = (u_2 + p_2 v_2) - (u_1 + p_1 v_1) \tag{3.23}$$

이 실험에서 정압상태에서 가열한 열량은 계 내부를 채우고 있는 작동유체의 초기상태와 최종상태 사이의 $(u + pv)$ 양에 대한 변화로 나타났다. 따라서 내부에너지와 유동에너지의 합을 한 가지 열역학적 상태량으로 표시할 수 있다면 정압과정에서 발생하는 열량 변화량을 쉽게 표현할 수 있다. 이런 이유로 내부에너지와 유동에너지의 합을 엔탈피라는 새로운 열역학적 상태량으로 정의하여 사용한다.

$$h = u + pv \tag{3.24}$$

여기서 h는 엔탈피, u는 내부에너지, pv는 유동에너지이다. 새로운 열역학적 상태량인 엔탈피를 이용하면 식 (3.23)은 다음과 같이 간단하게 표시된다.

$$q_{12} = h_2 - h_1 \tag{3.25}$$

식 (3.25)는 정압과정에서 가열한 열량은 계 내부의 엔탈피 변화량으로 나타난다는 것을 의미한다. 식 (3.24)에서 엔탈피는 내부에너지와 유동에너지의 합으로 나타나기 때문에 엔탈피는 에너지라는 것을 알 수 있다. 엔탈피는 발전공학에서 사용하는 가장 중요한 상태량 가운데 하나로서 작동유체에 포함되어 있는 에너지를 나타낸다. 즉 발전용 보일러에서는 작동유체인 물/증기를 정압상태에서 가열하며, 가열하는 동안에 작동유체에 공급한 열량은 작동유체의 엔탈피 증가로 나타난다. 아울러 뒤에서 자세하게 살펴보겠지만 발전용 가스터빈의 경우에도 연소기에서 연료와 압축공기가 혼합되어 정압상태에서 연소가 진행되며, 연소를 통해 공급한 열량은 작동유체의 엔탈피 상승으로 나타난다.

3.5 밀폐계에서의 열역학 제1법칙

그림 3.12에서와 같이 밀폐계에 열이 가해지는 실험을 살펴보자. 밀폐계이기 때문에 유동에너지, 운동에너지, 위치에너지의 변화는 없다. 따라서 열역학 제1법칙을 나타내는 일반식인 식 (3.17)은 다음과 같이 표현된다.

$$\delta q = du + \delta w \tag{3.26}$$

식 (3.26)은 밀폐계에서 가열한 열량의 일부는 일로 변환되고 그 나머지는 계의 내부에너지 변화에 이용된다는 것을 의미한다. 참고로, 여기서 논의하고 있는 밀폐계는 내부에너지를 논의했던 정적과정과 다르다는 것에 주의할 필요가 있다. 즉 밀폐계의 경우 작동유체의 출입은 없지만 계의 경계는 이동할 수 있기 때문에 일을 고려해야 한다. 한편, 밀폐계에서의 일은 절대일이기 때문에 밀폐계에 대한 열역학 제1법칙은 다음과 같이 표현된다.

$$\delta q = du + pdv \tag{3.27}$$

식 (3.27)을 열역학 제1기초식이라 한다. 열역학 제1기초식은 정적과정($dv = 0$)에 이용하면 매우 편리하며, 정적과정에서 가열한 열량은 내부에너지 변화에 사용된다는 것을 알 수 있다.

한편, 엔탈피에 대한 정의식인 식 (3.24)를 양변 미분하면 다음과 같다.

$$dh = du + pdv + vdp$$

식 (3.27)을 위 식에 대입하면 다음과 같은 식을 얻는다.

$$\delta q = dh - vdp \tag{3.28}$$

식 (3.28)을 열역학 제2기초식이라 한다. 열역학 제2기초식은 정압과정($dp = 0$)인 경우 사용하면 편리하며, 정압과정에서 가열한 열량은 엔탈피 변화량과 동일하다는 것을 알 수 있다.

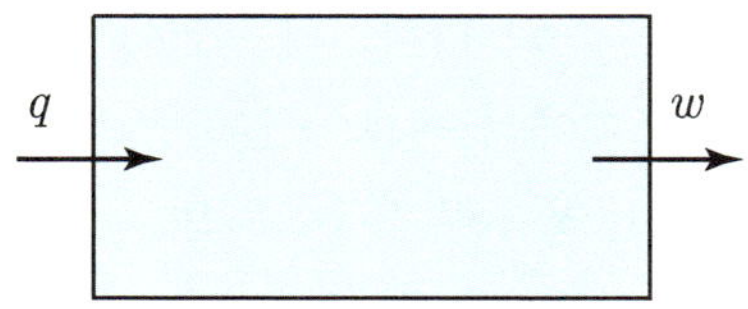

그림 3.12 밀폐계

3.6 개방계에서의 열역학 제1법칙

개방계에서는 그림 3.11에 나타나 있는 것처럼 작동유체, 일, 열 모두가 계를 출입할 수 있다. 일반적으로 작동유체의 출입은 정상상태에서 이루어진다. 이런 이유로 인하여 개방계를 정상류계라고도 한다. 개방계에서의 열역학 제1법칙은 식 (3.21)과 (3.22)에 나타나 있으며, 엔탈피를 이용하여 다시 정리하면 다음과 같다.

$$q_{12} = (h_2 - h_1) + \frac{1}{2}(c_2^2 - c_1^2) + g(z_2 - z_1) + w_{12} \tag{3.29}$$

$$\dot{Q}_{12} = \dot{m}\left[(h_2 - h_1) + \frac{1}{2}(c_2^2 - c_1^2) + g(z_2 - z_1)\right] + \dot{W}_{12} \tag{3.30}$$

식 (3.29)와 (3.30)은 정상류 에너지방정식이라고도 불리며, 플랜트 구성품에 적용하면 더욱 간단하게 표현된다. 예를 들어 압축기, 펌프, 또는 터빈 등과 같은 동적인 구성요소들은 다른 구성요소나 외부로의 열전달을 무시할 수 있기 때문에 이들에서 일어나는 과정은 단열과정이다. 따라서 이들 구성요소들은 열적으로 고립되어 있기 때문에 $q_{12} = 0$이다. 한편, 보일러, 연소실, 열교환기 등과 같이 정적인 구성요소들에서는 열전달은 일어나지만 일은 일어나지는 않는다. 따라서 이들 구성요소에서 $w_{12} = 0$이다. 이 밖에 노즐, 디퓨저, 덕트 등에서는 열전달뿐만 아니라 일도 일어나지 않기 때문에 $q_{12} = w_{12} = 0$이며, 식 (3.29)는 더욱 간단해진다.

한편, 개방계에서의 열역학 제1법칙을 간단히 표현하기 위해 위치에너지 변화를 무시할 수 있다면 식 (3.29)는 다음과 같이 표현된다. 참고로, 작동유체가 기체인 경우 위치에너지 변화의 크기는 열역학 제1법칙을 구성하고 있는 다른 항의 크기 변화에 비해 매우 작은 편이기 때문에 실제적으로 무시할 수 있다.

$$\begin{aligned} q_{12} &= \left(h_2 + c_2^2/2\right) - \left(h_1 + c_1^2/2\right) + w_{12} \\ q_{12} &= h_{o,2} - h_{o,1} + w_{12} \end{aligned} \tag{3.31}$$

식 (3.31)에서 h_o는 정체엔탈피(stagnation enthalpy) 또는 전체엔탈피이다. 만약 운동에너지 변화를 무시할 수 있다면 식 (3.31)은 다음과 같이 된다.

$$q_{12} = h_2 - h_1 + w_{12}$$

위 식을 일반식으로 표현하면 다음과 같이 된다.

$$\delta q = dh + \delta w \tag{3.32}$$

식 (3.32)와 (3.28)을 비교하면 개방계에서의 일은 다음과 같다.

$$w_{12} = -\int_1^2 v dp \tag{3.33}$$

식 (3.33)은 개방계에서의 일인 공업일(technical work)을 나타내는 매우 중요한 식이다. 이 식의 의미를 $p-v$선도에 나타내면 그림 3.13과 같다. 즉 개방계에서는 상태변화가 일어나는 경로의 p축에 대한 투영면적 크기가 일의 크기이다. 따라서 이 그림에서 과정 중에 발생한 일의 크기는 $1-2-p_2-p_1-1$이다. 이는 밀폐계에서 v축에 투영된 면적의 크기가 일의 크기라는 점과 크게 다르다. 밀폐계에서 발생한 일을 절대일이라고 하는 데 반해서 개방계에서 발생한 일은 공업일이라 한다.

왕복엔진과 가스터빈 모두 공기를 흡입하는 측면에서는 동일하지만 왕복엔진이 흡입행정에서만 간헐적으로 공기를 흡입하는 데 반해서 가스터빈은 연속적으로 공기를 흡입한다. 따라서 왕복엔진에서는 공기의 연속적인 흐름이 나타나지 않지만 가스터빈에서는 공기의 흐름이 연속적으로 나타나는 정상류이다. 왕복엔진 각 행정에서 일어나는 과정을 자세히 살펴보면, 흡입행정에서 연료-공기 혼합기가 실린더 내부로 유입되지만 압축 및 연소행정에서 밸브가 모두 닫혀 있는 상태에서 열역학적 과정이 진행된다. 따라서 왕복엔진은 밀폐계에 해당된다. 이에 반해 가스터빈은 각각의 열역학적 과정을 담당하는 구성품이 별도로 있어서 작동유체인 공기는 각 구성품을 연속적으로 흘러 지나간다. 따라서 가스터빈은 가장 대표적인 개방계이다. 결론적으로 왕복엔진은 밀폐계 열기관이며, 왕복엔진에서의 일은 절대일이다. 이에 반해 가스터빈은 개방계 열기관으로서 가스터빈에서의 일은 공업일이다.

수력터빈 또는 펌프와 같이 작동유체가 액체인 경우에는 엔탈피를 측정하기 어렵기 때문에 식 (3.29)를 사용하지 않고 식 (3.21)을 사용한다. 식 (3.21)은 다음과 같이 표현된다.

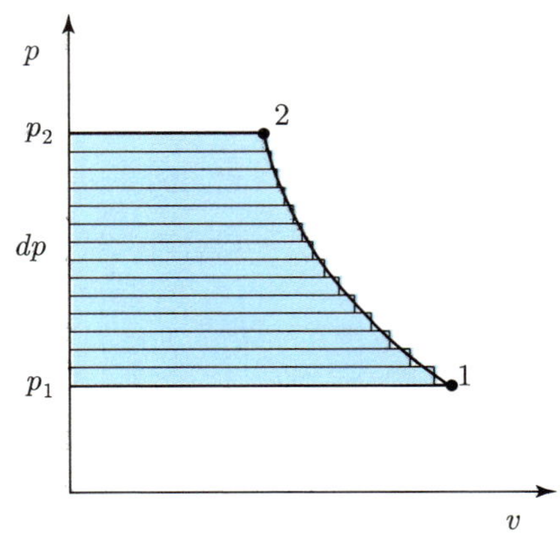

그림 3.13 공업일

$$q_{12} = (u_2 - u_1) + \left(\frac{p_2}{\rho_2} - \frac{p_1}{\rho_1}\right) + \frac{1}{2}(c_2^2 - c_1^2) + g(z_2 - z_1) + w_{12} \tag{3.34}$$

작동유체가 액체일 때 정체압력은 정압력과 동압력을 합친 값과 같다.

$$p_o = p + \frac{1}{2}\rho c^2 \tag{3.35}$$

여기서 p_o는 정체압력, p는 정압력, ρ는 밀도, c는 유체의 속도, $0.5\rho c^2$은 동압력이다. 따라서 식 (3.34)는 다음과 같이 된다.

$$q_{12} = (u_2 - u_1) + \left(\frac{p_{o,2}}{\rho_2} - \frac{p_{o,1}}{\rho_1}\right) + g(z_2 - z_1) + w_{12} \tag{3.36}$$

한편, 작동유체가 액체일 때 전압력은 정체압력과 높이수두의 합으로 정의된다. 따라서 전압력은 다음과 같은 관계를 가진다.

$$p_t = p + \frac{1}{2}\rho c^2 + \rho g z = p_o + \rho g z \tag{3.37}$$

연습문제 3.2

어떤 펌프를 통과하는 물의 질량유량은 10 kg/s이다. 이 펌프의 입구압력은 0.1 MPa, 출구압력은 1 MPa이다. 이 펌프에 공급해야 할 동력을 계산하라. 단, 물의 비체적은 0.001 m^3/kg이며, 펌프 효율은 100%이다. 아울러 펌프 입구와 출구에서의 속도 차이는 무시할 수 있을 정도이며, 위치에너지 차이 또한 무시할 수 있을 정도로 작다.

풀이

펌프에서의 유동은 정상류이므로 펌프에서 일어나는 일은 공업일이다. 그리고 물은 비압축성 유체이기 때문에 비체적은 일정하다. 그러므로 공업일 크기는 다음과 같다.

$$w_P = w_{12} = -\int_1^2 v\,dp = -v(p_2 - p_1)$$

펌프동력은 공업일에 질량유량을 곱해주면 구할 수 있다.

$$\dot{W}_P = \dot{m} w_P = -\dot{m} v(p_2 - p_1)$$

$$\dot{W}_P = -10 \text{ kg/s} \times 0.001 \text{ m}^3\text{/kg} \times (1000 - 100) \text{ kPa}$$

$$\dot{W}_P = -0.01 \text{ m}^3\text{/kg} \times (1000 - 100) \text{ kN/m}^2$$

$$\dot{W}_P = -9 \text{ kN} \cdot \text{m/s}$$

$$\therefore \dot{W}_P = -9 \text{ kW}$$

여기서 음(−)의 부호는 동력을 계로 공급한다는 의미이다. 실제적으로 펌프는 외부로부터 동력을 공급받아 작동유체의 압력수두를 높이는 역할을 수행한다. ■

3.7 비열

비열(specific heat)은 단위질량을 가지는 어떤 물체의 온도를 1°C 상승시키는 데 필요한 열량으로 정의한다. 우리는 특별히 물 1 kg의 온도를 1°C 상승시키는 데 필요한 열량을 1 kcal라 정의하여 사용하고 있다. 실제적으로 어떤 단위질량을 가지는 물체에 열량을 공급했을 경우 그 물체의 온도가 얼마나 변하는지는 그 물체를 구성하는 물질의 특성에 좌우된다. 이를 식으로 나타내면 다음과 같다.

$$\delta q = c\, dT \tag{3.38}$$

표 3.1 다양한 물질의 비열

Substance	J/kg·°C	kcal/kg·°C
Aluminium	900	0.215
Beryllium	1,820	0.436
Cadmium	230	0.055
Copper	387	0.0924
Germanium	322	0.077
Gold	129	0.0308
Iron	448	0.107
Lead	128	0.0305
Silicon	703	0.168
Silver	234	0.056
Glass	837	0.20
Ice (−5°C)	2,090	0.50
Wood	1,700	0.41
Alcohol (ethyl)	2,400	0.58
Mercury	140	0.033
Water (15°C)	4,186	1.00
Steam (100°C)	2,010	0.48

※ 어떤 물질의 비열은 25°C, 대기압에서 측정된 값

여기서 c는 물질에 좌우되는 상수로서 비열이다. 따라서 비열은 전달된 열량을 알면 쉽게 구할 수 있다.

표 3.1에 다양한 물질에 대한 비열을 나타냈다. 이 표에서 확인할 수 있듯이 물은 지구에 존재하는 물질 가운데 비열이 가장 크다. 즉 물은 에너지 저장 능력이 가장 우수하면서 쉽게 구할 수 있기 때문에 열기관의 작동유체로 사용할 수 있는 매우 뛰어난 물질이라는 것을 알 수 있다. 한편, 물은 지구상에 가장 많이 존재하고 있으며, 비열이 가장 크기 때문에 지구의 기후에도 큰 영향을 미친다. 예를 들면, 물이 풍부한 지역은 겨울철에도 온화하다. 이는 겨울 동안 공기 온도가 내려감에 따라 물에서 공기로 열이 전달되기 때문에 공기의 내부에너지가 증가하여 공기 온도가 상승하기 때문이다. 이런 이유 때문에 미국 서해안에는 겨울 동안에 동풍이 불어 따뜻한 공기가 바다에서 육지로 불어온다. 따라서 미국의 경우 겨울에는 주거지역으로 서해안을 선호한다. 한편, 여름에는 토양의 비열이 물에 비해 작기 때문에 육지 온도가 바다보다 빨리 상승한다. 육지 위에 있는 공기 온도가 상승하면 공기는 부력에 의하여 상승하며, 이 자리를 바다 위에 있는 좀더 차가운 공기가 채운다. 따라서 여름철 낮에는 해풍이 분다. 반대로 밤에는 육지가 바다에 비해 더욱 빨리 냉각되기 때문에 육지에서 바다로 바람이 분다. 이런 현상은 물질의 비열이 서로 다르기 때문에 나타나는 대표적인 자연현상이다.

열역학적 과정 가운데 가장 유용한 두 가지 과정은 정압과정과 정적과정이다. 그리고 이들 과정에 사용하는 비열을 각각 정압비열과 정적비열이라 하며, 각각 c_p와 c_v로 표기한다. 공기에 대한 정압비열과 정적비열은 공기 1 kg을 각각 정압과정과 정적과정을 통해 1°C 상승시키는 데 필요한 열량이다. 한편, 정압비열의 정적비열에 대한 비율을 비열비라 하며, 다음과 같이 정의한다.

$$\gamma = \frac{c_p}{c_v} \tag{3.39}$$

비열비 γ값은 다음과 같이 기체분자를 구성하는 원자수에 따라서 변한다.

단원자 가스: $\gamma = 5/3$
2원자 가스: $\gamma = 7/5$
다원자 가스: $\gamma = 4/3$

대표적인 단원자 가스로는 He, Ne 등이 있으며, 2원자 가스로는 N_2, O_2, H_2 등이 있다. 공기는 대부분 질소와 산소로 이루어져 있으므로 2원자 가스에 속한다. 3원자 가스로는 CO_2, H_2O 등이 있다. 화석연료를 연료로 사용하는 경우 연소가스는 대부분 CO_2와 H_2O로 구성되어 있기 때문에 연소가스는 3원자 가스에 속한다.

단순물질(simple substance)이란 균질하면서 화학적 조성이 변하지 않는 물질을 말한다. 단순물질은 하나 이상의 상으로 존재할 수도 있지만 모든 상에서 동일한 화학적 조성을 가진다. 그러므로 액체상태의 물, 물과 증기의 혼합물, 얼음과 물의 혼합물은 모두 동일한 화학적 조성을 가지기 때문에 단순물질에 속한다. 그리고 공기와 같은 기체의 혼합체도 상변화가 일어나지 않는 이상 단순물질로 취급한다. 그러나 엄격하게 분류하면 공기는 단순물질이 아니다. 그러나 공기와 같은 기체의 혼합체는 상변화가 일어나지 않는 한 단순물질의 특성을 가지기 때문에 단순물질로 분류한다.

열역학에서 어떤 계나 물질에 오직 하나의 일만이 존재(작용)하고 있으면 그 물질을 단순물질이라 한다. 한편, 일의 형태가 압축에 의한 것이라면 계를 채우고 있는 물질을 단순압축성물질(simple compressible substance)이라 한다. 이런 단순압축성물질을 다루는 경우에 표면장력, 자기력, 전기력 등은 중요하지 않다.

만약 단순압축성물질로 채워진 어떤 계에 대한 두 가지 상태량을 정의할 수 있다면, 그 계의 상태를 완벽하게 정의할 수 있다. 즉 계의 상태는 $u = u(T, v)$, $u = u(p, v)$ 또는 $u = u(p, T)$와 같은 수식으로 표현할 수 있다. 여기서 $u = u(T, v)$를 사용하고 T와 v에 대하여 u가 어떻게 변하는지 살펴보기 위해 체인법칙을 이용하면 다음과 같은 관계식을 유도할 수 있다.

$$du = \left(\frac{\partial u}{\partial T}\right)_v dT + \left(\frac{\partial u}{\partial v}\right)_T dv \tag{3.40}$$

먼저 정적비열을 살펴보자. 정적과정($dv = 0$)인 경우 위 식의 우측 둘째 항은 0이 된다. 한편, 열역학 제1기초식으로부터 내부에너지는 다음과 같이 표현된다.

$$du = \delta q - p dv$$

정적과정이기 때문에 위 식에서 $du = \delta q$가 성립하며, 이를 식 (3.40)에 대입하면 다음 관계식을 얻는다.

$$\delta q = \left(\frac{\partial u}{\partial T}\right)_v dT$$

이 식은 정적과정을 이용하여 유도한 식이므로 다음과 같이 정적비열을 정의할 수 있다.

$$c_v \equiv \left(\frac{\partial u}{\partial T}\right)_v \tag{3.41}$$

한편, 정압비열은 $h = h(T, p)$를 이용하여 정적비열을 계산한 방법과 유사한 절차를 거치면 다음과 같은 관계식을 얻을 수 있다.

$$c_p \equiv \left(\frac{\partial h}{\partial T}\right)_p \tag{3.42}$$

내부에너지와 엔탈피는 점함수이다. 따라서 비열에 대한 정의식으로부터 다음과 같은 관계식을 유도할 수 있다.

$$du = c_v dT \tag{3.43}$$

$$dh = c_p dT \tag{3.44}$$

한편, 열역학 제1기초식인 식 (3.27)과 열역학 제2기초식인 식 (3.28)을 이용하면 좀더 손쉽게 정적비열과 정압비열을 구할 수 있다. 식 (3.38)에서 다음과 같이 비열을 정의할 수 있다.

$$c \equiv \frac{\delta q}{dT} \tag{3.45}$$

정적과정의 경우 $dv = 0$이므로 열역학 제1기초식으로부터 $\delta q = du$가 된다. 따라서 정적비열은 다음과 같이 정의된다.

$$c_v = \frac{du}{dT} \tag{3.46}$$

정압과정의 경우 $dp = 0$이므로 열역학 제2기초식으로부터 $\delta q = dh$가 된다. 따라서 정압비열은 다음과 같이 정의된다.

$$c_p = \frac{dh}{dT} \tag{3.47}$$

식 (3.46)과 (3.47)은 각각 식 (3.41) 및 (3.42)와 동일한 것이다.

기체의 비열은 각종 엔진 성능을 계산하는 데 필요한 매우 중요한 물리량이다. 엔진 성능을 정확하게 계산하기 위해서는 정확한 비열 값을 사용해야 한다. 즉 단일 엔진에 대한 성능을 계산하더라도 다른 비열을 사용해야 한다. 예를 들면, 가스터빈 압축기에 유입되는 작동유체는 공기이다. 따라서 압축기에 대한 성능을 계산하는 경우 공기의 정압비열($c_p =$ 1.0047 kJ/kg·K)과 비열비($\gamma = 1.4$)를 사용해야 한다. 그러나 연소기와 터빈에서는 수증기와 이산화탄소가 혼합되어 있는 연소생성물이 작동유체이기 때문에 이들에 대한 정압비열과 비열비를 사용해야 한다. 비열은 온도와 압력에 의하여 영향을 받는다. 일반적으로 압력변화에 따른 비열의 변화는 작은 편이지만 온도변화에 따른 변화는 무시하기 어렵다. 이와 같은 이유 때문에 연소생성물에 대한 일정한 정압비열($c_p = 1.1569$ kJ/kg·K)과 비열비($\gamma = 1.33$)를 사용하여 가스터빈 성능을 계산하면 최대 5% 정도의 오차를 보이는 것으로 알려져 있다. 비열에 대한 정확한 값을 계산하기 위해서는 연소생성물의 온

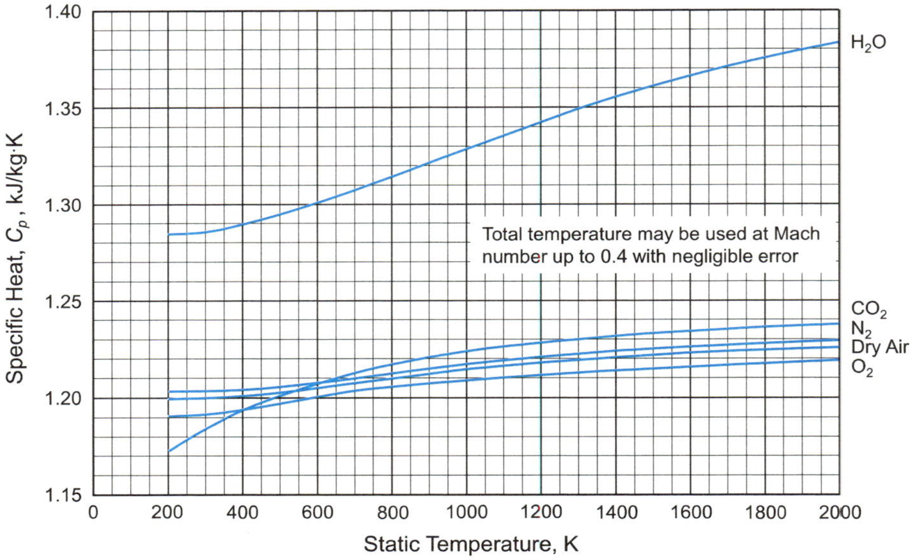

그림 3.14 온도변화에 따른 정압비열 변화

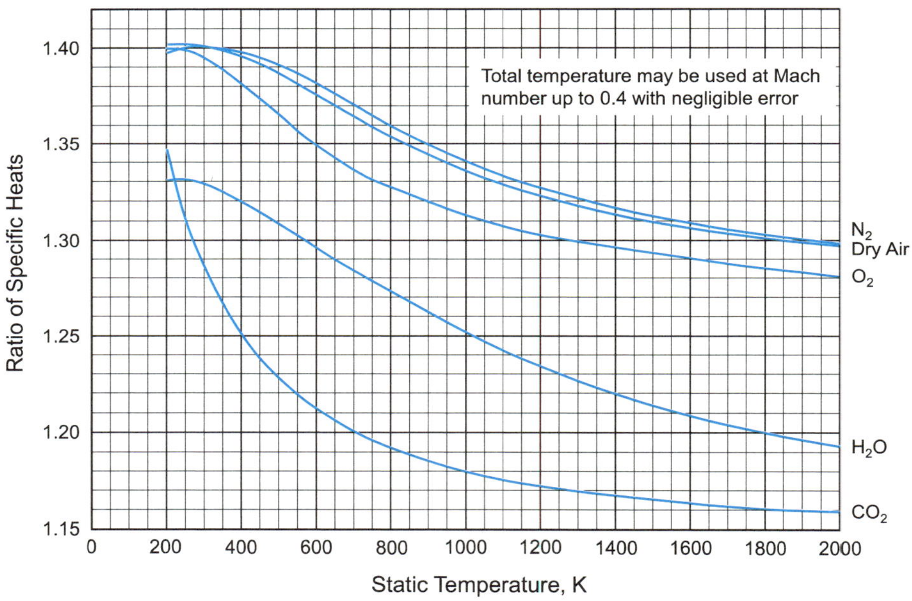

그림 3.15 온도변화에 따른 비열비 변화

도, 종류, 구성비 등을 고려하여 계산해야 한다. 그림 3.14와 3.15에 대표적인 기체의 온도변화에 따른 정압비열 및 비열비 변화를 각각 그림으로 나타냈다. 그리고 대표적인 기체에 대한 0℃에서의 열역학적 상태량을 표 3.2에 나타냈다.

각종 엔진에서 다루어야 하는 작동유체는 공기 및 연소가스이다. 연소가스에는 대기중에 포함되어 있는 습기와 연소생성물이 혼재되어 있으며, 연소생성물 가운데는 수증기가 포함되어 있다. 일반적으로 연소생성물 가운데 수증기 비율이 10% 이하(mass fraction 기준)인 경우에는 이상기체로 가정할 수 있지만 그 이상인 경우에는 더 이상 이상기체로 가정할 수 없으며, 정확한 계산을 위해 증기표(steam table)를 사용해야 한다.

표 3.2 기체의 열역학적 상태량 (@ 0°C)

기체	분자기호	원자수	분자량 (kg/kmol)	정압비열 (kJ/kg·K)	정적비열 (kJ/kg·K)	비열비	기체상수 (kJ/kg·K)
수소	H_2	2	2.016	14.2000	10.0745	1.409	4.1249
질소	N_2	2	28.013	1.0389	0.7421	1.400	0.2969
산소	O_2	2	31.999	0.9150	0.6551	1.397	0.2598
공기		2	28.970	1.0047	0.7171	1.400	0.2872
수증기	H_2O	3	18.015	1.8610	1.3980	1.330	0.4616
이산화탄소	CO_2	3	44.010	0.8169	0.6279	1.301	0.1890
산화질소	N_2O	3	44.013	0.8507	0.6618	1.285	0.1890
아황산가스	SO_2	3	64.063	0.6092	0.4792	1.271	0.1300
메탄	CH_4	5	16.043	2.1562	1.6376	1.317	0.5187
에탄	C_2H_6	8	30.070	1.7290	1.4524	1.200	0.2765
프로판	C_3H_8	11	44.097	1.5510	1.3620	1.139	0.1887

3.8 열역학 제1법칙 응용

열역학 제1법칙은 에너지 보존법칙이다. 그러므로 열역학 제1법칙은 에너지 변환이 일어나는 다양한 문제에 적용할 수 있으며, 그 가운데 유체 유동은 대표적인 한 가지 예이다. 그림 3.16에 나타나 있는 단순한 통로유동에 대해서 살펴보자. 이런 통로유동은 각종 열기관 해석에 많이 이용된다.

이 통로유동에서 위치에너지 차이를 무시할 수 있다. 한편, 이 통로유동에 가해진 열량이 없으며 이루어진 일도 없으므로 열역학 제1법칙에 대한 일반식인 식 (3.29)는 다음과 같이 표시된다.

$$h_1 + \frac{1}{2}c_1^2 = h_2 + \frac{1}{2}c_2^2 = h_o \tag{3.72}$$

여기서 h_o는 정체엔탈피를 나타낸다. 식 (3.72)는 에너지방정식이라 불리며, 통로유동을

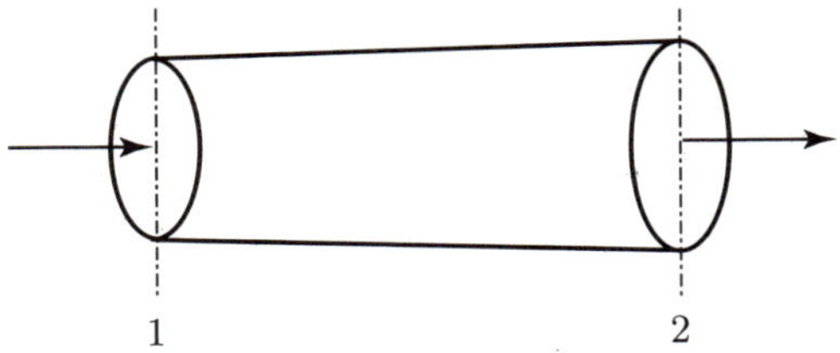

그림 3.16 통로유동

해석하기 위한 매우 중요한 식이다.

한편, 식 (3.44)로부터 다음과 같은 관계식을 유도할 수 있다.

$$h = c_p T + \text{const.}$$

위 식을 식 (3.72)에 대입하여 정리하면 다음과 같은 식이 얻어진다.

$$T_1 + \frac{c_1^2}{2c_p} = T_2 + \frac{c_2^2}{2c_p} = T_o \tag{3.73}$$

여기서 T_o는 전체온도 또는 정체온도라 한다.

연습문제 3.3

그림 3.17에 나타나 있는 것과 같이 가스터빈 연소기로부터 1,250℃, 70 kg/s의 연소가스가 터빈으로 유입된다. 연소가스의 정압비열은 1.13 kJ/kg·K이다. 배기가스 온도가 550℃일 때 터빈 출력은 얼마인가? 단, 여기서 주어진 온도는 모두 정체온도이다.

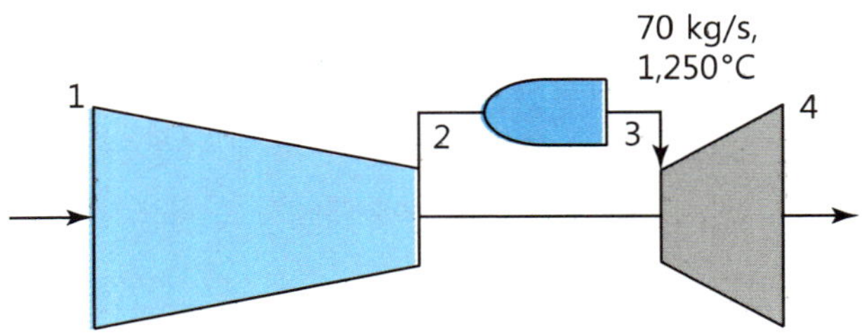

그림 3.17 가스터빈 개략도

풀이

터빈에서 일어나는 과정은 단열과정이기 때문에 식 (3.31)을 이용하면 다음과 같은 관계식을 얻는다.

$$w_T = w_{34} = h_{o,3} - h_{o,4}$$
$$w_T = c_p(T_{o,3} - T_{o,4})$$

출력은 엔탈피 변화량에 질량유량을 곱해서 구할 수 있다.

$$\dot{W}_T = \dot{m} w_T = \dot{m} c_p (T_{o,3} - T_{o,4})$$
$$\dot{W}_T = 70\ \text{kg/s} \times 1.13\ \text{kJ/kg} \cdot \text{K} \times (1523 - 823)\ \text{K}$$
$$\dot{W}_T = 55{,}370\ \text{kJ/s}$$
$$\therefore\ \dot{W}_T = 55.37\ \text{MW}$$

따라서 이 가스터빈에서 터빈 출력은 55.37 MW이다. 이 문제를 통하여 동일한 크기의 가스터빈인 경우 터빈입구온도가 높을수록 출력이 증가하는 것을 확인할 수 있다. 이런 이유 때문에 터빈 블레이드 냉각기술 및 내열소재 개발을 통한 터빈입구온도를 높이기 위한 노력이 경쟁적으로 진행되고 있다. ■

연습문제 3.4

그림 3.18에 나타나 있는 발전용 가스터빈 압축기로 유입되는 공기유량은 500 kg/s이다. 압축기 입구에서 엔탈피는 100 kJ/kg, 공기 유입속도는 170 m/s이고, 압축기 출구에서 엔탈피는 300 kJ/kg, 압축공기 배출속도가 150 m/s라면 압축기에 공급한 동력은 얼마인가? 단, 압축기 케이싱은 단열되어 있으며, 압축기에서 마찰손실은 발생하지 않는다고 가정한다.

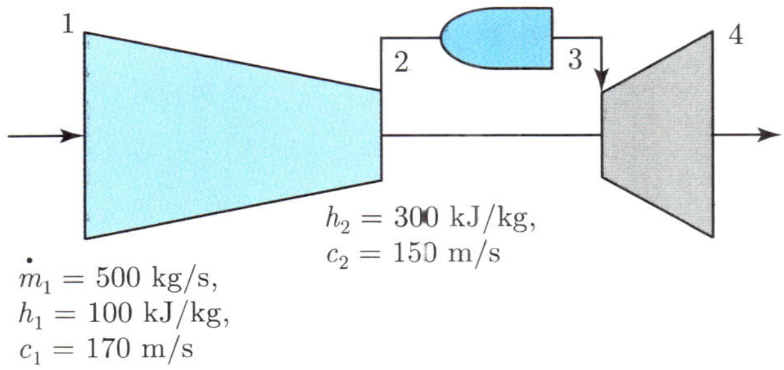

그림 3.18 발전용 가스터빈 개략도

풀이

개방계에 대한 열역학 제1법칙 일반식은 다음과 같다.

$$q_{12} = (h_2 - h_1) + \frac{1}{2}(c_2^2 - c_1^2) + g(z_2 - z_1) + w_{12}$$

압축기 케이싱이 단열되어 있다. 아울러 작동유체의 위치에너지 차이는 무시한다. 따라서 위 식은 다음과 같이 된다.

$$w_{12} = h_{o,1} - h_{o,2}$$

$h_{o,1}$과 $h_{o,2}$는 다음과 같다.

$$h_{o,1} = h_1 + \frac{1}{2}c_1^2 = 100\ \text{kJ/kg} + 0.5 \times 170^2\ \text{m}^2/\text{s}^2$$

$$h_{o,1} = 100\ \text{kJ/kg} + 14{,}450\ \text{kg} \cdot \text{m}^2/\text{kg} \cdot \text{s}^2$$

$$h_{o,1} = 114.45\ \text{kJ/kg}$$

$$h_{o,2} = h_2 + \frac{1}{2}c_2^2 = 300\ \text{kJ/kg} + 0.5 \times 150^2\ \text{m}^2/\text{s}^2$$

$$h_{o,2} = 311.25\ \text{kJ/kg}$$

압축기에 공급해야 하는 동력 크기는 엔탈피 변화량에 질량유량을 곱하면 구할 수 있다.

$$\dot{W}_C = \dot{W}_{12} = \dot{m} w_C = \dot{m}(h_{o,1} - h_{o,2})$$

$$\dot{W}_C = 500\ \text{kg/s} \times (114.45 - 311.25)\ \text{kJ/kg} = -98400\ \text{kJ/s}$$

$$\therefore\ \dot{W}_C = -98.4\ \text{MW}$$

■

토의

일반적으로 축류압축기 출구 속도는 압축기 입구 속도보다 작게 설계한다. 이는 압축기를 빠져나가는 압축공기 속도가 고속이면 연소기에서 안정적인 화염을 유지시키기 어렵기 때문이다. 이런 이유로 압축기 출구와 연소기 입구 사이에는 디퓨저를 설치하여 압축기를 빠져나온 압축공기가 연소기에 유입되기 전에 속도를 추가적으로 줄여준다. 한편, 여기서 계산된 동력의 부호는 음(−)이다. 이는 계 내부로 동력을 공급했다는 의미이다. 발전용 가스터빈의 경우 압축기는 터빈에서 생산된 출력 가운데 절반 정도를 공급받아서 공기를 압축시키는 데 사용한다.

실전문제

1. 어떤 밀폐계에 2000 kg · m의 일을 공급했는데, 동시에 2 kcal의 열량이 계 밖으로 배출되었다. 이때 계의 내부에너지 변화량을 계산하라.
2. 최초의 체적이 0.2 m^3인 실린더 내부압력이 10 kg/cm^2로 일정하게 유지되는 정압 과정을 통해서 체적이 0.3 m^3로 팽창하였다. 이때 발생한 절대일의 크기를 계산하라.
3. 공기의 정압비열이 1.0047 kJ/kg · K이다. 정적비열은 얼마인가?
4. 절대일과 공업일의 차이를 설명하라.
5. 어떤 엔진이 30,000 rpm으로 회전하는 상태에서 2,000 PS의 동력을 발생시킨다. 이 엔진이 1초 동안 발생시키는 일의 크기를 열량 단위로 나타내라.
6. 체적이 100 m^3인 탱크 내부에 공기가 채워져 있다. 이 탱크의 내부압력은 200 kPa이며, 온도는 15°C이다. 탱크 내부를 채우고 있는 공기의 질량을 계산하라. 단, 공기의 기체상수 R = 0.2872 kJ/kg · K이다.
7. 어떤 이상기체의 정압비열과 정적비열을 구했더니 각각 0.8 kJ/kg · K, 0.6 kJ/kg · K였다. 이 이상기체의 기체상수와 비열비를 계산하라.
8. 어떤 사격선수가 은(silver)으로 만들어진 총알을 200 m/s의 속력으로 나무에 쏘았다. 충격에 의해 발생하는 에너지가 모두 총알에 남아 있다고 가정하면 총알 온도는 얼마나 변하겠는가?

정답

1. 2.68 kcal	2. 10,000 kg · m	3. 0.7176 kJ/kg · K
5. 351.3 kcal	6. 241.8 kg	
7. R = 0.2 kJ/kg · K, γ = 1.33	8. 85.5°C	

4장 이상기체 상태변화

4.1 이상기체
4.2 이상기체 상태변화
4.3 압축성 유체

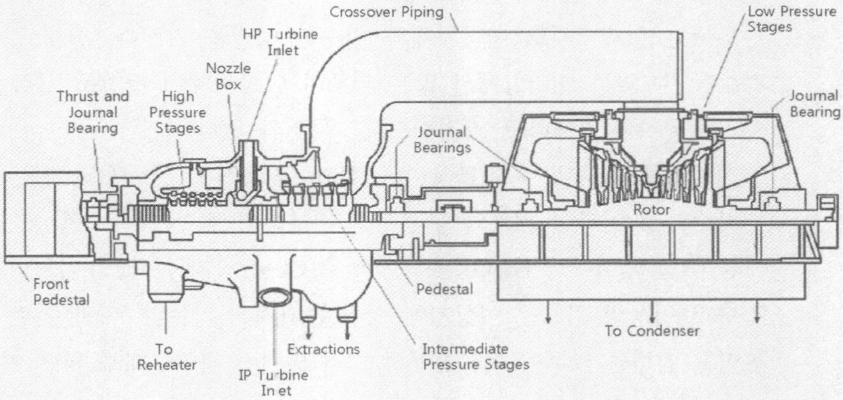

열기관의 운전특성 파악 및 성능 해석을 위해서는 사이클 해석이 필수적으로 요구된다. 사이클이란 어떤 초기상태에서 출발하여 임의의 열역학적 상태변화를 거친 후에 다시 초기상태로 돌아오는 것을 말한다. 모든 열기관 사이클은 브레이턴사이클이나 랭킨사이클처럼 다수의 열역학적 과정으로 구성된다. 따라서 사이클 해석을 위해서는 우선적으로 이들 각각의 열역학적 과정에 대한 해석을 수행하여 과정에서 일어나는 일과 열의 변화량을 관찰해야 한다. 여기서는 각종 열기관 사이클을 구성하는 다양한 열역학적 과정에 대한 해석을 수행하기로 한다.

4.1 이상기체

완전기체라고도 불리는 이상기체는 임의의 온도와 압력에서 다음과 같은 가정을 만족시키는 기체를 말한다.

1) 이상기체는 각각의 분자 경로를 추적하는 것이 불가능할 정도로 무수히 많은 동일한 분자들로 구성된다.
2) 분자들은 뉴턴의 운동법칙을 따른다.
3) 분자의 체적은 0이다.
4) 모든 분자들은 각각의 운동방향과 속력을 가지고 불규칙한 운동을 한다.
5) 분자 상호간에 작용하는 인력이 없어서 위치에너지가 중요하지 않으며, 분자 간 충돌은 완전탄성충돌이다.

이런 가정들을 이용하면 기체의 상태변화를 기술하는 것이 비교적 간단하다. 따라서 열역학에서는 실재기체를 대상으로 이상적인 고찰을 하는 경우가 많다. 그러나 실재기체를 구성하고 있는 분자의 체적은 0이 아니며, 분자 상호간에 인력도 작용하기 때문에 엄밀하게 말하면 실재기체는 이상기체가 아니다. 그러나 압력이 충분히 낮고 온도가 높은 경우에는 실재기체도 이상기체와 비슷한 성질을 가진다. 실제로 충분히 낮은 압력으로 간주할 수 있는 대기압에서 많은 기체가 이상기체에 가까운 성질을 나타내기 때문에 실재기체를 이상기체라고 가정해도 큰 무리가 없다.

실재기체 가운데 수소(H_2), 헬륨(He), 질소(N_2), 산소(O_2), 일산화탄소(CO) 등과 같은 원자수가 2 이하인 기체와 구성성분 대부분이 질소와 산소인 공기는 이상기체로 취급이 가능하다. 그러나 물(H_2O), 이산화탄소(CO_2), 프레온가스, 암모니아(NH_3) 등과 같은 원자수 3 이상의 기체는 이상기체 성질을 가지지 않는다. 다만 이런 다원자 기체도 온도를 높이고 압력을 낮추어 비등점에서 멀리 떨어진 과열상태가 되면 이상기체 성질을 가진다.

이상기체는 보일의 법칙과 샤를의 법칙을 만족시킨다. 1662년 영국의 과학자 로버트 보일은 기체의 압력과 체적 사이의 관계를 조사하여 온도가 일정할 때 기체의 압력과 체적은 서로 반비례 관계에 있다는 사실을 밝혀냈다. 즉 압력을 2배, 3배로 가하면 부피는 각각 1/2, 1/3이 된다. 따라서 보일의 법칙은 다음과 같이 정의된다.

$$pV = \text{const.}$$

찌그러진 탁구공을 뜨거운 불에 가까이 하면 팽팽하게 다시 펴진다. 이는 탁구공 내부를 채우고 있는 기체의 온도가 올라감과 동시에 기체의 부피가 팽창하기 때문이다. 샤를은 압력이 일정한 상태에서 기체를 0°C에서 10°C까지 가열하면 체적은 온도가 1°C 증가할 때마다 0°C에 해당하는 체적의 1/273만큼 증가한다는 사실을 발견하였다. 이를 샤를의 법칙이라 하며, 수식으로 정리하면 다음과 같다.

$$\frac{V}{T} = \text{const.}$$

보일-샤를의 법칙은 보일의 법칙과 샤를의 법칙을 조합한 것으로 다음과 같다.

$$\frac{pV}{T} = \text{const.}$$

이 식에서 상수를 기체상수 R로 대치시키면 다음과 같은 이상기체 상태방정식이 얻어진다.

$$pV = mRT$$

이 식에서 m은 기체의 질량, R은 기체상수이다. 위 식을 정리하면 다음과 같은 이상기체 상태방정식을 얻을 수 있다.

$$pv = RT, \text{ or } p = \rho RT \tag{4.1}$$

여기서 기체상수는 다음과 같다.

$$R = \frac{\overline{R}}{M} = \frac{8.3143}{M} \text{ kJ/kg}\cdot\text{K}$$

이 식에서 $\overline{R}$는 보편기체상수(universal gas constant)로서 $\overline{R} = 8.314$ kJ/kmol · K이며, M은 기체의 분자량(molecular mass)을 나타낸다.

단순압축성물질의 열역학적 상태량은 두 개의 독립적인 열역학적 상태량을 알고 있으면 모두 알 수 있다. 즉 단순압축성물질의 다른 모든 열역학적 상태량은 알고 있는 두 개의 독립적인 상태량의 함수가 된다. 이런 함수관계가 바로 상태방정식(equation of state)이다.

이상기체의 정압비열과 정적비열은 비열비와 기체상수를 이용하여 나타낼 수 있다. 엔탈피는 내부에너지와 유동에너지의 합이며, 다음과 같이 표현된다.

$$h = u + pv$$

위 식에 이상기체 상태방정식을 대입하면 다음과 같은 관계식이 얻어진다.

$$h = u + RT$$

이상기체의 내부에너지는 온도만의 함수, 즉 $u = u(T)$이다. 따라서 엔탈피 또한 온도만의 함수가 된다. 위 식을 온도 T에 대하여 미분하면 다음과 같은 관계식이 얻어진다.

$$\frac{dh}{dT} = \frac{du}{dT} + R$$

여기에 식 (3.46)과 (3.47)을 대입하여 정리하면 다음과 같은 관계식을 얻는다.

$$c_p - c_v = R \tag{4.2}$$

이제 비열비와 식 (4.2)를 이용하면 비열비와 기체상수로 표현되는 각각의 비열에 대한 관계식을 얻을 수 있다.

$$c_p = \frac{\gamma}{\gamma - 1} R \tag{4.3}$$

$$c_v = \frac{1}{\gamma - 1} R \tag{4.4}$$

4.2 이상기체 상태변화

4.2.1 정압과정

정압과정은 그림 4.1에 나타나 있는 것처럼 계 내부의 압력이 일정하게 유지되면서 상태변화가 일어나는 과정이다. 이 그림에서 피스톤 상부에 있는 물체의 무게 W는 실린더 내부 압력에 의한 힘과 평형을 이루고 있다. 이제 실린더를 가열하면서 피스톤의 거동을 미시적 관점에서 살펴보자. 가열을 시작하면 실린더에 채워져 있는 공기의 온도와 압력이 상승한다. 그런데 압력이 상승하면 피스톤을 누르고 있는 물체의 무게 W와 피스톤을 밀어 올리는 압력힘 사이에 평형이 무너져서 피스톤이 위로 밀려 올라간다. 피스톤이 위로 올라가면 실린더 내부 공기의 비체적이 증가하여 압력은 초기상태로 돌아가고 또 다

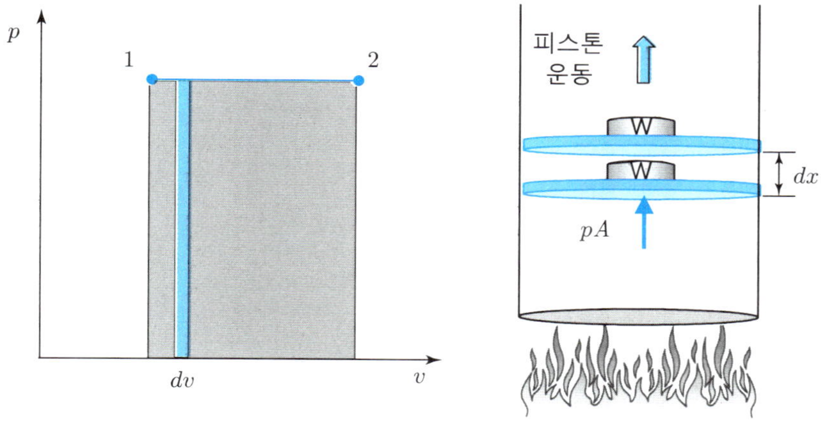

그림 4.1 정압과정 $p-v$선도

시 피스톤을 누르는 힘인 물체의 무게 W와 피스톤을 밀어 올리는 압력힘 사이에는 평형이 유지된다. 그리고 가열이 지속되는 동안 이 같은 과정이 반복적으로 일어나면서 결국 피스톤은 위로 밀려 올라간다. 이 관찰에서 주의할 것은 미시적 관점에서 살펴보았다는 것이다. 즉 매 순간 압력 상승이 극히 작기 때문에 과정이 진행되는 동안에 압력은 일정하게 유지된다고 할 수 있다.

이제 실린더를 가열하면서 피스톤의 거동을 거시적 관점에서 살펴보기로 하자. 피스톤과 실린더 사이에는 마찰이 없다고 가정하면 피스톤은 자유롭게 실린더 내부를 이동한다. 따라서 가열을 시작하면 실린더 내부 압력이 일정하게 유지된 상태에서 온도가 상승하기 때문에 공기의 비체적이 증가하여 피스톤은 위로 밀려 올라간다. 따라서 과정이 진행되면서 물체의 무게 W와 압력힘 사이에는 항상 평형이 유지되기 때문에 실린더 내부 압력은 항상 일정하게 유지된다.

정압과정은 실제 열기관에서 일어나는 과정이다. 예를 들면, 디젤엔진에서의 연소과정은 밀폐계 열기관에서 일어나는 대표적인 정압과정이며, 가스터빈 연소실에서의 연소과정은 개방계 열기관에서 일어나는 대표적인 정압과정이다.

1) p, v, T 관계식

정압과정에 대한 p, v, T 관계식은 이상기체 상태방정식으로부터 구할 수 있다.

$$\frac{v}{T} = \text{const.} \tag{4.5}$$

$$\frac{T_2}{T_1} = \frac{v_2}{v_1}$$

즉 그림 4.1에 나타나 있는 $p-v$선도에서 정압과정 $1 \rightarrow 2$를 나타내는 관계식은 $p = \text{const.}$

및 $v/T=$const.이다. 따라서 상태 1과 상태 2 사이에는 $p_1=p_2$ 및 $T_2/T_1=v_2/v_1$의 관계가 성립한다.

2) 절대일

식 (3.2)를 이용하여 밀폐계에서의 일인 절대일의 크기를 구하면 다음과 같다.

$$w_{12}=\int_1^2 pdv=p\int_1^2 dv=p(v_2-v_1)$$

$$w_{12}=p_2v_2-p_1v_1 \quad (\because p=p_1=p_2) \tag{4.6a}$$

$$w_{12}=R(T_2-T_1) \tag{4.6b}$$

3) 공업일

그림 4.1은 밀폐계에 대한 실험이다. 따라서 이 실험에서 공업일은 의미가 없다. 그러나 개방계에서 일어나는 정압과정에 대한 일인 공업일을 구하면 다음과 같다.

$$w_{12}=-\int_1^2 vdp$$

$$w_{12}=0 \tag{4.7}$$

개방계에서 입구와 출구 압력이 동일하면 작동유체의 흐름이 형성되지 못한다. 따라서 개방계에서 정압과정이 일어날 때 생산되는 일은 없다. 그러나 가스터빈 연소기에서는 이론적으로 정압연소가 일어나며, 작동유체인 고온고압의 연소가스는 고속으로 연소기를 떠나서 터빈으로 유입된다. 그러나 물리적으로 일이나 동력이 발생하기 위해서는 어떤 장치의 직선운동이나 회전운동이 반드시 수반되어야 한다. 그런데 가스터빈 연소기는 항상 정적인 상태에서 운전된다. 따라서 가스터빈 연소기에서 발생하는 일이나 동력은 없다. 이는 화력발전용 보일러도 마찬가지이다. 어떤 장치에서 일이나 동력이 발생하기 위해서는 직선운동이나 회전운동이 반드시 수반되어야 한다는 사실을 염두에 두고 있으면 각종 열기관에서 발생하는 일의 존재 여부를 판단하는 데 있어서 매우 편리하다.

4) 열량

열량(heat)은 열역학 제1법칙을 이용하여 구할 수 있다.

$$\delta q=du+\delta w$$

$$q_{12}=\int_1^2(du+\delta w)=\int_1^2(du+pdv)=\int_1^2 d(u+pv)=\int_1^2 dh$$

$$q_{12}=\int_1^2 dh=\int_1^2 c_p dT=h_2-h_1=c_p(T_2-T_1) \tag{4.8}$$

한편, 열역학 제2기초식을 이용하면 좀더 쉽게 열량 변화량을 구할 수 있다. 정압과정에서 $dp = 0$이므로, $\delta q = dh$가 성립하여 열량 변화량은 다음과 같이 된다.

$$q_{12} = \int_1^2 dh = \int_1^2 c_p dT = h_2 - h_1 = c_p(T_2 - T_1)$$

즉 정압과정에서 가열한 열량은 모두 엔탈피 변화로 나타난다는 것을 알 수 있다. 이는 엔탈피를 정의하는 과정에서 이미 살펴본 내용이다.

5) 내부에너지 변화량

내부에너지 변화량은 식 (3.46)을 이용하여 구할 수 있다.

$$\begin{aligned} du &= c_v dT \\ u_2 - u_1 &= c_v(T_2 - T_1) \end{aligned} \tag{4.9}$$

6) 엔탈피 변화량

엔탈피 변화량은 식 (3.47)을 이용하여 구할 수 있다.

$$\begin{aligned} dh &= c_p dT \\ h_2 - h_1 &= c_p(T_2 - T_1) \end{aligned} \tag{4.10}$$

4.2.2 정적과정

정적과정은 계의 비체적이 일정하게 유지된 상태에서 상태변화가 일어나는 과정이다. 그림 4.2에서와 같이 강체로 만들어진 용기에 채워진 이상기체를 가열하면 이상기체의 비체적이 일정하게 유지된 상태에서 이상기체 상태량이 변화되는 정적과정이 일어난다. 가솔린엔진의 이상적인 연소과정은 밀폐계 열기관에서 일어나는 가장 대표적인 정적과정

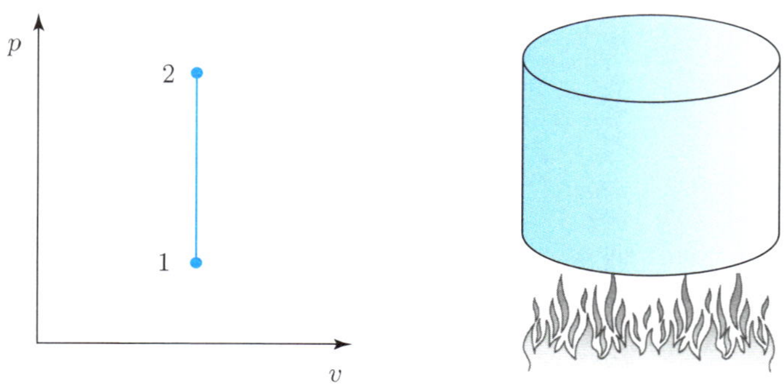

그림 4.2 정적과정 $p-v$선도

이며, 개방계 열기관에서 일어나는 정적과정은 없다. 다만 작동유체가 물과 같은 비압축성 유체이면 개방계에서 정적과정이 일어난다.

1) p, v, T 관계식

정적과정에 대한 p, v, T 관계식은 이상기체 상태방정식으로부터 구할 수 있다.

$$\frac{p}{T} = \text{const.} \tag{4.11}$$

$$\frac{T_2}{T_1} = \frac{p_2}{p_1}$$

즉 그림 4.2에 나타나 있는 $p-v$선도에서 정적과정 $1 \rightarrow 2$를 나타내는 관계식은 $v=$ const. 및 $p/T=$const.이다. 따라서 상태 1과 상태 2 사이에는 $v_1 = v_2$ 및 $T_2/T_1 = p_2/p_1$의 관계가 성립한다.

2) 절대일

절대일의 크기를 구하면 다음과 같다.

$$w_{12} = \int_1^2 pdv = 0 \tag{4.12}$$

밀폐계에서 일이 일어나기 위해서는 물체의 이동이 있어야 한다. 그러나 밀폐계에서 정적과정이 일어나면 계의 경계가 이동하지 않기 때문에 물체를 이동시킬 수 없다. 따라서 밀폐계에서 절대일의 크기는 0이며, 이는 그림 4.2에서 과정 $1 \rightarrow 2$의 v축에 대한 투영면적이 0이라는 것을 통해서 확인할 수 있다.

3) 공업일

식 (3.33)을 이용하여 정적과정인 경우 개방계에서의 일인 공업일 크기를 구하면 다음과 같다.

$$w_{12} = -\int_1^2 vdp$$

$$w_{12} = -v(p_2 - p_1) \tag{4.13}$$

작동유체가 이상기체일 때 공업일은 압축기나 터빈의 축 회전을 통해서 나타난다. 그런데 압축기나 터빈의 입구와 출구에서의 압력과 비체적은 크게 달라진다. 따라서 작동유체가 이상기체인 경우 정적과정이 일어나지 않기 때문에 정적과정에 대한 공업일은 의미가 없다. 그러나 작동유체가 비압축성 유체이면 정적과정이 성립하며, 공업일이 존재한다. 예를 들면, 펌프 입구와 출구에서의 밀도 변화가 없기 때문에 정적과정이며, 이때 공업일의 크기는 식 (4.13)을 이용하여 구할 수 있다.

4) 열량

열량은 열역학 제1법칙을 이용하여 구할 수 있다.

$$\delta q = du + \delta w$$

밀폐계에서 $\delta w = 0$이므로 열량 변화량은 다음과 같다.

$$q_{12} = \int_1^2 du = \int_1^2 c_v dT = c_v(T_2 - T_1) \tag{4.14}$$

즉 정적과정에서 가열된 열량은 모두 내부에너지 변화로 나타난다는 것을 알 수 있다.

5) 내부에너지 변화량

내부에너지 변화량은 식 (3.46)을 이용하여 구할 수 있다.

$$du = c_v dT$$
$$u_2 - u_1 = c_v(T_2 - T_1) \tag{4.15}$$

6) 엔탈피 변화량

엔탈피 변화량은 식 (3.47)을 이용하여 구할 수 있다.

$$dh = c_p dT$$
$$h_2 - h_1 = c_p(T_2 - T_1) \tag{4.16}$$

4.2.3 등온과정

등온과정은 계 내부 온도가 일정하게 유지된 상태에서 상태변화가 일어나는 과정이다. 작동유체가 이상기체이면 밀폐계나 개방계에 관계없이 열기관에서 등온과정이 일어나는 것은 현실적으로 불가능하다. 이는 압축과정에서는 작동유체의 온도가 자연적으로 상승하기 때문에 등온과정이 일어나기 위해서는 열 방출이 일어나야 하며, 팽창과정에서는 작동유체의 온도가 자연적으로 내려가기 때문에 등온과정이 유지되기 위해서는 외부로부터의 가열이 요구되기 때문이다. 일반적으로 압축과정이 진행되는 동안에 열을 계 외부로 빼내는 것이나 팽창과정이 진행되는 동안에 계 내부로 열을 공급하여 계 내부의 온도를 일정하게 유지시키는 것은 현실적으로 불가능하다. 따라서 기체를 작동유체로 사용하

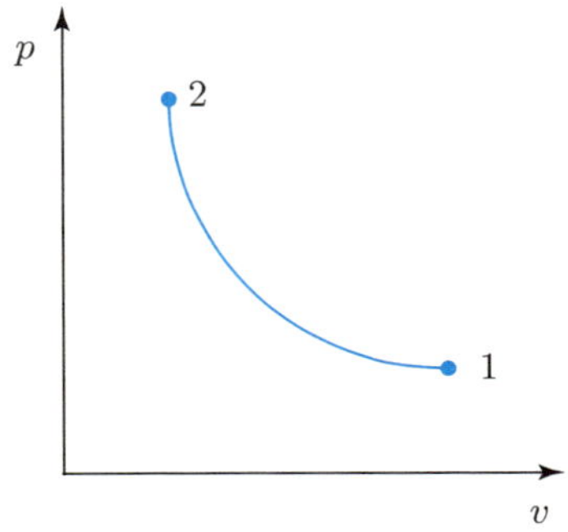

그림 4.3 등온과정 $p-v$선도

는 열기관에서는 등온과정이 일어나지 않는다. 그러나 작동유체가 물인 경우에는 등온과정이 일어난다. 즉 물을 가열하여 증발이 일어나는 경우 지속적인 상변화를 위해서는 잠열이 필요하기 때문에 증발이 일어나는 동안에 공급하는 열량은 잠열로 이용되며, 이때 온도는 일정하게 유지된다. 따라서 물/증기를 작동유체로 사용하는 랭킨사이클에서는 상변화가 진행되는 동안 등온과정이 유지된다. 그림 4.3에 등온압축과정에 대한 $p-v$선도를 나타냈다.

1) p, v, T 관계식

등온과정에 대한 p, v, T 관계식은 이상기체 상태방정식으로부터 구할 수 있다.

$$pv = \text{const.} \tag{4.17}$$

$$p_1 v_1 = p_2 v_2$$

즉 그림 4.3에 나타나 있는 $p-v$선도에서 등온과정 $1 \rightarrow 2$를 나타내는 관계식은 $T=$ const. 및 $pv=$const.이다. 따라서 상태 1과 상태 2 사이에는 $T_1 = T_2$ 및 $p_1 v_1 = p_2 v_2$ 관계가 성립한다.

2) 절대일

등온과정인 경우 밀폐계에서의 일인 절대일의 크기를 구하면 다음과 같다.

$$w_{12} = \int_1^2 p dv$$

그런데 등온과정에서는 p와 v가 동시에 변화되기 때문에 적분을 수행하기 위해서 p를 v의 함수로 대체시킨다.

$$p = \frac{RT}{v}$$

$$w_{12} = \int_1^2 RT\frac{dv}{v} = RT_1 \ln\frac{v_2}{v_1} = -RT_1 \ln\frac{v_1}{v_2} = -RT_1 \ln\frac{p_2}{p_1} \tag{4.18}$$

3) 공업일

등온과정인 경우 개방계에서의 일인 공업일의 크기를 구하면 다음과 같다.

$$w_{12} = -\int_1^2 vdp$$

$$v = \frac{RT}{p}$$

$$w_{12} = -\int_1^2 RT\frac{dp}{p} = -RT\ln\frac{p_2}{p_1} \tag{4.19}$$

식 (4.18)과 식 (4.19)를 비교하면, 등온과정에서 절대일과 공업일의 크기가 같다는 것을 알 수 있다. 참고로, 등온압축과정일 때는 $p_2 > p_1$이기 때문에 일의 부호는 음(−)이며, 등온팽창과정일 때 일의 부호는 양(+)이다.

4) 열량

열량은 열역학 제1법칙을 이용하여 구할 수 있다.

$$\delta q = du + \delta w$$

$$du = c_v dT = 0$$

$$q_{12} = w_{12} = -RT\ln\frac{v_1}{v_2} = -RT\ln\frac{p_2}{p_1} \tag{4.20}$$

열역학 제1법칙은 계에 가해진 열량 가운데 일부는 일로 변환되며 나머지는 계의 내부에너지 변화에 사용된다는 것을 나타낸다. 그런데 온도가 일정하게 유지되는 상태에서 이상기체의 내부에너지 변화는 일어나지 않는다. 이는 작동유체가 이상기체인 경우 내부에너지는 온도만의 함수이기 때문이다. 따라서 등온과정에서 계에 가해진 열량은 모두 일로 변환된다.

식 (4.20)에서 등온압축과정($p_2 > p_1$)일 때 열량 변화량 부호는 음(−)이다. 이는 압축과정이 진행되는 동안에 계 내부 온도를 일정하게 유지하기 위해서는 계 내부의 열량을 외부로 빼내야 한다는 것을 의미한다. 이상기체를 압축시키면 계 내부로 열량을 공급하지 않았는데도 계 내부 온도가 상승한다. 따라서 이상기체의 압축이 진행되는 동안 계 내부 온도를 일정하게 유지하기 위해서는 압축이 진행되는 동안 계 내부의 열량을 외부로 빼내야 한다. 이와 반대로 등온팽창과정($p_2 < p_1$)인 경우 열량 변화량 부호는 양(+)이며, 이는 팽창과정이 진행되는 동안에 계 내부 온도를 일정하게 유지하기 위해서는 계 내

부로 열량을 공급해야 한다는 것을 의미한다. 이상기체를 팽창시키면 계 외부로 열량을 빼내지 않았는데도 계 내부 온도가 하강한다. 따라서 이상기체의 팽창이 진행되는 동안 계 내부 온도를 일정하게 유지하기 위해서는 팽창이 진행되는 동안 계 내부로 열량을 공급해주어야 한다.

5) 내부에너지 변화량

내부에너지 변화량은 식 (3.46)을 이용하여 구할 수 있다.

$$du = c_v dT$$

$$u_2 - u_1 = 0 \tag{4.21}$$

이상기체의 내부에너지는 온도에 비례하여 증가한다. 따라서 등온과정에서 내부에너지 변화는 없다.

6) 엔탈피 변화량

엔탈피 변화량은 식 (3.47)을 이용하여 구할 수 있다.

$$dh = c_p dT$$

$$h_2 - h_1 = 0 \tag{4.22}$$

4.2.4 단열과정

단열과정(adiabatic process)이란 상태변화가 일어나는 동안에 계를 출입하는 열량이 없는 과정이다. 그러나 단열과정이 일어나는 동안에 작동유체의 압축이나 팽창에 의해서 계 내부 온도는 올라가거나 내려간다.

단열과정을 $p-v$선도에 나타내기 위해서는 그림 4.4에 나타나 있는 것과 같은 왕복엔진의 압축과정에 대한 특별한 관찰이 필요하다. 이상기체인 작동유체를 압축시키면 작동유체의 압력과 온도가 상승한다. 작동유체의 온도가 상승하는 것은 압축에 따른 자연스러운 현상이며, 작동유체의 온도가 올라가면 주위 온도보다 높아져서 열이 계 밖으로 빠져나가기 때문에 단열과정이 아니다. 그러나 이런 압축과정이 매우 빠른 속도로 순식간에 일어나서 열이 미처 외부로 빠져나가지 못한다고 가정할 수 있다. 이런 경우 압축과정은 단열과정이 되며, 이를 단열압축과정이라 한다. 피스톤이 상태 1에 있을 때의 온도를 T_1이라 하고 압축이 일어난 후 상태 2에서의 온도를 T_2라고 한다면 압축이 진행되는 동안에 온도는 T_1으로부터 T_2로 지속적으로 상승한다. 한편, 압축이 진행되면서 작동유체의 비체적은 v_1에서 v_2로 작아지며, 압력은 p_1에서 p_2로 증가한다. 따라서 단열압축과정

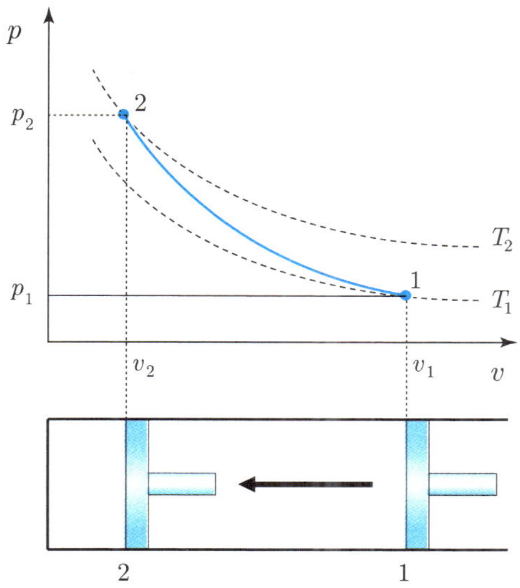

그림 4.4 단열과정 $p-v$선도

을 $p-v$선도에 나타내면 그림 4.4에 나타나 있는 과정 $1 \rightarrow 2$와 같이 된다. 즉 단열과정으로 압축이 진행되면 등온과정에 비해 실린더 내부 압력이 더욱 가파르게 증가한다.

개방계 열기관에서 일어나는 단열과정은 압축기, 펌프, 터빈 등에서 찾아볼 수 있다. 작동유체와 주위의 경계인 압축기, 펌프, 터빈 등의 케이싱이 단열재로 만들어져 있다고 가정하면 이들 장치에서 일어나는 압축과정 또는 팽창과정은 단열과정이다. 한편, 대개의 경우 작동유체는 매우 빠른 속도로 이들 장치를 통과한다. 따라서 작동유체에 포함되어 있는 열이 케이싱을 통해서 빠져나가지 못한다고 가정할 수 있기 때문에 단열과정이 성립한다. 따라서 밀폐계나 개방계에 관계없이 모든 열기관에서 일어나는 압축과정과 팽창과정은 열역학에서 모두 단열과정이 된다.

1) p, v, T 관계식

앞에서 살펴본 세 가지 과정 모두 p, v, T 관계식을 이상기체 상태방정식으로부터 유도하였다. 그런데 단열과정에서는 세 가지 상태량인 p, v, T 모두 동시에 변화된다. 따라서 단열과정에 대한 p, v, T 관계식을 정립하기 위해서는 이상기체 상태방정식 이외에 다른 방정식 하나가 더 필요하다. 이를 위해 열역학 제1법칙을 이용하면 다음과 같은 관계식을 유도할 수 있다.

$$\delta q = du + \delta w = 0$$

$$c_v dT + pdv = 0 \tag{a}$$

이상기체 상태방정식의 양변을 미분하면 다음과 같다.

$$pdv + vdp = R\,dT \tag{b}$$

한편, $c_v = \dfrac{1}{\gamma - 1}R$이므로 식 (a)는 다음과 같이 된다.

$$\frac{1}{\gamma-1}R\,dT + pdv = 0$$

$$R\,dT = (1-\gamma)pdv \tag{c}$$

식 (c)를 식 (b)에 대입하여 정리하면 다음과 같은 관계식이 얻어진다.

$$pdv + vdp = (1-\gamma)pdv$$

$$pdv + vdp - pdv + \gamma pdv = 0$$

$$vdp + \gamma pdv = 0$$

위 식의 각 항을 pv로 나누면 다음과 같다.

$$\frac{dp}{p} + \gamma\frac{dv}{v} = 0$$

위 식의 양변을 적분해서 정리하면 다음과 같은 단열과정 관계식이 유도된다.

$$\ln p + \gamma \ln v = \text{const.}$$

$$pv^{\gamma} = \text{const.} \tag{4.23}$$

식 (4.23)은 단열과정 상태변화를 정의하는 매우 중요한 식으로, 그림 4.4에 나타나 있는 과정 $1 \rightarrow 2$를 정의하는 식이다.

식 (4.23)을 상태 1과 상태 2에 대해서 정리하면 다음과 같이 나타낼 수 있다.

$$\frac{p_1}{\rho_1^{\gamma}} = \frac{p_2}{\rho_2^{\gamma}} \tag{d}$$

이상기체 상태방정식을 이용하여 식 (d)를 정리하면 다음과 같은 관계식이 유도된다.

$$\frac{\rho_1 RT_1}{\rho_1^{\gamma}} = \frac{\rho_2 RT_2}{\rho_2^{\gamma}}$$

$$\frac{T_2}{T_1} = \frac{\rho_2^{\gamma-1}}{\rho_1^{\gamma-1}} = \left(\frac{\rho_2}{\rho_1}\right)^{\gamma-1} = \left(\frac{v_1}{v_2}\right)^{\gamma-1} \tag{e}$$

한편, 식 (e)는 식 (4.23)으로부터 구할 수도 있다.

$$p_1 v_1^{\gamma} = p_2 v_2^{\gamma}$$

$$p_1 v_1 v_1^{\gamma-1} = p_2 v_2 v_2^{\gamma-1}$$

$$RT_1 v_1^{\gamma-1} = RT_2 v_2^{\gamma-1}$$

$$\therefore \ \frac{T_2}{T_1} = \left(\frac{v_1}{v_2}\right)^{\gamma-1}$$

이제 식 (d)와 식 (e)로부터 다음 결과를 유도할 수 있다.

$$\frac{p_2}{p_1} = \left(\frac{\rho_2}{\rho_1}\right)^{\gamma} = \left[\left(\frac{T_2}{T_1}\right)^{\frac{1}{\gamma-1}}\right]^{\gamma} = \left(\frac{T_2}{T_1}\right)^{\frac{\gamma}{\gamma-1}} \tag{f}$$

따라서 단열과정에 대한 p, v, T 관계식을 정리하면 다음과 같다.

$$\frac{p_2}{p_1} = \left(\frac{\rho_2}{\rho_1}\right)^{\gamma} = \left(\frac{T_2}{T_1}\right)^{\frac{\gamma}{\gamma-1}} \tag{4.24}$$

2) 절대일

식 (3.2)를 이용하여 밀폐계 열기관에서 발생하는 절대일 크기를 구할 수 있다. 그런데 단열과정에서 p와 v가 동시에 변하기 때문에 p를 v의 함수로 대체시켜야 한다.

$$w_{12} = \int_1^2 p dv = \int_1^2 \frac{C}{v^{\gamma}} dv = C\int_1^2 v^{-\gamma} dv$$

$$w_{12} = C\left[\left(\frac{1}{-\gamma+1}\right)v^{-\gamma+1}\right]_1^2 = -\frac{C}{\gamma-1}\left(v_2^{-\gamma+1} - v_1^{-\gamma+1}\right)$$

$$w_{12} = -\frac{1}{\gamma-1}(p_2 v_2 - p_1 v_1) = -\frac{R}{\gamma-1}(T_2 - T_1)$$

$$w_{12} = -c_v(T_2 - T_1) = -(u_2 - u_1) \tag{4.25}$$

밀폐계에 대한 열역학 제1법칙을 이용하면 절대일을 쉽게 구할 수 있다. 즉 단열과정에서 $\delta q = 0$이기 때문에 밀폐계에 대한 열역학 제1법칙인 식 (3.26)으로부터 절대일의 크기는 다음과 같다.

$$\delta w = -du$$

$$w_{12} = -\int_1^2 du = -\int_1^2 c_v dT = -(u_2 - u_1) = -c_v(T_2 - T_1)$$

3) 공업일

식 (3.33)을 이용하여 개방계에서의 일인 공업일의 크기를 구하면 다음과 같다.

$$w_{12} = -\int_1^2 v dp$$

$$v = \left(\frac{C}{p}\right)^{\frac{1}{\gamma}} \quad (\because\ pv^\gamma = C)$$

$$w_{12} = -C^{\frac{1}{\gamma}} \int_1^2 p^{-\frac{1}{\gamma}} dp$$

$$w_{12} = -C^{\frac{1}{\gamma}} \frac{\gamma}{\gamma-1} \left(p_2^{(\gamma-1)/\gamma} - p_1^{(\gamma-1)/\gamma}\right)$$

$$w_{12} = -p^{\frac{1}{\gamma}} v \frac{\gamma}{\gamma-1} \left(p_2^{(\gamma-1)/\gamma} - p_1^{(\gamma-1)/\gamma}\right)$$

$$w_{12} = -\frac{\gamma}{\gamma-1}(p_2 v_2 - p_1 v_1)$$

$$w_{12} = -\frac{\gamma R}{\gamma-1}(T_2 - T_1)$$

$$w_{12} = -c_p(T_2 - T_1) = -(h_2 - h_1) \tag{4.26}$$

개방계 단열과정에서 일어나는 공업일의 크기는 열역학 제1법칙인 식 (3.32)를 이용하면 쉽게 계산할 수 있다.

$$\delta q = dh + \delta w$$

단열과정이기 때문에 $\delta q = 0$이고, 공업일의 크기는 $w_{12} = -(h_2 - h_1)$이다.

4) 열량

단열과정에서 열량의 출입이 없기 때문에 열량 변화량은 없다.

$$\delta q = 0$$

$$q_{12} = 0 \tag{4.27}$$

5) 내부에너지 변화량

내부에너지 변화량은 식 (3.46)을 이용하여 구할 수 있다.

$$du = c_v dT$$

$$u_2 - u_1 = c_v(T_2 - T_1) \tag{4.28}$$

6) 엔탈피 변화량

엔탈피 변화량은 식 (3.47)을 이용하여 구할 수 있다.

$$dh = c_p dT$$

$$h_2 - h_1 = c_p(T_2 - T_1) \tag{4.29}$$

연습문제 4.1

어떤 왕복엔진의 압축비가 8:1이다. 이 왕복엔진에서 압축이 일어난 후 실린더 내부 압력을 계산하라. 압축이 시작되기 전 실린더 내부압력은 101,325 Pa이며, 실린더 내부는 공기로 채워져 있다.

풀이

그림 4.4에서 $v_1/v_2 = 8$이다. 압축과정은 단열과정이기 때문에 식 (4.24)를 이용하여 압축이 일어난 후 실린더 내부 압력을 계산한다.

$$\frac{p_2}{p_1} = \left(\frac{\rho_2}{\rho_1}\right)^\gamma = \left(\frac{v_1}{v_2}\right)^\gamma$$

따라서 $p_2 = p_1 \times 8^{1.4} = 101325 \text{ Pa} \times 18.38 = 1{,}862.3 \text{ kPa}$.

즉 압축이 일어난 후 실린더 내부 압력은 초기 압력의 18.38배인 1,862.3 kPa이다. ■

토의

압축비(compression ratio)란 왕복엔진 압축행정에서 실린더 내부 작동유체가 압축되는 정도를 부피비로 표시한 값으로, 압축되기 전 작동유체 부피를 압축이 일어난 후의 부피로 나누어 준 값으로 정의한다. 따라서 압축비는 그림 4.4에서 v_1/v_2이다. 그리고 계산 결과를 통해서 확인할 수 있듯이 압축비가 8 : 1인 경우 압축 후에 실린더 내부 압력은 약 18.4배 상승하였다는 것을 알 수 있다. 왕복엔진은 압축비가 증가할수록 열효율이 증가한다. 그러나 가솔린엔진은 압축비가 높아지면 노킹이 발생하기 때문에 일반적으로 압축비를 8 이하로 제한하고 있다. 그러나 공기만을 압축하는 디젤엔진은 고압축비에서 노킹의 염려가 없기 때문에 가솔린엔진보다 훨씬 높은 압축비를 사용하며, 이로 인해 가솔린엔진보다 높은 열효율을 나타낸다.

연습문제 4.2

어떤 발전용 가스터빈의 압력비가 23이다. 이 가스터빈 압축기 출구에서의 압축공기 온도를 계산하라. 단, 압축기 입구로 유입되는 공기 온도는 15°C이다.

풀이

가스터빈 압축기에서 일어나는 압축과정은 단열과정이기 때문에 식 (4.24)를 이용하여 압축기를 빠져 나오는 압축공기 온도를 계산한다.

$$\frac{T_2}{T_1} = \left(\frac{p_2}{p_1}\right)^{\frac{\gamma-1}{\gamma}}$$

따라서 $T_2 = T_1 \times 23^{0.4/1.4} = 288 \times 2.45 = 705.4\text{K} = 432.4°\text{C}$.

즉 압축기를 빠져 나오는 압축공기 온도는 432.4°C이다. ■

토의

가스터빈에서 사용하는 압력비는 왕복엔진에서 사용하는 압축비와 완전히 다르다. 압축비가 밀도에 대한 비율을 나타내는 반면에 압력비는 압력에 대한 비율이다. 즉 가스터빈 압력비(pressure ratio)는 압축기 출구 전압을 압축기 입구 전압으로 나눈 값으로 정의한다. 가스터빈에서 압력비는 터빈입구온도와 더불어 가스터빈 성능을 결정하는 가장 중요한 변수이다. 한편, 터빈입구온도가 1,600°C인 경우에 가스터빈 연소기에는 압축공기 온도를 432.4°C에서 1,600°C로 상승시키는 데 소요되는 연료량을 공급해주면 된다.

4.2.5 등엔트로피과정

엔트로피에 대해서는 다음 장에서 살펴볼 예정이다. 여기서는 단지 등엔트로피과정에 대한 내용을 살펴보기 위해 엔트로피에 대한 정의식을 살펴보기로 한다. 엔트로피 정의식은 다음과 같다.

$$ds = \left(\frac{\delta q}{T}\right)_{rev} \tag{4.30}$$

식 (4.30)은 "엔트로피 변화량은 가역과정에서 열량 변화량을 온도로 나누어 준 값과 같다."는 것을 나타낸다. 이 식으로부터 등엔트로피과정이 성립하기 위해서는 가역과정이면서 단열과정($\delta q = 0$)이 되어야 한다는 것을 알 수 있다. 즉 단열과정은 계로 열 출입이 없는 과정이기 때문에 $\delta q = 0$이다. 그러나 개방계 열기관을 살펴보면, 단열과정이라 하더라도 작동유체가 계 내부를 흘러가는 동안에 벽면마찰에 의한 점성가열이 발생하는 비가역과정이며, 발생한 열은 작동유체로 유입되기 때문에 $\delta q = 0$이 아니다. 따라서 등엔트로피과정이 성립하기 위해서는 단열과정인 동시에 마찰손실이 없는 가역과정이라야 한다. 즉 '등엔트로피과정 = 단열과정 + 가역과정'이다.

열역학에서 등엔트로피과정은 단열과정과 수학적 정의가 동일하다. 이는 열역학에서 취급하는 모든 과정을 마찰을 포함한 어떤 손실도 수반하지 않는 가역과정으로 취급하기 때문이다. 그러므로 등엔트로피과정을 해석할 때 단열과정에서 유도한 관계식을 그대로 사용하면 된다. 이런 이유 때문에 등엔트로피과정에 대한 $p-v$선도와 $T-s$선도는 단열

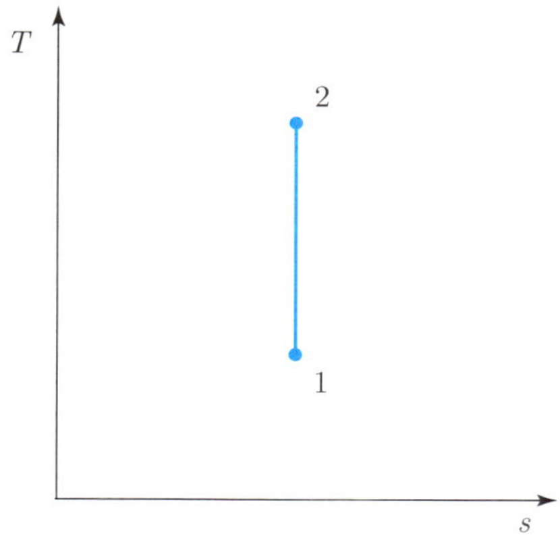

그림 4.5 등엔트로피과정 $T-s$선도

과정에 대한 $p-v$선도 및 $T-s$선도와 동일하다. 등엔트로피과정에 대한 $T-s$선도가 그림 4.5에 나타나 있다.

4.2.6 폴리트로픽과정

각종 열기관에서는 실제적으로 과정이 진행되는 동안에 열손실이 발생하기 때문에 단열과정은 일어나지 않는다. 또 대부분의 열기관에서 작동유체는 공기뿐만 아니라 연료-공기 혼합기 또는 연소가스이다. 따라서 실제적인 과정에서는 다양한 값의 비열비를 가질 수 있다. 이렇게 실제적으로 열기관에서 일어나는 과정을 폴리트로픽과정(polytropic process)이라 한다.

그림 4.6에 나타나 있는 폴리트로픽과정은 기본적으로 일차함수이므로 다음과 같이 정의할 수 있다.

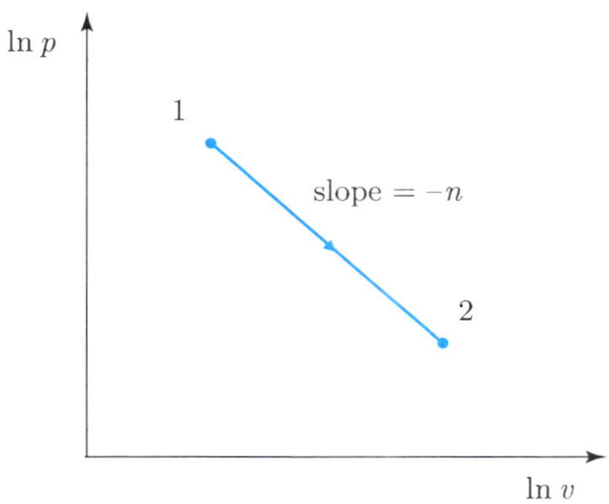

그림 4.6 폴리트로픽과정 $p-v$선도

$$y = ax + b$$

이 식에서 a는 직선의 기울기, b는 y축에 대한 절편을 나타내는 상수이다. 그런데 y축은 $\ln p$, x축은 $\ln v$이므로 폴리트로픽과정은 다음과 같다.

$$\ln p = -n \ln v + b$$
$$\ln p + \ln v^n = b$$
$$\ln p v^n = b$$
$$p v^n = \text{const.} \tag{4.31}$$

식 (4.23)과 (4.31)을 비교하면 차이점은 단지 γ가 n으로 바뀌었다는 것이다. 여기서 지수 n은 실제적으로 일어나는 열역학적인 과정을 나타내는 값이다.

4.2.7 교축과정

유체가 노즐이나 오리피스와 같이 갑자기 유로가 좁아지는 곳을 통과하면 외부와 열이나 일의 교환 없이도 압력이 감소하는 교축과정(throttling process)이 일어난다. 교축과정이 일어나면 그림 4.7에 나타나 있는 것과 같이 유체마찰과 와류의 증가로 압력손실이 발생한다.

정상유동에서 교축과정이 일어나면 외부에 어떤 일도 하지 않으며, 또한 열교환도 일어나지 않으므로 열역학 제1법칙을 이용하여 다음과 같은 에너지방정식을 유도할 수 있다.

$$h_1 + \frac{1}{2}c_1^2 = h_2 + \frac{1}{2}c_2^2 \tag{4.32}$$

만일 속도가 40 m/s 이하로 크지 않다면 운동에너지 변화의 크기는 엔탈피 변화의 크기에 비해 무시할 수 있을 정도로 작기 때문에 다음과 같은 관계식이 성립한다.

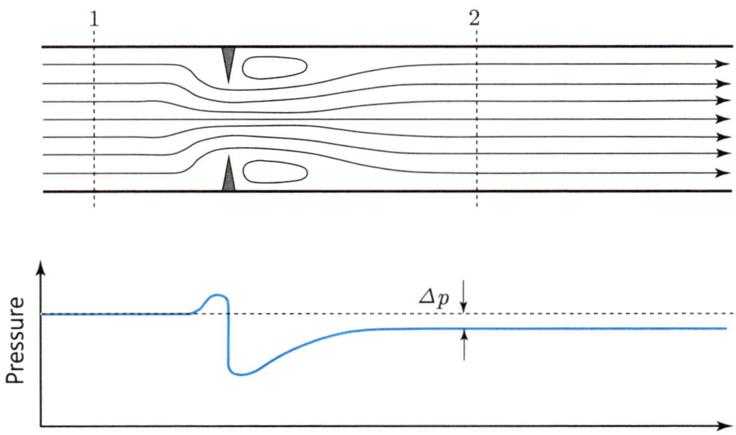

그림 4.7 교축과정

$$h_1 = h_2 \tag{4.33}$$

즉 교축과정 전후에 있어 엔탈피 변화는 없다. 따라서 교축과정을 등엔탈피과정이라고도 한다. 이상기체의 엔탈피는 온도만의 함수이므로 정상유동인 경우 교축과정 전후에는 온도변화 또한 일어나지 않는다. 그러나 작동유체가 비압축성 유체인 액체일 때 교축과정이 일어나서 압력이 액체의 포화압력보다 낮아지면 액체의 일부가 증발하며, 증발에 필요한 열을 액체 자신으로부터 흡수하기 때문에 액체의 온도가 감소한다.

발전설비에서 교축과정이 나타나는 가장 대표적인 구성요소 가운데 하나는 증기터빈 입구에 설치되어 있는 컨트롤밸브이다. 증기터빈을 부분부하로 운전하는 방법으로는 주증기 질량유량을 줄이는 방법과 주증기 엔탈피를 낮추는 방법이 있다. 이 가운데 주증기 질량유량을 줄이는 방법을 주로 사용하고 있다. 그런데 만약 주증기 질량유량이 줄어들 때 증기터빈 증기통로에서 증기 압력이 정격부하로 운전할 때와 동일하게 유지된다면 증기의 체적유량이 줄어들어 속도삼각형이 설계조건과 달라지는 탈설계조건이 되기 때문에 증기터빈 효율이 급격히 낮아진다. 이런 문제를 해결하는 방법은 주증기 질량유량이 줄어들 때 컨트롤밸브에서 발생하는 교축과정을 이용하여 증기 압력을 낮추어 증기의 비체적을 증가시키는 것이다. 이 경우 증기의 질량유량이 줄어들더라도 체적유량을 정격부하로 운전할 때와 동일하게 유지시킬 수 있다. 따라서 교축과정을 이용하면 부분부하운전 시에도 증기통로에서의 속도삼각형을 정격부하운전 때와 똑같이 유지시킬 수 있으며, 이로 인해 증기터빈 효율을 부하에 관계없이 항상 최고 수준으로 유지시킬 수 있다.

대표적인 증기터빈 부분부하운전 방법으로는 FT(Full Throttling) 운전, PAA(Partial Arc Admission) 운전, 변압 운전, 하이브리드 운전 등 네 가지가 있다. 이 가운데 FT 운전 개념을 그림 4.8에 나타냈다. 증기터빈을 최대출력으로 운전할 때는 4개의 컨트롤밸

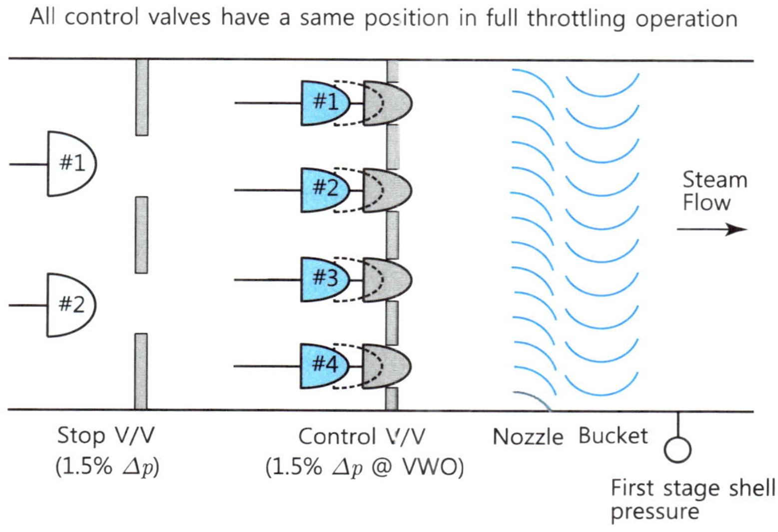

그림 4.8 Full throttling 운전 개념

브가 모두 활짝 열리는 VWO(Valve Wide Open) 상태가 된다.

부분분하로 운전할 때 증기의 질량유량이 줄어들기 때문에 컨트롤밸브를 부분적으로 닫으면 밸브를 통과하는 유로면적이 작아져서 질량유량이 줄어드는 동시에 축소된 유로를 통과하면서 발생하는 교축과정으로 인해 밸브 하류에서 증기 압력이 낮아진다. 이 경우 밸브 하류에서 증기의 비체적이 증가하여 밸브 하류를 통과하는 증기의 체적유량을 부하에 관계없이 일정하게 유지시킬 수 있다. 노즐과 버켓을 통과하는 증기의 체적유량을 일정하게 유지하면 그림 4.9에 나타나 있는 속도삼각형은 변하지 않는다. 따라서 저압터빈 마지막 단을 제외한 각 단의 블레이드는 부분부하운전 시에도 최고 수준의 효율을 유지할 수 있다. 그런데 부분부하운전 시 컨트롤밸브에서 발생하는 교축과정에 의한 압력강하로 인하여 그림 4.10과 4.11(a)에 나타나 있는 것처럼 밸브에서 등엔탈피팽창이 일

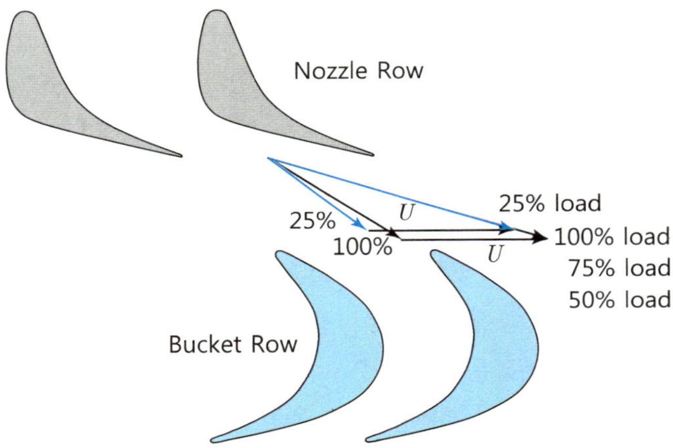

그림 4.9 증기터빈 부하에 따른 속도삼각형 비교

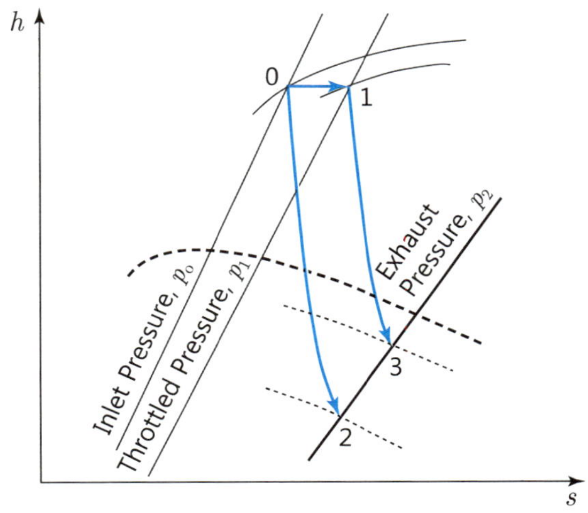

그림 4.10 정격부하운전과 부분부하운전 증기팽창선 비교

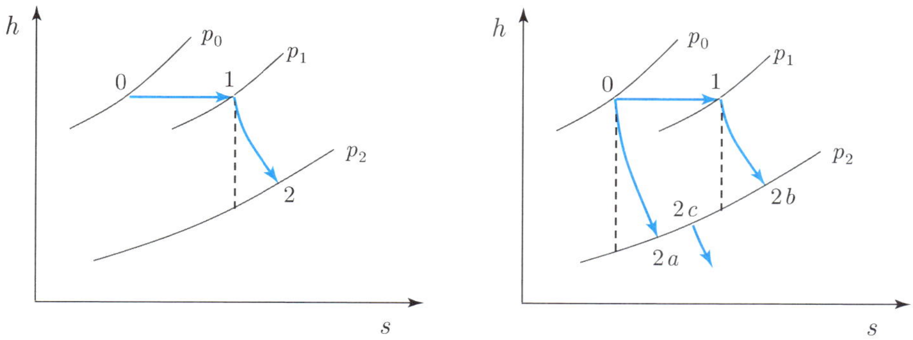

0	Steam condition entering the control valves
1	Steam condition entering the first stage
2	Steam condition entering the second stage

(a) Full throttling

$0 \rightarrow 1$	Flow in the control valves
$1 \rightarrow 2b$	Flow across the first stage in an arc segment
$0 \rightarrow 2a$	Flow across the first stage in the fully opened segments
$2c$	Steam condition into the second stage

(b) Partial arc admission

그림 4.11 증기터빈에서의 교축 방법

어난다. 이때 이용가능에너지가 줄어들기 때문에 증기터빈 출력이 작아지고 사이클 효율도 낮아진다. 즉 부분부하운전 시 블레이드는 전부하운전(VWO) 시와 마찬가지로 최고 효율을 나타내지만 시스템 전체적으로 살펴보면, 이용가능에너지가 줄어들고 질량유량 또한 줄어들기 때문에 증기터빈 출력이 작아지고 사이클 효율도 낮아진다.

FT 운전을 채택할 때 나타나는 증기터빈에서의 이용가능에너지 및 열효율 저하를 개선하기 위한 방법이 PAA 운전이다. PAA 운전은 HP터빈 1단 버켓 앞에 있는 환형의 노즐면적을 여러 개의 작은 조각으로 나눈 후 증기터빈 부하에 따라 일정한 개수의 조각에서는 밸브를 완전히 개방하여 밸브에서 발생하는 압력손실을 최소화시키며, 전부하로 운전할 때보다 줄어든 질량유량의 증기가 유입되는 어느 하나의 조각에서는 밸브를 부분적으로 개방하여 증기 압력을 낮추어 고압터빈 1단 버켓으로 유입되도록 한다. 이때 그림 4.11(b)에 나타나 있는 것처럼 완전히 열려 있는 밸브를 통과하는 증기는 HP터빈 1단에서 $0 \rightarrow 2a$를 따라서 팽창되며, 부분적으로 열려 있는 밸브를 통과하는 증기는 밸브에서 일어나는 교축과정 때문에 $0 \rightarrow 1$의 등엔탈피팽창이 일어난 후에 HP터빈 1단에서 $1 \rightarrow 2b$를 따라서 팽창된다. HP터빈 1단을 지난 증기는 2단 노즐로 들어가기 전에 서로 합쳐져서 새로운 상태 2c가 된다. 따라서 완전히 열려 있는 밸브 수가 많아질수록 상태 2c는 상태 2a에 가까워진다. 이렇게 HP터빈 2단에서부터 전부하운전 때 나타나는 상태에 근접한 새로운 상태에서 출발하여 팽창이 일어나기 때문에 PAA 운전을 채택하면 FT 운전에 비해서 증기터빈에서 이용가능에너지가 증가한다. 따라서 증기터빈의 출력 및 사이클 효율이 증가하기 때문에 FT 운전보다 PAA 운전을 많이 채택하고 있다.

작동유체가 증기일 때 교축과정이 일어나면 압력뿐만 아니라 온도도 떨어지는데, 이런 현상을 줄-톰슨 효과(Joule-Thomson effect)라 한다. 냉동기는 이런 교축과정을 이용하여 기체 온도를 강하시키는 장치이다. 한편, 증기터빈 버켓 커버 상부 및 다이어프램 하부에는 증기누설을 방지하기 위한 실이 설치되어 있으며, 이 부분으로 누설되는 증기는 교축과정으로 인하여 온도와 압력이 저하되기 때문에 에너지를 잃는다. 이렇게 에너지를 잃어버린 증기는 다음 단의 주증기 통로로 합류되더라도 많은 일을 하지 못하기 때문에 증기터빈에서 누설손실이 발생한다.

4.3 압축성 유체

4.3.1 마하수 및 음속

이상기체는 압축성 유체이다. 그림 4.12(a)에 나타나 있는 것처럼 피스톤을 이동시켜 튜브 내부의 압축성 유체를 밀어주면 압축성 유체는 극소의 압력상승이 일어나며, 그 전단에는 파가 형성되어 음속으로 이동한다. 음속은 압축성 유체 유동에 있어서 매우 중요한 변수이며, 그 크기는 압축성 유체 상태에 의해 결정된다.

음속의 특성을 살펴보기 위해 관찰자가 음속으로 진행하는 파에 올라타서 관찰하는 경우를 살펴보자. 이때 계(또는 제어체적)는 그림 4.12(b)에 나타나 있는 것처럼 설정할 수 있다. 이 계를 해석하기 위한 개방계 열역학 제1법칙은 다음과 같다.

$$q_{12} = (h_2 - h_1) + \frac{1}{2}\left(V_2^2 - V_1^2\right) + g(z_2 - z_1) + w_{12} \tag{4.34}$$

그런데 그림 4.12에서 고려하는 압축성 유체 유동은 단순 1차원 유동이기 때문에 계에서 발생한 일은 없으며, 위치에너지 차이는 무시할 수 있다. 아울러 튜브는 단열이라고 가정하면, 열역학 제1법칙은 다음과 같이 된다.

$$h + \frac{a^2}{2} = (h + dh) + \frac{(a - dV)^2}{2}$$
$$dh - a\,dV = 0 \tag{4.35}$$

연속방정식으로부터 다음과 같은 관계식을 유도할 수 있다.

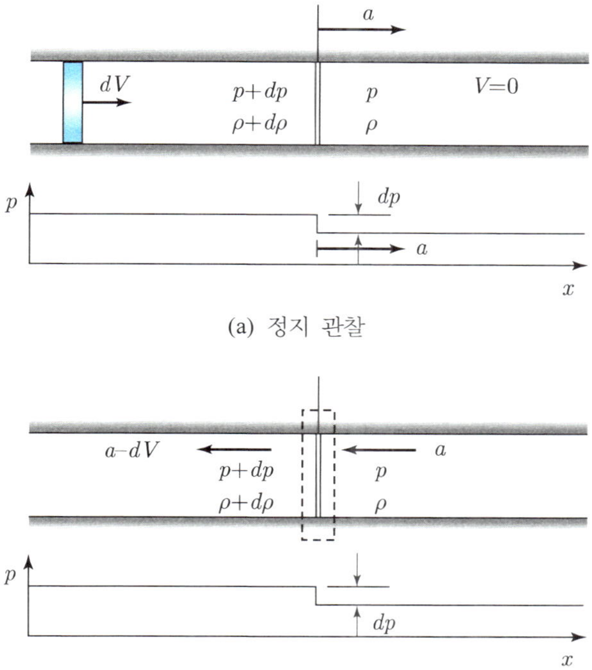

(a) 정지 관찰

(b) 파와 함께 이동하면서 관찰

그림 4.12 압축성 유체 정상유동에서 극소의 압력상승

$$\rho a A = (\rho + d\rho)(a - dV)A$$
$$a d\rho - \rho dV = 0 \tag{4.36}$$

한편, 열역학 제2기초식은 다음과 같다.

$$\delta q = dh - v dp$$
$$T ds = dh - \frac{dp}{\rho}$$

그림 4.12에서 벽면마찰을 무시하면 압축성 유체 유동은 등엔트로피과정($ds = 0$)이기 때문에 열역학 제2기초식을 식 (4.35)에 대입하면 다음과 같은 관계식을 얻는다.

$$\frac{dp}{\rho} - a dV = 0 \tag{4.37}$$

식 (4.37)과 (4.36)을 조합하면 다음과 같은 관계식이 얻어진다.

$$\frac{dp}{d\rho} = a^2 \tag{4.38}$$

그런데 그림 4.12에서 일어나는 과정이 등엔트로피과정이기 때문에 식 (4.38)은 다음과 같이 표시해야 한다.

$$\left(\frac{dp}{d\rho}\right)_s = a^2 \tag{4.39}$$

등엔트로피과정에서 다음 관계식이 성립한다.

$$pv^\gamma = \frac{p}{\rho^\gamma} = \text{const.}$$

$$\ln p - \gamma \ln \rho = \text{const.}$$

$$\frac{dp}{p} - \gamma \frac{d\rho}{\rho} = 0 \tag{4.40}$$

식 (4.40)으로부터 다음과 같은 관계식이 얻어진다.

$$\frac{dp}{d\rho} = \frac{\gamma p}{\rho} \tag{4.41}$$

식 (4.41)에 이상기체 상태방정식을 대입하면 다음과 같은 관계식이 얻어진다.

$$\frac{dp}{d\rho} = \gamma RT$$

따라서 음속은 다음과 같은 관계식으로 정의할 수 있다.

$$a = \sqrt{\gamma RT} \tag{4.42}$$

한편, 압축성 유체 유동에서 가장 중요한 무차원 수는 마하수(Mach number)이며, 다음과 같이 속도를 음속으로 나눈 값으로 정의한다.

$$M = \frac{V}{a} \tag{4.43}$$

여기서 M은 마하수이다.

연습문제 4.3

표준대기상태에서와 공기 온도가 100℃인 경우 음속을 계산하라. 단, 공기의 기체상수 $R_{air} = 0.287\ \text{kJ/kg}\cdot\text{K}$이다.

풀이

$a = \sqrt{\gamma RT}$이다. 표준대기상태에서 $T = 288\,\text{K}$이므로

$$a = \sqrt{1.4 \times 287 \frac{\mathrm{N \cdot m}}{\mathrm{kg \cdot K}} \times 288\mathrm{K}}$$

$$a = \sqrt{1.4 \times 287 \frac{\mathrm{kg \cdot m^2}}{\mathrm{kg \cdot K \cdot s^2}} \times 288\mathrm{K}}$$

$$\therefore \ a = 340.17 \ \mathrm{m/s}$$

한편, 공기 온도가 100℃인 경우에 음속을 계산하면,

$$a = \sqrt{1.4 \times 287 \frac{\mathrm{kg \cdot m^2}}{\mathrm{kg \cdot K \cdot s^2}} \times 373\mathrm{K}}$$

$$\therefore \ a = 387.13 \ \mathrm{m/s}$$

■

4.3.2 압축성 유체 유동

터보기계 설계와 관련된 많은 문제들은 정체압력 및 정체온도를 포함한다. 압축성 유체 유동에 있어서 이들 값들은 마하수를 알면 다음과 같은 관계식들을 이용해서 쉽게 구할 수 있다.

우선 식 (4.34)에 나타나 있는 관계식으로부터 정체점에서 속도는 0이기 때문에 다음과 같은 관계식을 얻을 수 있다.

$$h_o = h + \frac{1}{2} V^2 \tag{4.44}$$

여기서 h_o는 정체엔탈피, h는 정엔탈피이다. 식 (4.44)는 다음과 같이 표현할 수 있다.

$$c_p T_o = c_p T + \frac{1}{2} V^2$$

$$\frac{T_o}{T} = 1 + \frac{V^2}{2 c_p T} \tag{4.45}$$

한편, 정압비열은 다음과 같다.

$$c_p = \frac{\gamma}{\gamma - 1} R$$

따라서 식 (4.45)는 다음과 같이 된다.

$$\frac{T_o}{T} = 1 + \frac{\gamma - 1}{2} M^2 \tag{4.46}$$

등엔트로피과정에서 압력, 온도, 밀도 관계식은 식 (4.24)와 같다. 이 식을 이용하여 정체압력 및 정체밀도에 관한 관계식을 유도하면 다음과 같다.

$$\frac{p_o}{p} = \left[1 + \frac{\gamma - 1}{2} M^2\right]^{\frac{\gamma}{\gamma - 1}} \tag{4.47}$$

$$\frac{\rho_o}{\rho} = \left[1 + \frac{\gamma - 1}{2} M^2\right]^{\frac{1}{\gamma - 1}} \tag{4.48}$$

식 (4.46)은 (4.47) 및 (4.48)과 큰 차이를 가진다. 즉 식 (4.46)은 단열 조건을 이용하여 열역학 제1법칙으로부터 구한 것이다. 그러나 식 (4.47)과 (4.48)은 등엔트로피 조건에서만 사용할 수 있는 관계식이라는 점에 주의해야 한다.

실전문제

1. 자유롭게 움직이는 피스톤이 장착된 실린더를 가열하였더니 정압과정으로 팽창이 일어났다. 팽창이 일어나기 전의 공기의 체적은 0.1 m^3였으며, 팽창이 일어난 후 체적은 0.2 m^3가 되었다. 가열하기 전의 온도는 15°C였다.
   1-1) 팽창이 일어난 후 온도는 얼마인가?
   1-2) 실린더 내부압력이 1.5 MPa이었다면 가열이 있은 후 일의 변화량은 얼마인가?
   1-3) 비내부에너지 변화량을 계산하라. 단, 공기의 정압비열은 1.0035 kJ/kg·K이다.
2. 강체의 용기를 가열하였다. 가열하기 전 강체 내부 공기 온도는 15°C, 압력은 1 MPa이었다. 가열 후 공기 온도를 측정하였더니 150°C였다.
   2-1) 가열 후 강체 내부 압력을 계산하라.
   2-2) 이 실험에서 발생한 절대일 크기는 얼마인가?
3. 압축비가 8 : 1인 왕복엔진에서 단열과정으로 압축이 일어난다. 단, 압축이 진행되는 동안 발생한 손실은 전혀 없다. 압축 전 실린더 내부 압력은 101,325 Pa이었으며, 실린더 내부는 20°C의 공기로 채워져 있다. 압축이 일어나기 전 공기의 체적은 0.1 m^3이며, 공기의 정적비열은 0.7165 kJ/kg·K이다.
   3-1) 압축이 일어난 후 공기의 체적을 계산하라.
   3-2) 압축이 일어난 후 실린더 내부압력을 계산하라.
   3-3) 압축이 일어난 후 실린더 내부온도를 계산하라.
   3-4) 과정이 진행되는 동안 단위질량당의 일의 변화량을 계산하라.

정답

1. 1-1) 303°C　1-2) 150 kJ　1-3) 206.4 kJ/kg
2. 2-1) 1.47 MPa　2-2) 0
3. 3-1) 0.0125 m^3　3-2) 1862.3 kPa　3-3) 400°C
   3-4) −272.3 kJ/kg

5장 열역학 제2법칙

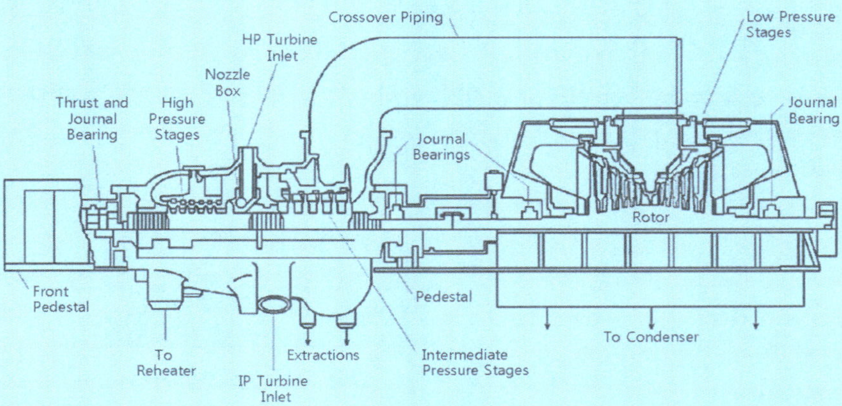
Crossover Piping
Low Pressure Stages
HP Turbine Inlet
Nozzle Box
Thrust and Journal Bearing
High Pressure Stages
Journal Bearings
Journal Bearing
Rotor
Front Pedestal
Pedestal
To Condenser
To Reheater
Extractions
Intermediate Pressure Stages
IP Turbine Inlet

열역학 제1법칙은 열은 에너지의 한 형태로서 일로 변환시킬 수 있으며, 일 또한 열로 변환시킬 수 있다는 것이다. 아울러 열과 일이 아무리 변하더라도 에너지 총량은 변하지 않는다는 것이다. 그런데 열역학 제1법칙에서 열과 일이 전달되는 방향에 대해서는 어떤 제한도 가하지 않았다. 그러나 어떤 주어진 사이클이 열역학 제1법칙을 위반하지 않는다고 하여도 실제로 그 사이클이 일어난다는 것을 보증하지는 않는다는 것을 우리는 경험적으로 알고 있다. 이런 경험적 사실로부터 열역학 제2법칙이 도출되었다. 따라서 어떤 주어진 사이클이 실제로 성립하기 위해서는 열역학 제1법칙과 열역학 제2법칙 모두를 만족시켜야 한다.

열역학 제2법칙은 과정의 방향성을 제한하는 법칙이다. 이에 대한 이해를 돕기 위해 그림 5.1에 나타나 있는 것처럼 뜨거운 철판과 그 위에 놓여 있는 차가운 동판 사이에 일어나는 열전달을 살펴보자. 동판은 뜨거운 철판으로부터 열을 전달받아 온도가 올라간다. 그러나 그 반대로 차가운 동판으로부터 뜨거운 철판으로 열이 전달된다면 동판은 더욱 차갑게 될 것이고 철판은 점점 더 뜨거워질 것이다. 그러나 우리는 경험적으로 이런 과정은 자연적으로 일어나지 않는다는 사실을 알고 있다. 그런데 이렇게 차가운 물체에서 뜨거운 물체로 열이 흐르는 것은 에너지가 보존된다면 열역학 제1법칙에 위배되지 않는다. 그러나 열역학 제1법칙은 이렇게 과정이 거꾸로 진행되어 최초의 상태로 돌아갈 수 없다는 사실을 설명하지 못한다. 한편, 뜨거운 철판은 차가운 동판으로 열을 전달하면서 온도가 내려가고 동판은 열을 받으면서 온도가 올라가는데, 이렇게 철판으로부터 동판으로 열이 전달되는 과정은 두 물체의 온도가 동일해지는 평형상태에 도달할 때까지 진행된다. 또 다른 예를 들면, 뜨거운 커피 잔은 주위로 열을 방출시켜 커피는 점점 더 차가워진다. 그러나 그 반대로 주위로부터의 열이 커피 잔 내부로 들어가서 커피가 더욱 뜨거워지는 현상은 일어나지 않는다는 것을 우리는 경험적으로 알고 있다. 이런 내용들을 정리하면, "일을 소비하지 않고 열을 저온체로부터 고온체로 보낼 수는 없다."는 것을 알 수 있다. 열역학 제2법칙은 이렇게 각종 열역학적 과정의 방향성을 제한하기 위해 만들어진 법칙이다.

그림 5.2에 줄의 실험장치를 다시 나타냈다. 이 실험장치에서 낙하추가 낙하하면 교반기가 작동유체 속에서 회전하여 밀폐용기 내부 온도는 올라간다. 그러나 밀폐용기 내부 온도를 낮추더라도 교반기가 낙하추가 낙하할 때 회전하는 반대방향으로 회전하여 낙하추가 다시 올라가는 역과정이 일어나지 않는다는 것을 우리는 경험적으로 알고 있다. 따

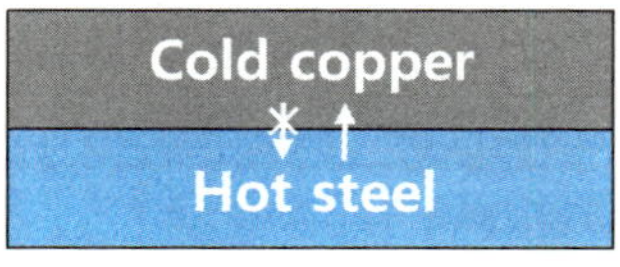

그림 5.1 열의 방향성

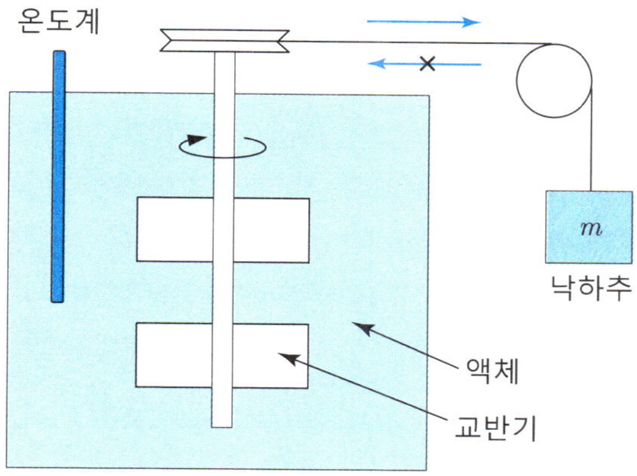

그림 5.2 줄의 실험장치와 일의 방향성

라서 열역학 제2법칙은 이렇게 에너지 흐름의 방향성을 제한하는 법칙이다. 이런 현상 이외에도 자연현상 가운데는 비가역적 과정이 많다. 예컨대 마찰에 의한 열의 발생, 기체의 확산 등은 주위에 아무런 변화도 주지 않으면서 이것을 역으로 진행시켜 원래 상태로 되돌릴 수는 없다.

자연에서 일어나는 열역학적 과정은 모두 비가역과정이다. 비가역과정이란 어떤 과정이 한쪽 방향으로는 자연적으로 일어나지만 그 역과정은 일어나지 않는 과정을 말한다. 앞에서 살펴본 것처럼 뜨거운 물체에서 차가운 물체로 열이 흐르는 것은 가장 대표적인 비가역과정이다. 아울러 마찰에 의한 일이 열로 변환되는 것 등은 모두 비가역과정이다. 열역학 제2법칙의 핵심은 이렇게 열역학적 과정의 방향을 제한하는 것이다.

자연에서 일어나는 모든 열역학적 과정이 비가역과정이지만 가역적인 이상적 과정을 고려할 수 있다. 만약에 어떤 계가 주변과 항상 열평형 상태에 매우 근접해 있다면 이상적 가역과정을 따른다. 이런 계는 조건들의 매우 작은 변화를 통하여 가역변화가 일어날 수 있다. 예를 들면, 물체의 온도 차이가 매우 작은 두 물체 사이의 열 흐름의 방향은 물체의 온도를 미소 변화시킴으로써 바꿀 수 있다. 즉 물체의 온도구배와 압력구배를 매우 작게 하여 계를 평형상태에 매우 근접하게 만들면 가역과정이 만들어질 수 있다. 이런 이유로 인해서 가역과정을 준평형과정(quasi-equilibrium process)이라고도 한다. 결론적으로 가역과정은 계가 열역학적으로 평형상태에서 일어나는 과정인 것이다. 그런데 엄밀하게 살펴보면 어떤 계가 열역학적으로 평형상태에 있다면 그 계에서는 상태변화가 일어나지 않는다. 즉 열역학적으로 완전히 평형을 이루고 있는 계는 주변에 일을 하지 않는다. 따라서 엄밀하게 살펴보면 가역과정은 존재하지 않는다.

5.1 열역학 제2법칙의 표현

1850년 독일의 클라우지우스(Clausius)는 열역학 제2법칙을 다음과 같은 표현으로 나타냈다. "열은 그 자신만으로는 저온 물체에서 고온 물체로 이동할 수 없다." 예를 들면, 냉장고의 경우 저절로 냉각되는 것이 아니라 강제적으로 저온부의 냉장실 내부에서 고온부의 실외로 열을 이동시키기 때문에 냉각되는 것이다. 이것은 외부 전원을 통해서 압축기에 일을 전달하여 냉매를 압축시키고 냉매가 팽창하면서 열을 빼앗아가기 때문에 냉각과정이 일어나는 것이다. 즉 자연상태에서 열은 항상 고온체로부터 저온체로 이동하며, 저온체로부터 고온체로는 이동하지 않는다.

켈빈-플랑크(Kelvin-Planck)는 "외부에 어떠한 영향도 남기지 않고 한 사이클 동안에 계가 열원으로부터 받은 열을 모두 일로 바꾸는 것은 불가능하다."고 표현하였는데, 이는 톰슨(Thompson)의 원리이기도 하다. 이 표현은 그림 5.3에 나타나 있는 것처럼 고열원으로부터 받은 열량 Q_H를 모두 일로 변환시키는 계, 즉 열효율이 100%인 열기관을 만들 수 없으며, 작동유체는 반드시 공급된 에너지의 일부를 주위와 열교환시켜야 한다는 것을 의미한다. 따라서 하나의 열원에서 열을 받아 이것을 일로 바꾸되 외부에 어떤 변화도 일으키지 않는 열기관, 즉 제2종 영구기관은 원리적으로 제작이 불가능하다고 할 수 있다.

열역학 제2법칙을 의미하는 이들 표현 가운데 클라우지우스의 표현은 열전달의 비가역성을 설명한 것이며, 켈빈-플랑크의 표현은 하나의 열원으로부터 받은 열량을 모두 일로 바꾸는 것은 불가능하다는 것을 나타낸 것이다.

그림 5.3에 나타나 있는 것처럼 열기관에는 작동유체와 상호작용하는 두 열원이 있는데, 하나는 자체의 온도변화 없이 일정한 온도 T_H에서 작동유체에 많은 열을 공급할 수 있는 고열원이며, 다른 하나는 일정한 낮은 온도 T_L에서 열기관으로부터 방출된 열을 흡수할 수 있는 저열원이다. 모든 열기관은 고열원에서 열을 흡수하여 역학적 일을 하고 저

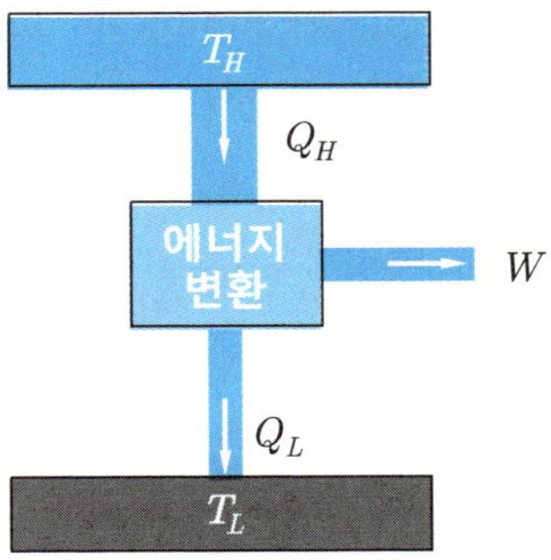

그림 5.3 열기관

열원으로 열을 방출한다. 화력발전의 경우 고열원인 보일러에서 열을 공급받고 사용하고 남은 열을 복수기에서 열교환을 통하여 외부(해수, 강물, 또는 대기)로 방출한다. 한편, 복수기에서 열을 버리는 것은 증기터빈을 빠져나온 증기를 물로 상변화시켜 재사용하기 위함이다. 내연기관에서는 연소실에서 연료를 직접 연소시켜 고온의 열을 직접적으로 흡수하고 뜨거운 배기가스를 통해서 저온의 열을 버린다. 그러나 이 두 가지 경우 모두 열기관 주변에 있는 자연상태의 온도보다 낮은 온도로 열을 버릴 수는 없다.

열기관에 대한 에너지 흐름도인 그림 5.3에서 고열원으로부터 공급되는 열을 Q_H라 하고, 저열원으로 버려지는 열을 Q_L이라 하면, 열역학 제1법칙으로부터 다음 관계식이 성립한다.

$$W = |Q_H| - |Q_L| \tag{5.1}$$

절댓값을 사용한 이유는 열은 방향성을 가지며, 방향성을 나타내기 위한 부호를 사용하는 데 따른 착오를 방지하기 위함이다.

위 식에 의하면 모든 열 Q_H가 일로 변환되는 것이 가장 이상적이다. 그런 경우 $Q_H = W$이며, $Q_L = 0$이 된다. 그러나 앞에서 살펴보았듯이 자연상태보다 낮은 온도로 열을 버리는 것이 불가능하기 때문에 Q_L은 결코 0이 될 수 없다. 따라서 열효율이 100%인 열기관을 만드는 것은 불가능하다는 것을 알 수 있다. 열기관의 열효율은 Q_H 가운데 일로 바뀐 비율로 정의한다.

$$\eta_{th} = \frac{W}{Q_H} \tag{5.2}$$

식 (5.1)을 (5.2)에 대입하면 다음과 같은 관계식이 얻어진다.

$$\eta_{th} = \frac{W}{Q_H} = \frac{|Q_H| - |Q_L|}{Q_H} = 1 - \frac{|Q_L|}{|Q_H|} \tag{5.3}$$

5.2 엔트로피

엔트로피(entropy)는 물질의 열적상태를 나타내는 물리량으로써 1865년 클라우지우스가 제안하였다. 그러나 엔트로피는 다른 열역학적 물리량에 비해서 훨씬 덜 명확하기 때문에 전통적으로 신비에 싸여 있었다. 엔트로피가 물리적으로 덜 명확한 이유는 엔트로피는 그 절대적인 값보다는 그 변화량에 관심을 두기 때문이다. 엔트로피는 energy + tropy의 합성어로 tropy는 변형(transformation)을 의미하는 그리스어다.

열역학 제2법칙에서 엔트로피는 평형상태를 예측할 수 있게 해주며, 어떤 과정이 일어날 수 있는지에 대한 가능성 여부를 결정해주는 가장 중요한 변수이다. 엔트로피에 대한 개념을 이해하기 위해서는 다음과 같은 엔트로피에 관련된 내용들을 우선적으로 이해할 필요가 있다.

1) 엔트로피는 종량성 상태량이다. 따라서 어떤 계의 엔트로피는 각 구성요소들에 대한 엔트로피의 총합과 같다.
2) 모든 계는 시간이 지나면서 평형을 이루는 방향으로 과정이 진행된다. 그리고 그 계의 엔트로피는 평형상태에서 가장 큰 값을 가진다.
3) 대부분의 열역학 제2법칙에 대한 해석은 엔트로피 변화량을 계산하는 문제이다. 엔트로피 변화량은 깁스 방정식(Gibbs' equation)을 이용하여 계산할 수 있다.
4) 고립계의 엔트로피는 일정하게 유지되거나 증가한다.

이 가운데 마지막 내용은 열역학 제2법칙의 기본적인 개념이다. 만약 어떤 고립계의 엔트로피가 여러 단계의 과정을 거치면서 일정하게 유지되고 있다면 그 과정은 가역과정이다. 그러나 만약 그 고립계의 총 엔트로피가 과정이 진행되면서 증가한다면 그 과정은 비가역과정이다.

5.2.1 깁스 방정식

엔트로피 관계식을 유도하기 위해 그림 5.4에 나타나 있는 것과 같이 서로 다른 열 특성을 가지고 있으면서 단순압축성물질로 구성되어 있는 두 계를 살펴보자. 이 두 계를 구성하는 물체는 고체일 수도 있고, 기체일 수도 있다. 이 두 계를 그림에 나타나 있는 것처럼 접촉시키면 두 물체는 열평형 상태에 도달한다. 여기서 두 계는 주위와 격리되어 있는 단열상태이며, 계에서 발생하는 일은 없다고 가정한다.

여기서 결합된 계를 C라 하자. 만약 계에 대한 두 가지 상태량을 정의할 수 있다면 계의 상태를 완벽하게 정의할 수 있다. 따라서 계의 상태를 쉽게 정의할 수 있는 내부에너지와 비체적을 이용하면 엔트로피는 다음과 같이 표현할 수 있다.

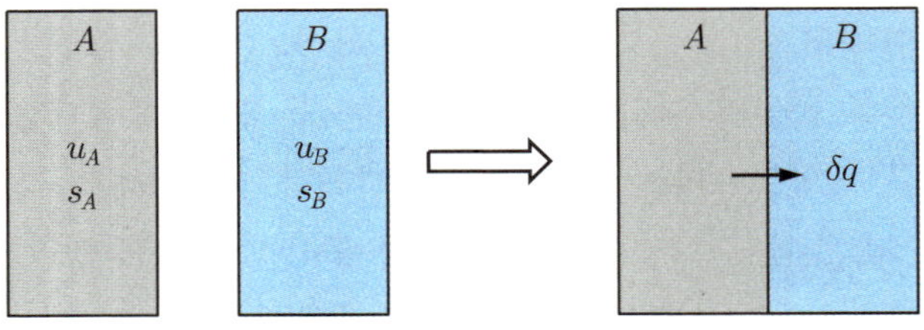

그림 5.4 열평형

$$s = s(u, v) \tag{5.4}$$

u와 v에 대하여 엔트로피가 어떻게 변하는지 살펴보기 위해 체인법칙을 이용하면 다음과 같은 관계식이 된다.

$$ds = \left(\frac{\partial s}{\partial u}\right)_v du + \left(\frac{\partial s}{\partial v}\right)_u dv$$

한편, 두 물체가 합쳐진 상태에서의 엔트로피는 두 물체가 합쳐지기 이전에 가지고 있는 각각의 엔트로피 합과 같다. 따라서 다음과 같은 관계가 성립한다.

$$s_C = s_A + s_B$$

$$ds_C = ds_A + ds_B$$

$$ds_C = \left(\frac{\partial s_A}{\partial u_A}\right)_v du_A + \left(\frac{\partial s_A}{\partial v_A}\right)_u dv_A + \left(\frac{\partial s_B}{\partial u_B}\right)_v du_B + \left(\frac{\partial s_B}{\partial v_B}\right)_u dv_B \tag{5.5}$$

평형상태에서 $ds_C = 0$이다. 그리고 발생한 일이 없기 때문에 $dv_A = dv_B = 0$이고, 열이 이동함에 따라 내부에너지는 전달된 열량만큼 증가하거나 감소할 것이다. 따라서 열역학 제1법칙으로부터 다음과 같은 관계식이 성립한다.

$$du_A = -du_B = -\delta q$$

따라서 식 (5.5)는 다음과 같이 된다.

$$\left(\frac{\partial s_A}{\partial u_A}\right)_v = \left(\frac{\partial s_B}{\partial u_B}\right)_v \tag{5.6}$$

식 (5.6)은 열평형 조건을 의미한다. 평형상태에서 이 두 물체의 온도는 동일하기 때문에 식 (5.6)을 열역학적 온도(thermodynamic temperature)라 한다. 그러나 일반적으로 식 (5.6)에 나타나 있는 식의 역수를 온도라 정의한다. 따라서 온도는 다음과 같이 표현된다.

$$T \equiv \frac{1}{(\partial s/\partial u)_v} = \left(\frac{\partial u}{\partial s}\right)_v \tag{5.7}$$

식 (5.7)을 (5.5)에 대입하면 다음과 같은 관계식이 성립한다.

$$ds_C = \frac{1}{T_A} du_A + \left(\frac{\partial s_A}{\partial v_A}\right)_u dv_A + \frac{1}{T_B} du_B + \left(\frac{\partial s_B}{\partial v_B}\right)_u dv_B \tag{5.8}$$

평형상태에서 다음과 같은 관계가 성립한다.

$$T_A = T_B$$
$$du_A = -du_B$$
$$dv_A = -dv_B$$
$$ds_C = 0$$

따라서 평형상태에서 식 (5.8)은 다음과 같이 된다.

$$\left(\frac{\partial s_A}{\partial v_A}\right)_u = \left(\frac{\partial s_B}{\partial v_B}\right)_u \tag{5.9}$$

식 (5.9)에 나타나 있는 조건은 두 물체의 압력 및 온도에 대해서도 성립한다. 한편, 식 (5.9)에 나타나 있는 관계식의 차원은 압력을 온도로 나눈 것과 같기 때문에 다음과 같은 관계가 성립한다.

$$\frac{p}{T} = \left(\frac{\partial s}{\partial v}\right)_u$$

이 식을 식 (5.8)에 대입하면 다음과 같은 관계식이 구해진다.

$$ds_C = \frac{1}{T_A}du_A + \frac{p_A}{T_A}dv_A + \frac{1}{T_B}du_B + \frac{p_B}{T_B}dv_B \tag{5.10}$$

식 (5.10)을 일반식으로 표현하면 다음과 같은 깁스 방정식이 만들어진다.

$$Tds = du + pdv \tag{5.11}$$

깁스 방정식인 식 (5.11)은 열역학 제1법칙과 유사한 특성을 가진다. 그러나 깁스 방정식은 과정이 이상적이거나 이상적이 아니거나 모두 적용이 가능하다. 단지 한 가지 제약은 계를 구성하는 물질이 단순물질이어야 한다는 것이다. 참고로 어떤 계나 물질에 오직 하나의 일만이 존재(작용)할 때 그 물질을 단순물질이라 한다. 한편, 일의 형태가 오직 압축에 의한 것이라면 계를 채우고 있는 물질을 단순압축성물질이라 한다. 열역학에서 다양한 에너지 변환 장치에 사용되는 물질인 작동유체는 일반적으로 단순물질로 취급한다.

열역학적으로 가역과정이면 $\delta w = pdv$이다. 따라서 열역학 제1법칙과 깁스 방정식을 비교하면 다음과 같은 관계가 성립한다.

$$\delta q = Tds \tag{5.12}$$

식 (5.12)를 이용하면 상태변화 시 엔트로피 변화를 이용하여 계를 출입하는 열량의 크기를 계산할 수 있다. 아울러 열량의 크기는 $T-s$ 선도에서 과정의 s축에 대한 투영면적과 같다는 것을 알 수 있다. 한편, 식 (5.12)로부터 다음과 같은 엔트로피 정의식이 만

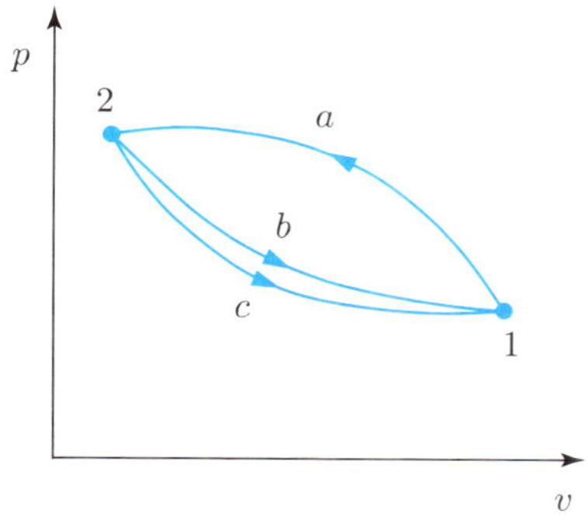

그림 5.5 열역학적 상태량을 나타내는 $p-v$선도

들어진다.

$$ds = \frac{\delta q}{T} \tag{5.13}$$

엔트로피는 열역학적 비가역성을 나타내는 중요한 물리량이다. 여기서 엔트로피가 점함수라는 것을 살펴보기로 한다.

그림 5.5에서와 같이 작동유체가 상태 1로부터 경로 a를 따라서 상태 2까지 변화하고, 경로 b를 거쳐 상태 1로 되돌아오는 가역사이클과 경로 c를 거쳐 상태 1로 되돌아오는 또 하나의 가역사이클이 있다고 하자. 엔트로피의 정의를 이용하여 사이클적분을 수행하자. 먼저 사이클 $1-a-2-b-1$에 대해 사이클적분을 수행하면 다음 관계식이 얻어진다.

$$\oint \frac{\delta Q}{T} = \int_{1a}^{2a} \frac{\delta Q}{T} + \int_{2b}^{1b} \frac{\delta Q}{T} \tag{5.14}$$

이제 사이클 $1-a-2-c-1$에 대해 사이클적분을 수행하면 다음과 같다.

$$\oint \frac{\delta Q}{T} = \int_{1a}^{2a} \frac{\delta Q}{T} + \int_{2c}^{1c} \frac{\delta Q}{T} \tag{5.15}$$

식 (5.14)에서 식 (5.15)를 빼면 다음과 같은 관계식이 만들어진다.

$$\int_{2b}^{1b} \frac{\delta Q}{T} = \int_{2c}^{1c} \frac{\delta Q}{T} \tag{5.16}$$

식 (5.16)이 성립한다는 것은 상태 2와 상태 1 사이의 경로 b 또는 c에 영향을 받지 않는다는 것을 의미한다. 따라서 $\delta Q/T$는 점함수이므로 엔트로피는 다음과 같이 정의된다.

$$dS = \frac{\delta Q}{T} \tag{5.17}$$

식 (5.17)을 단위질량으로 나누어주면 다음과 같이 된다.

$$ds = \frac{\delta q}{T} \tag{5.18}$$

비엔트로피(s) 단위는 kJ/kg · K이며, 식 (5.18)로부터 알 수 있다.
한편, 깁스 방정식과 열역학 제2기초식으로부터 다음 관계가 성립하는 것을 알 수 있다.

$$Tds = dh - vdp \tag{5.19}$$

식 (5.19)로부터 엔트로피 변화량을 정의할 수 있다.

$$ds = \frac{c_p dT}{T} - R\frac{dp}{p}$$

위 식을 적분하면 다음 관계식이 만들어진다.

$$s(T_2, p_2) - s(T_1, p_1) = \int_{T_{ref}}^{T_2} c_p(T)\frac{dT}{T} - \int_{T_{ref}}^{T_1} c_p(T)\frac{dT}{T} - R\ln\frac{p_2}{p_1} \tag{5.20}$$

엔트로피 값은 기준 상태(reference state)인 $T_{ref} = 0$ K, $p_{ref} = 1$ atm에서 0이다. 따라서 온도 T와 압력 p인 상태에서 엔트로피 값은 다음 식으로부터 계산할 수 있다.

$$s(T, p) = \int_{T_{ref}}^{T} c_p(T)\frac{dT}{T} - R\ln\frac{p}{p_{ref}} \tag{5.21}$$

5.2.2 $T-s$ 선도

$T-s$ 선도는 세로축에 온도, 가로축에 엔트로피를 나타낸 선도로서 열역학에서 $p-v$ 선도와 함께 사용하는 매우 중요한 선도이다. 앞서 언급했듯이 $T-s$ 선도를 이용하면 계를 출입하는 열량 크기를 쉽게 살펴볼 수 있으며, 계산할 수도 있다. 그림 5.6에 나타나 있는 과정 $1 \rightarrow 2$에 대한 열량 변화의 크기는 면적 $1-2-s_2-s_1-1$이다. 이는 다음과 같이 식 (5.12)를 적분하면 쉽게 알 수 있다.

$$q_{12} = \int_1^2 \delta q = \int_1^2 Tds = Area\,(1-2-s_2-s_1-1) \tag{5.22}$$

참고로 q_{12} 값이 양(+)이면 계로 전달된 열량이고, 반대로 음(−)이면 계를 빠져나간 열량이라는 것에 주의해야 한다. 온도는 항상 양(+)이기 때문에 $T-s$ 선도에서 과정이 우측으로 진행되면 ds가 양(+)이기 때문에 전달된 열량은 양(+)이며, 반대로 과정이 좌측으로 진행되면 ds가 음(−)이기 때문에 열량은 음(−)이다.

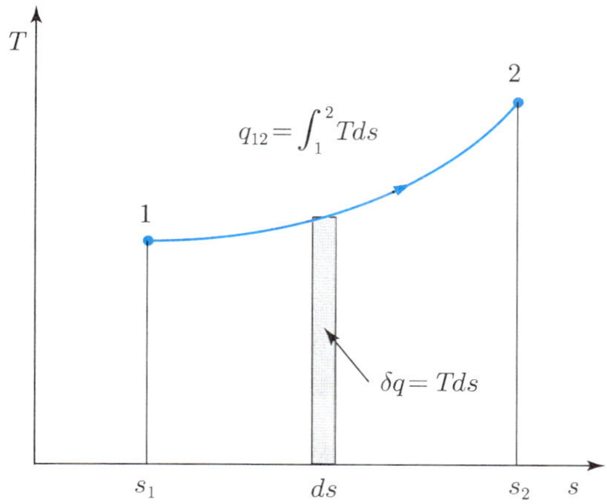

그림 5.6 일반적 상태변화에 대한 $T-s$ 선도

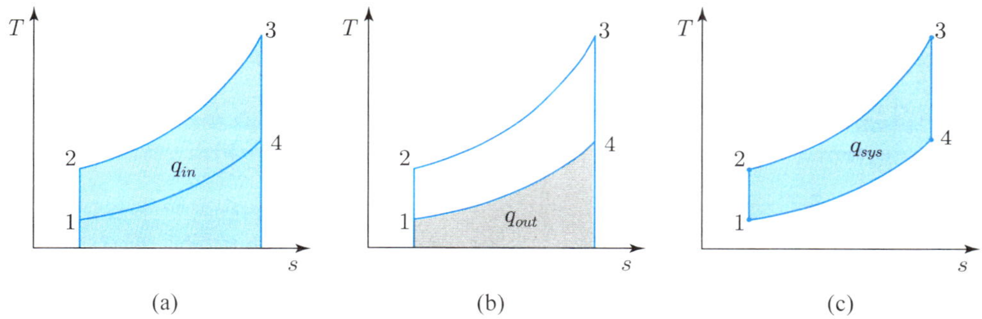

그림 5.7 오토사이클 $T-s$ 선도 및 열의 출입

그림 5.7에 오토사이클 $T-s$ 선도를 나타냈다. 이 그림을 이용하면 계를 출입하는 열량 크기를 쉽게 살펴볼 수 있다. 압축과정은 단열과정이므로 열량 출입은 없다. 이 사실은 과정 $1 \rightarrow 2$의 s축에 대한 투영면적이 0이라는 것을 통해서 확인할 수 있다. 압축이 일어난 후에 정적연소과정이 일어난다. 이 과정에서 연료가 가지고 있는 화학적 에너지가 열에너지로 변환되어 실질적으로 열량이 가솔린엔진에 공급된다. 이렇게 공급되는 열량(q_{in})의 크기는 그림 5.7(a)에 나타나 있는 과정 $2 \rightarrow 3$의 s축에 대한 투영면적이다. 한편, 과정이 진행되는 동안 엔트로피가 증가하기 때문에 열량은 양(+)의 값을 가진다. 팽창이 일어나는 동안 계에 공급되는 열은 없으며, 계를 빠져나가는 열도 없다. 이런 사실은 과정 $3 \rightarrow 4$의 s축에 대한 투영면적이 0이라는 것을 통해서 확인할 수 있다. 배기과정에서는 고온의 배기가스가 대기중으로 배출되기 때문에 열량이 계 밖으로 빠져나간다. 이렇게 빠져나가는 열량(q_{out}) 크기는 그림 5.7(b)에서 과정 $4 \rightarrow 1$의 s축에 대한 투영면적이다. 배기과정이 진행되는 동안 엔트로피는 감소하기 때문에 배기과정에서 발생하는 열량은 음(−)의 값을 가진다. 한편, 계에 공급한 열량에서 계를 빠져나간 열량을 빼준

값인 q_{sys}이 그림 5.7(c)에 나타나 있는데, 이 열량은 계에서 실제로 일로 변환된 열량이다.

이상기체 상태변화에 따른 $T-s$선도를 $p-v$선도와 함께 그림 5.8에 나타냈다. $p-v$선도에서 정압과정과 정적과정의 구분이 매우 쉬웠던 것처럼 $T-s$선도에서는 등온과정과 등엔트로피과정(또는 단열과정)의 구분이 매우 쉽다. 이는 이들 물리량들을 각각의 그림에서 좌표축으로 설정하였기 때문이다. 한편, $T-s$선도에서는 정압과정과 정적과정의 구분에 주의를 기울여야 한다. 이는 $p-v$선도에서 등온과정과 단열과정의 구분이 중요했듯이, $T-s$선도에서 정압과정과 정적과정의 구분이 약간 어렵기 때문이다. 그러나 $T-s$선도에서 이 두 과정은 다음과 같은 내용을 이해하면 비교적 쉽게 구분할 수 있다.

1) 그림 3.1에 나타나 있는 정압과정과 그림 3.6에 나타나 있는 정적과정에 대한 실험에서 동일한 크기의 열량을 공급한다. 아울러 작동유체의 종류, 질량 및 가열하기 전의 열역학적 상태량은 모두 동일하다.
2) 열량이 공급되는 과정이기 때문에 열량의 부호는 양(+)이다. 따라서 $s_2 > s_1$인 과정이 될 것이기 때문에 과정은 좌측에서 우측으로 진행된다. 아울러 가열이 진행되는 동안 작동유체의 온도는 지속적으로 상승하기 때문에 두 과정 모두 우상향으로 과정이 진행된다.
3) 정적과정으로 가열할 때 온도가 더 높게 올라간다. 이는 작동유체의 팽창이 일어나는 정압과정은 작동유체의 팽창에 따른 온도저하가 발생하여 작동유체의 체적이 일정하게 유지되는 정적과정에 비해 온도가 느리게 올라가기 때문이다. 따라서 공기의 정압비열은 정적비열보다 큰 값을 갖는다. 결론적으로 동일한 열량을 공급할 때 $T-s$선도에서 정적과정이 정압과정에 비해서 더욱 가파르게 우상향으로 올라간다.
4) 동일한 열량이 공급되기 때문에 두 과정의 s축에 대한 투영면적 크기는 동일해야 한다. 따라서 정압과정이 끝나는 지점은 정적과정이 끝나는 지점보다 우측하단에 위치한다.

$T-s$선도에서 정압과정과 정적과정에 대한 경로는 열역학 제1법칙과 깁스 방정식을 이용하여 살펴볼 수도 있다. 열역학 제1법칙과 깁스 방정식을 연계시켜 정리하면 다음과 같다.

$$\begin{aligned} dh - vdp &= Tds = du + pdv \\ c_p dT - vdp &= Tds = c_v dT + pdv \end{aligned} \tag{5.23}$$

식 (5.23)에서 Tds항을 기준으로 좌측과 우측으로부터 각각 다음과 같은 관계식을 도출할 수 있다.

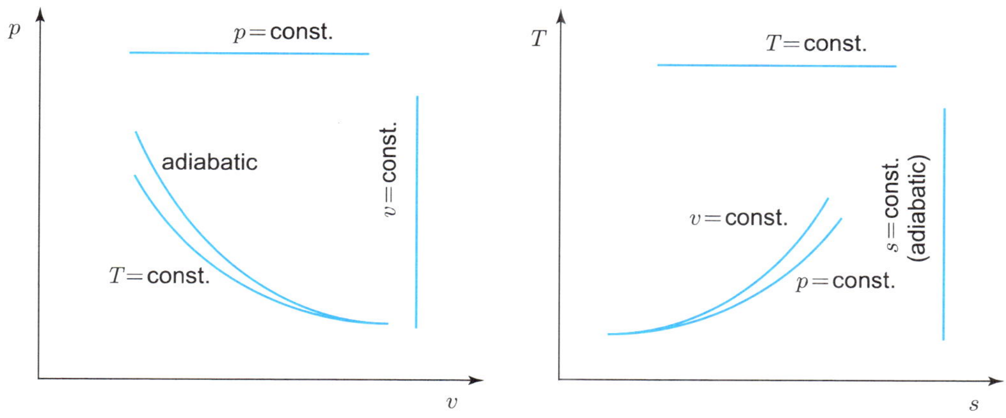

그림 5.8 $p-v$선도 및 $T-s$선도

$$\left(\frac{\partial T}{\partial s}\right)_p = \frac{T}{c_p} \tag{5.24}$$

$$\left(\frac{\partial T}{\partial s}\right)_v = \frac{T}{c_v} \tag{5.25}$$

공기의 경우 정압비열이 정적비열에 비해서 크기 때문에 $T-s$선도에서 정압과정의 기울기는 정적과정의 기울기에 비해 작다. 따라서 그림 5.8에 나타나 있는 것처럼 정적과정이 정압과정에 비해서 가파르게 우상향으로 올라간다. 그리고 T가 증가할수록 기울기가 커진다. 즉 어떤 한 상태에서 공급한 열량이 증가할수록 기울기가 증가하여 정압과정과 정적과정 모두 포물선 형태를 가진다.

5.2.3 $h-s$선도

터보기계를 해석할 때 가장 많이 사용하는 선도 가운데 하나가 $h-s$선도이다. 이는 세로축에 엔탈피, 가로축에 엔트로피를 나타내면 터보기계 각각의 구성요소에서 생산되거나 공급해주어야 하는 일(에너지)의 크기뿐만 아니라 각각의 구성요소에서 발생하는 손실의 크기 또한 쉽게 파악할 수 있기 때문이다.

작동유체가 이상기체이면 엔탈피 변화는 온도변화에 비례($dh = c_p dT$)한다. 따라서 $T-s$선도에 정압비열 크기의 스케일(scale)을 고려하면 $T-s$선도는 $h-s$선도와 매우 유사하며, 그 형태가 거의 같다. 그리고 공기의 정압비열 크기는 1.0047 kJ/kg·K이기 때문에 공기를 작동유체로 사용하는 가스터빈과 같은 열기관의 경우 $T-s$선도와 $h-s$선도는 거의 동일하다는 것을 알 수 있다. 그러나 작동유체가 이상기체가 아니면 이런 관계가 성립하지 않기 때문에 주의를 기울여야 한다. 예를 들면, 8장에서 살펴볼 예정인 랭킨사이클은 물/증기를 작동유체로 사용하기 때문에 $T-s$선도와 $h-s$선도는 서로 큰 차이

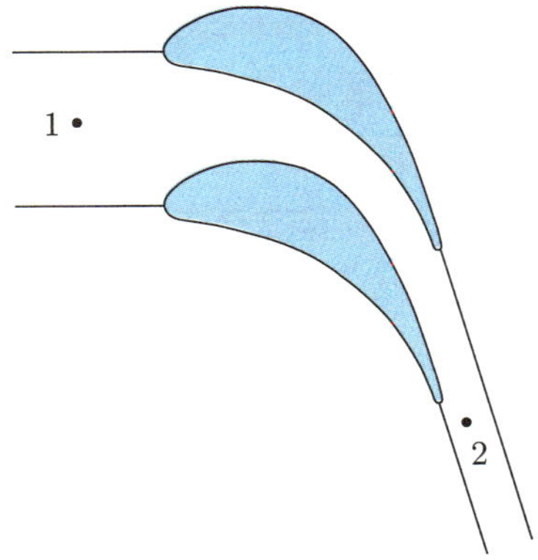

그림 5.9 노즐 통로유동

를 보인다.

앞서 언급했듯이 $T-s$선도를 이용하면 출입한 열량의 크기를 알 수 있다. 즉 $T-s$선도를 이용하면 발전설비나 터보기계 각각의 구성요소에서 출입한 열량의 크기 및 사이클 효율을 알 수 있다. 이에 반해서 $h-s$선도를 이용하면 펌프, 압축기, 터빈 등과 같은 발전설비 중요 구성요소를 출입하는 일의 크기를 알 수 있으며, 이를 이용하여 이들 주요 구성요소의 효율을 계산할 수 있다. 압축기나 펌프와 같이 에너지를 사용하는 구성요소의 효율을 계산할 때 이상적인 과정에서 공급하는 일의 크기는 분자가 되고 실제적으로 공급하는 일의 크기가 분모가 된다. 이에 반해 터빈과 같이 에너지를 생산하는 구성요소의 효율을 계산할 때는 반대로 이상적인 과정에서 생산되는 일의 크기가 분모가 되고 실제적으로 생산된 일의 크기는 분자가 된다.

터보기계의 압축과정이나 팽창과정에서 엔트로피가 증가한다는 것은 작동유체가 가지고 있는 에너지 일부가 마찰로 손실된다는 것을 의미한다. 이런 내용을 이해하기 위해서는 엔트로피라는 물리량을 자세하게 이해할 필요가 있다. 그림 5.9에 나타나 있는 터빈 노즐에서 발생하는 유동을 살펴보자. 터빈 노즐에서의 유동은 외부로부터 열의 공급이나 외부로의 열 방출이 없으며, 공급하는 일과 생산되는 일도 전혀 없는 가장 대표적인 단순한 통로유동이다. 한편, 노즐 통로는 하류로 가면서 점점 좁아지기 때문에 유동은 가속되고 노즐 출구에서의 온도와 압력은 입구에 비해 낮아진다. 이제 다음과 같은 세 가지 경우에 대한 유동을 살펴보자.

Case 1: 유체가 노즐 통로를 흘러가는 동안에 노즐 표면에서 마찰이 발생하지 않는다.
Case 2: 유체가 노즐 통로를 흘러가는 동안에 노즐 표면에서 마찰이 발생한다.
Case 3: 장기간 사용으로 인해 노즐 표면의 거칠기가 증가하여 마찰이 증가한다.

이 세 가지 경우에 대한 유동특성을 그림 5.10에 나타나 있는 노즐 유동에 대한 $h-s$

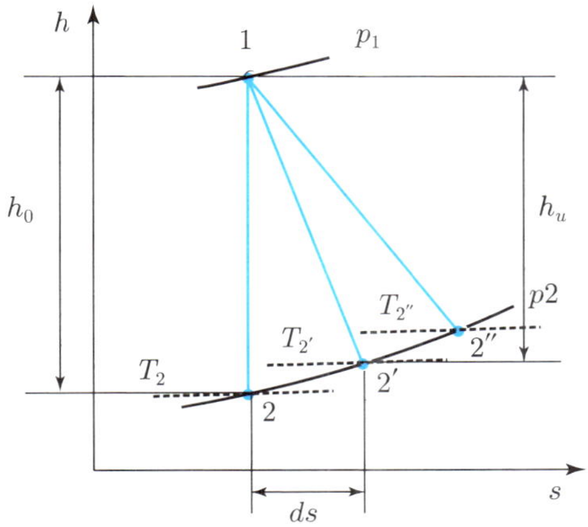

그림 5.10 통로유동에 대한 $h-s$ 선도

선도를 이용하여 살펴보자. 우선 노즐 표면에서 마찰이 발생하지 않는 Case 1에 대해 살펴보자. 유체가 흘러가는 동안 노즐 표면에서 발생하는 마찰손실이 없으면 가역과정이다. 그런데 노즐 유동은 단열과정이기 때문에 노즐에서는 등엔트로피과정으로 팽창이 일어난다. 등엔트로피과정이란 단열과정이면서 가역과정인 경우를 말한다. 따라서 노즐 표면에서 마찰이 일어나지 않으면 엔트로피가 일정하게 유지되는 과정 1 → 2를 따라서 유동팽창이 일어난다.

이제 표면마찰이 존재하여 손실이 수반되는 실제적인 유동인 Case 2에 대해서 살펴보자. 표면마찰이 존재하면 유동경계층이 형성되어 유동진행 반대방향으로 유동전단력이 발생한다. 이로 인해 유동은 에너지 일부를 잃게 되며, 노즐 표면에서 점성가열이 일어난다. 점성가열을 통하여 발생한 열은 작동유체로 유입되기 때문에 노즐 하류에서의 작동유체 온도는 Case 1에서의 온도인 T_2보다 약간 높은 온도인 $T_{2'}$가 된다. 그러나 노즐 하류에서 작동유체의 압력은 Case 1과 동일하다. 따라서 노즐하류에서의 상태는 p_2 정압선과 $T_{2'}$ 등온선이 만나는 상태 2′가 된다. 이제 상태 1과 상태 2′를 연결하면 그림 5.10에 나타나 있는 것처럼 우측으로 경사진 팽창선이 만들어진다. 즉 노즐 표면에서 발생하는 마찰로 인하여 열이 발생하며, 발생한 열은 작동유체 내부로 전달되기 때문에 일정량의 엔트로피 증가가 나타난다는 것을 식 (5.18)을 통해서 알 수 있다. 이렇게 자연적으로 손실이 발생하면 엔트로피가 증가한다. 한편, 유동손실이 발생하면 이용가능에너지(available energy)인 엔탈피 낙차의 크기가 줄어든다. 이는 그림 5.10에서 노즐에서 발생하는 손실이 없을 때 이용가능에너지 크기는 h_o이며, 노즐 표면에서 마찰손실이 발생할 때 실제로 이용한 일(useful energy, or used energy)의 크기는 h_u인데, $h_o > h_u$가 되는 것을 통해서 확인할 수 있다. 한편, 손실이 증가할수록 상태 2′는 우측으로 더욱 이동한다. 따라서 그림 5.11에 나타나 있는 것처럼 엔트로피 증가량 크기는 과정에서 발생하는

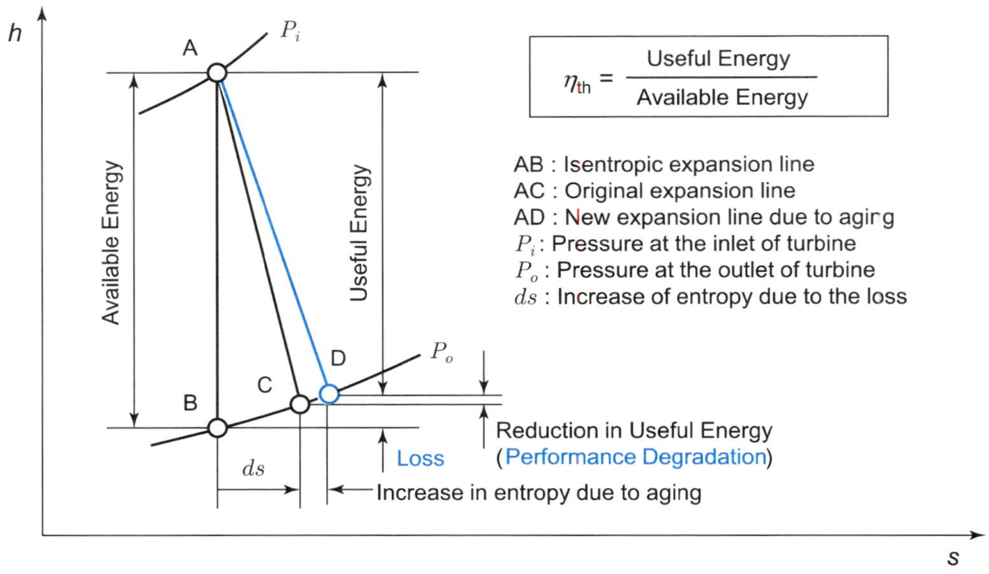

그림 5.11 터보기계에서 발생하는 손실 및 성능저감 개념

손실 크기와 직접적인 관계를 가진다는 것을 알 수 있다.

이제 표면 거칠기가 증가하여 점성가열이 더욱 증가하는 Case 3에 대하여 살펴보자. 실제로 터빈을 장기간 사용하면 고체입자 충돌에 의한 침식, 부식 및 외부유입 물질에 의한 손상 등에 의하여 터빈 블레이드 표면의 거칠기가 증가한다. 이런 경우 블레이드 표면에서 점성가열이 증가하여 하류 2 지점에서의 온도는 Case 2보다 더욱 높아진다. 따라서 노즐 출구에서의 상태는 2″가 된다. 이 점은 2′보다 우측상단에 위치하기 때문에 ds의 크기는 더욱 증가하며, 이용가능에너지는 더욱 작아진다. 이렇게 추가적으로 이용가능에너지가 작아지는 것을 그림 5.11에 나타나 있는 것처럼 성능저감(performance degradation) 또는 성능저하라 한다.

엔트로피 변화량을 계산하기 위해 엔트로피 정의식과 열역학 제2기초식을 사용하면 다음과 같은 관계식을 얻는다.

$$ds = \frac{dh - vdp}{T}$$

이상기체 상태방정식($pv = RT$)을 이용하여 위 식을 다시 정리하면 다음과 같은 관계식을 얻는다.

$$ds = c_p \frac{dT}{T} - R\frac{dp}{p}$$

이 식을 상태 1에서 2까지 적분하면 다음과 같은 관계식을 얻는다.

$$s_2 - s_1 = c_p \ln\left(\frac{T_2}{T_1}\right) - R\ln\left(\frac{p_2}{p_1}\right) \tag{5.26}$$

등엔트로피과정이면 $s_1 = s_2$이기 때문에 위 식으로부터 다음과 같은 관계식을 얻는다.

$$c_p \ln\left(\frac{T_2}{T_1}\right) = R\ln\left(\frac{p_2}{p_1}\right)$$

위 식을 정리하면 다음과 같은 등엔트로피 관계식을 유도할 수 있다.

$$\frac{T_2}{T_1} = \left(\frac{p_2}{p_1}\right)^{\frac{\gamma-1}{\gamma}} \tag{5.27}$$

한편, 엔트로피 정의식과 열역학 제1기초식을 이용하면 다음과 같은 등엔트로피 관계식을 유도할 수 있다.

$$\frac{T_2}{T_1} = \left(\frac{v_1}{v_2}\right)^{\gamma-1} = \left(\frac{\rho_2}{\rho_1}\right)^{\gamma-1} \tag{5.28}$$

식 (5.27)과 (5.28)로부터 다음과 같은 관계식을 유도할 수 있다.

$$p_1 v_1^{\gamma} = p_2 v_2^{\gamma} \tag{5.29}$$

식 (5.29)로부터 다음과 같은 등엔트로피과정에 대한 일반식을 얻을 수 있다.

$$pv^{\gamma} = \text{const.} \tag{5.30}$$

5.3 엔트로피 증가 원리

엔트로피 증가 원리는 단열과정에 국한된다는 것을 먼저 이해할 필요가 있다. 깁스 방정식과 열역학 제1법칙으로부터 유도되는 엔트로피 정의식을 다시 쓰면 다음과 같다.

$$ds = \frac{\delta q}{T} \tag{5.31}$$

이 식으로부터 계 내부의 열이 외부로 빠져나가면 엔트로피가 감소한다는 것을 알 수 있다. 따라서 엔트로피 증가 원리에 대한 기본적인 전제는 단열과정이라야 한다는 것이다.

이제 엔트로피 증가 원리를 살펴보기 위해 그림 5.10에 나타나 있는 단순한 통로유동을 살펴보자. 통로유동에서 유동 중에 발생하는 마찰손실은 마찰열로 나타나며, 이 열은 작동유체 내부로 전달되기 때문에 계 내부로 공급하는 열량으로써 그 부호는 양(+)이다. 그러므로 식 (5.31)에서 T는 항상 양(+)이며, δq 역시 양(+)이 되어 $ds > 0$이 성립한다. 결론적으로 엔트로피는 항상 증가한다. 한편, 마찰이 없는 가역과정이면 점성가열이 나타나지 않기 때문에 $\delta q = 0$이 되어 $ds = 0$이 된다. 마찰이 없으면 열적으로 평형이 이루어지고 있는 상태이기 때문에 가역과정이다. 따라서 단열과정인 동시에 가역과정이면 $ds = 0$이 되며, 이런 과정을 등엔트로피과정이라 한다.

통로유동에서 외부와의 열교환을 통하여 작동유체의 열을 강제적으로 외부로 내보내면 δq는 음(−)이 되기 때문에 엔트로피는 감소($ds < 0$)한다. 그러나 이는 강제적으로 외부와의 열교환을 하는 경우로서 자연적으로 일어나는 과정이 아니라는 점에 주의해야 한다. 결론적으로 단열과정인 경우에 엔트로피는 항상 증가하며, 가역과정인 경우에는 엔트로피 변화가 없다.

엔트로피가 증가한다는 사실은 깁스 방정식을 통해서도 확인할 수 있다. 깁스 방정식에 열역학 제1법칙을 대입하면 다음과 같다.

$$Tds = \delta q - \delta w + pdv \tag{5.32}$$

가역과정일 때 $\delta w = pdv$가 성립하기 때문에 식 (5.31)이 성립한다. 따라서 가역단열과정일 때 엔트로피 변화량은 없다. 그러나 비가역단열과정이면 과정이 일어나면서 손실이 발생하기 때문에 $\delta w < pdv$가 성립하며, 식 (5.32)로부터 다음과 같은 관계식이 성립한다.

$$ds > 0 \tag{5.33}$$

즉 비가역단열과정일 때 엔트로피는 항상 증가한다는 것을 알 수 있다. 결론적으로 가역단열과정과 비가역단열과정을 통합하여 정리하면 다음과 같은 관계가 성립한다.

$$ds \geq 0 \tag{5.34}$$

5.4 이상기체 엔트로피 변화

열역학 제1기초식과 제2기초식은 가역과정에 대한 엔트로피 관계식을 이용하여 다음과 같이 나타낼 수 있다.

$$Tds = du + pdv \tag{5.35}$$

$$Tds = dh - vdp \tag{5.36}$$

식 (5.35)는 다음과 같이 나타낼 수 있다.

$$Tds = c_v dT + pdv$$

위 식의 양변을 T로 나누면 다음과 같은 관계식이 된다.

$$ds = c_v \frac{dT}{T} + p\frac{dv}{T}$$

이상기체 상태방정식을 이용하여 위 식을 정리하면 다음과 같다.

$$ds = c_v \frac{dT}{T} + R\frac{dv}{v}$$

여기서 c_v가 일정하다고 가정하고 이 식을 적분하면 다음과 같은 엔트로피 변화량을 구할 수 있다.

$$\Delta s = s_2 - s_1 = c_v \ln\left(\frac{T_2}{T_1}\right) + R\ln\left(\frac{v_2}{v_1}\right) \tag{5.37}$$

앞에서와 동일한 방법으로 식 (5.36)은 다음과 같이 나타낼 수 있다.

$$Tds = c_p dT - vdp$$

위 식의 양변을 T로 나누면 다음과 같이 된다.

$$ds = c_p \frac{dT}{T} - v\frac{dp}{T}$$

이상기체 상태방정식을 이용하여 위 식을 정리하면 다음과 같은 관계식을 얻는다.

$$ds = c_p \frac{dT}{T} - R\frac{dp}{p}$$

여기서 c_p가 일정하다고 가정하고 이 식을 적분하면 다음과 같은 엔트로피 변화량을 구할 수 있다.

$$\Delta s = s_2 - s_1 = c_p \ln\left(\frac{T_2}{T_1}\right) - R\ln\left(\frac{p_2}{p_1}\right) \tag{5.38}$$

이제 이상기체 상태변화에 따른 엔트로피 변화량을 각각의 열역학적 과정에 대해서 구해보기로 한다.

1) 정압과정

압력이 일정한 과정이므로 식 (5.38)을 이용하면 엔트로피 변화량을 구할 수 있다.

$$s_2 - s_1 = c_p \ln\left(\frac{T_2}{T_1}\right) = c_p \ln\left(\frac{v_2}{v_1}\right) \tag{5.39}$$

2) 정적과정

체적이 일정한 과정이므로 식 (5.37)을 이용하면 엔트로피 변화량을 구할 수 있다.

$$s_2 - s_1 = c_v \ln\left(\frac{T_2}{T_1}\right) = c_v \ln\left(\frac{p_2}{p_1}\right) \tag{5.40}$$

3) 등온과정

온도가 일정한 과정이므로 식 (5.37)과 (5.38)을 이용하면 엔트로피 변화량을 구할 수 있다.

$$s_2 - s_1 = R \ln\left(\frac{v_2}{v_1}\right) = -R \ln\left(\frac{p_2}{p_1}\right) \tag{5.41}$$

4) 등엔트로피과정

등엔트로피과정은 외부와의 열교환이 없는 단열과정이면서 마찰손실이 없는 가역과정이며, 다음과 같은 관계가 성립한다.

$$s_2 - s_1 = 0 \tag{5.42}$$

식 (5.37)로부터 다음과 같은 관계식을 유도할 수 있다.

$$c_v \ln\left(\frac{T_2}{T_1}\right) = -R \ln\left(\frac{v_2}{v_1}\right)$$

$$\frac{T_2}{T_1} = \left(\frac{v_1}{v_2}\right)^{\gamma-1} = \left(\frac{\rho_2}{\rho_1}\right)^{\gamma-1} \tag{5.43}$$

식 (5.38)로부터 다음과 같은 관계식을 유도할 수 있다.

$$c_p \ln\left(\frac{T_2}{T_1}\right) = R \ln\left(\frac{p_2}{p_1}\right)$$

$$\frac{T_2}{T_1} = \left(\frac{p_2}{p_1}\right)^{\frac{\gamma-1}{\gamma}} \tag{5.44}$$

식 (5.43)과 (5.44)를 결합하면 다음과 같은 관계식이 만들어진다.

$$\frac{T_2}{T_1} = \left(\frac{p_2}{p_1}\right)^{\frac{\gamma-1}{\gamma}} = \left(\frac{\rho_2}{\rho_1}\right)^{\gamma-1} = \left(\frac{v_1}{v_2}\right)^{\gamma-1} \tag{5.45}$$

식 (5.45)는 4장 단열과정에서 유도한 p, v, T 관계식과 동일하다. 이는 앞서 언급했듯이 등엔트로피과정은 단열과정인 동시에 가역과정이기 때문이다.

공기표준 카르노사이클

공기표준 오토사이클

디젤사이클

사바테사이클

열효율 비교

출력과 효율

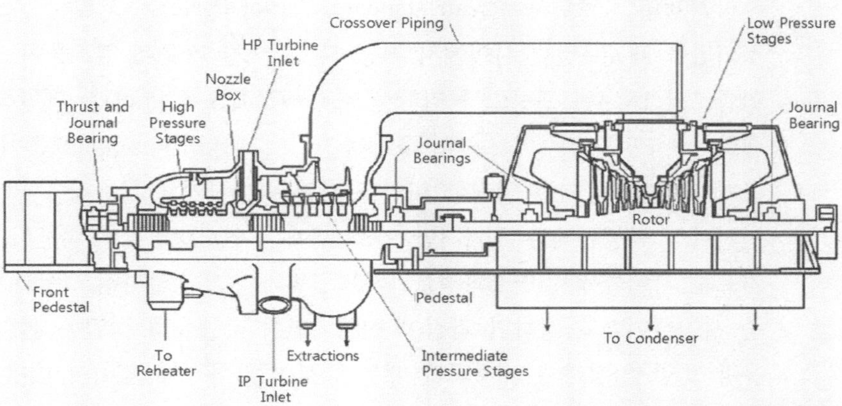

열역학은 응용분야가 매우 다양하지만 열역학을 공부하는 가장 중요한 목적 가운데 하나는 열기관을 해석하고 설계하기 위함이다. 내연기관 및 외연기관을 모두 포함하는 열기관을 해석하고 설계하는 데 있어서 가장 핵심적인 사항은 사이클 해석이다. 이는 사이클 해석을 통해 열기관에서 일어나는 각각의 열역학적 과정에서 일과 열의 출입, 열기관 구성요소의 효율, 열기관의 출력 및 열효율 등을 포함한 모든 중요한 내용을 살펴볼 수 있기 때문이다. 각종 열기관의 열역학적 특성을 파악하기 위해서는 $p-v$선도와 $T-s$선도가 필수적으로 요구된다. 이는 사이클 해석에 있어서 $p-v$선도와 $T-s$선도를 통해 가장 중요한 사항 가운데 하나인 각 과정에서의 일과 열의 출입을 살펴볼 수 있기 때문이다. 앞에서 살펴보았던 내용을 다시 정리하면, $p-v$선도에서 임의의 과정의 v축에 대한 투영면적 크기는 밀폐계에서의 일인 절대일의 크기를 나타내고, p축에 대한 투영면적 크기는 개방계에서의 일인 공업일의 크기를 나타낸다. 한편, $T-s$선도에서 임의의 과정의 s축에 대한 투영면적 크기는 열량의 크기를 나타낸다.

사이클 해석을 위해서는 일차적으로 각 과정에 대한 일과 열을 계산해야 한다. 각 과정에서 일과 열의 크기를 정량적으로 계산하기 위해서는 p, v, T 관계식을 이용하여 각 과정이 종료된 지점에서의 열역학적 상태량을 계산해야 한다. 각 과정에서 발생한 양(+)의 일을 합친 값은 열기관에서 생산된 출력이며, 음(−)의 일을 합친 값은 열기관에 공급해준 일이다. 그리고 각 과정에서의 일을 모두 합친 값이 열기관의 실질적인 출력이다. 한편, 각 과정에서의 열량 가운데 양(+)의 열량을 모두 합친 값이 공급열량이며, 음(−)의 열량을 모두 합친 값은 배출열량이다. 그리고 각 과정에서의 열량을 모두 합친 값은 열기관에서 일로 변환된 열량이다.

6.1 공기표준 카르노사이클

공기표준 카르노사이클(air standard Carnot cycle)은 고열원 온도와 저열원 온도가 결정되었을 때 두 열원 사이에서 작동하는 사이클 가운데 열효율이 가장 높은 이상적인 사이클로서 1824년 프랑스 물리학자 카르노(N.L.S. Carnot)가 제안하였다. 카르노사이클에 대한 $p-v$선도 및 $T-s$선도를 그림 6.1에 나타냈다. 공기표준이라는 것은 작동유체가 공기이며, 이 공기는 일정한 비열을 가지는 이상기체라는 것을 의미한다. 실제적으로 내연기관의 작동유체는 공기지만 연소 후에는 연소생성물로 바뀐다. 이런 이유 때문에 공기표준 사이클에서 연소과정은 외부 열원과의 열전달과정으로 대체된다. 따라서 공기표준 사이클이라 가정하면 과정이 진행되면서 작동유체 성질은 전혀 변하지 않으며, 질량유량 또한 일정하게 유지되기 때문에 사이클 해석에 있어서 매우 편리하다.

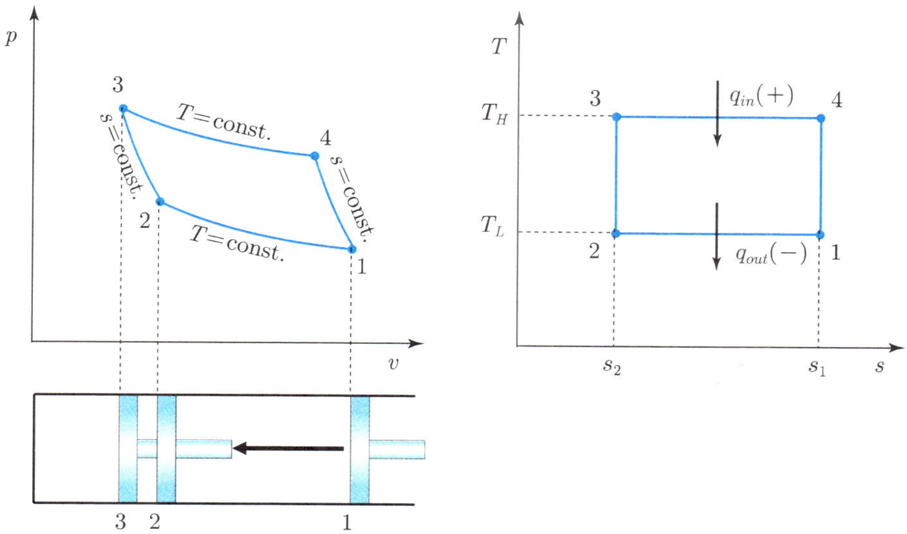

그림 6.1 카르노사이클 왕복엔진 $p-v$, $T-s$ 선도

카르노사이클은 실제로 존재하지 않는 사이클이다. 카르노사이클은 그림 6.1에 나타나 있는 것처럼 등온압축, 등엔트로피압축, 등온평창, 등엔트로피팽창 네 개의 과정으로 구성되어 있다. 그러나 작동유체가 이상기체이면 등온압축과정과 등온팽창과정은 실제로 일어나기 어렵다. 이는 기체를 압축하는 동안 열량 공급 없이도 기체의 온도는 자연적으로 상승하며, 반대로 팽창이 일어나는 동안에는 온도가 자연적으로 내려가기 때문이다. 따라서 등온압축과정이 일어나기 위해서는 압축이 일어나는 동안 계 내부로부터 열량을 지속적으로 빼내서 계 내부 온도를 일정하게 유지시켜주어야 한다. 그러나 그림 6.1에 나타나 있는 왕복엔진에서 압축이 진행되는 동안에 실린더 내부 열량을 외부로 빼내면서 등온과정을 유지시키는 것은 현실적으로 불가능하다. 그림 6.2에 나타나 있는 카르노사이클로 운전되는 가스터빈의 등온압축기는 등온과정을 유지하기 위해 압축이 진행되는 동안 케이싱 밖으로 열량을 빼내야 하는데, 이 역시 현실적으로 불가능하다. 한편, 왕복엔진과 가스터빈 등온터빈에서 등온팽창과정을 만들기 위해서는 작동유체의 팽창이 진행

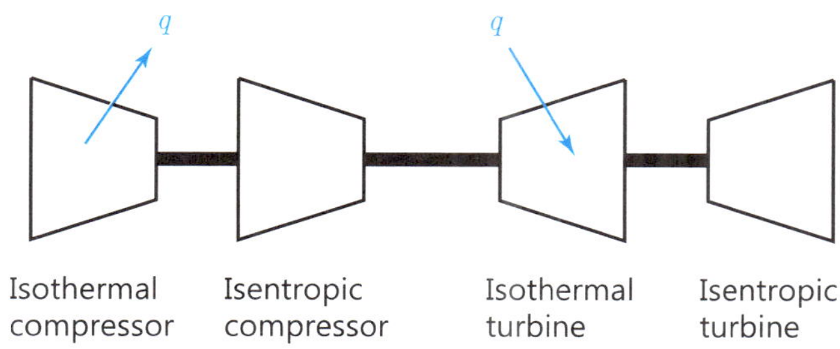

그림 6.2 카르노사이클 가스터빈

되는 동안 온도가 자연적으로 내려가기 때문에 열량을 지속적으로 공급해주어야 한다. 그러나 왕복엔진과 가스터빈 모두 계 내부로 열량을 공급해주는 것 역시 현실적으로 불가능하다. 따라서 카르노사이클은 단지 이론적인 사이클이며, 카르노사이클로 작동하는 실제의 열기관은 존재하지 않는다. 그러나 이 사이클은 열기관 특성을 이해하고 다른 열기관과 성능 특성을 비교하는 데 매우 유용하게 사용되고 있다.

그림 6.1에 나타나 있는 가상의 카르노사이클 왕복엔진은 밀폐계이며, 그림 6.2에 나타나 있는 카르노사이클 가스터빈은 개방계이다. 본 장에서는 밀폐계에 대한 사이클 해석을 수행하기로 한다. 그리고 가스터빈엔진에 대해서는 열역학적 의미만을 살펴보기로 한다.

과정 1 → 2

과정 1 → 2는 등온압축과정이다. 따라서 4장에서 도출한 등온과정 관계식을 사용하여 과정 중에 발생한 일과 열량 크기를 계산할 수 있다.

$$w_{12} = -RT_1 \ln\left(\frac{v_1}{v_2}\right) \tag{6.1}$$

$$q_{12} = w_{12} = -RT_1 \ln\left(\frac{v_1}{v_2}\right) \tag{6.2}$$

한편, $T-s$ 선도로부터 온도와 엔트로피를 이용하여 열량을 계산할 수도 있다.

$$q_{12} = \int_1^2 T ds = T_1 \int_1^2 ds = -T_1(s_1 - s_2) \tag{6.3}$$

식 (6.1)에서 일의 부호는 음(−)이다. 이는 계 내부로 일이 공급되고 있다는 의미로써 실제적으로 작동유체의 압축은 외부로부터 일을 전달받아 이루어진다. 이는 가스터빈에서도 마찬가지다.

식 (6.2)와 (6.3)에서 열량의 부호는 음(−)이다. 이는 앞에서 설명했듯이 작동유체가 압축되는 동안 열량을 공급하지 않더라도 압력이 증가하면서 자연스럽게 온도가 올라가기 때문에 압축과정에서 온도를 일정하게 유지시켜주기 위해서는 지속적으로 계 내부로부터 열량을 빼내야 한다는 것을 의미한다.

등온과정에 대한 p, v, T 관계식은 이상기체 상태방정식으로부터 다음과 같이 구해진다.

$$pv = \text{const.} \tag{6.4}$$

$$p_1 v_1 = p_2 v_2 \tag{6.5}$$

식 (6.4)는 $p-v$ 선도에서 과정 1 → 2의 경로는 $pv = \text{const.}$ 관계식에 의해 결정된다는 것을 의미한다. 아울러 상태 2에서의 각종 상태량은 $T_1 = T_2$와 식 (6.5)를 이용하여 구할 수 있다.

과정 2 → 3

과정 2 → 3은 등엔트로피압축과정이다. 즉 압축과정은 극히 짧은 시간에 일어나기 때문에 미처 열이 계 밖으로 빠져나가지 못하는 단열과정이며, 압축이 일어나는 동안 손실이 수반되지 않는 가역과정이다. 한편, 가스터빈에서도 압축기는 케이싱에 의해서 단열되어 있으며, 압축기에서 발생하는 손실이 없다고 가정하면 등엔트로피과정이 된다. 4장에서 도출한 등엔트로피과정 관계식을 사용하여 과정 중에 발생한 일과 열량 크기를 계산할 수 있다.

$$w_{23} = -(u_3 - u_2) = -c_v(T_3 - T_2) = -\frac{R}{\gamma - 1}(T_3 - T_2) \tag{6.6}$$

$$q_{23} = 0 \tag{6.7}$$

식 (6.6)에서 일 부호는 음(−)인데, 이는 외부로부터 일을 받아서 작동유체를 압축시키는 것을 의미한다. 압축이 진행되는 동안 열 출입은 없으며, 가스터빈에서도 케이싱에서 단열조건을 충족시킨다고 가정할 수 있으므로 열 출입은 없다. 한편, $T-s$ 선도로부터 등엔트로피과정으로 압축이 진행되는 동안에 과정의 s축에 대한 투영면적 크기가 0이기 때문에 열량 변화량이 없다는 것을 쉽게 알 수 있다.

등엔트로피과정에서 p, v, T 관계식은 다음과 같다.

$$pv^{\gamma} = \text{const.} \tag{6.8}$$

$$p_2 v_2^{\gamma} = p_3 v_3^{\gamma} \tag{6.9}$$

식 (6.8)은 $p-v$ 선도에서 과정 2 → 3의 경로는 $pv^{\gamma} = \text{const.}$ 관계식에 의해 지배된다는 것을 의미한다. 아울러 상태 3에서의 각종 상태량은 식 (6.9)와 이상기체 상태방정식 또는 식 (4.24)를 이용하여 구할 수 있다.

과정 3 → 4

과정 3 → 4는 등온팽창과정이다. 따라서 과정 1 → 2에서와 마찬가지로 일과 열량의 크기를 계산할 수 있다.

$$w_{34} = RT_3 \ln\left(\frac{v_4}{v_3}\right) \tag{6.10}$$

$$q_{34} = w_{34} = RT_3 \ln\left(\frac{v_4}{v_3}\right) \tag{6.11}$$

한편, $T-s$선도로부터 열량 크기를 계산할 수도 있다.

$$q_{34} = \int_3^4 Tds = T_3\int_3^4 ds = T_3(s_4 - s_3) \tag{6.12}$$

식 (6.10)에서 일의 부호는 양(+)이다. 실제로 왕복엔진에서는 고온고압의 작동유체가 피스톤을 밀어 내리는 팽창과정에서 일을 만들어 외부로 공급한다. 터빈 또한 작동유체가 가지고 있는 에너지를 변환시켜 일을 만들어 외부로 공급한다.

식 (6.11)과 (6.12)에 나타나 있는 열량 부호는 양(+)이며, 이는 계 내부로 열량을 공급해주는 것을 의미한다. 작동유체의 팽창이 진행되는 동안에는 작동유체의 압력 및 온도가 동시에 내려간다. 따라서 등온과정을 유지시켜주기 위해서는 팽창과정 중에 열량을 지속적으로 계 내부로 공급해주어야 한다.

등온과정에 대한 p, v, T 관계식은 이상기체 상태방정식으로부터 다음과 같이 구해진다.

$$pv = \text{const.}$$
$$p_3v_3 = p_4v_4$$

과정 4 → 1

과정 4 → 1은 등엔트로피팽창과정이다. 왕복엔진의 경우 압축과정과 마찬가지로 팽창과정도 짧은 시간에 일어나기 때문에 단열과정이다. 그리고 과정 중에 발생하는 손실이 없다고 가정하면 가역과정이다. 한편, 터빈은 케이싱에 의해서 단열되어 있으며, 터빈에서 발생하는 손실이 없다고 가정하면 가스터빈에서의 팽창과정도 등엔트로피과정이다. 따라서 과정 2 → 3에서와 마찬가지로 등엔트로피과정을 이용하여 과정 중에 발생한 일과 열량 크기를 계산할 수 있다.

$$w_{41} = -(u_1 - u_4) = -c_v(T_1 - T_4) = \frac{R}{\gamma - 1}(T_4 - T_1) \tag{6.13}$$

$$q_{41} = 0 \tag{6.14}$$

식 (6.13)에서 일 부호는 양(+)이다. 이는 왕복엔진에서는 팽창을 통하여 일을 만들어 계 외부로 공급하는 것을 의미하며, 가스터빈에서도 터빈에서 작동유체가 가지고 있는 에너지를 변환시켜 일을 만들어 외부로 공급한다는 것을 의미한다. 한편, 이 과정은 등엔트로피과정이기 때문에 열량의 출입은 없다.

등엔트로피과정에 대한 p, v, T 관계식은 다음과 같다.

$$pv^\gamma = \text{const.}$$
$$p_4v_4^\gamma = p_1v_1^\gamma$$

공기표준 카르노사이클은 4개의 과정으로 구성되어 있으며, 계에서 발생하는 출력인 일의 변화량은 다음과 같다.

$$w_{system} = \oint \delta w = \int_1^2 \delta w + \int_2^3 \delta w + \int_3^4 \delta w + \int_4^1 \delta w$$

$$\therefore\ w_{system} = w_{12} + w_{23} + w_{34} + w_{41} \tag{6.15}$$

여기서 기호 $\oint$는 사이클적분을 의미한다.

식 (6.15)에 위에서 구한 값들을 대입하여 정리하면 다음과 같은 결과를 얻는다.

$$w_{system} = \underbrace{-RT_1 \ln\left(\frac{v_1}{v_2}\right) - C_v(T_3 - T_2)}_{w_{in}} + \underbrace{RT_3 \ln\left(\frac{v_4}{v_3}\right) + C_v(T_4 - T_1)}_{w_{out}}$$

$T-s$ 선도에서 $T_3 = T_4$, $T_2 = T_1$임을 알 수 있다. 따라서 위 식은 다음과 같이 된다.

$$w_{system} = -RT_1 \ln\left(\frac{v_1}{v_2}\right) + RT_3 \ln\left(\frac{v_4}{v_3}\right) \tag{6.16}$$

한편, 계에서 발생하는 열량 변화량은 다음과 같다.

$$q_{system} = q_{12} + q_{23} + q_{34} + q_{41} \tag{6.17}$$

$$q_{system} = \underbrace{-RT_1 \ln\left(\frac{v_1}{v_2}\right)}_{q_{out}} + \underbrace{RT_3 \ln\left(\frac{v_4}{v_3}\right)}_{q_{in}} \tag{6.18}$$

이제 카르노사이클 열효율을 구해보자. 열기관에 대한 열효율은 다음 식으로 정의한다.

$$\eta_{th} = \frac{output}{input} = \frac{w_{system}}{q_{in}} = \frac{q_{in} - q_{out}}{q_{in}} = 1 - \frac{|q_{out}|}{q_{in}} \tag{6.19}$$

열효율 계산식에 절댓값 기호를 사용한 이유는 배출열량이 자체적으로 음(−)의 부호를 가지기 때문이다. 따라서 이렇게 절댓값을 이용하면 열효율이 1보다 커지는 모순을 방지할 수 있다. 위에서 계산한 값들을 열효율 관계식에 대입하면 다음과 같다.

$$\eta_{th} = 1 - \frac{RT_1 \ln\left(\frac{v_1}{v_2}\right)}{RT_3 \ln\left(\frac{v_4}{v_3}\right)} \tag{6.20}$$

식 (6.20)을 간단하게 나타내기 위해 비체적에 관한 관계식을 정리해보자. 과정 $2 \rightarrow 3$과 과정 $4 \rightarrow 1$은 등엔트로피과정이기 때문에 다음과 같은 관계가 성립한다.

$$\frac{v_3}{v_2} = \left(\frac{T_2}{T_3}\right)^{\frac{1}{\gamma-1}}$$

$$\frac{v_4}{v_1} = \left(\frac{T_1}{T_4}\right)^{\frac{1}{\gamma-1}} = \left(\frac{T_2}{T_3}\right)^{\frac{1}{\gamma-1}}$$

$$\therefore \frac{v_3}{v_2} = \frac{v_4}{v_1} \quad \Rightarrow \quad \left(\frac{v_1}{v_2} = \frac{v_4}{v_3}\right)$$

따라서 식 (6.20)은 다음과 같이 간단하게 표시된다.

$$\eta_{th} = 1 - \frac{T_1}{T_3}$$

카르노사이클 열효율은 온도와 엔트로피를 이용하여 계산한 열량을 이용하면 더욱 쉽게 계산할 수 있다.

$$\eta_{th} = 1 - \frac{|q_{out}|}{q_{in}} = 1 - \frac{T_1(s_1 - s_2)}{T_3(s_4 - s_3)} = 1 - \frac{T_1}{T_3}$$

참고로, $T-s$ 선도에서 $s_1 = s_4$, $s_2 = s_3$라는 것을 알 수 있다. 한편, 많은 열역학 책에서 카르노사이클 시작점을 1이 아닌 3으로 설정하고 있다. 이에 따른 혼란을 방지하기 위해 카르노사이클 열효율은 일반적으로 고열원과 저열원 온도로 나타낸다.

$$\eta_{th} = 1 - \frac{T_1}{T_3} = 1 - \frac{T_L}{T_H} \tag{6.21}$$

여기서 T_H는 고열원 온도, T_L은 저열원 온도이다.

따라서 카르노사이클 열효율은 저열원 온도가 일정할 때 고열원 온도가 높아질수록 향상되며, 고열원 온도가 일정할 때는 저열원 온도가 낮아질수록 향상된다는 것을 알 수 있다.

6.2 공기표준 오토사이클

공기표준 오토사이클(air standard Otto cycle)은 스파크점화 왕복엔진인 가솔린엔진에 대한 열역학적 사이클이다. 이 사이클은 그림 6.3에 나타나 있는 것처럼 작동유체의 비체적이 일정한 상태에서 연소가 일어나기 때문에 정적사이클이라고도 한다.

과정 1 → 2

과정 1 → 2는 등엔트로피압축과정이다. 압축이 일어나면 작동유체의 비체적은 작아지고 압력과 온도는 증가한다. 이 과정에서 발생하는 일과 열량 크기는 다음과 같다.

$$w_{12} = -(u_2 - u_1) = -c_v(T_2 - T_1) \tag{6.22}$$

$$q_{12} = 0 \tag{6.23}$$

등엔트로피압축과정이기 때문에 p, v, T 관계식은 다음과 같다.

$$pv^{\gamma} = \text{const.}$$

$$p_1 v_1^{\gamma} = p_2 v_2^{\gamma}$$

과정 2 → 3

과정 2 → 3은 정적연소과정이다. 피스톤이 상사점에 도달하는 순간 비체적이 일정하게 유지된 상태에서 압축된 연료-공기 혼합기가 점화에 의해 연소되며, 이 과정 중에 연료가 가지고 있는 화학적 에너지가 열에너지로 바뀌면서 열량이 공급되어 계 내부 작동유체의 온도와 압력이 급격히 증가한다. 이 과정에서 발생하는 일과 열량 크기는 다음과 같다.

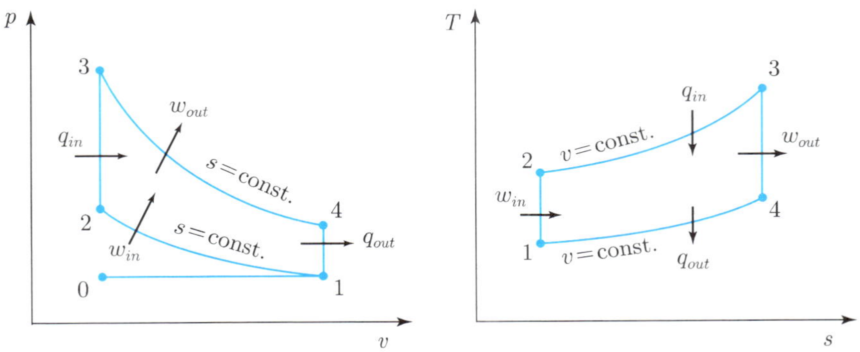

그림 6.3 오토사이클 $p-v$, $T-s$ 선도

$$w_{23} = \int_2^3 pdv = 0 \tag{6.24}$$

$$q_{23} = c_v(T_3 - T_2) \tag{6.25}$$

이 과정 중에 일은 발생하지 않는다. 즉 정적연소가 일어나는 과정 중에 피스톤은 상사점에서 정지해 있기 때문에 일을 하지 못한다. 이런 사실은 $p-v$선도에서 v축에 투영된 면적이 0이라는 사실을 통해서 쉽게 확인할 수 있다. 한편, 연소를 통해 계에 열량이 공급되기 때문에 열량은 양(+)의 값을 가진다. 식 (6.25)에 의하면 정적과정 중에 계에 공급한 열량은 정적비열과 온도차의 곱으로 나타나고 있으며, 이는 물리적으로 타당한 결과이다.

정적과정에 대한 p, v, T 관계식은 다음과 같다.

$$\frac{p}{T} = \text{const.}$$

$$\frac{T_3}{T_2} = \frac{p_3}{p_2}$$

과정 3 → 4

과정 3 → 4는 등엔트로피팽창과정이다. 작동유체의 비체적이 증가하는 팽창이 일어나면 압력과 온도는 낮아진다. 이 과정에서 발생하는 일과 열량 크기는 다음과 같다.

$$w_{34} = -(u_4 - u_3) = -c_v(T_4 - T_3) = c_v(T_3 - T_4) \tag{6.26}$$

$$q_{34} = 0 \tag{6.27}$$

공급한 연료가 연소되면 실린더 내부 온도와 압력이 급격히 증가하여 피스톤을 밀어내린다. 이로 인해 크랭크축을 회전시키는 동력이 발생한다.

등엔트로피과정에서 p, v, T 관계식은 다음과 같다.

$$pv^{\gamma} = \text{const.}$$

$$p_3 v_3^{\gamma} = p_4 v_4^{\gamma}$$

과정 4 → 1

과정 4 → 1은 정적배기과정이다. 실질적으로 배기과정은 배기밸브가 열린 상태에서 피스톤을 상사점으로 밀어 올리면서 진행된다. 그러나 이론적으로 사이클을 해석하는 경우 배기과정은 정적과정이라 가정한다. 이 과정에서 발생하는 일과 열량 크기는 다음과 같다.

$$w_{41} = \int_4^1 pdv = 0 \tag{6.28}$$

$$q_{41} = -c_v(T_4 - T_1) \tag{6.29}$$

정적과정에서 발생하는 일은 없다. 이는 $p-v$선도에서 배기과정의 v축에 대한 투영면적이 0이라는 사실을 통해 쉽게 확인할 수 있다. 한편, 배기과정에서의 열량은 음(−)의 값을 가진다. 이는 열량이 계 외부로 빠져 나갔다는 것을 의미한다. 실제적으로 배기과정에서는 피스톤을 상사점으로 밀어 올리면서 뜨거운 열을 가진 연소가스를 계 외부로 배출시킨다.

정적과정에서 p, v, T 관계식은 다음과 같다.

$$\frac{p}{T} = \text{const.}$$

$$\frac{T_1}{T_4} = \frac{p_1}{p_4}$$

공기표준 오토사이클에서 발생하는 일과 열량을 정리하면 다음과 같다.

$$\begin{aligned} w_{system} &= w_{12} + w_{23} + w_{34} + w_{41} \\ &= \underbrace{-C_v(T_2 - T_1)}_{w_{in}} + \underbrace{C_v(T_3 - T_4)}_{w_{out}} \end{aligned} \tag{6.30}$$

$$\begin{aligned} q_{system} &= q_{12} + q_{23} + q_{34} + q_{41} \\ &= \underbrace{C_v(T_3 - T_2)}_{q_{in}} - \underbrace{C_v(T_4 - T_1)}_{q_{out}} \end{aligned} \tag{6.31}$$

식 (6.19)를 이용하여 오토사이클 열효율을 계산하면 다음과 같다.

$$\eta_{th} = 1 - \frac{T_4 - T_1}{T_3 - T_2}$$

위 식에 공기표준 오토사이클의 열효율이 온도만의 함수로 나타나 있지만 열효율을 계산하기 위해서 각 과정이 종료된 모든 상태에서 온도를 계산해야 한다. 아울러 위 식을 이용하여 공기표준 오토사이클의 열효율 특성을 파악하는 것은 매우 어렵다. 따라서 열효율 관계식을 간단하게 나타낼 필요가 있다. 위 식은 다음과 같이 나타낼 수 있다.

$$\eta_{th} = 1 - \frac{T_1\left(\dfrac{T_4}{T_1} - 1\right)}{T_2\left(\dfrac{T_3}{T_2} - 1\right)} \tag{6.32}$$

위 식을 간단히 나타내기 위해 과정 $2 \rightarrow 3$과 과정 $4 \rightarrow 1$ 사이의 온도 관계를 살펴보자.

$$\frac{T_4/T_1}{T_3/T_2} = \frac{T_4/T_3}{T_1/T_2} = \frac{(v_3/v_4)^{\gamma-1}}{(v_2/v_1)^{\gamma-1}}$$

위 식에서 첫째 항에서 분모는 과정 $2 \rightarrow 3$, 분자는 과정 $4 \rightarrow 1$로서 모두 정적과정이다. 이제 첫째 항을 둘째 항과 같이 변환시키면 분모는 과정 $1 \rightarrow 2$, 분자는 과정 $3 \rightarrow 4$로서 모두 등엔트로피과정이 된다. 따라서 등엔트로피 관계식을 이용하여 둘째 항의 온도 관계를 셋째 항에 나타나 있는 비체적 관계로 나타낼 수 있다. 그림 6.3에 있는 $p-v$ 선도에서 $v_2 = v_3$, $v_1 = v_4$이므로 다음과 같은 관계식이 성립한다.

$$\frac{\dfrac{T_4}{T_1}}{\dfrac{T_3}{T_2}} = \frac{\left(\dfrac{T_4}{T_1} - 1\right)}{\left(\dfrac{T_3}{T_2} - 1\right)} = 1$$

위 식을 식 (6.32)에 대입하면 다음과 같은 공기표준 오토사이클에 대한 훨씬 간단한 열효율 관계식을 얻는다.

$$\eta_{th} = 1 - \frac{T_1}{T_2} \tag{6.33}$$

한편, 과정 $1 \rightarrow 2$는 등엔트로피과정이다. 따라서 등엔트로피과정 관계식을 이용하면 식 (6.33)을 다르게 나타낼 수 있다.

$$\eta_{th} = 1 - \left(\frac{v_2}{v_1}\right)^{\gamma-1}$$

$$\eta_{th} = 1 - \left(\frac{1}{\epsilon}\right)^{\gamma-1} \tag{6.34}$$

여기서 $\epsilon = v_1/v_2$로서 압축비(compression ratio)를 나타낸다. 이 식으로부터 오토사이클의 이론 열효율은 단순히 압축비와 비열비만의 함수임을 알 수 있다.

작동유체로서 공기를 사용하는 공기표준 오토사이클의 열효율을 그림 6.4에 나타냈다. 이 그림을 통해서 오토사이클의 열효율은 압축비가 높아질수록 증가한다는 것을 알 수 있다. 그러나 압축비가 과도하게 높아지면 노킹(knocking)이 발생하여 엔진출력이 저하

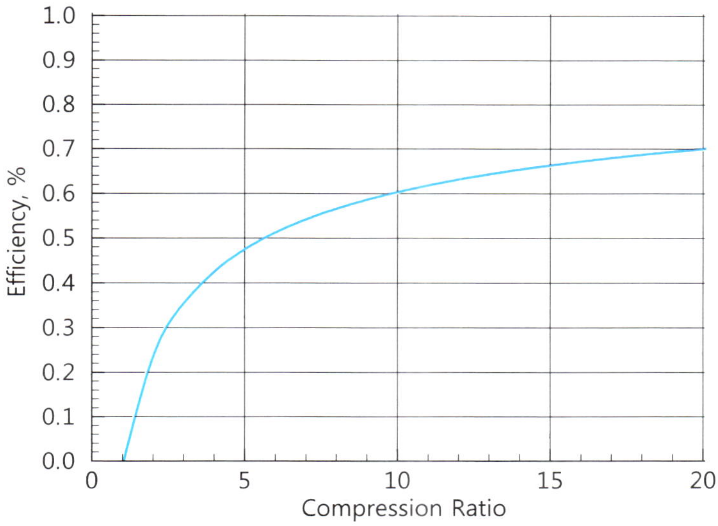

그림 6.4 오토사이클 열효율

되며, 심각한 경우에는 엔진 손상이 발생한다. 따라서 일반적으로 가솔린엔진 압축비는 6 : 1 ~ 9 : 1 범위로 하고 있다.

6.3 디젤사이클

디젤사이클은 대형 저속디젤엔진에 대한 열역학적 사이클이다. 디젤엔진은 왕복엔진으로서 가솔린엔진과 달리 그림 6.5에 나타나 있는 것처럼 정압과정으로 연소가 일어난다. 따라서 디젤사이클은 정압사이클이라고도 불린다.

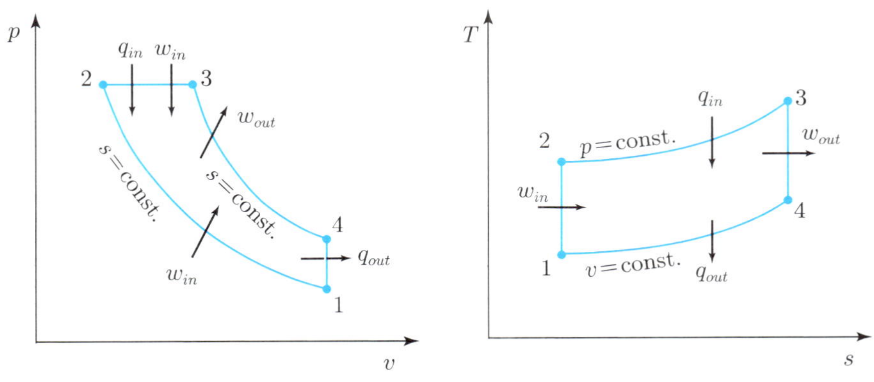

그림 6.5 디젤사이클 $p-v$, $T-s$ 선도

과정 1 → 2

과정 1 → 2는 등엔트로피압축과정이다. 이 과정에서 발생하는 일과 열량 크기는 다음과 같다.

$$w_{12} = -(u_2 - u_1) = -c_v(T_2 - T_1) = -\frac{R}{\gamma - 1}(T_2 - T_1) \tag{6.35}$$

$$q_{12} = 0 \tag{6.36}$$

등엔트로피과정에서 p, v, T 관계식은 다음과 같다.

$$pv^{\gamma} = \text{const.}$$

$$p_1 v_1^{\gamma} = p_2 v_2^{\gamma}$$

과정 2 → 3

과정 2 → 3은 정압연소과정이다. 이 과정에서 발생하는 일과 열량 크기는 다음과 같다.

$$w_{23} = R(T_3 - T_2) \tag{6.37}$$

$$q_{23} = c_p(T_3 - T_2) \tag{6.38}$$

디젤엔진은 압축과정에서 공기만을 압축하고 압축이 완료된 후에 연소실 내부로 연료를 분사하여 자연착화시킨다. 연료 분사는 피스톤이 상사점에서 도달했을 때 시작되며, 하사점을 향해서 내려가는 일정 시간 동안 지속되기 때문에 이 기간 동안 열량이 공급되어 정압과정이 유지된다. 따라서 디젤엔진에서는 정압연소가 일어나며, 연소가 진행되는 동안에 일이 발생한다. 이런 사실은 $p-v$선도에서 연소과정의 v축에 대한 투영면적이 존재한다는 것을 통해 확인할 수 있다. 한편, 연소과정 중에 열량을 공급하기 때문에 계에 공급한 열량의 부호는 양(+)이다. 식 (6.38)에 정압과정 중에 계에 공급한 열량은 정압비열과 온도차의 곱으로 나타나고 있으며, 이는 물리적으로 타당한 결과이다.

정압과정에서 p, v, T 관계식은 다음과 같다.

$$\frac{T}{v} = \text{const.}$$

$$\frac{v_3}{v_2} = \frac{T_3}{T_2}$$

과정 3 → 4

과정 3 → 4는 등엔트로피팽창과정이다. 정압연소가 종료된 후에 피스톤은 계속해서 하강하여 팽창과정이 지속된다. 그러나 이 과정에서 공급되는 열량이 없기 때문에 단열과정이며, 손실을 무시하면 가역과정이다. 등엔트로피팽창과정에서 발생하는 일과 열량의 크기는 다음과 같다.

$$w_{34} = -(u_4 - u_3) = -c_v(T_4 - T_3) = -\frac{R}{\gamma - 1}(T_4 - T_3) = \frac{R}{\gamma - 1}(T_3 - T_4) \tag{6.39}$$

$$q_{34} = 0 \tag{6.40}$$

등엔트로피과정에서 p, v, T 관계식은 다음과 같다.

$$pv^{\gamma} = \text{const.}$$

$$p_3 v_3^{\gamma} = p_4 v_4^{\gamma}$$

과정 4 → 1

과정 4 → 1은 정적배기과정이다. 이 과정은 가솔린기관에서 일어나는 과정과 동일하며, 일과 열량 크기는 다음과 같다.

$$w_{41} = \int_4^1 p dv = 0 \tag{6.41}$$

$$q_{41} = -c_v(T_4 - T_1) \tag{6.42}$$

정적과정에서 p, v, T 관계식은 다음과 같다.

$$\frac{p}{T} = \text{const.}$$

$$\frac{T_1}{T_4} = \frac{p_1}{p_4}$$

디젤사이클에서 발생하는 일의 크기는 다음과 같다.

$$\begin{aligned} w_{system} &= w_{12} + w_{23} + w_{34} + w_{41} \\ &= -\frac{R}{\gamma - 1}(T_2 - T_1) + R(T_3 - T_2) + \frac{R}{\gamma - 1}(T_3 - T_4) \\ &= \frac{R}{\gamma - 1}\{(T_1 - T_2) + (\gamma - 1)(T_3 - T_2) + (T_3 - T_4)\} \\ &= \frac{R}{\gamma - 1}\{T_1 - T_2 + \gamma(T_3 - T_2) - T_3 + T_2 + T_3 - T_4\} \\ &= c_p(T_3 - T_2) - c_v(T_4 - T_1) \end{aligned} \tag{6.43}$$

디젤사이클에서 발생하는 열량 크기는 다음과 같다.

$$q_{system} = q_{12} + q_{23} + q_{34} + q_{41}$$

$$= \underbrace{C_p(T_3 - T_2)}_{q_{in}} - \underbrace{C_v(T_4 - T_1)}_{q_{out}} \tag{6.44}$$

디젤사이클 열효율은 다음과 같다.

$$\eta_{th} = \frac{w_{system}}{q_{in}} = 1 - \frac{|q_{out}|}{q_{in}}$$

$$\eta_{th} = \frac{c_p(T_3 - T_2) - c_v(T_4 - T_1)}{c_p(T_3 - T_2)} = 1 - \frac{T_4 - T_1}{\gamma(T_3 - T_2)} \tag{6.45}$$

디젤사이클에서는 체절비(cut-off ratio)를 도입해서 열효율을 나타내는데, 체절비는 다음과 같이 정의한다.

$$\sigma = \frac{v_3}{v_2} \tag{6.46}$$

체절비를 이용해서 열효율을 표현하면 다음과 같다.

$$\eta_{th} = 1 - \left(\frac{1}{\epsilon}\right)^{\gamma - 1} \left\{\frac{\sigma^{\gamma} - 1}{\gamma(\sigma - 1)}\right\} \tag{6.47}$$

디젤엔진 열효율은 압축비(ϵ)와 체절비(σ)의 함수이다. 체절비가 1로 접근하면 이론 열효율은 오토사이클 열효율과 일치한다. 한편, 압축비가 증가하면 열효율도 증가하며, 체절비가 커지면 열효율은 낮아진다. 이는 디젤엔진에서 연소에 의한 온도상승이 커지면 열효율은 낮아진다는 것을 의미한다. 따라서 디젤엔진은 높은 열효율을 유지하기 위해 가솔린엔진에 비해서 압축비가 훨씬 높다. 디젤엔진은 압축과정에서 공기만을 압축하기 때문에 압축비가 높더라도 노킹의 염려가 없다.

6.4 사바테사이클

사바테사이클(Sabathe cycle)은 고속압축점화기관인 고속디젤엔진에 대한 열역학적 사이클이다. 이 사이클의 특징은 그림 6.6에 나타나 있는 것처럼 일차적으로 정적연소가 일어난 후에 이차적으로 정압연소가 일어난다는 점이다. 이런 이유로 인하여 이 사이클은 합성사이클 또는 2중연소사이클이라고도 불린다.

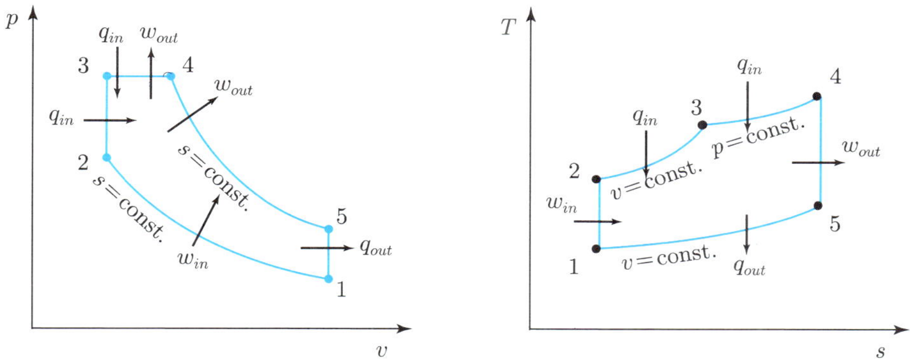

그림 6.6 사바테사이클 $p-v$, $T-s$선도

과정 $1 \rightarrow 2$

과정 $1 \rightarrow 2$는 등엔트로피압축과정이다. 따라서 이 과정은 오토사이클 및 디젤사이클에서의 압축과정과 동일하다. 이 과정에서 발생하는 일과 열량의 크기는 다음과 같다.

$$w_{12} = -(u_2 - u_1) = -c_v(T_2 - T_1) = -\frac{R}{\gamma - 1}(T_2 - T_1) \tag{6.48}$$

$$q_{12} = 0 \tag{6.49}$$

등엔트로피과정에서 p, v, T 관계식은 다음과 같다.

$$pv^{\gamma} = \text{const.}$$

$$p_1 v_1^{\gamma} = p_2 v_2^{\gamma}$$

과정 $2 \rightarrow 3$

과정 $2 \rightarrow 3$은 정적연소과정이다. 이 과정에서 발생하는 일과 열량의 크기는 다음과 같다.

$$w_{23} = \int_2^3 pdv = 0 \tag{6.50}$$

$$q_{23} = c_v(T_3 - T_2) \tag{6.51}$$

정적과정에 대한 p, v, T 관계식은 다음과 같다.

$$\frac{p}{T} = \text{const.}$$

$$\frac{T_3}{T_2} = \frac{p_3}{p_2}$$

과정 3 → 4

과정 3 → 4는 정압연소과정이다. 이 과정에서 발생하는 일과 열량의 크기는 다음과 같다.

$$w_{34} = R(T_4 - T_3) \tag{6.52}$$

$$q_{34} = c_p(T_4 - T_3) \tag{6.53}$$

사바테사이클로 운전되는 고속디젤엔진에서는 정압연소가 일어나는 동안 일이 발생한다. 이는 연소가 일어나면서 피스톤을 상사점으로부터 밀어 내리기 때문이다. 이런 사실은 $p-v$선도에서 연소과정의 v축에 대한 투영면적이 존재한다는 것을 통해 쉽게 확인할 수 있다. 한편, 연소과정 중에 열량을 공급하기 때문에 계에 공급한 열량은 양(+)의 부호를 가진다. 이는 $T-s$선도를 통해서도 확인할 수 있다.

정압과정에서 p, v, T 관계식은 다음과 같다.

$$\frac{T}{v} = \text{const.}$$

$$\frac{v_4}{v_3} = \frac{T_4}{T_3}$$

과정 4 → 5

과정 4 → 5는 등엔트로피팽창과정이다. 이 과정에서 발생하는 일과 열량의 크기는 다음과 같다.

$$w_{45} = -(u_5 - u_4) = -c_v(T_5 - T_4) = -\frac{R}{\gamma - 1}(T_5 - T_4) = \frac{R}{\gamma - 1}(T_4 - T_5) \tag{6.54}$$

$$q_{45} = 0 \tag{6.55}$$

등엔트로피과정의 p, v, T 관계식은 다음과 같다.

$$pv^{\gamma} = \text{const.}$$

$$p_4 v_4^{\gamma} = p_5 v_5^{\gamma}$$

과정 5 → 1

과정 5 → 1은 정적배기과정이다. 이 과정은 가솔린엔진 및 디젤엔진에서 일어나는 배기과정과 동일하다. 이 과정에서 발생하는 일과 열량의 크기는 다음과 같다.

$$w_{51} = \int_5^1 p\,dv = 0 \tag{6.56}$$

$$q_{51} = -c_v(T_5 - T_1) \tag{6.57}$$

정적과정에 대한 p, v, T 관계식은 다음과 같다.

$$\frac{p}{T} = \text{const.}$$

$$\frac{T_1}{T_5} = \frac{p_1}{p_5}$$

사바테사이클에서 발생하는 열량은 다음과 같다.

$$q_{sys} = q_{23} + q_{34} + q_{51} = c_v(T_3 - T_2) + c_v(T_4 - T_3) - c_v(T_5 - T_1) \tag{6.58}$$

사바테사이클 열효율은 다음과 같다.

$$\eta_{th} = 1 - \left(\frac{1}{\epsilon}\right)^{\gamma-1}\left\{\frac{\alpha\sigma^{\gamma} - 1}{\alpha - 1 + \gamma\alpha(\sigma - 1)}\right\} \tag{6.59}$$

여기서 $\sigma = v_4/v_3$는 체절비, $\alpha = p_3/p_2 = T_3/T_2$로서 압력상승비(혹은 최고압력비)라고 한다.

$\sigma = 1$인 경우 사바테사이클 열효율은 오토사이클 열효율과 동일하다. 한편, $\alpha = 1$이면 사바테사이클 열효율은 디젤사이클 열효율과 동일하다. 사바테사이클에서 압축비를 높이면 열효율이 상승하고 체절비를 높이면 열효율이 낮아진다.

6.5 열효율 비교

앞에서 네 가지 사이클에 대한 해석을 수행하였다. 여기서는 이들 사이클에 대한 열효율을 비교하기로 한다. 그러나 카르노사이클은 실제로 존재하는 엔진을 만들 수 없는 관계로 나머지 세 가지 사이클, 즉 오토사이클, 디젤사이클, 사바테사이클에 대한 열효율을 비교하기로 한다.

6.5.1 압축비가 동일한 경우

오토, 디젤, 사바테사이클의 실질적인 압축비는 서로 다르다. 따라서 우선 압축비가 동일한 경우에 대한 열효율을 비교하기로 한다. 단, 각 사이클에 공급하는 열량은 동일하다.

그림 6.7에 각 사이클에 대한 $p-v$선도와 $T-s$선도를 비교하여 나타냈다. 이 그림에서 하첨자 O는 오토사이클, D는 디젤사이클, S는 사바테사이클을 의미한다. 압축비가 동일하기 때문에 과정 $1 \rightarrow 2$는 세 사이클 모두 공통이다. $T-s$선도에 나타나 있는 것처

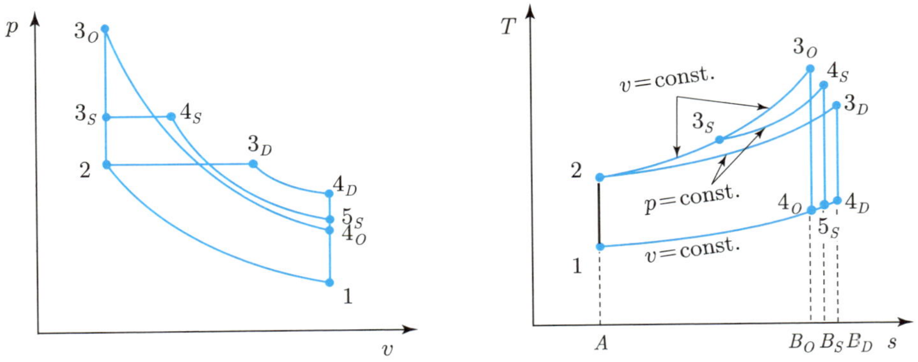

그림 6.7 압축비가 동일한 경우 $p-v$, $T-s$선도

럼 정적연소가 일어나는 오토사이클은 정압연소가 일어나는 디젤사이클에 비해서 온도가 더 급격하게 올라간다. 그런데 사이클에 공급한 열량이 동일하기 때문에 오토사이클 공급 열량인 면적 $A-2-3_O-B_O-A$와 디젤사이클 공급 열량인 면적 $A-2-3_D-B_D-A$의 크기가 같아야 한다. 따라서 디젤사이클 연소 종료지점(3_D)은 오토사이클 연소 종료지점(3_O)보다 우측 하단에 위치한다. 한편, 배기과정은 모두 정적과정이다. 따라서 모든 배기과정은 정적과정을 통해서 상태 1로 돌아와야 하기 때문에 $T-s$선도에서 배기가 종료되는 지점은 상태 1을 지나는 $v=$const.라는 단일 곡선상에 위치한다. 이 경우 사이클 외부로 배출되는 열량은 오토사이클(면적 $1-4_O-B_O-A-1$)이 디젤사이클(면적 $1-4_D-B_D-A-1$)에 비해서 작다. 따라서 압축비가 동일할 때 오토사이클 열효율이 디젤사이클 열효율보다 높다.

사바테사이클은 정적연소 후에 정압연소가 일어난다. 따라서 연소 초기에는 오토사이클을 따라가다가 연소과정 중반 이후에는 디젤사이클 형태를 가진다. 따라서 그림 6.7에 나타나 있는 $T-s$선도에서 엔트로피 증가가 종료되는 지점은 오토사이클과 디젤사이클 중간에 위치한다. 그러므로 방출되는 열량 크기(면적 $1-5-B_S-A-1$)는 오토사이클에 비해서는 크고 디젤사이클에 비해서는 작다. 따라서 압축비가 동일할 때 각 사이클 열효율은 다음과 같은 관계를 가진다.

오토사이클 > 사바테사이클 > 디젤사이클

6.5.2 최고압력이 동일한 경우

사이클 최고압력이 동일하기 위해서는 그림 6.8에 나타나 있는 것처럼 연소 후 압력이 동일해야 한다. 압축이 일어난 후 작동유체 온도는 가장 높은 압축비를 가지는 디젤사이클에서 가장 높게 올라가며, 압축비가 가장 낮은 오토사이클에서 가장 낮게 올라간다. 이

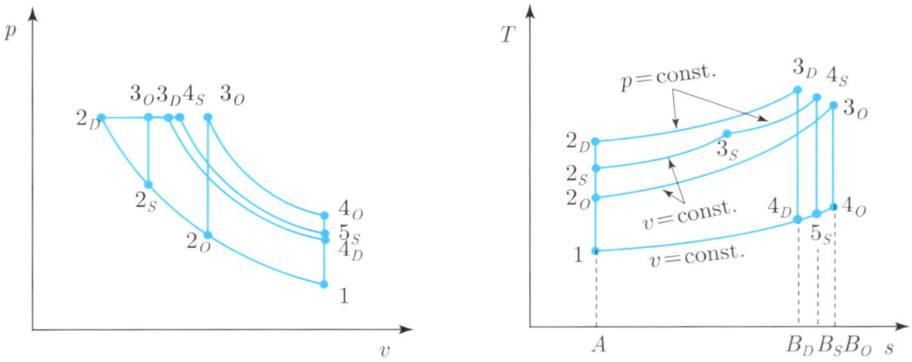

그림 6.8 최고압력이 동일한 경우 $p-v$, $T-s$선도

제 연소과정을 $T-s$선도에 나타내면 그림 6.8과 같이 된다. 각 사이클에 공급하는 열량 크기가 동일하기 때문에 $T-s$선도에서 모든 사이클에 대한 연소과정의 s축에 대한 투영면적 크기는 동일하다. 따라서 하단에서 출발한 오토사이클 연소 종료지점(3_O)은 디젤사이클 연소 종료지점(3_D)에 비해서 우측 하단에 위치한다. 한편, 세 사이클 모두 배기과정은 정적과정이다. 따라서 모든 배기과정은 정적과정을 통해서 상태 1로 돌아와야 하기 때문에 $T-s$선도에서 배기가 종료되는 지점은 상태 1을 지나는 $v=$const.라는 단일 곡선상에 위치한다. 이 경우 사이클 밖으로 배출되는 열량은 디젤사이클(면적 $1-4_D-B_D-A-1$)이 오토사이클(면적 $1-4_O-B_O-A-1$)에 비해서 작다. 따라서 디젤사이클 열효율이 오토사이클에 비해서 높다.

사바테사이클은 정적연소 후에 정압연소가 일어나기 때문에 $T-s$선도에서 엔트로피 증가가 마무리되는 지점은 오토사이클과 디젤사이클 중간에 위치한다. 따라서 방출되는 열량 크기(면적 $1-5_S-B_S-A-1$)는 디젤사이클보다는 크고 오토사이클보다는 작다. 따라서 사이클 최고압력이 동일할 때 각 사이클 열효율은 다음과 같은 관계를 가진다.

디젤사이클 > 사바테사이클 > 오토사이클

6.6 출력과 효율

6.6.1 체적효율

왕복엔진 출력은 실린더에 공급하는 연료량에 의해서 결정된다. 그런데 실린더에 공급하는 연료량은 실린더로 흡입되는 공기량에 비례하여 증가하기 때문에 엔진의 공기흡입

능력은 매우 중요하다. 그러나 공기흡입 시 발생하는 각종 유동손실로 인하여 실제적으로 실린더로 유입되는 공기량은 이론적인 배기량에 비해서 적어진다. 공기흡입 능력은 기관의 구조, 운전조건 등에 따라 달라지며, 다음과 같은 체적효율(volumetric efficiency)로 나타낸다.

$$\eta_v = \frac{\text{흡입된 공기 중량}}{\text{대기상태의 총 배기량이 차지하는 공기 중량}} \tag{6.60}$$

체적효율과 유사한 개념으로 충전효율(charging efficiency)을 사용하기도 한다. 충전효율은 다음과 같이 정의한다.

$$\eta_c = \frac{\text{흡입된 공기 중량}}{\text{표준대기상태의 총 배기량이 차지하는 공기 중량}} \tag{6.61}$$

출력은 체적효율에 비례한다. 따라서 체적효율을 높이기 위해 다양한 방법을 사용하고 있는데, 가장 대표적인 방법으로는 흡입공기를 압축시키기 위한 과급기(supercharger)를 사용하는 방법이다. 이 밖에 밸브오버랩(valve overlap)을 이용하는 방법과 SOHC(Single OverHead Cam) 대신에 DOHC(Double OverHead Cam)를 채택하는 방법이 있다. 또 원통형 연소실 대신에 반구형 연소실을 사용하면 더 큰 흡기밸브와 배기밸브를 사용할 수 있기 때문에 체적효율이 향상된다.

6.6.2 평균유효압력을 이용한 출력 계산

내연기관 출력은 평균유효압력(mean effective pressure)을 이용하여 나타낼 수 있다. $p-v$선도에서 사이클이 그리는 면적은 사이클에서의 일을 나타낸다. 그림 6.9에 오토사이클의 $p-v$선도를 나타냈는데, 여기서 면적 1－2－3－4－1이 엔진에서 실질적으로 발생하는 일 크기이다. 이제 이 면적과 동일한 직사각형을 그리는데, 주의할 점은 행정(stroke)은 동일하게 나타내야 한다는 것이다. 그러면 그림에서처럼 행정이 동일하면서 높이 p_m을 가지는 직사각형을 구할 수 있는데, 이 직사각형 높이가 평균유효압력이다.

평균유효압력을 이용하여 출력을 나타내는 방법을 설명하기 위해서 다음과 같은 일을 정의하는 관계식에서 출발한다.

$$W_{12} = \int_1^2 p\,dV$$

일정한 압력인 평균유효압력을 이용하면 위 식은 다음과 같이 된다.

$$W_{12} = p_m(V_2 - V_1) = p_m AL \tag{6.62}$$

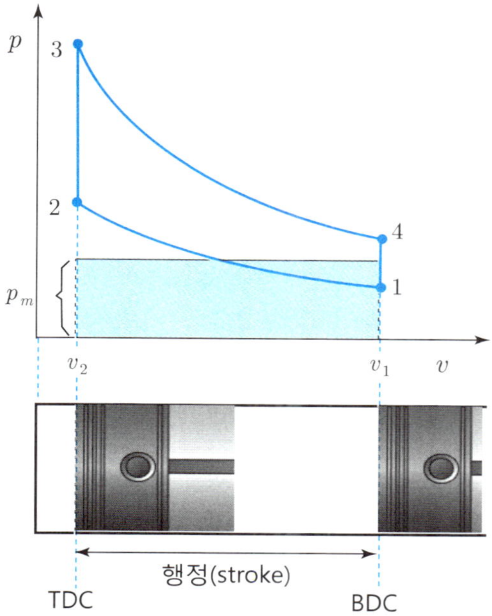

그림 6.9 평균유효압력 개념도

여기서 p_m은 평균유효압력, $(V_1 - V_2)$는 행정체적, A는 피스톤 단면적, L은 행정이다.

식 (6.62)는 일을 나타내는 식이므로 단위시간당 일을 나타내는 출력을 계산하기 위해 회전수를 고려하면 위 식은 다음과 같이 된다.

$$P = \frac{p_m LANK}{75 \times 60 \times 2} = \frac{p_m LANK}{9000} \text{ [PS]} \tag{6.63}$$

여기서 P는 출력, N은 rpm, K는 실린더 수를 나타낸다.

식 (6.63)의 분모에 있는 수 75는 출력을 나타내는 kg·m/s를 PS로 환산하기 위한 수이며, 60은 rpm을 rps로, 즉 분당 회전수를 초당 회전수로 환산하기 위한 수이고, 2는 왕복엔진은 2회 왕복에 1회 동력행정이 일어나는 것을 반영하기 위한 수이다. 따라서 식 (6.63)을 이용하여 출력을 계산할 때는 압력과 면적에 사용하는 길이 단위를 통일시켜서 압력과 면적이 곱해지면 힘 단위인 kg만 남도록 해야 한다. 또 행정 단위로는 반드시 미터(m)를 사용해야 한다.

6.6.3 출력 종류

내연기관 출력을 나타내는 종류에는 이론마력, 지시마력, 제동마력, 마찰마력 등이 있다. 이론마력(theoretical horsepower)은 엔진의 이론적인 열역학적인 선도를 이용하여 계

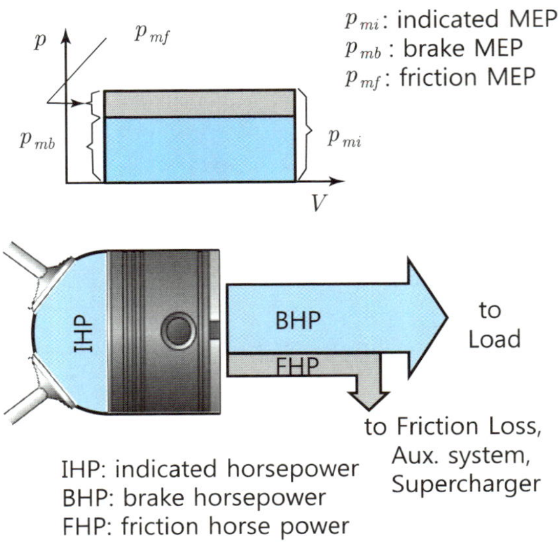

그림 6.10 엔진출력 구분

산한 출력이다. 지시마력(indicated horsepower)은 엔진의 실제적인 운전상태에서 연소실 내부압력을 압력계로 측정하여 얻어진 $p-v$선도를 이용하여 계산한 출력이다. 따라서 지시마력은 엔진 내부에서 발생하는 마찰손실 및 냉각손실 등을 모두 반영한 엔진의 실질적인 출력이다. 지시마력은 도시마력이라고도 불린다. 제동마력(brake horsepower)은 엔진의 최종적인 출력축에서 측정하는 정미마력(net horsepower)이다. 엔진에서 실질적으로 생산되는 지시마력은 모두가 엔진의 최종적인 출력축에 전달되지 못한다. 이는 지시마력이 출력축에 전달되는 과정에서 여러 가지 손실이 발생하기 때문이다. 대표적인 손실로는 베어링에서 발생하는 마찰손실이 있으며, 연료펌프, 오일펌프, 과급기와 같은 보기류(auxiliary system) 구동에 사용하는 동력 등이 포함된다. 이렇게 엔진과 최종적인 출력축 사이에서 손실되거나 보기류 구동에 소요되는 동력을 마찰마력(friction horsepower)이라 한다. 따라서 마찰마력이란 지시마력에서 제동마력을 뺀 것이다.

왕복엔진에는 다양한 출력이 사용되는 관계로 그에 따른 열효율이 별도로 존재한다. 이론열효율은 이론적인 사이클에서 연소가스가 한 일(W_{th})과 엔진에 공급한 열량의 비로 정의된다.

$$\eta_{th}(\text{이론열효율}) = \frac{\text{이론사이클에서 연소가스가 한 일}}{\text{엔진 공급 열량}} \tag{6.64}$$

지시열효율(도시열효율)은 실린더 내에서 연소가스가 실제로 한 일(W_i)과 엔진에 공급한 열량의 비로 정의된다.

$$\eta_i(\text{지시열효율}) = \frac{\text{연소가스가 실제로 한 일}}{\text{엔진 공급 열량}} \tag{6.65}$$

제동열효율(정미열효율)은 축출력이 한 일(W_b)과 기관에 공급한 열량의 비로 정의된다.

$$\eta_b(\text{제동열효율}) = \frac{\text{축 출력}}{\text{엔진 공급 열량}} \tag{6.66}$$

기관효율은 지시마력을 이론마력으로 나눈 값으로써 엔진의 효율적인 냉각 및 마찰 최소화 등을 통하여 높일 수 있다.

$$\eta_e = \frac{W_i}{W_{th}} = \frac{p_{mi}}{p_{mth}} = \frac{\eta_i}{\eta_{th}} \tag{6.67}$$

여기서 η_e는 기관효율, W는 일, p_m은 평균유효압력, η는 열효율을 나타내며, 하첨자 i는 지시값, 하첨자 th는 이론값을 나타낸다.

기계효율은 제동마력을 지시마력으로 나눈 값으로 정의된다.

$$\eta_m = \frac{W_b}{W_i} = \frac{p_{mb}}{p_{mi}} = \frac{\eta_b}{\eta_i} \tag{6.68}$$

여기서 η_m은 기계효율, W는 일, p_m은 평균유효압력, η는 열효율을 나타내며, 하첨자 b는 제동값, 하첨자 i는 지시값을 나타낸다.

기계효율은 동력전달장치를 얼마나 효율적으로 설계했는지를 판단하는 매우 중요한 요소이다.

7장 가스터빈 복합발전

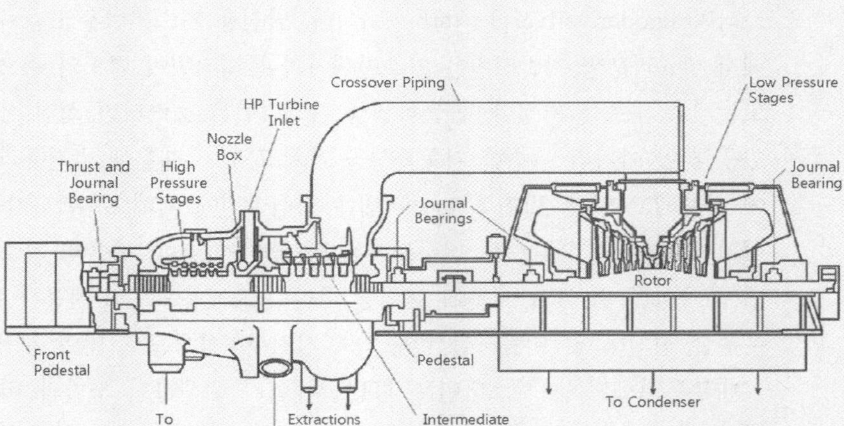
Crossover Piping
Low Pressure Stages
HP Turbine Inlet
Nozzle Box
Thrust and Journal Bearing
High Pressure Stages
Journal Bearings
Journal Bearing
Rotor
Front Pedestal
Pedestal
To Condenser
To Reheater
Extractions
IP Turbine Inlet
Intermediate Pressure Stages

7.1 개요

항공기 추진용 제트엔진으로 개발된 가스터빈은 기본적으로 출력당 중량비가 매우 낮은 것이 특징이다. 가스터빈은 동급의 왕복 내연기관에 비해서 최대 10배 정도 높은 출력을 생산할 수 있으며, 우수한 진동 및 기동특성으로 인하여 산업용으로 적용이 확대되었다. 현재 가스터빈은 전 세계적으로 항공용과 산업용을 각각 절반 정도씩 생산하고 있으며, 산업용 가운데 가장 큰 비중을 차지하는 것이 발전용 가스터빈이다.

가스터빈 열효율은 기본적으로 압력비와 TIT(Turbine Inlet Temperature)에 의해 결정되며, 이들 값이 커질수록 향상된다. 1970년대에 가스터빈 고온부품에 내열소재와 공기냉각 기법을 적용하면서 발전용 가스터빈의 TIT가 향상되어 복합발전은 석탄화력발전에 경쟁력을 가지게 되었다. 1980년대 후반에는 열차폐코팅, 1990년도에는 단결정 소재, 2010년도에는 증기냉각 기법을 연소기 및 터빈 블레이드에 적용하면서 TIT가 급격히 증가하였다. TIT 증가는 가스터빈 열효율 향상에 기여할 뿐만 아니라 가스터빈 배기가스 온도를 증가시켜 가스터빈과 증기터빈을 동시에 사용하는 복합발전의 열효율 향상에 크게 기여하였다. 한편, TIT가 증가함에 따라 압력비도 자연스럽게 증가하였다.

TIT를 증가시키기 위해서는 내열소재 개발이 필수적으로 요구된다. 발전용 가스터빈의 TIT가 크게 증가하면서 일방향응고(DS; Directional Solidification) 터빈 블레이드 소재는 단결정(SC; Single Crystal) 소재로 격상되었다. SC 블레이드는 DS 블레이드에 비해서 더욱 우수한 크립 특성을 가지며, 증기냉각을 적용하는 블레이드에서 나타나는 더욱 커진 블레이드 내부 열구배를 감당하는 데 적합하다.

발전용 가스터빈은 두 가지 형태로 발전하고 있다. 하나는 그림 7.1(b)에 나타나 있는 것과 같이 초기부터 순수한 발전용 가스터빈으로 개발한 형태이며, 다른 하나는 그림 7.1(c)에 나타나 있는 것과 같이 항공용 가스터빈을 일부 변형시켜 개발한 항공파생형 가스터빈(aeroderivative gas turbines)이다. 발전용 가스터빈은 1축 구조를 가진다. 이에 반해서 항공파생형 가스터빈은 가스발생기와 동력터빈이 별도의 축으로 분리되어 있는 2축 또는 3축 구조를 가진다. 항공파생형 가스터빈은 동력터빈 회전수를 자유롭게 조절할 수 있을 뿐만 아니라 우수한 기동특성을 가지고 있기 때문에 발전용과 기계구동용으로 동시에 사용되고 있다. 발전용 가스터빈은 화력발전에 비해 우수한 기동/정지 특성을 가지고 있기 때문에 초기에 주로 첨두부하용으로 사용하였다. 아울러 가스터빈은 부하를 신속하게 증가시킬 수 있기 때문에 전력망 주파수 조절용으로도 사용하고 있다. 그러나 현재는 우수한 신뢰도 및 이용도를 바탕으로 기저부하용으로도 많이 사용하고 있다.

대부분의 고성능 가스터빈은 TIT를 높이기 위해 1단 노즐과 버켓에 공기냉각을 적용하고 있다. 공기냉각을 적용하면 냉각공기는 노즐 표면을 빠져나와 연소가스 주유동과

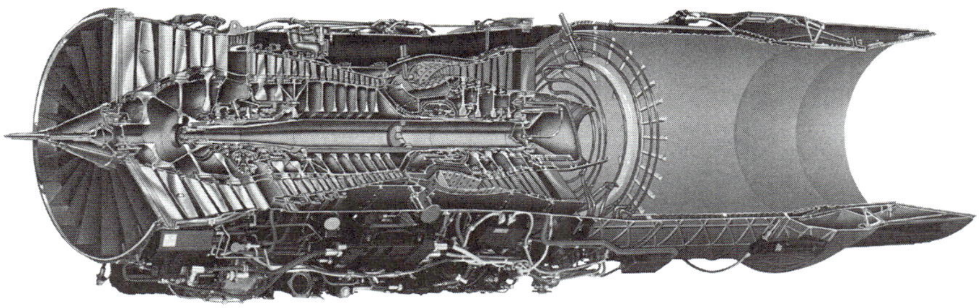

(a) 항공용 재열사이클 가스터빈 (F100-PW-229 터보팬엔진, P/W)

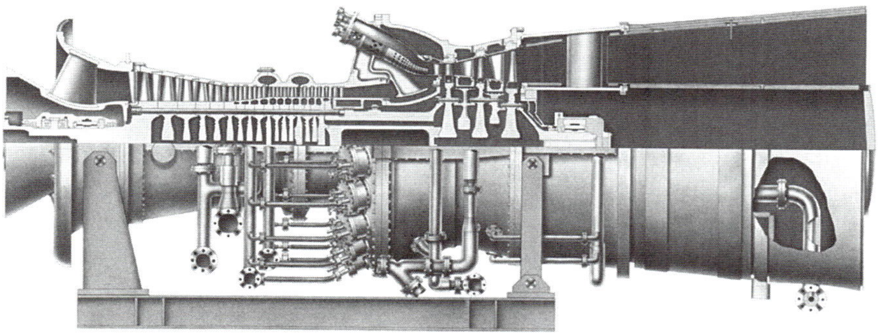

(b) 발전용 가스터빈 (F-class gas turbine, GE)

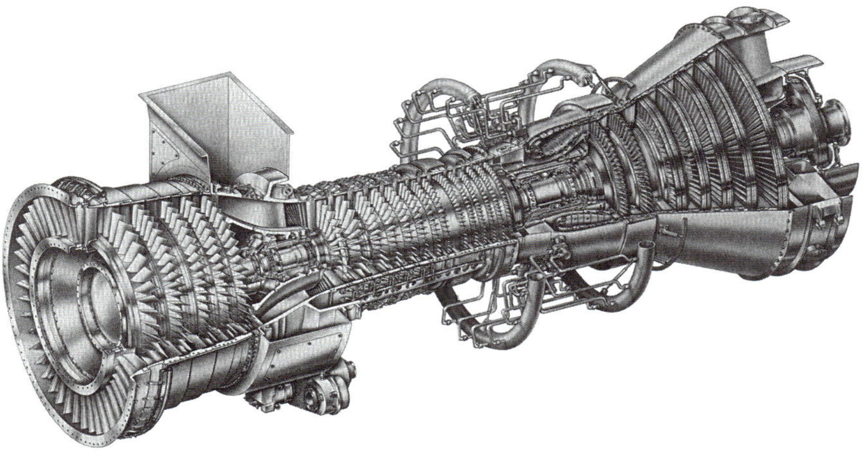

(c) 항공파생형 중간냉각사이클 가스터빈 (LM6000, GE)

그림 7.1 가스터빈 형상

합류하기 때문에 1단 버켓에 유입되는 연소가스 온도는 터빈 1단 노즐 입구 온도보다 비교적 크게 낮아진다. 2010년 GE는 증기를 이용해서 블레이드를 냉각시키는 H-class 가스터빈을 개발하였다. 증기냉각이 공기냉각과 다른 점은 냉각용 증기는 노즐과 버켓 모두에서 밀폐회로를 지나기 때문에 냉각에 사용한 증기가 연소가스 주유동과 합류하지 않

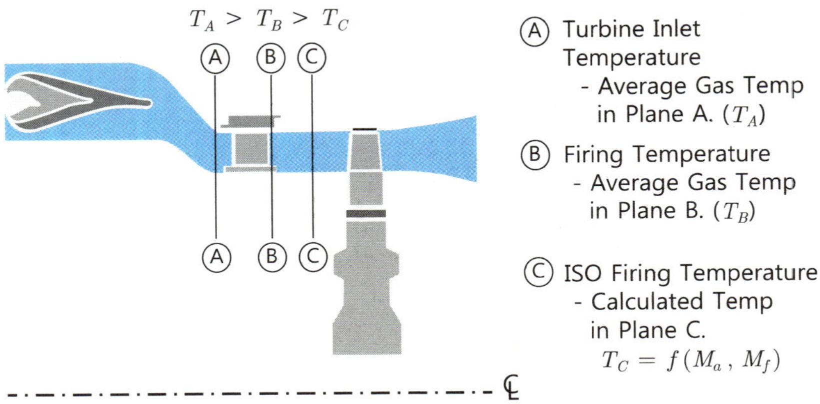

그림 7.2 TIT와 연소온도 정의

는다는 것이다. 따라서 증기냉각을 적용하면 1단 노즐 출구를 빠져나오는 연소가스 온도가 공기냉각에 비해 크게 높아지며, 이로 인해 가스터빈 성능이 향상된다. 이런 이유 때문에 GE는 가스터빈 성능을 나타내는 변수로 TIT 대신에 연소온도(firing temperature)를 사용하기도 한다. 그림 7.2에 TIT와 연소온도에 대한 정의를 나타냈다.

최근 들어 증기냉각 방법은 개발이 정체되어 있는 상태이다. 첫째 이유는 냉매로 사용하는 증기의 누설을 완벽하게 차단하기 어렵기 때문이다. 특히 회전체인 버켓 냉각에 사용하는 증기의 누설을 완벽하게 차단하기 어렵다. 둘째 이유는 노즐과 버켓 단면을 기준으로 살펴보면, 앞전과 뒷전 부분의 온도가 상대적으로 높은 편인데, 이 부분에 증기가 지나는 통로를 만들기 어렵기 때문이다. 그리고 셋째 이유는 HRSG에서 냉매로 사용하는 증기를 생산하기 위해서는 오랜 시동시간이 요구되기 때문에 가스터빈 복합발전 고유의 장점인 운전 유연성이 불량해지기 때문이다. 따라서 대부분의 발전용 가스터빈 제작사는 증기냉각을 포기하고 공기냉각을 적용하여 새로운 대형 고효율 가스터빈을 개발하고 있다. 아울러 SC는 DS에 비해 잉곳 가격이 2.5배 정도 고가이기 때문에 가격경쟁력을 확보하기 위해 신규로 개발하는 가스터빈의 터빈 1단에도 SC 블레이드의 적용을 배제하고 DS 블레이드를 적용하고 있는 추세이다.

그림 7.1을 통해서 확인할 수 있는 것처럼 발전용 가스터빈은 항공용 가스터빈과 거의 유사하지만 설계 및 형상 측면에서 몇 가지 다른 특징을 가지고 있으며, 그 내용을 정리하면 다음과 같다.

1) 항공용 가스터빈은 가스터빈 분류상 터보제트(또는 터보팬) 엔진이며, 발전용 가스터빈은 터보샤프트 엔진이다. 항공용 가스터빈은 배기가스를 고속으로 배출시켜 추력을 얻는다. 따라서 터빈에서는 압축기(또는 압축기와 팬)를 구동시키는 데 필요한 동력만 생산한다. 즉 고온의 배기가스가 가지고 있는 에너지 가운데 일부만을 기계

적 에너지로 변환시켜서 사용하고 나머지는 배기노즐을 통해 고속으로 배출시켜 추력을 얻는다. 이에 반해 발전용 가스터빈은 추력이 필요 없기 때문에 추력 발생에 사용하는 에너지를 기계적인 일로 변환시켜 발전기를 구동한다. 따라서 발전용 가스터빈은 항공용 가스터빈에 비해서 터빈 단 수가 더 많은 것이 특징이다. 최근에 개발한 대형 발전용 가스터빈의 터빈은 4단이며, 항공용은 3단 이하이다. 그러나 대형 민간 항공기에 사용하는 고바이패스비를 가지는 대형 터보팬 엔진의 터빈은 7단인 경우도 있다. 이렇게 터빈 단 수가 많은 이유는 추력의 약 85% 정도를 생산하는 팬에 큰 동력을 전달해주기 위함이다. 그리고 그림 7.1(c)에 나타나 있는 항공파생형 가스터빈도 터빈이 7단으로 구성되어 있다.

2) 발전용 가스터빈은 연소가스가 가지고 있는 모든 에너지를 터빈에서 기계적 에너지로 변환시킬 수 있다면 가장 이상적이겠지만 가스터빈 배기가스는 많은 열에너지를 포함한 고온 상태로 가스터빈을 빠져나간다. 따라서 HRSG를 이용하여 가스터빈 배기가스에 포함되어 있는 열에너지를 회수하여 증기터빈에서 추가적으로 동력을 생산한다. 발전용 가스터빈을 복합사이클(combined cycle = Brayton cycle + Rankine cycle)로 운전하는 경우에는 하부사이클 운전조건을 고려하여 복합사이클 열효율이 최고가 되도록 가스터빈 운전조건을 결정한다. 가스터빈을 이용한 복합발전에서 상부사이클(topping cycle)이란 가스터빈으로 구성되는 브레이턴사이클을 의미하며, 하부사이클(bottoming cycle)이란 증기터빈과 HRSG로 구성되는 랭킨사이클을 의미한다.

3) 항공용 가스터빈은 회전속도가 가변(variable rpm)이지만 발전용 가스터빈은 고정(fixed rpm)이다. 대형 발전용 가스터빈은 3,000 rpm과 3,600 rpm이 있으며, 각각 50 Hz와 60 Hz의 전기를 생산하기 위해 사용한다. 중소형 가스터빈은 회전속도가 3,600 rpm 이상이며, 감속기어를 사용하여 요구되는 속도로 감속시켜 사용한다.

4) 압축기에서 나타나는 가장 뚜렷한 외형적인 차이점은 hade angle이다. Hade angle은 압축기 각 단 블레이드의 허브 또는 팁을 연결한 선이 로터축과 이루는 각도이다. 그림 7.1에서 살펴볼 수 있듯이 발전용 가스터빈의 허브 hade angle은 일반적으로 0이다. 이렇게 하면 압축기 디스크의 지름이 일정하기 때문에 가스터빈 제작비를 절감할 수 있다. 이와 반대로 항공용 가스터빈은 공기저항을 최소화시키기 위해 팁 hade angle을 0으로 하는 것이 일반적이다.

5) 발전용 가스터빈은 연소기 형태와 배치상태가 항공용 가스터빈과 크게 다르다. 항공용 가스터빈이 공기저항과 무게를 최소화시킬 수 있는 환형 연소기를 사용하는데 비해 발전용 가스터빈은 캔형 연소기를 주로 사용한다. 그러나 항공파생형 가스터빈은 항공용 가스터빈과 마찬가지로 환형 연소기를 사용하고 있다. 한편, 연소기 설계에서 고려해야 할 가장 중요한 요소 가운데 하나는 공해물질 저감이다. 특히

발전용 가스터빈은 주거지역에도 설치하기 때문에 예혼합을 이용한 저공해 연소기가 필수적으로 요구된다. 지상에 설치하는 발전용 가스터빈은 연소가 일어나기 이전에 연료와 공기를 충분히 혼합시켜 주기 위한 공간 마련이 상대적으로 유리하다. 이런 이유로 대부분의 발전용 가스터빈은 역류형 연소기이면서 연소 이전에 충분히 연료와 공기를 혼합시켜주는 예혼합연소기(pre-mixed combustor)를 사용한다. 예혼합을 위해서는 더 많은 공간이 필요하며, 이로 인해 발전용 가스터빈 연소기는 가스터빈 로터축과 경사각을 이루고 있는 것이 특징이다. 이렇게 연소기가 경사각을 가지면 예혼합을 위한 공간 확보뿐만 아니라 가스터빈 축방향 길이를 짧게 유지시켜 줄 수 있다.

6) 항공용 가스터빈 가운데 군용기용 가스터빈은 그림 7.1(a)에 나타나 있는 것처럼 추력을 증강시키기 위해 후기연소기를 장착한다. 그리고 후기연소기가 작동하는 경우 가스터빈은 재열사이클로 운전된다. 대부분의 발전용 가스터빈은 재열사이클을 채택하지 않으며, 하부사이클에서 더 많은 전력을 얻기 위해 HRSG에서 보충연소(supplementary firing)하는 경우가 있다. 그러나 유일하게 알스톰사는 재열사이클을 적용한 발전용 가스터빈인 GT24와 GT26을 개발하여 사용하고 있으며, 국내에는 한국전력 중부발전이 보령복합발전소에 GT24 가스터빈 6대를 설치하여 운영하고 있다.

7.2 브레이턴사이클 해석

가스터빈에서 일어나는 모든 열역학적 과정은 실제적으로 다양한 손실을 수반한다. 그러나 가스터빈 사이클을 열역학적으로 살펴보기 위해서는 다양한 손실을 무시하고 손실이 없는 이상적인 사이클로 가정하여 해석한다. 따라서 열역학적으로 가스터빈 사이클을 해석하는 데 있어서 다음과 같은 가정을 반영한다.

1) 가스터빈 각각의 구성품 입구와 출구에서 작동유체의 운동에너지 변화는 무시할 정도로 작다.
2) 가스터빈 압축기 및 터빈에서 일어나는 압축과정과 팽창과정은 단열과정이다. 그리고 압축기 및 터빈에서 발생하는 손실은 없다. 그러므로 압축과정과 팽창과정은 등엔트로피과정이다.
3) 가스터빈 각각의 구성품에서 발생하는 압력손실은 없다.
4) 열교환기에서 열교환이 완벽하게 일어나서 열교환기 효율은 100%이다.

5) 가스터빈을 통과하는 작동유체의 질량유량이 일정하다. 실제로 압축기에서는 약간의 압축공기 누설이 발생하며, 연소기에서는 연료가 지속적으로 유입되기 때문에 압축기로 유입되는 공기의 질량유량과 터빈을 빠져나가는 연소가스의 질량유량 사이에는 차이가 발생한다. 그러나 이런 차이는 매우 작은 편이기 때문에 일반적으로 무시한다.
6) 가스터빈을 지나는 작동유체 성분은 동일하며, 일정한 비열을 가지는 이상기체이다. 실제로 가스터빈에서는 연소가 일어나면서 작동유체 성분이 바뀐다. 그러나 연소과정을 열교환기로 대체하면 이 같은 가정이 가능하다.
7) 베어링 손실 및 디스크에서 발생하는 유체마찰은 무시한다.

7.2.1 단순사이클

열역학적으로 가스터빈은 브레이턴사이클이다. 그런데 가스터빈의 열효율 향상을 위해 압축기와 터빈에 다양한 부가장치를 사용하기도 한다. 대표적인 부가장치로는 압축공기 중간냉각기(intercooler), 배기가스를 이용한 압축공기 가열용 열교환기, 재열기 등이 있다. 이런 부가장치를 사용하지 않고 단순하게 압축기, 연소기, 터빈으로 구성되어 있는 기본적인 가스터빈에 대한 열역학적 사이클을 단순사이클(simple cycle)이라 한다. 따라서 단순사이클은 압축기에서 단열압축, 연소기에서 정압연소, 터빈에서 단열팽창이 일어나는 가장 기본적인 가스터빈 사이클이다. 한편, 복합발전에서 가스터빈 단독으로 발전하는 것을 단순사이클 운전이라고 한다. 이때 가스터빈을 빠져나가는 배기가스는 대기중으로 버려진다. 이렇게 단순사이클이라는 용어는 두 가지 의미로 동시에 사용하고 있다. 여기서는 전자에 대해서 살펴보기로 한다.

단순사이클을 이해하기 위해 가스터빈을 통과하는 작동유체의 상태변화를 살펴보기로 한다. 그림 7.3에 나타나 있는 것처럼 가스터빈 입구를 통해 작동유체인 신선한 공기가 유입되어 압축기에서 높은 압력으로 압축된다. 이때 압축기는 동일 축으로 연결되어 있는 터빈으로부터 동력을 공급받아 공기를 압축시킨다. 압축과정에서 열이 가해지지는 않는다. 그러나 압축에 의하여 공기 온도가 자연스럽게 올라가기 때문에 압축기를 빠져나

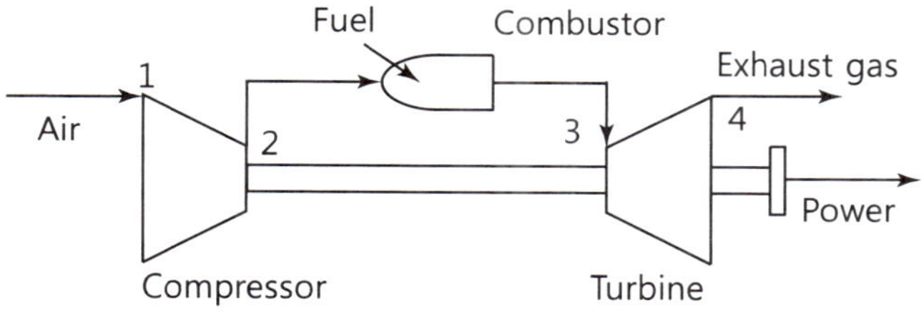

그림 7.3 단순사이클 가스터빈

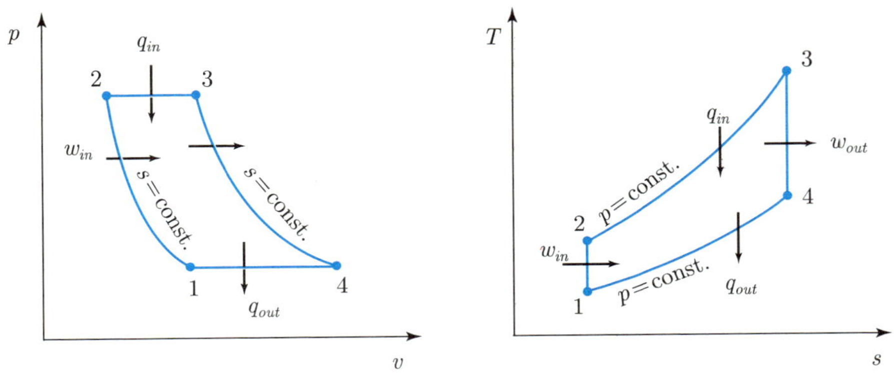

그림 7.4 단순사이클 가스터빈 $p-v$, $T(h)-s$선도

가는 공기는 비교적 높은 온도를 가진다. 열역학적으로 가스터빈을 해석할 때 압축기 케이싱을 통하여 외부로 방출되는 열은 없다고 가정하며, 압축과정에서 발생하는 손실도 없다고 가정한다. 따라서 압축과정은 가역단열과정이 되기 때문에 그림 7.4에 나타나 있는 것처럼 등엔트로피과정이 된다.

압축된 공기는 연소기로 보내지며, 연소기 내부에서 분사된 연료와 혼합되어 연소된다. 연소는 $p-v$선도에 나타나 있는 것처럼 정압상태에서 일어난다. 그러나 실제적으로 연소가 진행되면서 유체마찰과 연소에 의한 급격한 온도 상승으로 인해 연소기에서 약 3~4% 압력손실이 발생한다. 연소가 일어나면서 연료가 가지고 있는 화학적 에너지가 열에너지로 변환된다. 따라서 연소가 일어나는 일차영역(primary zone)에서 국부적으로 최고온도가 발생한다. 연소기에서는 혼합, 연소, 희석, 냉각 등이 동시에 일어나기 때문에 연소기 설계는 매우 어려우면서 복잡하다. 연소기에서 연소가 일어나면 연소가스의 비체적이 급격하게 증가하는데, 연소실 체적은 일정한 상태로 유지되고 있기 때문에 연소가스는 큰 속도로 연소기를 빠져나가 터빈을 통과한다. 즉 연소를 통하여 연료의 화학적 에너지는 열에너지와 운동에너지로 변환된다. 결론적으로 연소기에서는 에너지 수준이 높은 연소가스가 만들어지며, 연소가스는 높은 수준의 열에너지, 압력에너지, 운동에너지를 보유한 상태로 터빈으로 보내진다.

터빈으로 유입된 고속의 연소가스가 가지고 있는 에너지는 터빈에서 기계적인 일로 변환된다. 터빈에서의 에너지 변환은 두 단계로 일어나는데, 우선 노즐에서 고온고압의 연소가스가 팽창되고 가속된다. 즉 노즐에서 연소가스 압력에너지의 일부가 운동에너지로 변환된다. 그리고 노즐을 빠져나온 연소가스는 버켓으로 유입되어 열에너지와 운동에너지가 기계적인 일로 변환된다. 한편, 터빈 케이싱을 통하여 외부로 방출되는 열이 없다고 가정하면 터빈에서의 팽창과정은 단열과정이다. 그리고 터빈에서 발생하는 손실이 없다고 가정하면 터빈에서의 팽창과정은 등엔트로피과정이다. 산업용 가스터빈은 터빈에서 생산한 동력 가운데 일부를 압축기를 구동하는 데 사용하며, 그 나머지는 발전기(발전용 가스터빈), 선박용 프로펠러(선박추진용 가스터빈), 또는 펌프나 압축기(기계구동용 가스터빈) 등을 구동하는 데 사용한다. 산업용 가스터빈은 터빈에서 발생한 동력의 약 50% 정도를 압축기 구동동력으로 사용한다.

터빈을 빠져나온 배기가스는 대기중으로 방출된다. 물론 복합사이클로 운전하면 배기가스는 HRSG를 거쳐서 대기중으로 방출된다. 따라서 실제적인 브레이턴사이클은 모든 과정이 상태 4에서 종료되는 개방사이클이다. 그런데 사이클이 완성되기 위해서는 최초 상태로 돌아와야 하기 때문에 과정 4 → 1을 정압냉각과정으로 처리한다. 이는 배기가스가 대기중으로 배출되어 냉각되며, 입구에서는 신선한 대기중의 공기가 새로이 유입되기 때문에 정당성을 가진다. 따라서 그림 7.4에서와 같이 정압냉각과정을 추가하여 밀폐사이클로 만들어 준다.

단순사이클 가스터빈에 대한 열역학적 해석을 위해 4장에서 유도한 관계식 대신에 개방계에 대한 열역학 제1법칙을 이용하기로 하자. 개방계에 대한 열역학 제1법칙은 다음과 같다.

$$q_{12} = (h_2 - h_1) + \frac{1}{2}(c_2^2 - c_1^2) + g(z_2 - z_1) + w_{12} \tag{3.29}$$

한편, 운동에너지 및 위치에너지 변화량을 무시하면 위 식은 다음과 같이 간단하게 된다.

$$q_{12} = (h_2 - h_1) + w_{12} \tag{7.1}$$

단순사이클 가스터빈에 대한 열역학적 해석은 다음과 같다.

과정 1 → 2

과정 1 → 2는 압축기에서 일어나는 등엔트로피압축과정이다. 따라서 가스터빈 압축기에 공급해야 할 일의 크기는 식 (7.1)을 이용해서 계산할 수 있다. 압축기는 단열되어 있다고 가정할 수 있으므로 열량은 0이다. 따라서 압축과정에서 발생하는 일과 열량의 크기는 다음과 같다.

$$w_{12} = w_C = -(h_2 - h_1) = -c_p(T_2 - T_1) \tag{7.2}$$

$$q_{12} = 0 \tag{7.3}$$

가스터빈은 열역학적으로 개방계이며, 개방계에서의 일은 공업일이다. 따라서 압축기에 공급해주어야 할 일의 크기는 그림 7.4의 $p-v$선도에서 과정 1 → 2의 p축에 대한 투영면적 크기이다. 식 (7.2)에서 w_C는 압축기에서의 일을 의미하며, $h_2 > h_1$이기 때문에 음(−)의 부호를 가진다. 여기서 음(−)의 부호는 압축기가 공기를 압축시키기 위해 터빈으로부터 동력을 공급받는다는 것을 의미한다. 한편, 압축기 케이싱은 단열되어 있을 뿐만이 아니라 공기가 압축기를 매우 빠른 속도(약 마하 0.5)로 통과하여 주위와 열교환이 일어나지 않기 때문에 $q_{12}=0$이다. 이는 그림 7.4의 $T-s$선도에서 과정의 s축에 대한 투영면적이 0이라는 것을 통해 쉽게 알 수 있다.

과정 $1 \rightarrow 2$는 등엔트로피과정이므로 p, v, T 관계식은 다음과 같다.

$$pv^{\gamma}=\text{const.}$$

즉 압축과정은 $p-v$선도에서 경로 $1 \rightarrow 2$를 따라 가는데, 이 경로를 특징짓는 관계식이 $pv^{\gamma}=\text{const.}$이다. 한편, 상태 1과 상태 2의 관계는 아래와 같은 식으로 결정된다.

$$p_1 v_1^{\gamma}=p_2 v_2^{\gamma}$$

압축기에서의 압력 상승은 p_2/p_1로 정의하는 압력비(pressure ratio)를 이용하여 나타낸다.

$$PR=\frac{p_2}{p_1}$$

가스터빈에서는 압축비(compression ratio)라는 용어를 사용하지 않는데, 이는 압축비라는 용어가 공기의 압력에 대한 비율이라기보다는 밀도에 대한 비율을 의미하기 때문이다. 참고로, 왕복운동 내연기관 해석에 압축비를 사용하며, 압축비는 $v_1/v_2(=\rho_2/\rho_1)$로 정의한다.

과정 2 → 3

과정 $2 \rightarrow 3$은 연소기에서 일어나는 정압연소과정이다. 즉 정압상태에서 연소를 통하여 열량이 계 내부로 유입되는 과정이다. 일이 일어나기 위해서는 물체의 이동이나 축의 회전이 있어야 하는데, 연소기는 항상 고정되어 있기 때문에 일 발생과는 전혀 관계가 없다. 즉 연소기에서는 연소를 통하여 연료의 화학적 에너지가 열에너지로 변환되는 것이며, 이 에너지 변환 과정에서 일이 만들어지는 것은 아니다. 따라서 연소과정에서 발생한 일의 크기는 0이다. 연소기에는 연료를 공급한다. 따라서 연소기에 공급한 연료가 연소되어 발생한 열량의 크기는 식 (7.1)을 이용하여 계산할 수 있으며, 다음과 같다.

$$w_{23}=0 \tag{7.4}$$

$$q_{23}=q_{in}=h_3-h_2=c_p(T_3-T_2) \tag{7.5}$$

공업일은 과정의 p축에 대한 투영면적 크기이므로 $p-v$선도에서 연소과정에서 발생하는 일의 크기가 0이라는 것을 알 수 있다. 어떤 계에 열량을 공급하면 그 값은 양(+)

이다. 한편, $h_3 > h_2$이기 때문에 연소과정에서의 열량을 나타내는 식 (7.5)의 결과도 양(+)의 값을 가지는 것을 알 수 있다. 한편, 연소는 정압상태에서 일어나기 때문에 연소과정에서 공급한 열량의 크기가 정압비열과 온도차의 곱으로 나타나는 식 (7.5)의 결과는 물리적으로 타당하다는 것을 알 수 있다.

과정 2→3은 정압과정이므로 p, v, T 관계식은 이상기체 상태방정식으로부터 다음과 같이 구해진다.

$$\frac{T}{v} = \text{const.}$$

즉 과정 2→3은 $p-v$선도에 나타나 있는 것처럼 압력이 일정하게 유지되는 과정이며, 이 경로를 특징짓는 관계식이 $\frac{T}{v} = \text{const.}$이다. 따라서 상태 2와 상태 3의 관계는 아래와 같은 식으로 결정된다.

$$p_2 = p_3$$

$$\frac{T_3}{T_2} = \frac{v_3}{v_2}$$

과정 3→4

과정 3→4는 터빈에서 일어나는 등엔트로피팽창과정이다. 터빈에서 발생하는 손실을 무시하면 가역과정이며, 터빈 케이싱을 통하여 빠져나가는 열이 없다고 가정하면 단열과정이다. 따라서 그림 7.4의 $T-s$선도에 나타나 있는 것처럼 터빈에서 일어나는 팽창과정은 등엔트로피과정이다. 식 (7.1)을 이용하여 터빈에서 발생하는 일과 열량의 크기는 다음과 같다.

$$w_{34} = w_T = -(h_4 - h_3) = h_3 - h_4 = c_p(T_3 - T_4) \tag{7.6}$$

$$q_{34} = 0 \tag{7.7}$$

여기서 w_T는 터빈에서 생산되는 출력을 나타내며, $h_3 > h_4$이기 때문에 양(+)의 부호를 가진다. 즉 터빈에서는 연소가스에 포함되어 있는 압력에너지, 운동에너지, 열에너지를 기계적 에너지로 변환시켜 압축기 및 발전기(또는 선박용 스크루 또는 펌프)를 구동시키기 위한 출력이 생산된다. 따라서 터빈에서는 일이 생산되어 계 외부로 전달되며, 이는 열역학적으로 양(+)의 일이다. 한편, 터빈에서 일어나는 팽창과정은 단열상태에서 진행되기 때문에 팽창과정에서 계를 통과하는 열량은 없다.

과정 3→4는 등엔트로피과정이므로 p, v, T 관계식은 다음과 같다.

$$pv^{\gamma} = \text{const.}$$

따라서 상태 3과 상태 4의 관계는 다음과 같다.

$$p_3 v_3^{\gamma} = p_4 v_4^{\gamma}$$

과정 4 → 1

과정 4 → 1은 배기과정에서 일어나는 정압냉각과정이며, 정압배기과정이라고도 한다. 터빈을 빠져나온 배기가스는 대기중으로 배출되고 새로운 신선한 공기가 압축기를 통하여 유입된다. 따라서 배기와 흡기는 동일한 대기압 상태에서 일어나기 때문에 과정 4 → 1은 정압과정이다. 한편, 대기중으로 배출되는 배기가스는 고온상태로서 많은 열량이 포함되어 있다. 따라서 이 과정은 방열과정(냉각과정)이다. 이 과정에서 발생하는 일과 열량 크기는 다음과 같다.

$$w_{41} = 0 \tag{7.8}$$

$$q_{41} = q_{out} = h_1 - h_4 = c_p(T_1 - T_4) = -c_p(T_4 - T_1) \tag{7.9}$$

배기과정에서 발생한 일은 없으며, 이는 $p-v$선도를 통해서 쉽게 확인할 수 있다. 한편, 이 과정에서 고온의 배기가스를 외부로 방출하기 때문에 열량은 음(−)의 값을 가진다.

배기과정은 정압과정이므로 과정 2 → 3에서와 마찬가지로 p, v, T 관계식은 다음과 같다.

$$\frac{v}{T} = \text{const.}$$

따라서 상태 4와 상태 1의 관계는 아래와 같은 식으로 결정된다.

$$p_4 = p_1$$

$$\frac{T_1}{T_4} = \frac{v_1}{v_4}$$

이제 단순사이클의 비출력과 열효율을 살펴보자. 가스터빈에서 생산된 출력(system output)은 다음과 같다.

$$w_{sys} = \oint \delta w = w_{12} + w_{23} + w_{34} + w_{41} = w_C + w_T$$

$$w_{sys} = c_p(T_3 - T_4) - c_p(T_2 - T_1)$$

$$w_{sys} = c_p T_1\left(\frac{T_3}{T_1} - \frac{T_4}{T_1} - \frac{T_2}{T_1} + 1\right) \tag{7.10}$$

단순사이클 $p-v$선도에서 다음과 같은 압력 관계식이 성립한다.

$$\frac{p_2}{p_1} = \frac{p_3}{p_4} \tag{7.11}$$

한편, 과정 1 → 2와 과정 3 → 4는 단열과정이기 때문에 식 (4.24)로부터 다음과 같은 관계식이 성립한다.

$$\frac{T_2}{T_1} = \left(\frac{p_2}{p_1}\right)^{\frac{\gamma-1}{\gamma}}, \quad \frac{T_3}{T_4} = \left(\frac{p_3}{p_4}\right)^{\frac{\gamma-1}{\gamma}}$$

$$\therefore \quad \frac{T_2}{T_1} = \frac{T_3}{T_4} = \left(\frac{p_2}{p_1}\right)^{\frac{\gamma-1}{\gamma}} \tag{7.12}$$

식 (7.10)을 간단히 하기 위해 다음과 같이 정의하자.

$$\frac{T_3}{T_1} = t, \quad \frac{p_2}{p_1} = r, \quad \frac{T_2}{T_1} = c = r^{\frac{\gamma-1}{\gamma}} \tag{7.13}$$

여기서 T_3는 사이클 최고온도로서 TIT이며, r은 압력비이다.

식 (7.13)을 식 (7.10)에 대입하면 다음과 같은 관계식을 유도할 수 있다.

$$\frac{w_{sys}}{c_p T_1} = t\left(1 - \frac{1}{c}\right) - (c-1) \tag{7.14}$$

식 (7.14)에서 $\frac{w_{sys}}{c_p T_1}$은 비출력(specific work output)으로서 무차원수이다. 비출력이란 작동유체 단위질량유량당 출력을 의미한다. 따라서 비출력은 압력비(r)와 사이클 최고온도(T_3)에 의해 결정된다는 것을 알 수 있다.

그림 7.5에 단순사이클 가스터빈의 압력비 변화에 따른 비출력 크기를 일정한 최고온도의 함수로 나타냈다. 이 그림으로부터 최고온도가 일정한 상태에서 최대 비출력을 가지는 압력비가 존재한다는 것을 알 수 있다. 그리고 최대 비출력이 나타나는 압력비는 최고온도가 증가할수록 커진다는 것을 알 수 있다. 이런 이유 때문에 가스터빈 압력비와 TIT가 동반하여 지속적으로 향상되고 있다.

이제 단순사이클 가스터빈의 열효율을 살펴보기 위해 각 과정에서 열의 출입을 살펴보자. 압축기와 터빈에서 일어나는 과정은 단열과정이기 때문에 열의 출입이 없다. 그러나 연소기에는 열을 공급하며, 배기과정에서는 대기중으로 열을 방출한다. 따라서 가스터빈에서 출입한 열량 크기를 계산하면 다음과 같다.

$$q_{sys} = \oint \delta q = q_{12} + q_{23} + q_{34} + q_{41}$$

$$q_{sys} = c_p(T_3 - T_2) - c_p(T_4 - T_1) \tag{7.15}$$

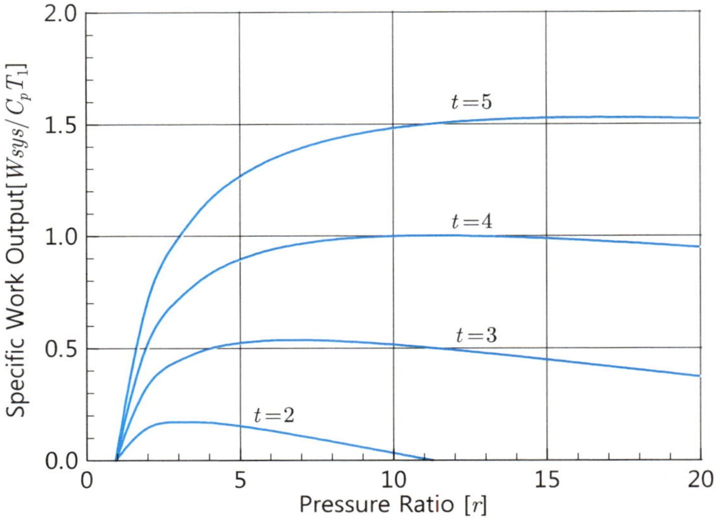

그림 7.5 단순사이클 가스터빈 비출력

식 (7.15)에서 우측 첫째 항은 연소과정에서 가스터빈에 공급한 열량(q_{in})을 나타내며, 둘째 항은 배기과정에서 외부로 배출된 열량(q_{out})을 나타낸다. 열효율을 나타낸 식 (6.19)를 이용하여 단순사이클의 열효율을 구할 수 있다.

$$\eta_{th} = 1 - \frac{T_4 - T_1}{T_3 - T_2} \tag{7.16}$$

식 (7.16)에 단순사이클 가스터빈의 열효율이 온도만의 함수로 나타나 있다. 그러나 이 식을 이용하여 단순사이클 가스터빈의 열효율을 계산하기 위해서는 각 과정 종료 후 모든 지점에서의 온도를 파악해야 하기 때문에 번거롭다. 더구나 이 식을 이용해서 단순사이클 가스터빈의 열효율 특성을 정확하게 파악하기 매우 어렵다. 따라서 단순사이클 가스터빈의 열효율 관계식을 다음과 같이 간단하게 할 필요가 있다.

$$\eta_{th} = 1 - \frac{T_1\left(\frac{T_4}{T_1} - 1\right)}{T_2\left(\frac{T_3}{T_2} - 1\right)} \tag{7.17}$$

식 (7.12)에서 다음과 같은 관계식이 성립한다는 것을 알 수 있다.

$$\frac{T_2}{T_1} = \frac{T_3}{T_4} \quad \Rightarrow \quad \frac{T_4}{T_1} = \frac{T_3}{T_2} \quad \Rightarrow \quad \left(\frac{T_4}{T_1} - 1\right) = \left(\frac{T_3}{T_2} - 1\right) \tag{7.18}$$

식 (7.18)을 (7.17)에 적용시키면 단순사이클 가스터빈의 열효율은 다음과 같다.

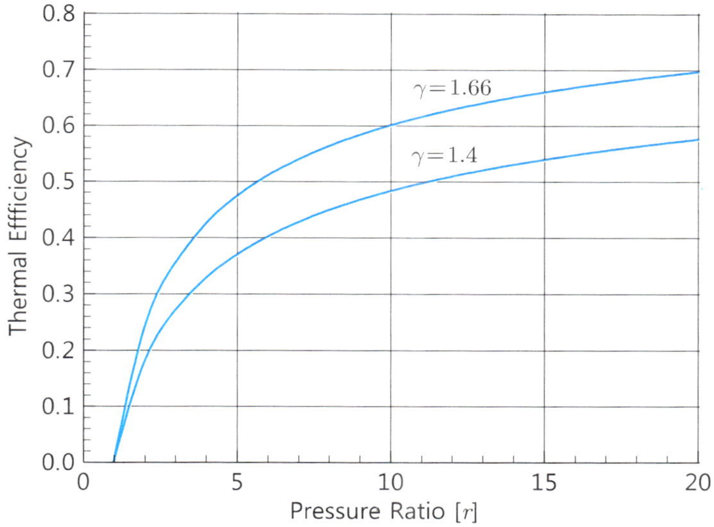

그림 7.6 단순사이클 가스터빈 열효율

$$\eta_{th} = 1 - \frac{T_1}{T_2} \tag{7.19}$$

식 (7.19)에서 과정 1 → 2는 등엔트로피과정이므로 등엔트로피과정에 대한 온도와 압력 관계식인 식 (4.24)를 이용하면 단순사이클 가스터빈 열효율은 다음과 같다.

$$\eta_{th} = 1 - \left(\frac{p_1}{p_2}\right)^{\frac{\gamma-1}{\gamma}} = 1 - \left(\frac{1}{r}\right)^{\frac{\gamma-1}{\gamma}} = 1 - \frac{1}{c} \tag{7.20}$$

따라서 단순사이클 가스터빈의 열효율은 압력비와 비열비의 함수라는 것을 알 수 있다.

그림 7.6에 단순사이클 가스터빈의 압력비 변화에 따른 열효율을 비열비에 대한 함수로 나타냈다. 이 그림으로부터 압력비와 비열비가 증가할수록 열효율이 증가한다는 것을 알 수 있다.

발전용 가스터빈 설계 및 개발과 관련된 가장 중요한 요소는 열효율과 비출력이다. 열효율은 경제적인 전력생산 및 공해물질 배출저감과 직결되기 때문에 발전용 가스터빈에서 가장 중요하게 취급하는 요소이다. 비출력은 최근 들어 발전용 가스터빈 설계에 있어서 중요한 요소가 되었다. 발전용 가스터빈의 단위출력당 가격은 가스터빈 단위기당 용량이 커질수록 작아진다. 따라서 발전용 가스터빈은 가격경쟁력을 확보하기 위해 점차 대형화되고 있는 추세이다. 그런데 현재는 발전용 가스터빈 외형 크기가 한계에 도달한 상태이다. 이 상태에서 단위기당 출력을 증가시키기 위해서는 비출력을 증가시켜야 한다. 따라서 현재는 발전용 가스터빈 설계에 있어서 비출력 또한 매우 중요한 요소가 되었다. 전통적으로 비출력은 항공용 가스터빈에서 가장 중요하게 취급하는 요소이다. 이는 비출력이 증가할수록 항공기의 비행성능이 향상되기 때문이다.

대형 발전용 가스터빈의 단위기당 출력은 대형 증기터빈에 비해 작은 편이다. 이는 가스터빈 크기가 압축기 블레이드 팁 회전속도에 의해서 제약을 받아 압축기로 유입되는 공기의 질량유량 증가에도 한계가 있기 때문이다. 참고로, 압축기로 유입되는 공기의 질량유량을 50 Hz용 가스터빈을 기준으로 비교하면, MHI의 J-class 가스터빈이 860 kg/s로써 가장 크며, Siemens의 H-class 가스터빈이 820 kg/s, GE의 9FB.05 가스터빈이 745 kg/s이다. 그리고 압축기로 유입되는 공기의 질량유량은 향후 1,000 kg/s에 도달한 후에 정체할 것으로 예상된다. 최근에는 가스터빈의 단위기당 출력을 증가시키기 위해 큰 비출력을 가지는 가스터빈이 개발되고 있다. 따라서 현재 발전용 가스터빈은 공기의 질량유량뿐만이 아니라 비출력 증가를 통하여 출력 측면에서 점차 대형화되고 있다. 그러므로 발전용 가스터빈의 열효율뿐만 아니라 비출력 특성을 자세하게 살펴볼 필요가 있다.

가스터빈 사이클 최고온도인 TIT는 터빈 블레이드 소재가 견딜 수 있는 온도에 의하여 결정된다. 그림 7.7에 일정한 최고온도에 대하여 압력비 변화를 달리한 $T-s$선도를 비교하여 나타냈다. 이 그림으로부터 최고온도가 일정한 상태에서 압력비가 증가할수록 열효율이 향상되는 것을 알 수 있다. 그런데 가스터빈 출력(터빈 생산 출력－압축기 소비 동력)은 압력비가 증가하면서 점차 증가하여 최대에 도달한 후 점차 작아지는 것을 알 수 있다. 그리고 압축기 출구에서의 공기 온도가 TIT와 동일해지는 압력비에 도달하면 가스터빈 열효율은 카로노사이클 열효율과 동일해져서 최대가 되지만 가스터빈에서 발생하는 출력이 없다는 것을 알 수 있다. 따라서 이 그림으로부터 가스터빈 열효율과 비출력 관점에서 서로 다른 최적의 압력비가 존재한다는 것을 확인할 수 있다. 즉 최대 비출력과 최고 열효율은 동일한 압력비에서 나타나지 않는다. 이에 대한 내용은 그림 7.8에 나타나 있는 압력비 변화에 따른 가스터빈의 열효율과 비출력 변화를 살펴보면 더욱 쉽게 이해할 수 있다.

그림 7.8에 TIT가 1,800°F인 가스터빈의 압력비 변화에 따른 비출력(＝터빈 생산 비

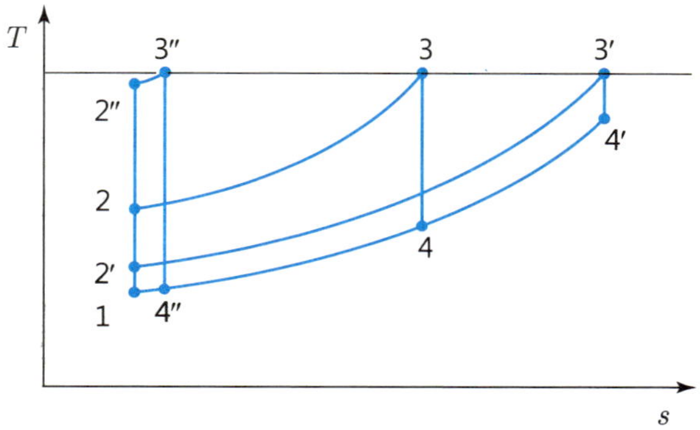

그림 7.7 일정한 최고온도를 가지는 가스터빈의 압력비 변화에 따른 $T(h)-s$선도

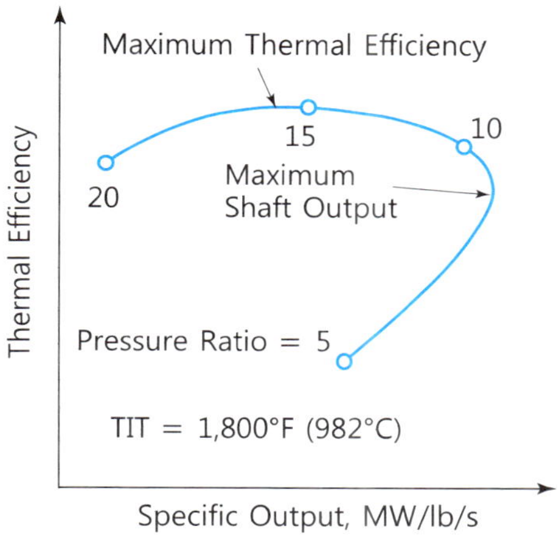

그림 7.8 압력비 변화에 따른 비출력 및 열효율 변화

출력−압축기 소비 비출력) 및 열효율 변화를 나타냈다. 이 그림으로부터 압력비가 점차 증가할수록(5에서 8까지) 비출력과 열효율이 동시에 증가하는 것을 확인할 수 있다. 이는 압력비가 증가할수록 터빈에서 생산되는 비출력이 압축기에서 소비하는 비출력보다 더욱 빠르게 증가하기 때문이다. 한편, 압력비가 증가하면 압축기 출구온도가 증가한다. 따라서 연소기에서 어떤 주어진 TIT까지 올려야 하는 온도가 줄어든다. 그 결과 연소기로 공급해야 할 연료량이 줄어들기 때문에 가스터빈 열효율이 향상된다. 가스터빈 비출력이 최대에 도달하면 터빈에서 생산하는 비출력과 압축기에서 소비하는 비출력이 동일한 비율로 증가한다. 이 상태에서 압력비가 더욱 증가(8에서 16까지)하면 압축기에서 소비하는 비출력이 터빈에서 생산하는 비출력보다 더 큰 비율로 증가하기 때문에 가스터빈 비출력이 줄어든다. 그러나 압력비가 증가함에 따라 연소기로 공급해야 할 연료량이 계속해서 줄어들기 때문에 가스터빈 열효율은 계속해서 향상된다. 가스터빈 압력비가 더욱 증가(16 이상)하면 압축기에서 소비하는 비출력이 크게 증가하여 압축기 출구온도 상승 효과를 상쇄하기 때문에 열효율이 낮아지기 시작한다. 결론적으로 어떤 주어진 TIT에 대하여 최대 비출력과 최고 열효율은 동일한 압력비에서 나타나지 않는다는 것을 알 수 있다. 한편, 가스터빈 TIT가 달라지면 이와 같은 현상이 나타나는 압력비가 달라진다. 그림 7.9에 다양한 TIT에 대한 압력비 변화에 따른 비출력 및 열효율 변화를 나타냈다.

가스터빈 효율은 압력비와 TIT뿐만이 아니라 구성품의 기계적 효율에 의해서도 영향을 받는다. 가스터빈 효율에 가장 큰 영향을 미치는 기계적 효율은 압축기 및 터빈 효율이다. 실제적으로 가스터빈 압축기와 터빈에서는 형상손실, 이차유동손실, 누설손실과 같은 다양한 손실이 발생한다. 따라서 그림 7.10을 통해서 알 수 있듯이 압축과정에서 소비하는 일의 크기는 이상적인 과정인 등엔트로피압축에 비해 크며, 터빈에서 생산되는 일의 크기는 이상적인 과정인 등엔트로피팽창에 비해서 작다. 따라서 압축기와 터빈 효율

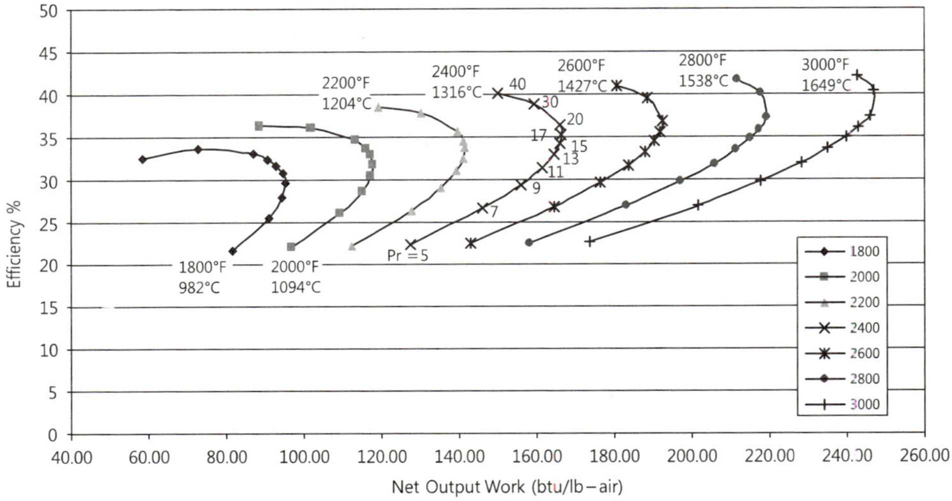

그림 7.9 다양한 TIT에 대한 압력비 변화에 따른 비출력 및 열효율 변화

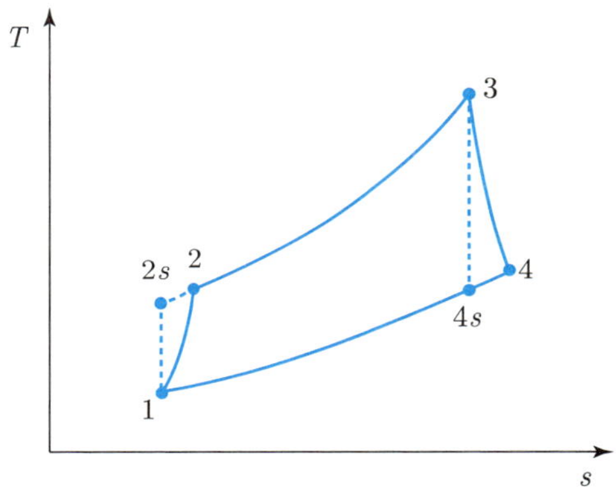

그림 7.10 압축기 및 터빈 손실이 반영된 $T(h)-s$ 선도

은 다음과 같이 정의한다.

$$\eta_C = \frac{h_{2s} - h_2}{h_2 - h_1} = \frac{T_{2s} - T_2}{T_2 - T_1} \tag{7.21}$$

$$\eta_T = \frac{h_3 - h_4}{h_3 - h_{4s}} = \frac{T_3 - T_4}{T_3 - T_{4s}} \tag{7.22}$$

여기서 η_C와 η_T는 각각 압축기 효율과 터빈 효율이다.

압축기에서 소비하는 실제적인 일의 크기를 계산하면 다음과 같다.

$$w_C = -\frac{1}{\eta_C} c_p (T_{2s} - T_1) = -\frac{c_p T_1}{\eta_C} \left(\frac{T_{2s}}{T_1} - 1 \right)$$

과정 $1 \rightarrow 2s$는 등엔트로피과정이기 때문에 다음과 같은 관계가 성립한다.

$$\frac{T_{2s}}{T_1} = \left(\frac{p_2}{p_1}\right)^{\frac{\gamma-1}{\gamma}} = r^{\frac{\gamma-1}{\gamma}} = c$$

따라서 압축기에서 소비하는 실제적인 일의 크기는 다음과 같다.

$$w_C = -\frac{c_p T_1}{\eta_C}(c-1) \tag{7.23}$$

이와 비슷한 방법으로 터빈에서 생산되는 실제적인 일의 크기를 계산하면 다음과 같다.

$$w_T = \eta_T c_p (T_3 - T_{4s}) = \eta_T c_p T_3 \left(1 - \frac{1}{c}\right) \tag{7.24}$$

가스터빈의 실제적인 비출력은 다음과 같이 정의할 수 있다.

$$w_{sys} = |w_T| - |w_C|$$

위에서 계산한 터빈과 압축기에서 발생한 일을 대입하면 가스터빈의 실제적인 비출력은 다음과 같다.

$$w_{sys} = \frac{c_p T_1}{\eta_C}(c-1)\left(\frac{\eta_C \eta_T t}{c} - 1\right) \tag{7.25}$$

여기서 $t = T_3 / T_1$이다.

한편, 가스터빈 열유입 크기는 다음과 같다.

$$q_{in} = c_p (T_3 - T_2) = c_p T_1 \left(\frac{T_3}{T_1} - \frac{T_2}{T_1}\right) \tag{7.26}$$

식 (7.21)로부터 다음과 같은 관계식을 유도할 수 있다.

$$\frac{T_2}{T_1} = 1 + \frac{1}{\eta_C}(c-1)$$

이 식을 식 (7.26)에 대입하면 가스터빈 열유입 크기는 다음과 같다.

$$q_{in} = \frac{c_p T_1}{\eta_C}\{\eta_C (t-1) - (c-1)\} \tag{7.27}$$

따라서 압축기 효율과 터빈 효율을 반영한 실제의 단순사이클 가스터빈 열효율은 다음과 같다.

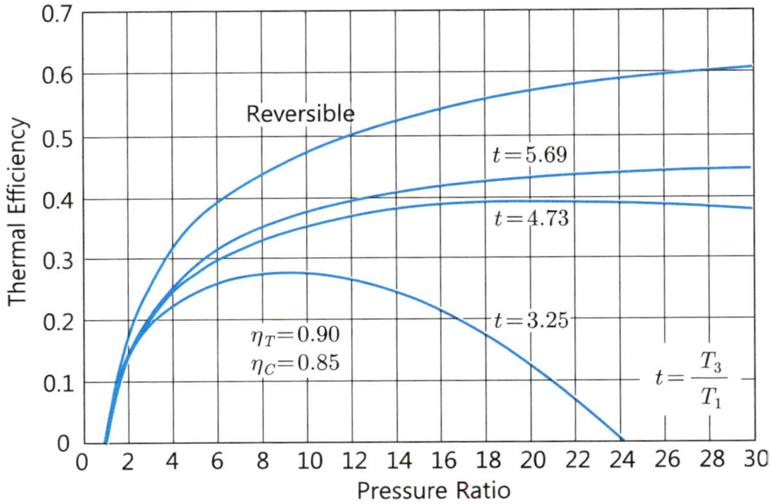

그림 7.11 압축기 및 터빈 효율이 반영된 가스터빈 효율

$$\eta_{sys} = \frac{w_{sys}}{q_{in}} = \frac{(c-1)(\eta_C \eta_T t - c)}{c\{\eta_C(t-1) - (c-1)\}} \tag{7.28}$$

그림 7.11에 식 (7.28)을 다양한 TIT에 대하여 나타냈다. 이 그림으로부터 TIT가 증가할수록 가스터빈 효율이 향상된다는 것을 알 수 있다. 아울러 각각의 TIT에 대해 가스터빈 효율이 최고가 되는 압력비가 존재한다는 것을 알 수 있다. 그리고 최고효율을 나타내는 압력비는 TIT가 증가할수록 커진다는 것을 알 수 있다.

연습문제 7.1

단순사이클로 작동하는 가스터빈 열효율과 가스터빈에서 생산되는 단위질량유량당 출력을 계산하라. 가스터빈 운전조건은 다음과 같다. 이 문제에서 압축기 입구, 연소기, 터빈 출구에서 발생하는 압력손실은 무시하라.

• Compressor inlet pressure and temperature	14.7 psia, 60°F
• Pressure ratio	12
• Compressor efficiency	0.88
• Turbine efficiency	0.90
• Turbine inlet temperature	2000°F
• Average constant pressure specific heat	0.25 Btu/lb · R
• Specific heat ratio	1.4

풀이

압축기 효율과 터빈 효율이 반영된 브레이턴사이클이 그림 7.10에 나타나 있다.

과정 $1 \rightarrow 2s$는 등엔트로피과정이다. 따라서 등엔트로피과정 p, v, T 관계식을 이용하여 상태 $2s$에서 압축공기 온도를 계산한다.

$$\frac{T_{2s}}{T_1} = \left(\frac{p_2}{p_1}\right)^{\frac{\gamma-1}{\gamma}} = 12^{\frac{0.4}{1.4}} = 2.03394$$

$$T_{2s} = (460+60) \times 2.03394 = 1057.6 \text{ R}$$

식 (7.21)에 나타나 있는 압축기 효율 $\eta_C = \dfrac{T_{2s} - T_1}{T_2 - T_1}$를 이용하여 상태 2에서 압축공기 온도를 계산하면, $T_2 = 1130.9$ R이다.

과정 $3 \rightarrow 4s$도 등엔트로피과정이다. 따라서 등엔트로피과정 p, v, T 관계식을 이용하여 상태 $4s$에서 연소가스 온도를 계산한다.

$$\frac{T_3}{T_{4s}} = \left(\frac{p_3}{p_{4s}}\right)^{\frac{\gamma-1}{\gamma}} = 2.03394$$

$$T_{4s} = 1209.5 \text{ R}$$

식 (7.22) 터빈 효율 $\eta_T = \dfrac{T_3 - T_4}{T_3 - T_{4s}}$를 이용하여 T_4를 계산할 수 있으며, $T_4 = 1334.6$ R이다.

보일러에서 공급받는 열량은 식 (7.26)을 이용하여 계산할 수 있다.

$$q_{in} = c_p(T_3 - T_2)$$

압축기 동력과 터빈 출력은 다음과 같다.

$$w_C = -c_p(T_2 - T_1)$$

$$w_T = c_p(T_3 - T_4)$$

가스터빈 열효율은 다음과 같다.

$$\eta_{sys} = \frac{w_T - w_C}{q_{in}} = 1 - \frac{T_4 - T_1}{T_3 - T_2} = 0.387$$

따라서 가스터빈 열효율은 38.7%이다.

한편, 가스터빈 출력은 다음과 같다.

$$w_{GT} = w_T - w_C = 128.6 \text{ Btu/lb}$$

이 연습문제에서 가스터빈 효율은 식 (7.28)을 이용해서 계산할 수도 있다. 그리고 가스터빈 출력은 식 (7.25)를 이용하여 계산할 수도 있다. ■

7.2.2 재생사이클

가스터빈을 빠져나가는 배기가스에는 비교적 많은 열량이 포함되어 있다. 따라서 그림 7.12에 나타나 있는 것과 같이 배기가스에 포함되어 있는 폐열을 이용한 압축공기 가열을 통해 에너지 수준을 높인 후 연소기에 공급하는 재생사이클(regenerative cycle) 가스터빈이 개발되었다. 재생사이클은 열교환사이클이라고도 불리며, 재생사이클을 구성하는 열교환기를 리큐퍼레이터(recuperator)라 한다. 압축기를 빠져나온 압축공기를 배기가스에 포함되어 있는 폐열을 이용하여 가열하여 연소기에 공급하면 가스터빈에 공급하는 연료량을 줄일 수 있기 때문에 재생사이클 가스터빈은 단순사이클 가스터빈에 비해 높은 열효율을 가진다. 재생사이클 가스터빈은 압축기 및 터빈 블레이드 길이가 짧아서 근본적으로 열효율이 낮은 소형 가스터빈에 많이 적용하고 있다. 그림 7.13에 대표적인 재열사이클 가스터빈인 Solar사의 Mercury 50 가스터빈과 작동유체 흐름도가 나타나 있다. 이 가스터빈 출력은 4.6 MW이며, 소형이지만 열효율은 38.5%로 매우 높은 편이다.

그림 7.14에 재생사이클 가스터빈에 대한 $p-v$선도와 $T-s$선도를 나타냈다. 이 그림에 나타나 있는 사이클 형상은 앞 절에서 살펴본 단순사이클과 동일하다. 그러나 재생사이클 가스터빈은 열량을 교환하는 과정에 있어서 단순사이클 가스터빈과 차이를 나타낸다. 즉 압축기를 빠져나온 압축공기는 연소기로 유입되기 전에 일차적으로 리큐퍼레이터에서 열교환(과정 $2 \rightarrow 5$)을 통해 열량을 공급받는다. 이렇게 공급받는 열량 크기는 $T-s$선도에 나타나 있는 면적 $2-5-B-A-2$이다. 리큐퍼레이터에서 일차적으로 열량을 공급받은 압축공기는 연소기에서 연소(과정 $5 \rightarrow 3$)를 통해 추가적으로 열량을 공급받으며, 공급받는 열량 크기는 면적 $5-3-D-B-5$이다. 한편, 터빈을 빠져나온 배기가스는 리큐퍼레이터를 지나면서 압축공기에 열량을 공급하는데, 이 크기는 $T-s$선도에 나타나 있는 면적 $4-D-C-6-4$이다. 그런데 리큐퍼레이터에서 열량을 주고받는 양은

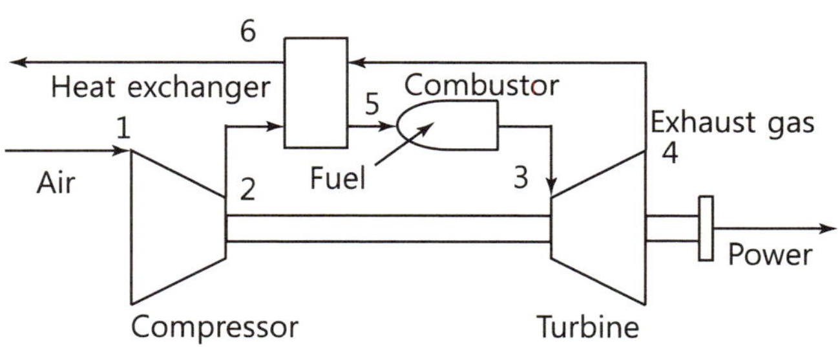

그림 7.12 재생사이클 가스터빈

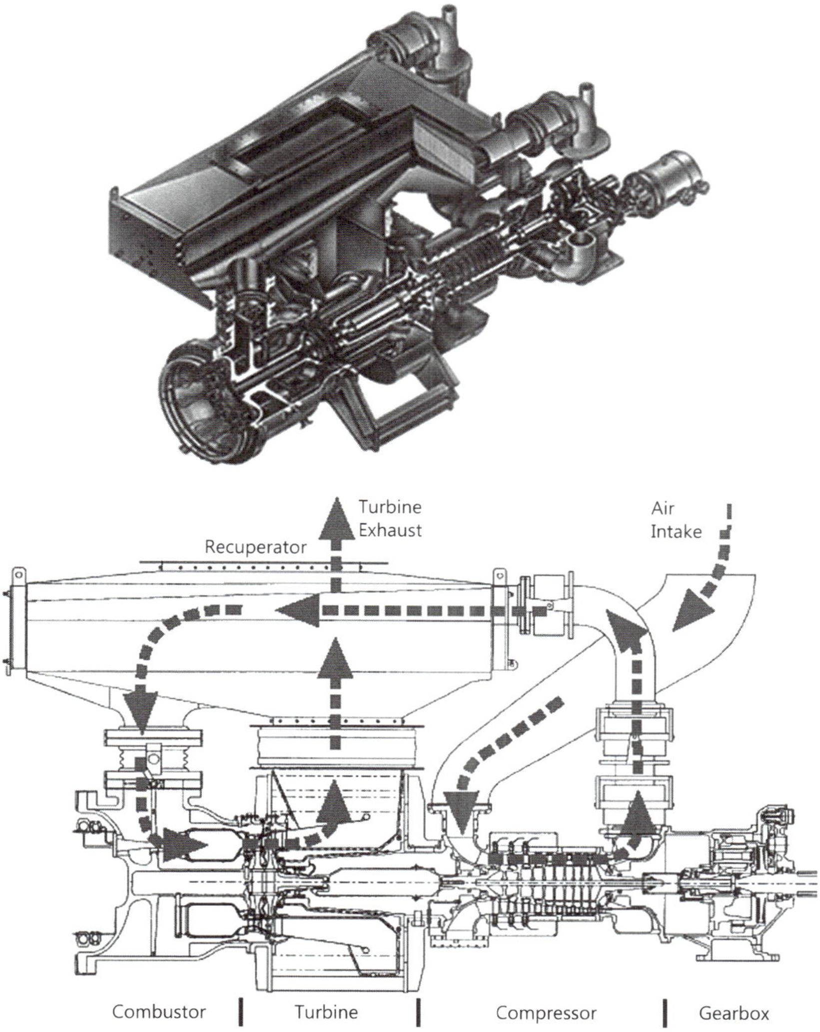

그림 7.13 Mercury 50 가스터빈 및 작동유체 흐름도

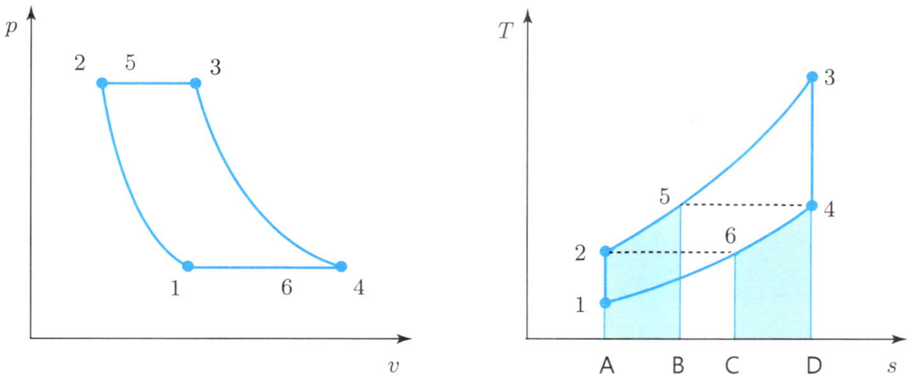

그림 7.14 재생사이클 가스터빈 $p-v$ 및 $T-s$ 선도

서로 동일하기 때문에 면적 4-D-C-6-4와 면적 2-5-B-A-2는 크기가 서로 같다. 결과적으로 재생사이클 가스터빈에서 연료공급을 통하여 실질적으로 공급받는 열량 크기는 면적 5-3-D-B-5이며, 이는 단순사이클 가스터빈에서 공급받는 열량 크기인 면적 2-3-D-A-2보다 훨씬 작다. 그러나 단순사이클 가스터빈과 재생사이클 가스터빈 출력은 서로 같다. 따라서 재생사이클 가스터빈은 단순사이클 가스터빈에 비해 높은 열효율을 나타낸다. 그러나 재생사이클 가스터빈은 부피가 상대적으로 큰 리큐퍼레이터 때문에 제작비가 증가하고 시스템이 복잡해지며, 설치공간이 늘어나는 단점을 가지고 있다.

재생사이클 가스터빈에 대한 열역학적 해석은 다음과 같다.

과정 1 → 2

과정 1 → 2는 압축기에서 일어나는 등엔트로피압축과정이다. 따라서 압축과정에서 발생하는 일과 열량 크기는 다음과 같다.

$$w_{12} = w_C = -(h_2 - h_1) = -c_p(T_2 - T_1)$$

$$q_{12} = 0$$

과정 2 → 5

과정 2 → 5는 압축공기가 리큐퍼레이터에서 열량을 공급받는 정압가열과정이다. 이 과정에서 발생하는 일과 열량 크기는 다음과 같다.

$$w_{25} = 0$$

$$q_{25} = q_{in,2\to5} = h_5 - h_2 = c_p(T_5 - T_2)$$

과정 5 → 3

과정 5 → 3은 연소기에서 공급된 연료의 연소를 통해 열량을 공급받는 정압가열과정이다. 이 과정에서 발생하는 일과 열량 크기는 다음과 같다.

$$w_{53} = 0$$

$$q_{53} = q_{in,5\to3} = h_3 - h_5 = c_p(T_3 - T_5)$$

과정 3 → 4

과정 3 → 4는 터빈에서 일어나는 등엔트로피팽창과정이다. 이 과정에서 발생하는 일과 열량 크기는 다음과 같다.

$$w_{34} = w_T = -(h_4 - h_3) = h_3 - h_4 = c_p(T_3 - T_4)$$

$$q_{34} = 0$$

과정 4 → 6

과정 4 → 6은 리큐퍼레이터에서 배기가스 열을 압축공기로 전달하는 과정으로 정압방열과정이다. 이 과정에서 발생하는 일과 열량 크기는 다음과 같다.

$$w_{46} = 0$$
$$q_{46} = q_{out,4\to6} = h_6 - h_4 = -c_p(T_4 - T_6) = -c_p(T_5 - T_2) = -(h_5 - h_2)$$

과정 6 → 1

과정 6 → 1은 배기과정으로 대기중으로 열량을 방출하는 정압방열과정이다. 이 과정에서 발생하는 일과 열량 크기는 다음과 같다.

$$w_{61} = 0$$
$$q_{61} = q_{out,6\to1} = h_1 - h_6 = -c_p(T_6 - T_1) = -c_p(T_2 - T_1) = -(h_2 - h_1)$$

이제 재생사이클 가스터빈의 비출력과 열효율을 살펴보자. 가스터빈에서 발생한 출력은 다음과 같다.

$$w_{sys} = \oint \delta w = w_{12} + w_{25} + w_{53} + w_{34} + w_{46} + w_{61} = w_c + w_t$$
$$w_{sys} = c_p(T_3 - T_4) - c_p(T_2 - T_1)$$
$$w_{sys} = c_p T_1\left(\frac{T_3}{T_1} - \frac{T_4}{T_1} - \frac{T_2}{T_1} + 1\right) \tag{7.29}$$

따라서 재생사이클 가스터빈 비출력 크기는 다음과 같다.

$$\frac{w_{sys}}{c_p T_1} = t\left(1 - \frac{1}{c}\right) - (c-1) \tag{7.30}$$

여기서 t와 c는 식 (7.13)에서 정의하였다. 식 (7.30)을 (7.14)와 비교하면, 재생사이클 가스터빈 비출력은 단순사이클 가스터빈 비출력과 동일하다는 것을 알 수 있다.

이제 재생사이클 가스터빈의 열효율을 살펴보자. 실질적으로 공급한 열량은 연소기에 공급한 열량이다. 따라서 재생사이클 가스터빈의 열효율은 다음과 같다.

$$\eta_{th} = \frac{w_{sys}}{q_{in,5\to3}} = \frac{c_p T_1[t(1-1/c) - (c-1)]}{c_p(T_3 - T_5)}$$

한편, $T_5 = T_4$이므로 위 식은 다음과 같이 된다.

$$\eta_{th} = \frac{t\left(1-\frac{1}{c}\right)-(c-1)}{\frac{T_3}{T_1}-\frac{T_4}{T_3}\frac{T_3}{T_1}}$$

$$\eta_{th} = \frac{t\left(1-\frac{1}{c}\right)-(c-1)}{t-\frac{t}{c}} = \frac{t-c}{t}$$

$$\eta_{th} = 1-\frac{c}{t} \tag{7.31}$$

$$\eta_{th} = 1-\frac{T_2}{T_3} = 1-\frac{T_1}{T_4} \tag{7.32}$$

식 (7.31)로부터 재생사이클 가스터빈의 열효율은 사이클 최고온도가 일정할 때 압력비가 작아질수록 열효율이 향상되는 것을 알 수 있는데, 이는 단순사이클 가스터빈에서 나타난 결과와 정반대 현상이다. 아울러 이 식으로부터 압력비가 일정한 경우에 사이클 최고온도가 높아질수록 열효율이 향상된다는 것을 알 수 있다. 한편, 식 (7.32)로부터 재생사이클 가스터빈의 열효율은 가스터빈 배기가스 온도가 높아질수록 증가한다는 것을 알 수 있다.

그림 7.15에 재생사이클 가스터빈의 압력비 변화에 따른 열효율을 일정한 최고온도의 함수로 나타냈다. 각각의 t에 대한 열효율은 압력비가 1이 되는 지점에서 출발하며, 이 출발점에서의 열효율은 카르노사이클 열효율($\eta = 1-1/t$)과 같다. 열효율은 압력비가 증

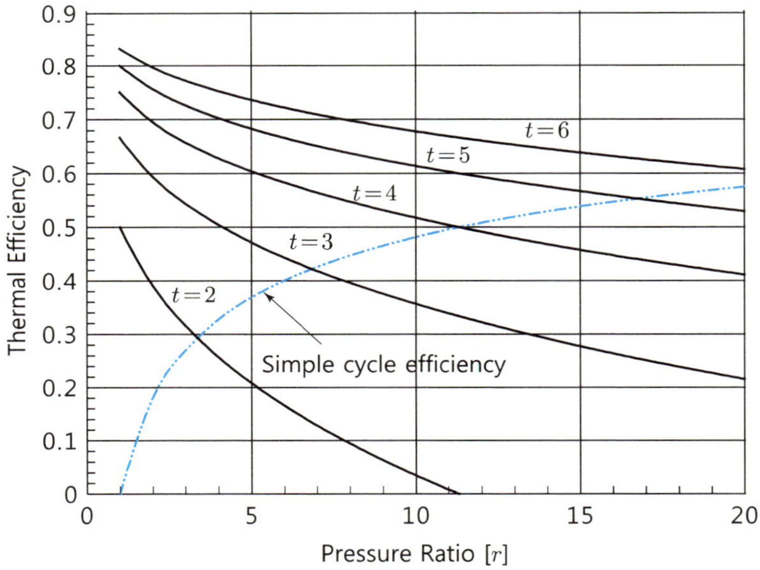

그림 7.15 재생사이클 가스터빈 열효율

가함에 따라 감소하며, $t=c^2$이 되는 압력비에 도달하면 단순사이클 가스터빈 열효율과 동일해진다. 한편, $t=c^2$이 되는 압력비에서 $T_4=T_2$가 되며, 출력도 최대가 된다. 그러나 $t=c^2$이 되는 압력비보다 더 큰 압력비에서는 압축기를 빠져나온 압축공기가 리큐퍼레이터에서 오히려 냉각되기 때문에 재열사이클 가스터빈 열효율은 단순사이클 가스터빈 열효율보다 낮아진다.

재생사이클 가스터빈의 열효율 특징을 정리하면 다음과 같다.

1) 재생사이클 가스터빈은 단순사이클 가스터빈과 정반대로 사이클 최고온도가 일정한 경우 압력비가 증가할수록 열효율이 낮아진다.
2) 재생사이클 가스터빈 열효율은 $t=c^2$에 해당하는 압력비에 도달하면 단순사이클 가스터빈 열효율과 동일해진다. 이 상태에서 압력비를 더욱 증가시키면 재생사이클 가스터빈 열효율은 단순사이클 가스터빈에 비해 낮아진다. 이는 압력비가 증가할수록 압축기를 빠져나온 압축공기 온도가 증가하여 결국에는 터빈을 빠져나온 배기가스 온도보다 높아지기 때문이다. 이런 경우 압축공기는 리큐퍼레이터로부터 열을 공급받는 것이 아니라 오히려 잃게 된다.
3) 최고온도가 낮은 경우 일정한 압력비를 초과하면 열효율은 음(−)이 된다. 예를 들어 $t=2$인 경우 압력비가 11.3을 초과하면 이런 현상이 발생한다. 이는 압축기 출구 온도가 TIT를 초과하기 때문에 발생한다.
4) 많은 경우에 있어서 재생사이클 가스터빈은 바람직하지 못하다. 그 이유는 재생사이클을 채택하면 압력비가 증가할수록 열효율이 감소하기 때문이다.
5) 재생사이클 가스터빈 열효율은 압력비가 일정한 상태에서 사이클 최대온도가 증가할수록 향상된다.
6) 재생사이클 가스터빈의 열효율을 극대화시키기 위해서는 낮은 압력비와 높은 사이클 온도가 요구된다.
7) 동일 규격의 실제적인 플랜트를 기준으로 재생사이클 가스터빈 출력은 단순사이클 가스터빈에 비해서 약 10% 줄어든다. 이는 리큐퍼레이터에서 발생하는 압력손실 때문이다.
8) 재생사이클은 열효율이 낮은 소형 가스터빈에서 열효율 향상을 위해 주로 채택하는 사이클이다.

재생사이클 가스터빈에서 리큐퍼레이터를 빠져나와 대기중으로 배출되는 배기가스 온도는 낮은 편이다. 따라서 재생사이클 가스터빈은 대형 복합발전에 적합하지 못하며, 소형 열병합발전에 적용하고 있다.

실제적인 재생사이클 가스터빈의 열효율은 과정의 비가역성으로 인해 크게 낮아진다. 그림 7.16에 실제적인 재생사이클 가스터빈의 열효율을 이상적인 재생사이클 가스터빈의

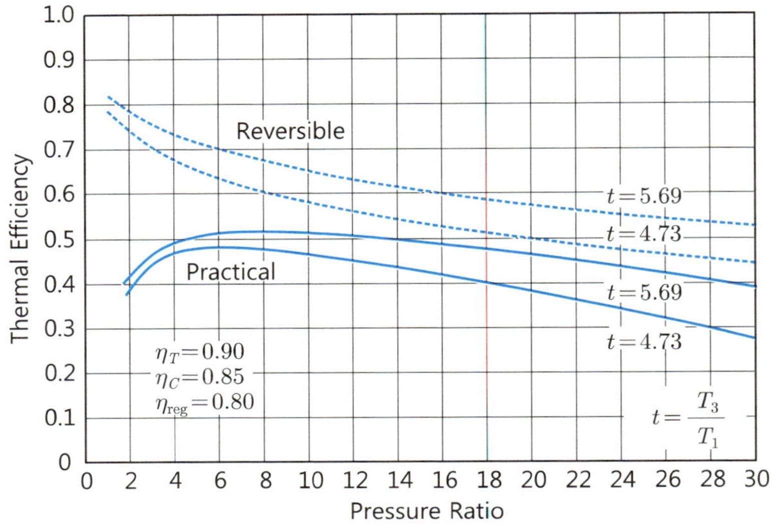

그림 7.16 실제적인 재생사이클 가스터빈 열효율

열효율과 비교하여 나타냈다. 이 그림에 나타나 있는 열효율을 단순사이클 가스터빈 열효율과 비교하면 최고의 열효율을 나타내는 최적의 압력비가 단순사이클에 비하서 더 작다는 것을 알 수 있다. 그런데 압력비가 낮으면 높은 열효율을 나타내지만 가스터빈에서 얻을 수 있는 실제적인 출력이 작아진다. 따라서 재생사이클 가스터빈을 이용하여 플랜트를 구성하는 경우에는 이렇게 낮은 압력비를 적용하여 얻어지는 높은 열효율에 대한 효과와 가스터빈 출력이 작아지는 데 따른 비용을 고려한 경제성 분석이 요구된다.

그림 7.17에 터빈 하류에서 연소가 이루어지는 재생사이클 가스터빈을 나타냈다. 이 사이클이 앞에서 살펴본 재생사이클과 다른 점은 터빈을 지난 후에 연소가 일어난다는 점이다. 이런 형태의 재생사이클은 터빈 블레이드를 부식시키는 원인물질을 많이 포함하고 있는 연료를 사용할 때 적용하면 유리하다. 이런 형태를 가지는 실제적인 재열사이클 가스터빈의 열효율은 단순사이클에 비해 크게 낮은 편이다. 이는 리큐퍼레이터에 발생하는 파울링으로 인하여 열교환 효율이 크게 낮아지기 때문이다.

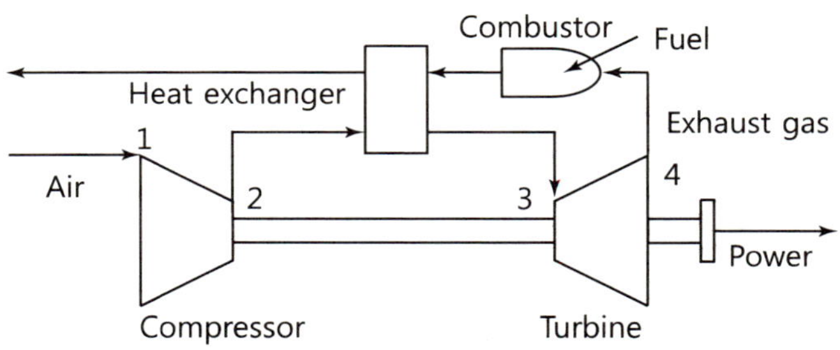

그림 7.17 터빈 하류 연소 재생사이클 가스터빈

7.2.3 재열사이클

발전용 재열사이클(reheat cycle) 가스터빈은 그림 7.18에 나타나 있는 것처럼 서로 분리되어 설치되어 있는 고압터빈과 저압터빈을 가지고 있으며, 각각의 터빈 앞에는 연소기가 별도로 설치되어 있어서 고압터빈을 빠져나온 연소가스를 재연소시켜 저압터빈으로 보내준다. 재연소는 주연소와 마찬가지로 정압상태에서 일어난다. 이때 연소가스는 팽창이 진행되는 중간에, 즉 고압터빈을 빠져나온 후 재열을 통해서 추가적으로 열량을 공급받기 때문에 가스터빈 비출력이 증가한다. 그림 7.19(a)에 발전용 재열사이클 가스터빈을 나타냈다. 이 가스터빈은 알스톰사의 GT24로 단위기당 출력은 150 MW이며, 현재 국내에는 한국전력 중부발전이 보령복합발전소에 6대를 설치하여 운영하고 있다.

항공용 재열사이클 가스터빈은 터빈에서 압축기를 구동하기 위한 동력만 생산하기 때문에 저압터빈이 없으며, 그림 7.1(a)에 나타나 있는 것처럼 후기연소기(afterburner)를 이용하여 배기가스를 재열시켜 배기가스 비체적을 증가시킨다. 이때 배기노즐을 통해 배출되는 배기가스 속도가 증가하여 항공기 추력이 증가한다. 따라서 높은 추력이 요구되는 항공용 가스터빈에 있어서 재열사이클은 매우 중요하다. 특히 재열사이클 가스터빈은 고도의 기동성이 요구되는 초음속 전투기에 보편적으로 적용되고 있다. 재열사이클 가스터빈을 민간 항공기에 적용한 예도 있다. 초음속 여객기였던 콩코드기는 이륙 및 초음속 돌파에 필요한 큰 추력을 얻기 위해 재열사이클 가스터빈을 채택하였다. 그림 7.19(b)에 나타나 있는 콩코드 여객기에 사용하였던 Olympus 593 엔진은 군사용 제트엔진에 후기연소기를 추가로 장착해서 만든 개조형 재열사이클 가스터빈이다.

그림 7.20에 재열사이클 가스터빈에 대한 $p-v$ 선도와 $T-s$ 선도가 나타나 있다. 재열과정(과정 $4 \rightarrow 5$)은 정압상태에서 일어나며, 재열 후 열에너지와 운동에너지 증가로 인해 발전용 가스터빈의 저압터빈에서 재연소를 하지 않았을 때에 비해 더 많은 출력이 생산된다. 이런 사실은 $T-s$ 선도에서 다음과 같은 관계가 성립한다는 것을 통해 확인할 수 있다.

$$(T_3 - T_4) + (T_5 - T_6) > (T_3 - T_{4'}) \tag{7.33}$$

$$(h_3 - h_4) + (h_5 - h_6) > (h_3 - h_{4'}) \tag{7.34}$$

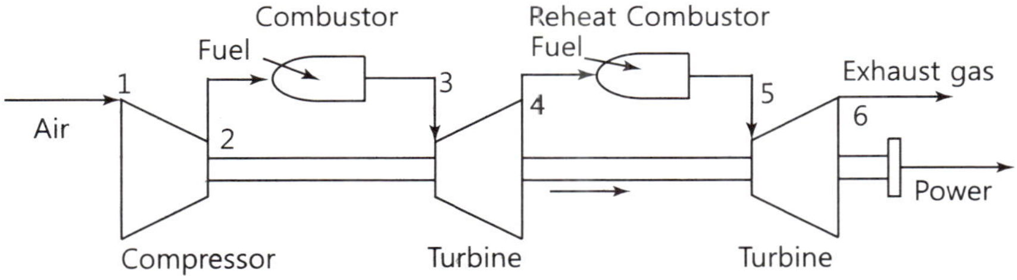

그림 7.18 발전용 재결사이클 가스터빈

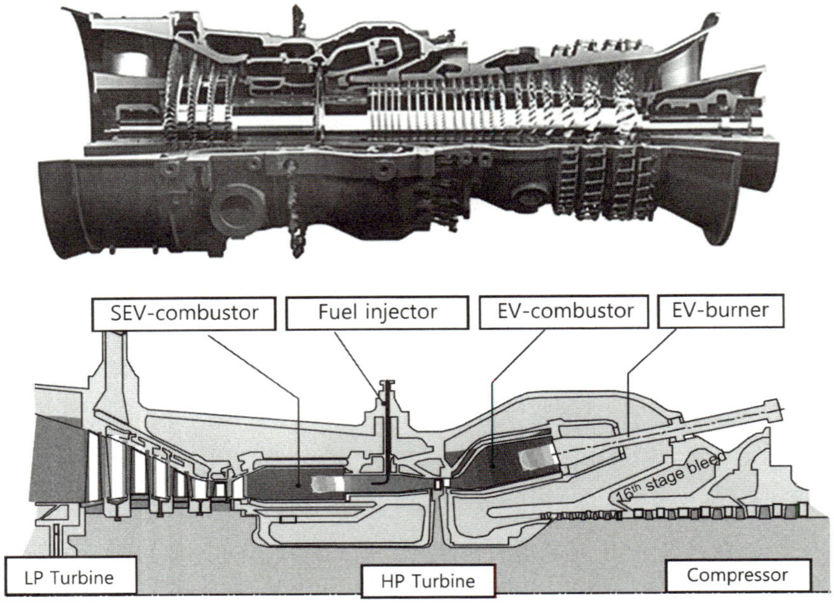

(a) 발전용 재열사이클 가스터빈 (GT24, Alstom)

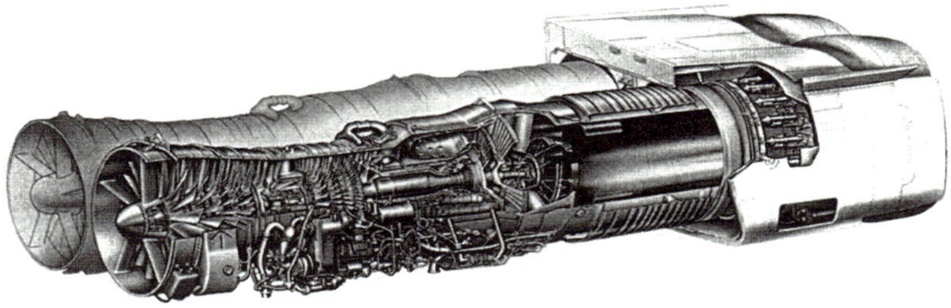

(b) 항공용 재열사이클 가스터빈 (Olympus 593)

그림 7.19 재열사이클 가스터빈

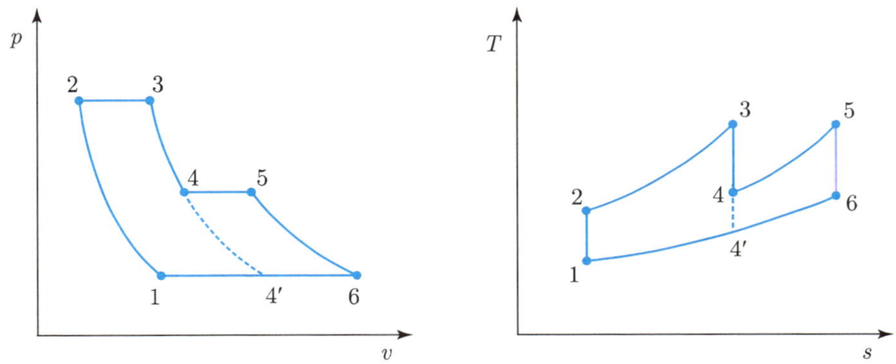

그림 7.20 재열사이클 가스터빈 $p-v$ 및 $T-s$ 선도

식 (7.33)과 식 (7.34)가 성립하는 이유는 어떤 임의의 두 정압선 사이의 수직거리는 엔트로피가 증가할수록 커지기 때문이다. 따라서 식 (7.34)로부터 저압터빈 앞에서 배기가스를 재연소시키면 터빈에서 발생하는 총출력 증가하여 가스터빈 비출력이 증가한다는 것을 알 수 있다.

발전용 재열사이클 가스터빈은 유지보수 비용 측면에서 바람직하지 못하다. 이는 재열사이클 가스터빈이 다른 사이클을 적용한 가스터빈보다 고가의 연소기를 더 많이 필요로 하며, 재열 후 연소가스 온도가 고압터빈 입구에서의 연소가스 온도와 거의 동일하여 가격이 비싸고 교체주기가 짧은 터빈 블레이드를 더 많이 필요로 하기 때문이다.

재열사이클 가스터빈을 해석하기 위해서 압력비를 다음과 같이 정의한다.

$$r = \frac{p_2}{p_1}, \quad r_3 = \frac{p_3}{p_4}, \quad r_4 = \frac{p_5}{p_6}$$

여기서 r은 압력비를 나타낸다. 따라서 다음과 같은 관계가 성립한다.

$$r = r_3 \times r_4 \tag{7.35}$$

이제 온도비를 살펴보기 위해 다음과 같이 정의한다.

$$c = \frac{T_2}{T_1} = \left(\frac{p_2}{p_1}\right)^{\frac{\gamma-1}{\gamma}} = r^{\frac{\gamma-1}{\gamma}} \tag{7.36}$$

$$c_3 = \frac{T_3}{T_4} = \left(\frac{p_3}{p_4}\right)^{\frac{\gamma-1}{\gamma}} = r_3^{\frac{\gamma-1}{\gamma}} \tag{7.37}$$

$$c_4 = \frac{T_5}{T_6} = \left(\frac{p_5}{p_6}\right)^{\frac{\gamma-1}{\gamma}} = r_4^{\frac{\gamma-1}{\gamma}} \tag{7.38}$$

따라서 다음과 같은 관계가 성립한다.

$$c = c_3 \times c_4 \tag{7.39}$$

과정 1 → 2

과정 $1 \rightarrow 2$는 압축기에서 일어나는 등엔트로피압축과정이다. 즉 압축과정에서 계 내부로 일을 공급하며, 열량 변화는 없다. 따라서 압축과정에서 발생하는 일과 열량 크기는 다음과 같다.

$$w_{12} = w_C = -(h_2 - h_1) = -c_p(T_2 - T_1)$$
$$q_{12} = 0$$

과정 2 → 3

과정 2 → 3은 주연소기에서 일어나는 정압연소과정이다. 즉 정압상태에서 연소를 통하여 계 내부로 열량을 공급하는 과정이다. 이 과정에서 발생하는 일과 열량 크기는 다음과 같다.

$$w_{23} = 0$$
$$q_{23} = h_3 - h_2 = c_p(T_3 - T_2)$$

과정 3 → 4

과정 3 → 4는 고압터빈에서 일어나는 등엔트로피팽창과정이다. 고압터빈에서 발생하는 일과 열량 크기는 다음과 같다.

$$w_{34} = w_{T,HP} = -(h_4 - h_3) = h_3 - h_4 = c_p(T_3 - T_4)$$
$$q_{34} = 0$$

과정 4 → 5

과정 4 → 5는 재열과정으로 정압상태에서 재연소를 통하여 열량을 공급받는 정압연소과정이다. 이 과정에서 발생하는 일과 열량 크기는 다음과 같다.

$$w_{45} = 0$$
$$q_{45} = h_5 - h_4 = c_p(T_5 - T_4)$$

과정 5 → 6

과정 5 → 6은 저압터빈에서 일어나는 등엔트로피팽창과정이다. 저압터빈에서 발생하는 일과 열량 크기는 다음과 같다.

$$w_{56} = w_{T,LP} = -(h_6 - h_5) = h_5 - h_6 = c_p(T_5 - T_6)$$
$$q_{56} = 0$$

과정 6 → 1

과정 6 → 1은 배기과정으로 정압냉각과정이다. 이 과정에서 발생하는 일과 열량 크기는 다음과 같다.

$$w_{61} = 0$$
$$q_{61} = q_{out} = h_1 - h_6 = -c_p(T_6 - T_1)$$

이제 재열사이클 가스터빈의 비출력과 열효율을 살펴보자. 재열사이클 가스터빈에서 생산한 총출력은 다음과 같다.

$$w_{sys} = \oint \delta w = w_{12} + w_{23} + w_{34} + w_{45} + w_{56} + w_{61}$$
$$w_{sys} = c_p(T_3 - T_4) + c_p(T_5 - T_6) - c_p(T_2 - T_1)$$
$$w_{sys} = c_p T_1\left[\left(\frac{T_3}{T_1} - \frac{T_4}{T_1}\right) + \left(\frac{T_5}{T_1} - \frac{T_6}{T_1}\right) - \left(\frac{T_2}{T_1} - 1\right)\right]$$

따라서 재열사이클 가스터빈의 비출력 크기는 다음과 같다.

$$\frac{w_{sys}}{c_p T_1} = \frac{T_3}{T_1} - \frac{T_4}{T_3}\frac{T_3}{T_1} + \frac{T_5}{T_1} - \frac{T_6}{T_5}\frac{T_5}{T_1} - \frac{T_2}{T_1} + 1 \tag{7.40}$$

한편, $T_5 = T_3$이며, 식 (7.36)~(7.38)을 이용하여 식 (7.40)을 간단하게 표현하면 다음과 같다.

$$\frac{w_{sys}}{c_p T_1} = 2t - \frac{t}{c_3} - \frac{t}{c_4} - (c-1) \tag{7.41}$$

재열사이클 가스터빈의 최대출력은 다음과 같이 구할 수 있다.

$$\frac{d}{dc_3}\left(\frac{w_{sys}}{c_p T_1}\right) = 0 \tag{7.42}$$

이제 식 (7.41)에 있는 c_4를 식 (7.39)를 이용하여 c와 c_3로 나타내고 c, T, t를 상수로 취급하여 식 (7.42)를 정리하면 다음과 같은 결과를 얻는다.

$$\frac{t}{c_3^2} - \frac{t}{c} = 0$$
$$c_3 = \sqrt{c} = c_4 \tag{7.43}$$

식 (7.43)으로부터 재열사이클 가스터빈은 최대출력을 얻기 위해 고압터빈과 저압터빈의 압력비가 동일해야 하며, 각 터빈에서의 압력비는 전체 압력비의 제곱근이 되어야 한다는 것을 알 수 있다. 최대비출력과 최고열효율은 다음과 같다.

$$\frac{w_{\max}}{c_p T_1} = 2t - \frac{2t}{\sqrt{c}} - c + 1$$
$$\frac{w_{\max}}{c_p T_1} = 2t\left(1 - \frac{1}{\sqrt{c}}\right) - (c-1) \tag{7.44}$$
$$\eta_{\max} = \frac{w_{\max}}{q_{in}} = \frac{c_p T_1[2t(1 - 1/\sqrt{c}) - (c-1)]}{c_p(T_3 - T_2) + C_p(T_5 - T_4)}$$

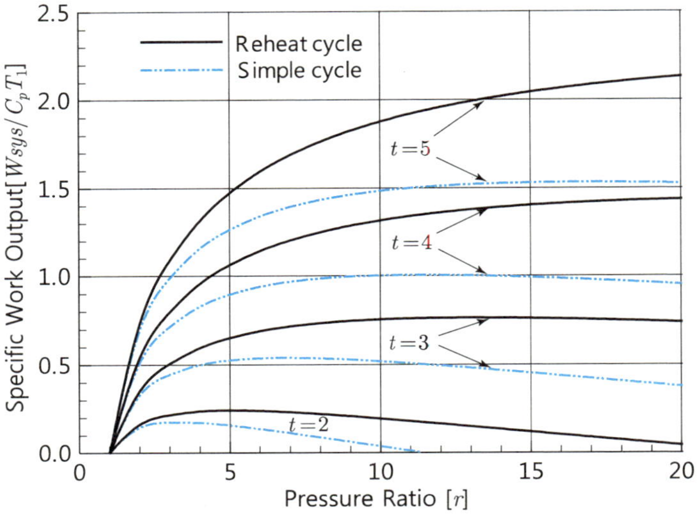

그림 7.21 재열사이클과 단순사이클 가스터빈 비출력 비교

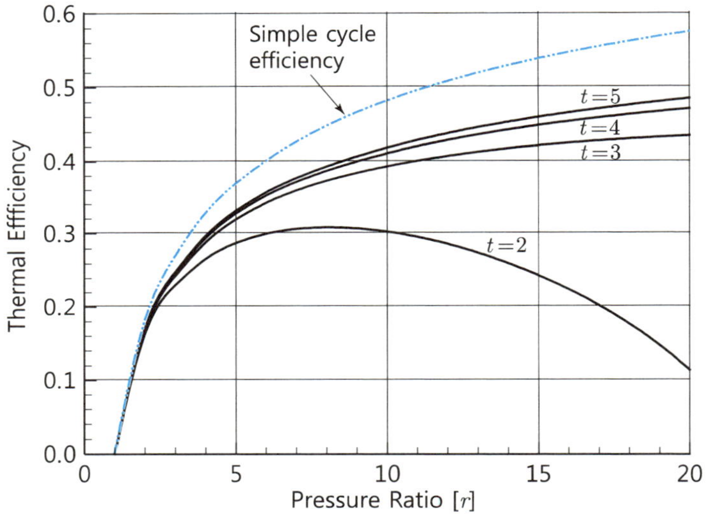

그림 7.22 재열사이클 가스터빈 열효율

$$\eta_{\max} = \frac{2t\left(1-1/\sqrt{c}\right)-(c-1)}{2t-c-t/\sqrt{c}} \tag{7.45}$$

재열사이클 가스터빈 비출력과 단순사이클 가스터빈 비출력을 그림 7.21에 비교하여 나타냈다. 이 그림을 통해서 사이클 최고온도가 동일한 경우에 재열사이클 가스터빈의 비출력이 단순사이클 가스터빈에 비해 훨씬 크다는 것을 확인할 수 있다. 그러나 그림 7.22에 나타나 있듯이 재열사이클 가스터빈 열효율은 오히려 단순사이클 가스터빈에 비해 낮다.

발전용 재열사이클 가스터빈은 배기가스 온도가 높기 때문에 하부사이클의 열효율을 높일 수 있다. 그러나 최근에 개발된 단순사이클 발전용 가스터빈의 배기가스 온도는 상당히 높은 하부사이클의 열효율을 얻을 수 있을 정도로 충분히 높다. 따라서 발전용 재열사이클 가스터빈은 복합발전용 가스터빈으로서 특별한 장점을 가지지 못한다.

7.2.4 중간냉각사이클

가스터빈 비출력을 증가시키기 위해 압축기 구동동력 크기가 일정한 상태에서 터빈에서 생산되는 출력을 증가시키는 방법이 앞에서 살펴본 재열사이클이다. 그러나 터빈에서 생산되는 출력이 일정한 상태에서 압축기 구동동력이 줄어들면 가스터빈 비출력이 증가한다. 압축기 구동동력을 줄여주기 위한 방법으로는 그림 7.23에 나타나 있는 것처럼 서로 다른 축으로 분리되어 있는 고압압축기와 저압압축기를 각각 설치하고 저압압축기를 빠져나온 압축공기를 냉각시킨 후 고압압축기에서 다시 압축시키는 중간냉각사이클(intercooled cycle)을 적용한 가스터빈이 있다. 압축공기를 냉각시키는 방법으로는 두 가지 방법을 사용하고 있다. 첫째는 저압압축기를 빠져나온 압축공기에 물을 분사하여 압축공기 온도를 낮추는 방법이다. 그림 7.1(c)에 나타나 있는 GE사의 LM6000 항공파생형 가스터빈이 이 방법을 적용하고 있다. 둘째는 저압압축기를 빠져나온 압축공기를 열교환기인 중간냉각기로 보내서 냉각시킨 후 다시 고압압축기로 보내서 압축시키는 방법이다. 그림 7.24에 나타나 있는 GE사 LMS100 항공파생형 가스터빈이 이 방법을 적용하고 있다. 그림 7.25에 LMS100 가스터빈을 이용한 발전설비 개념도가 나타나 있다.

여기서는 압축기 중간에 압축공기 냉각장치를 설치하여 압축기를 구동동력을 작게 해서 가스터빈 비출력을 증가시키는 방법에 대하여 살펴보기로 한다. 그리고 물분사를 이용한 중간냉각 방법은 뒤에서 살펴볼 예정이다.

그림 7.26에 중간냉각사이클 가스터빈에 대한 $p-v$ 선도와 $T-s$ 선도가 나타나 있다. 중간냉각과정을 통하여 압축기 구동동력 크기는 단순사이클에 비해서 $2-3-4-2'-2$ 만큼 줄어든다는 것을 $p-v$ 선도에서 확인할 수 있다. 한편, $T-s$ 선도에서 다음과 같은 관계가 성립한다는 것을 알 수 있다.

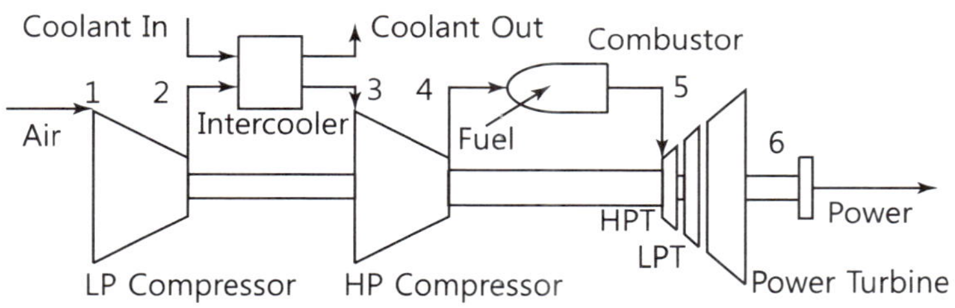

그림 7.23 중간냉각사이클 가스터빈

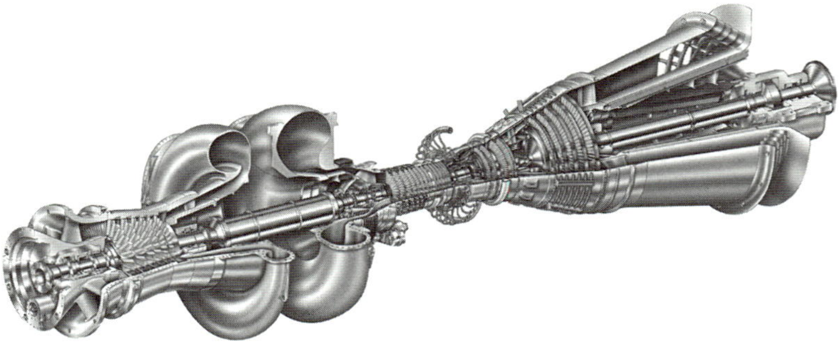

그림 7.24 중간냉각사이클 가스터빈(LMS100, GE)

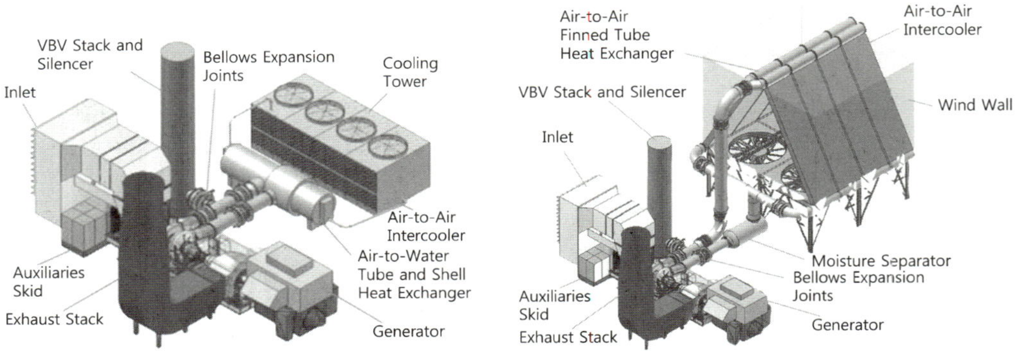

(a) Air-to-water exchanger (b) Air-to-air heat exchanger

그림 7.25 중간냉각사이클 가스터빈을 이용한 발전설비 개념도(LMS100, GE)

$$(T_2 - T_1) + (T_4 - T_3) < (T_{2'} - T_1) \tag{7.46}$$

$$(h_2 - h_1) + (h_4 - h_3) < (h_{2'} - h_1) \tag{7.47}$$

식 (7.46)과 식 (7.47)이 성립하는 이유는 어떤 임의의 두 정압선 사이의 수직거리는 엔트로피가 감소할수록 줄어들기 때문이다. 따라서 식 (7.47)과 $T-s$선도로부터 고압압축기 구동동력 크기가 중간냉각과정을 통해서 작아진다는 것을 알 수 있다.

그러나 중간냉각사이클 가스터빈은 압축공기에 포함되어 있는 열량의 일부분이 압축공기 냉각과정에서 계 밖으로 빠져나가기 때문에 비연료소모율(SFC; Specific Fuel Consumption, 단위출력당 연료소모율)이 증가하는 단점이 발생한다. 즉 연소기로 유입되는 압축공기 온도가 단순사이클에 비해서 낮아지기 때문에 어떤 정해진 TIT까지 온도를 상승시키기 위해서는 연소기에 더 많은 연료를 공급해야 한다. 따라서 중간냉각사이클 가스터빈의 열효율은 단순사이클 가스터빈 열효율에 비해 낮다. 일반적으로 중간냉각사이클은 압력비가 높으면서 열효율이 낮은 가스터빈에 적용하면 매우 효과적이다.

중간냉각사이클 가스터빈에 대한 열역학적 해석은 다음과 같다.

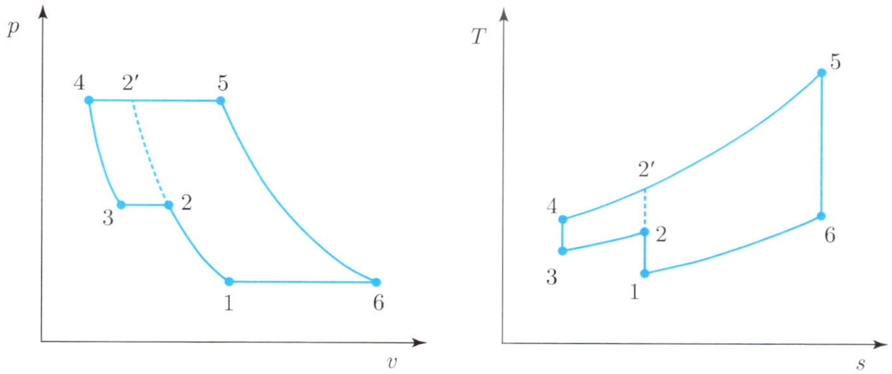

그림 7.26 중간냉각사이클 가스터빈 $p-v$ 및 $T-s$선도

과정 1 → 2

과정 1 → 2는 저압압축기에서 일어나는 등엔트로피압축과정이다. 따라서 이 과정에서 발생하는 일과 열량 크기는 다음과 같다.

$$w_{12} = w_{C,LP} = -(h_2 - h_1) = -c_p(T_2 - T_1)$$
$$q_{12} = 0$$

과정 2 → 3

과정 2 → 3은 중간냉각기에서 일어나는 정압냉각과정이다. 따라서 이 과정에서의 일에 대한 변화량은 없으며, 계를 빠져나가는 열량 크기는 다음과 같다.

$$w_{23} = 0$$
$$q_{23} = q_{out} = h_3 - h_2 = -c_p(T_2 - T_3)$$

과정 3 → 4

과정 3 → 4는 고압압축기에서 일어나는 등엔트로피압축과정이다. 따라서 이 과정에서 발생하는 일과 열량 크기는 다음과 같다.

$$w_{34} = w_{C,HP} = -(h_4 - h_3) = -c_p(T_4 - T_3)$$
$$q_{34} = 0$$

과정 4 → 5

과정 4 → 5는 연소기에서 열량을 공급받는 정압가열과정이다. 이 과정에서 발생하는 일과 열량 크기는 다음과 같다.

$$w_{45} = 0$$
$$q_{45} = q_{in} = h_5 - h_4 = c_p(T_5 - T_4)$$

과정 5 → 6

과정 5 → 6은 터빈에서 발생하는 등엔트로피팽창과정이다. 터빈에서 발생하는 일과 열량 크기는 다음과 같다.

$$w_{56} = w_T = -(h_6 - h_5) = c_p(T_5 - T_6)$$
$$q_{56} = 0$$

과정 6 → 1

과정 6 → 1은 정압냉각과정이다. 이 과정에서 발생하는 일과 열량 크기는 다음과 같다.

$$w_{61} = 0$$
$$q_{61} = q_{out} = h_1 - h_6 = -c_p(T_6 - T_1)$$

중간냉각사이클 가스터빈의 비출력과 열효율을 살펴보자. 중간냉각사이클 가스터빈에서 발생한 출력은 다음과 같다.

$$w_{sys} = \oint \delta w = w_{12} + w_{23} + w_{34} + w_{45} + w_{56} + w_{61}$$
$$w_{sys} = c_p(T_5 - T_6) - c_p(T_2 - T_1) - c_p(T_4 - T_3)$$
$$w_{sys} = c_p T_1\left[\left(\frac{T_5}{T_1} - \frac{T_6}{T_1}\right) + \left(\frac{T_2}{T_1} - 1\right) - \left(\frac{T_4}{T_1} - \frac{T_3}{T_1}\right)\right]$$

따라서 중간냉각사이클 가스터빈의 비출력은 다음과 같다.

$$\frac{w_{sys}}{c_p T_1} = \frac{T_5}{T_1} - \frac{T_6}{T_1} - \frac{T_2}{T_1} + 1 - \frac{T_4}{T_1} + \frac{T_3}{T_1} \tag{7.48}$$

비출력을 간단하게 나타내기 위해 다음과 같이 정의한다.

$$t = \frac{T_5}{T_1},\ c = \frac{T_5}{T_6},\ c_1 = \frac{T_2}{T_1},\ c_2 = \frac{T_4}{T_3} \tag{7.49}$$

한편, 압력비에 대한 내용을 정리하면 다음과 같은 관계식을 이용해서 살펴볼 수 있다.

$$\frac{p_2}{p_1}\frac{p_4}{p_3} = \frac{p_4}{p_1} = \frac{p_5}{p_6}$$

과정 1 → 2, 3 → 4, 5 → 6은 등엔트로피과정이기 때문에 위에 있는 압력 관계식을 온도 관계식으로 바꾸면 다음과 같다.

$$\left(\frac{T_2}{T_1}\right)^{\frac{\gamma}{\gamma-1}}\left(\frac{T_4}{T_3}\right)^{\frac{\gamma}{\gamma-1}}=\left(\frac{T_5}{T_6}\right)^{\frac{\gamma}{\gamma-1}}$$

따라서 다음과 같은 관계가 성립한다.

$$c=c_1\times c_2$$

중간냉각이 완전하게 일어난다면 $T_3=T_1$이다. 따라서 식 (7.48)은 식 (7.49)를 이용하여 다음과 같이 표현할 수 있다.

$$\frac{w_{sys}}{c_p T_1}=t-\frac{t}{c}-c_1+1-c_2+1 \tag{7.50}$$

중간냉각사이클 가스터빈의 최대출력은 다음과 같다.

$$\frac{d}{dc_1}\left(\frac{w_{sys}}{c_p T_1}\right)=0 \tag{7.51}$$

이제 식 (7.50)에 있는 c_2를 c와 c_1으로 나타내고 c, T, t를 상수로 취급하여 식 (7.51)을 계산하면 다음과 같은 결과를 얻는다.

$$c_1=\sqrt{c}=c_2 \tag{7.52}$$

식 (7.52)로부터 중간냉각사이클 가스터빈에서 최대출력을 얻기 위해서는 저압압축기와 고압압축기의 압력비가 동일해야 하며, 각 압축기의 압력비는 전체압력비의 제곱근이 되어야 한다는 것을 알 수 있다. 중간냉각사이클 가스터빈의 최대비출력과 최고열효율은 다음과 같다.

$$\frac{w_{\max}}{c_p T_1}=t-\frac{t}{c}-2(\sqrt{c}-1) \tag{7.53}$$

$$\eta_{\max}=\frac{w_{\max}}{q_{in}}=\frac{c_p T_1\left[(t-t/\sqrt{c})-2(\sqrt{c}-1)\right]}{c_p(T_5-T_4)}$$

$T_1=T_3$를 이용하여 위 식을 다시 정리하면 최고열효율은 다음과 같다.

$$\eta_{\max}=1-\frac{t/c+\sqrt{c}-2}{t-\sqrt{c}} \tag{7.54}$$

그림 7.27에 중간냉각사이클 가스터빈의 압력비 변화에 따른 비출력 크기를 일정한 최고온도의 함수로 나타냈다. 이 그림과 그림 7.5를 비교하면, 중간냉각사이클 가스터빈의

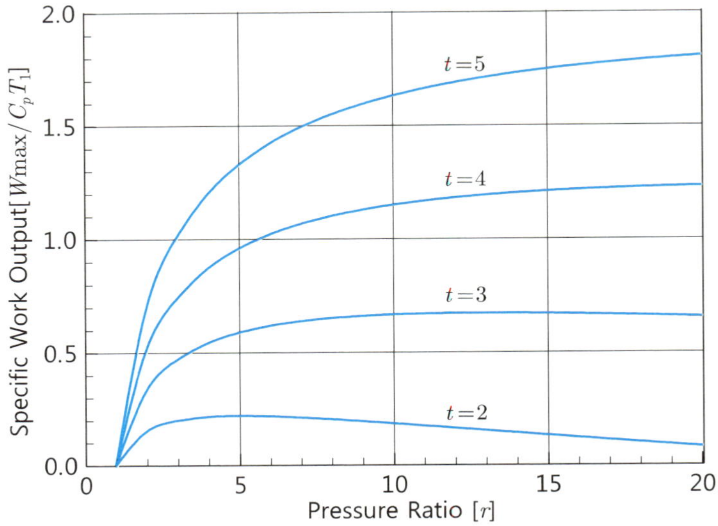

그림 7.27 중간냉각사이클 가스터빈 비출력

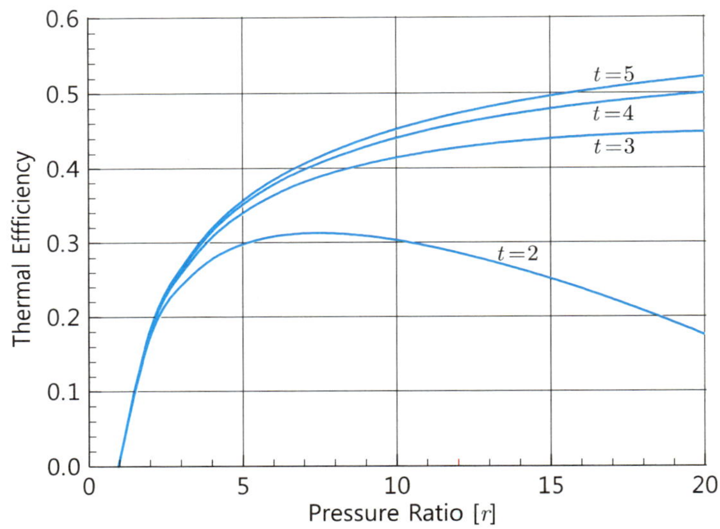

그림 7.28 중간냉각사이클 가스터빈 열효율

비출력이 단순사이클 가스터빈에 비해 더 크다는 것을 알 수 있다.

그림 7.28에 중간냉각사이클 가스터빈의 열효율을 나타냈다. 중간냉각사이클 가스터빈의 열효율은 단순사이클 가스터빈에 비해 낮은 반면에 재열사이클 가스터빈보다는 높다.

7.3 복합사이클 해석

그림 7.29에 나타나 있는 것처럼 가스터빈만을 이용하여 발전하는 단순사이클 운전은 압력비가 일정한 상태에서 TIT를 올리면 비출력은 증가하지만 열효율은 낮아진다. 열효율이 낮아지는 이유는 TIT가 증가할수록 연소기와 터빈 블레이드 같은 가스터빈 고온부품을 냉각시키기 위한 냉각공기량이 증가하기 때문이다. 한편, TIT가 일정한 상태에서 압력비를 증가시키면 열효율이 향상되며, 이는 그림 7.6과 7.7을 통해서 쉽게 이해할 수 있다.

복합사이클 운전은 그림 7.29에 나타나 있는 것처럼 압력비가 일정한 상태에서 TIT가 증가하면 비출력과 열효율 모두 증가한다. 한편, 이 그림으로부터 TIT가 일정한 상태에서 압력비가 증가하면 오히려 비출력은 감소하며, 최고열효율을 나타내는 최적의 압력비가 존재한다는 것을 알 수 있다. 그리고 최고열효율을 나타내는 최적의 압력비는 TIT가 증가할수록 동반하여 증가한다는 것을 알 수 있다. 그림 7.29에 나타나 있는 단순사이클과 복합사이클의 열역학적 특성을 비교하면 최대비출력과 최고열효율에 대한 사이클 변수가 서로 다르다는 것을 알 수 있다.

복합사이클 열효율은 다음과 같다.

$$\eta_{cc} = \frac{w_{GT} + w_{ST}}{q_{GT} + q_{SF}} \tag{7.55}$$

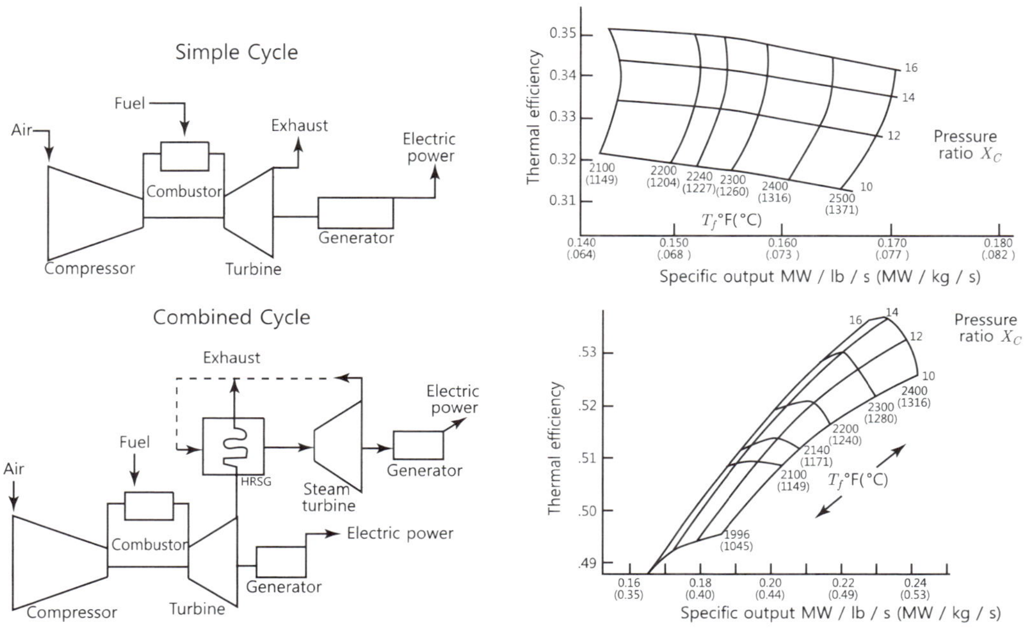

그림 7.29 단순사이클 및 복합사이클 열역학적 특성(from Brooks, GER-3567H)

여기서 η_{cc}는 복합사이클 열효율, w_{GT}는 가스터빈 출력, w_{ST}는 증기터빈 출력, q_{GT}는 가스터빈 공급 열량, q_{SF}는 HRSG에서 보충연소를 통하여 공급하는 열량이다.

가스터빈 열효율은 다음과 같다.

$$\eta_{GT} = \frac{w_{GT}}{q_{GT}} \tag{7.56}$$

증기터빈 열효율은 다음과 같다.

$$\eta_{ST} = \frac{w_{ST}}{q_{GT,Exh} + q_{SF}} \tag{7.57}$$

여기서 $q_{GT,Exh}$는 가스터빈 배기가스에 포함되어 있는 열량이며, 그 크기는 대략 다음과 같다.

$$q_{GT,Exh} \approx q_{GT}(1-\eta_{GT})$$

따라서 식 (7.57)은 다음과 같이 된다.

$$\eta_{ST} = \frac{w_{ST}}{q_{GT}(1-\eta_{GT}) + q_{SF}} \tag{7.58}$$

일반적으로 복합사이클에서 보충연소는 하지 않는다. 이는 보충연소를 실시하는 경우 복합사이클 열효율이 낮아지기 때문이다. 따라서 보충연소를 하지 않는 복합사이클 열효율을 계산하기 위해 식 (7.56)과 (7.58)을 식 (7.55)에 대입하여 정리하면 다음과 같다.

$$\eta_{cc} = \eta_{GT} + \eta_{ST}(1-\eta_{GT}) \tag{7.59}$$

식 (7.59)는 복합사이클 다양한 개소에서 발생하는 압력손실을 무시한 상태에서 복합사이클의 열효율을 계산할 수 있는 식이다.

연습문제 7.2

열효율 26%인 가스터빈과 33%인 증기사이클을 이용하여 복합발전 시스템을 구성하였다. 이 복합발전 시스템의 열효율을 계산하라.

풀이

식 (7.59)를 이용하여 계산하면 복합발전 시스템의 열효율은 다음과 같다.

$$\eta_{cc} = \eta_{GT} + \eta_{ST}(1-\eta_{GT}) = 0.26 + 0.33(1-0.33) = 0.5042$$

그러므로 열효율은 50.42%이다. ■

토의

여기서 계산한 열효율은 복합발전 시스템의 다양한 개소에서 발생하는 압력손실을 배제한 상태에서 계산한 값이다. 그러나 실제적으로 이 가스터빈과 증기터빈을 이용하여 복합발전소를 구성하면 열효율은 약 38～42% 정도가 된다.

7.4 가스터빈 성능에 영향을 미치는 요소

가스터빈 성능은 압력비, TIT, 압축기 효율, 터빈 효율, 그리고 각 개소에서 발생하는 압력손실 등에 의해서 큰 영향을 받는다. 그리고 가스터빈은 기본적으로 공기를 흡입하여 출력을 발생시키는 기계이기 때문에 동일한 가스터빈일지라도 그 성능은 압축기로 유입되는 공기의 상태에 의해서 큰 영향을 받는다. 따라서 가스터빈 제작사는 가스터빈 성능을 표준대기조건인 15℃ (59℉), 1.013bar (14.7 psia), 60% 상대습도를 기준으로 제시하고 있다. 가스터빈 성능은 다음과 같은 간단한 가스터빈 출력 관계식을 이용하여 살펴볼 수 있다.

$$\dot{W}_{GT} = \dot{m}(|\Delta h_T| - |\Delta h_C|) = \dot{m}(w_T - w_C) \tag{7.60}$$

여기서 $\dot{W}_{GT}$는 가스터빈 출력, $\dot{m}$은 작동유체의 질량유량, Δh_T는 터빈에서 발생하는 엔탈피 낙차, Δh_C는 압축기에서 발생하는 엔탈피 낙차, w_T는 터빈에서 생산되는 출력, w_C는 압축기에서 소비하는 동력이다.

식 (7.60)으로부터 가스터빈 출력은 압력비와 TIT가 일정한 상태에서 공기의 질량유량에 비례한다는 것을 알 수 있다. 공기의 질량유량은 공기의 밀도에 의해 큰 영향을 받는다. 그리고 터빈에서 발생하는 엔탈피 낙차는 터빈 효율이 증가할수록 증가하며, 압축기에서 발생하는 엔탈피 낙차는 압축기 효율이 증가할수록 작아지기 때문에 가스터빈 출력은 압축기와 터빈 효율이 증가할수록 커진다. 그리고 가스터빈 출력은 터빈에서 생산되는 출력이 클수록 커지며, 압축기에서 소비하는 동력이 작을수록 커진다.

복합사이클 출력 향상은 대부분 상부사이클 성능 향상을 통해서 얻어진다. 이는 상부사이클 출력이 하부사이클에 비해 두 배 정도 크기도 하지만 상부사이클 성능이 향상되면 가스터빈에서 배출하는 열에너지도 증가하여 하부사이클 출력도 증가하기 때문이다. 한편, HRSG에 보충연소를 적용하면 예외적으로 하부사이클에서만 출력 향상을 얻을 수 있다. 그러나 이 경우 복합사이클 열효율은 낮아진다. 이는 보충연소를 위해 공급된 열량을 하부사이클에서만 이용하기 때문이다.

여기서는 어떤 정해진 가스터빈에 대해서 가스터빈을 통과하는 작동유체의 상태 변화에 따른 가스터빈 성능 변화를 살펴보기로 한다.

7.4.1 대기온도

발전용 가스터빈은 일정한 속도로 회전하기 때문에 부분부하로 운전하기 위해 VIGV를 이용하여 공기유량을 조절하는 경우를 제외하면 가스터빈에는 항상 일정한 체적유량의 공기가 유입된다. 공기의 비체적은 대기온도에 비례한다. 따라서 대기온도가 증가할수록 공기밀도가 감소하여 가스터빈으로 유입되는 공기의 질량유량이 감소하기 때문에 가스터빈 출력이 감소한다. 그림 7.30에 대기온도 변화에 따른 MS7001 가스터빈의 성능 변화가 나타나 있다.

식 (7.23)에 가스터빈 압축기 구동동력 크기가 나타나 있다. 이 식으로부터 대기온도가 증가할수록 압축기 구동동력이 증가한다는 것을 알 수 있다. 압축기 구동동력이 증가하면 가스터빈 출력과 열효율이 동시에 감소한다. 한편 대기온도가 증가하면 터빈 블레이드 냉각공기 온도가 증가하여 냉각효율이 저하되기 때문에 더 많은 냉각공기가 필요하며, 이로 인해 가스터빈 출력과 열효율 모두 낮아진다.

한편, 대기온도가 증가하면 터빈에서 생산되는 출력 또한 줄어들기 때문에 가스터빈 출력이 감소한다. 그림 7.31에 대기온도 증가에 따른 브레이턴사이클 변화를 나타냈다. 대기온도가 증가하더라도 TIT는 동일하게 유지된다. 따라서 이 그림에 나타나 있는 것처럼 대기온도가 증가하면 가스터빈 배기가스 온도(EGT; Exhaust Gas Temperature)가 증

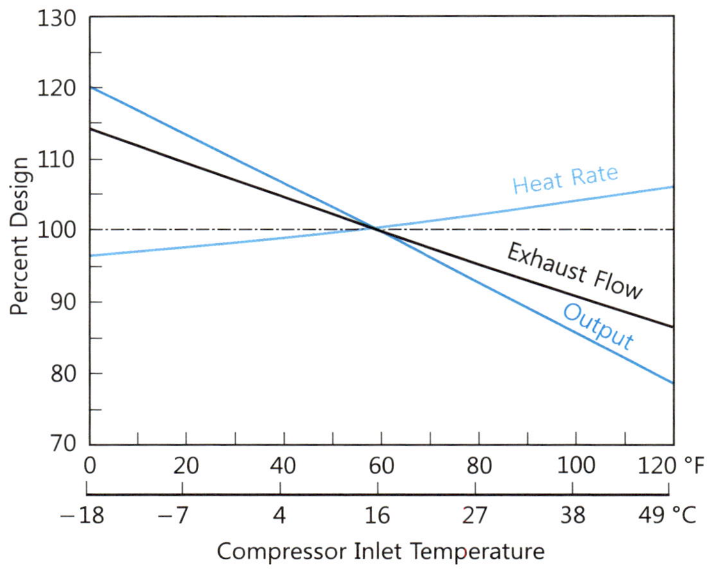

그림 7.30 대기온도 변화에 따른 MS7001 가스터빈 성능 변화(from Brooks)

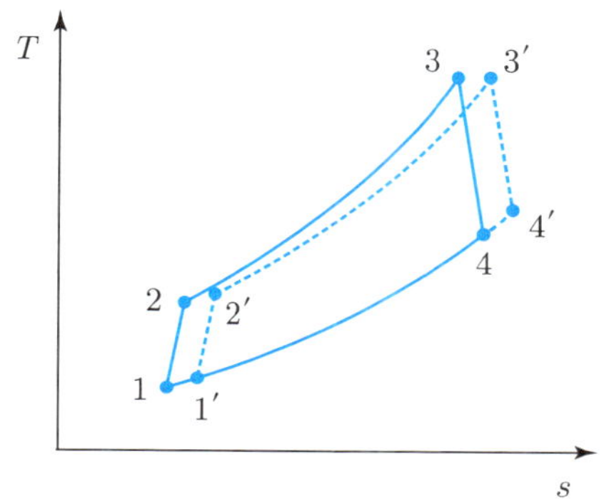

그림 7.31 대기온도에 상승에 의한 브레이턴사이클 변화

가한다. 그 결과 터빈에서 생산되는 출력이 감소하며, 이로 인해 가스터빈에서 생산되는 출력이 줄어들고 가스터빈 열효율 또한 감소한다.

그림 7.32에 대기온도 변화에 따른 복합발전 열효율 변화가 나타나 있다. 대기온도가 높아지면 가스터빈 EGT가 상승하여 하부사이클 주증기 조건이 향상되기 때문에 하부사이클 효율이 향상된다. 일반적으로 복합발전의 하부사이클은 부분부하운전 방식으로 변압운전을 사용하기 때문에 하부사이클로 유입되는 열량이 증가하면 주증기 온도가 일정한 상태에서 주증기 압력과 질량유량이 증가하기 때문에 하부사이클 출력과 열효율 모두 증가한다. 여기서 주의할 것은 이 그림에 나타나 있는 결과는 대기온도 변화에 관계없이 복수기 압력이 일정하게 유지된다는 가정에서 도출한 것이라는 점이다. 그러나 모든 조건이 일정한 상태에서 대기온도가 높아지면 냉각수 온도 또한 증가하기 때문에 복수기

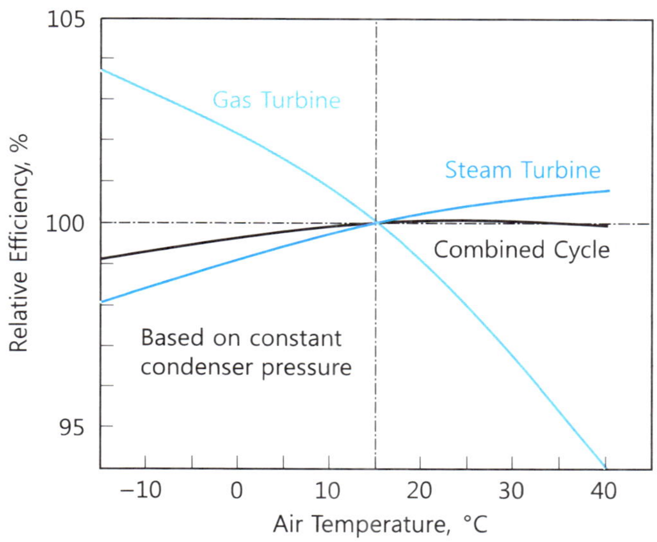

그림 7.32 대기온도에 변화에 따른 복합발전 열효율 변화(from Kehlhofer *et al*, 2009)

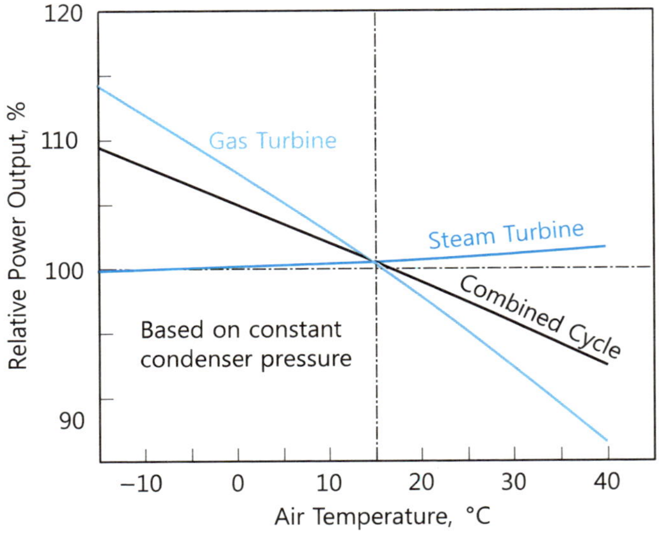

그림 7.33 대기온도에 변화에 따른 복합발전 출력 변화(from Kehlhofer *et al*, 2009)

압력이 증가하여 하부사이클 출력과 열효율이 모두 낮아진다. 따라서 그림 7.32에 나타나 있는 하부사이클 효율 변화는 이런 효과가 배제되어 있기 때문에 실제와는 다르다는 것에 주의해야 한다. 한편, 가스터빈 효율은 대기온도가 증가할수록 저하된다. 그러나 이 그림에 의하면 복합발전 열효율은 대기온도 변화에 큰 영향을 받지 않는 것으로 나타나 있다. 그런데 이 결과는 추가적인 검토가 필요해 보인다. 일반적으로 가스터빈 1기와 증기터빈 1기로 구성되는 1-on-1 배치 복합발전의 출력비는 2 : 1이며, 가스터빈이 증기터빈의 약 2배의 출력을 생산한다. 따라서 복합발전 열효율은 하부사이클 열효율보다 상부사이클 열효율에 의해서 더 큰 영향을 받는다. 그리고 다른 공개된 문헌(Singh and Kumar, 2012)에 의하면 대기온도가 증가함에 따라 복합발전 출력과 열효율 모두 감소하는 것으로 나타나 있다.

그림 7.33에 대기온도 변화에 따른 복합발전의 출력 변화가 나타나 있다. 대기온도가 높아질수록 가스터빈 출력은 크게 낮아지지만 증기터빈 출력은 EGT 상승으로 인해 약간 증가한다. 따라서 대기온도가 증가할수록 복합발전 출력이 낮아진다. 이 그림에 나타나 있는 결과도 대기온도 변화에 관계없이 복수기 압력이 일정하게 유지된다는 가정에서 도출한 것이다.

그림 7.34에 계절변화에 따른 복합발전 출력계수를 나타냈다. 이 그림으로부터 복합발전 출력은 하절기에 비해 동절기에 크게 발생한다는 것을 알 수 있는데, 이는 대기온도가 낮아지면 가스터빈뿐만 아니라 증기터빈 출력도 증가하기 때문이다. 대기온도가 낮아지면 냉각수 온도가 낮아지기 때문에 증기터빈 출력이 증가한다. 이에 대한 내용은 다음 장에서 자세하게 살펴볼 예정이다.

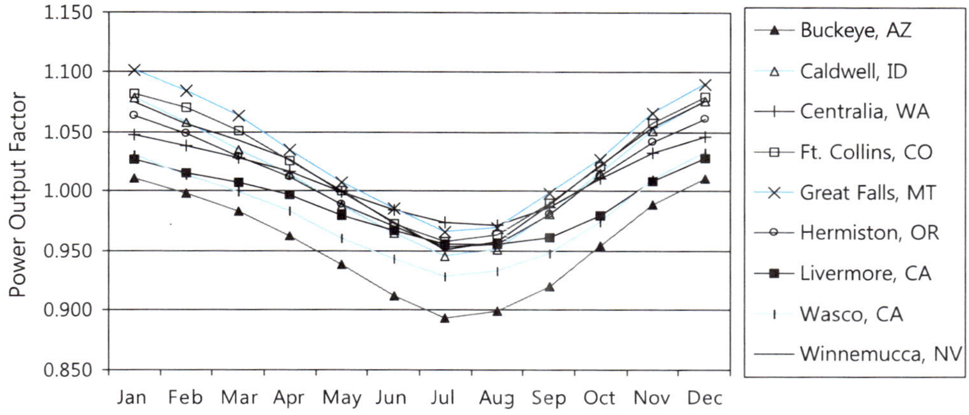

그림 7.34 월별 복합발전 출력 비교

7.4.2 대기압

대기압 변화는 가스터빈 성능에 큰 영향을 미친다. 그런데 대기압은 고도 변화에 따라 크게 달라지기 때문에 가스터빈 성능에 미치는 영향은 일반적으로 대기압 대신에 고도 변화를 기준으로 분석한다. 가스터빈 표준성능은 표준대기조건, 즉 해수면을 기준으로 설정한다. 그리고 가스터빈 출력은 고도가 증가하면 대기압이 낮아지고 공기밀도가 작아져서 압축기로 유입되는 공기의 질량유량이 감소하기 때문에 저하된다. 표 7.1에 고도가 서로 다른 위치에 설치한 복합발전 성능을 비교하여 나타냈다. 이 표를 통해서 확인할 수 있는 것처럼 664 m 고도에 설치한 7FA 가스터빈 출력은 바닷가에 설치한 동일한 가스터빈에 비해 단위기당 출력이 약 14 MW 줄어드는 것을 확인할 수 있다.

대기압이 낮아지면 가스터빈 출력은 줄어들지만 대기온도가 일정하면 대기압 변화는 표 7.1에서 확인할 수 있는 것처럼 가스터빈 열효율에 영향을 미치지 못한다. 이는 대기압이 낮아지면 가스터빈 입구 압력뿐만 아니라 출구 압력 또한 낮아지기 때문이다. 한편, 동일한 고도일지라도 날씨 변화로 인해 대기압이 달라지면 가스터빈 성능이 달라진다. 그림 7.35를 이용하면 설치고도 변화에 따른 가스터빈 성능을 보정할 수 있다.

표 7.1 고도 변화에 따른 가스터빈 성능 비교(from Angello, 2003)

Model	CC Configu-ration	Ambient Temp., °C	Site	Site Elevation, m	CC Thermal Effcy, %	CC Net Power, MW	GT Net Power, MW	ST Net Power, MW
PG7241FB	2-on-1	28.1 (82.5°F)	Las Vegas	664	53.4	437.0	285.3	151.7
			Miami	Sea side	53.2	475.5	312.9	162.6

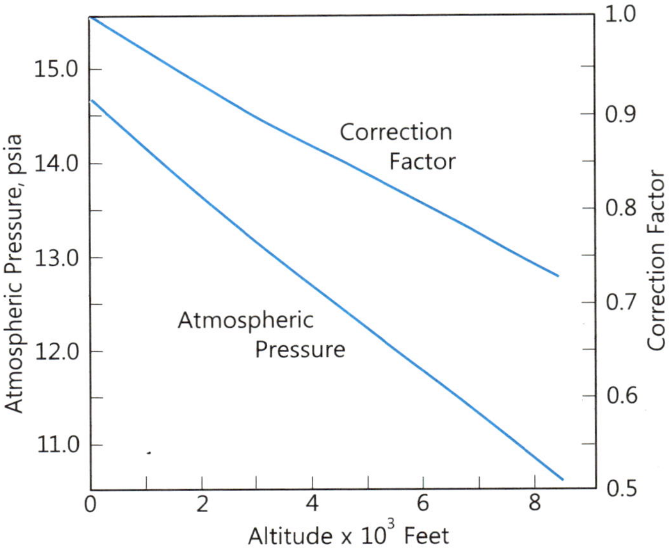

그림 7.35 고도 보정 곡선

7.4.3 습도

그림 7.36에 나타나 있는 것처럼 공기의 습도가 증가할수록 가스터빈 출력은 줄어들고 열률은 증가한다. 공기 중에 포함되어 있는 습분이 증가하면 질소나 산소보다 분자량이 작은 H_2O 성분이 증가하기 때문에 공기밀도가 낮아진다. 과거에는 공기 흡입량이 적은 소형 가스터빈이 주류를 이루었기 때문에 습도 변화에 따른 가스터빈 성능 변화가 매우 작아서 습도에 의한 영향은 고려하지 않았다. 그러나 가스터빈이 대형화되면서 습도에 의한 영향이 점차 중요해지고 있다.

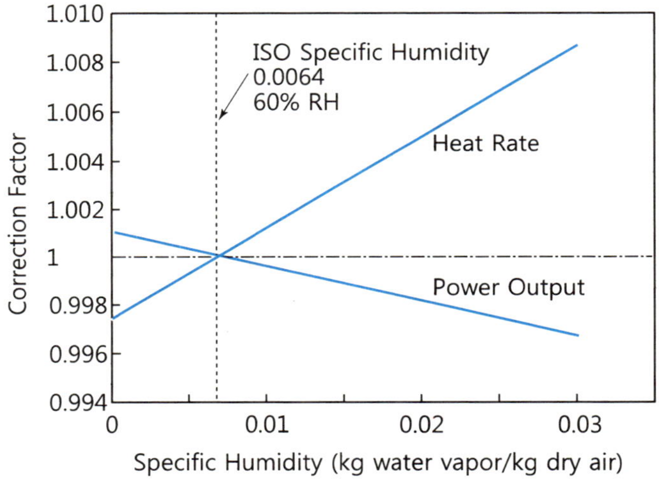

그림 7.36 습도 변화에 따른 가스터빈 성능 변화

7.4.4 입구 및 배기 압력손실

가스터빈 입구계통에는 기본적으로 공기필터와 소음기를 설치하며, 추가적으로 그림 7.37에 나타나 있는 것처럼 증발냉각기 또는 냉각기를 설치하기도 한다. 따라서 압축기로 유입되는 공기는 입구계통 덕트 및 이들 구성품을 통과하면서 발생하는 압력손실 때문에 실제로 압축기에 유입되는 공기의 압력은 대기압보다 낮아지며, 이로 인해 그림 7.38에 나타나 있는 것처럼 가스터빈 출력과 열효율 모두 낮아진다.

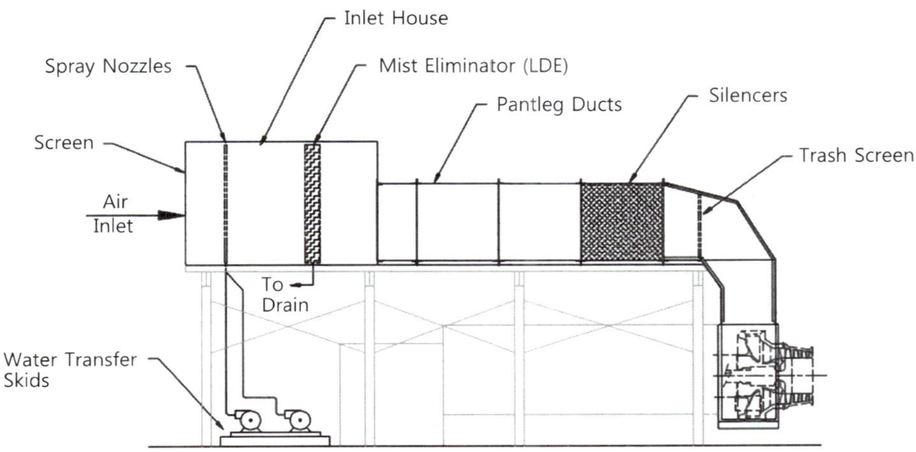

그림 7.37 대표적인 가스터빈 입구계통 구성도 및 구성요소

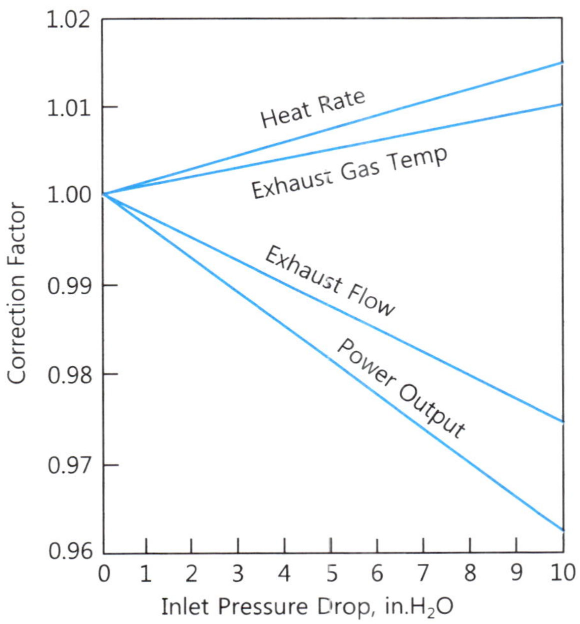

그림 7.38 가스터빈 입구계통 압력손실에 따른 가스터빈 성능 변화

4.0 inH$_2$0 (10 mbar) inlet pressure drop produces:
1.42% Power output loss
0.45% Heat rate increase
1.1°C Exhaust temperature increase

4.0 inH$_2$0 (10 mbar) Exhaust pressure drop produces:
0.42% Power output loss
0.42% Heat rate increase
1.1°C Exhaust temperature increase

그림 7.39 가스터빈 입구 및 출구 압력손실에 따른 가스터빈(MS7001EA) 성능 변화(from Brooks)

가스터빈 입구계통에서 발생하는 압력손실이 가스터빈 성능에 미치는 영향은 가스터빈 모델에 따라서 다르게 나타난다. 이는 가스터빈 모델에 따라서 압력비가 다르기 때문이다. 압력비가 다르면 압축기 입구계통에서 동일한 크기의 압력손실이 일어나더라도 압축기 출구 압력이 달라진다. 이는 압축기 출구 압력이 입구계통에서 손실된 압력의 크기에 압력비를 곱한 값만큼 낮아지기 때문이다. 그림 7.39에 GE사 MS7001EA 가스터빈 입구계통 및 배기계통에서 발생하는 압력손실에 대한 가스터빈 성능 변화를 나타냈다. 이 그림으로부터 가스터빈 입구계통에서 발생하는 압력손실이 대기압의 1/100에 해당하는 4.0 in.H_2O일 때 출력은 1.42% 낮아지며, 열률은 0.45% 증가한다는 것을 알 수 있다. 따라서 입구계통에서 발생하는 압력손실은 가스터빈 성능에 매우 큰 영향을 미친다는 것을 알 수 있다.

가스터빈 입구에는 압축기 블레이드 표면에 발생하는 파울링을 방지하기 위해 대기중에 포함되어 있는 이물질이 유입되지 못하도록 필터를 설치한다. 복합발전에는 대부분 1970년대 개발한 자가세척필터(self-cleaning filters)를 사용하고 있으며, 일반적으로 입자지름이 1 μm보다 작은 것까지 포집할 수 있는 고효율 필터를 사용하고 있다. 필터 표면에서 흡입되는 공기속도가 약 3 m/s인 경우 신규의 깨끗한 필터에서는 약 2 mbar 정도의 압력손실이 발생한다. 필터를 장기간 사용하면 필터 표면에 부착된 이물질로 인해 압력손실이 증가하는데, 그 값이 미리 정해진 수준(대개 3～4 in.H_2O = 7.5～10 mbar)에 도달하면 그림 7.40에 나타나 있는 것처럼 필터 세척용 압축공기를 공기흐름 반대방향으로 충격적으로 흘려보내서 필터 표면에 부착된 먼지를 털어낸다. 참고로, 필터 세척용 압축공기는 압축기로부터 추출하거나 별도의 장치로부터 공급받아 사용한다. 그러나 필터 세척용 압축공기를 압축기로부터 추출하는 경우에 추출하는 압축공기 양이 매우 적기 때문에 가스터빈 성능에 거의 영향을 미치지 못한다.

가스터빈 배기계통에서 압력손실이 발생하면 터빈에서의 엔탈피 낙차가 줄어들기 때문에 가스터빈 출력이 저하된다. 가스터빈 배기계통에서 발생하는 압력손실은 배기계통 자

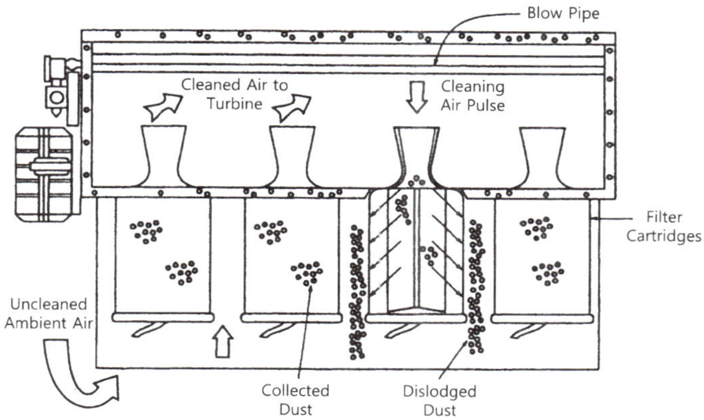

그림 7.40 자가세척필터 작동 원리

그림 7.41 대표적인 hot-end crive 가스터빈(MS7001EA)

체에서 발생하는 압력손실과 HRSG에서 발생하는 압력손실 두 가지로 나눌 수 있다. 초기에 개발한 발전용 가스터빈은 그림 7.41에 나타나 있는 것과 같이 발전기가 터빈 뒤에 위치한 hot-end drive 형태였다. 그러나 이런 형태의 가스터빈 배기계통에서는 배기가스 진행방향이 축방향으로부터 반경방향으로 급격하게 전환되면서 압력손실이 비교적 크게 일어나기 때문에 가스터빈 성능이 저하된다. 아울러 수평형 HRSG를 사용하면 가스터빈을 빠져나간 배기가스의 진행방향이 또 다시 직각으로 전환되기 때문에 압력손실이 더욱 증가한다. 최근 개발한 발전용 가스터빈은 그림 7.1(b)에 나타나 있는 것처럼 배기계통에서 발생하는 압력손실을 최소화시키기 위해서 배기가스를 축방향으로 배출시킬 수 있도록 발전기를 압축기 앞에 설치한 cold-end drive 형태이다. 그림 7.39에 MS7001EA 가스터빈의 배기계통에서 발생하는 압력손실에 따른 성능 변화가 나타나 있다. 이 그림으로부터 배기계통에서 발생하는 압력손실은 입구계통에 비해서 출력에는 적은 영향을 미치지만 효율에는 거의 비슷한 영향을 미친다는 것을 알 수 있다.

HRSG에서 발생하는 압력손실도 가스터빈 성능에 영향을 미친다. HRSG에서 발생하는 압력손실이 증가할수록 가스터빈에서 발생하는 엔탈피 낙차가 작아지기 때문에 가스터빈 출력이 작아진다. 일반적으로 HRSG에서 발생하는 압력손실은 약 25 mbar로 제한하며, NOx 제거를 위한 촉매장치 모듈을 사용하는 경우에는 약 35 mbar로 제한한다.

7.4.5 연료

복합발전 성능은 가스터빈 연료의 종류, 연료에 포함되어 있는 미량금속, 황 함유량, 저위발열량 등에 의해 영향을 받는다. 가스터빈의 터빈에서 생산되는 출력에 대한 공식은 열역학 제1법칙으로부터 간단하게 구할 수 있으며, 다음과 같다.

$$\dot{W}_T = \dot{m}(h_3 - h_4) = \dot{m}c_p(T_3 - T_4) \tag{7.61}$$

즉 터빈에서 생산되는 출력은 질량유량, 정압비열, 그리고 터빈에서 발생하는 온도차의 곱과 같다. 위 식에서 $\dot{W}_T$는 터빈에서 생산되는 출력, $\dot{m}$은 터빈을 통과하는 배기가스의 질량유량, c_p는 배기가스의 정압비열, T는 배기가스 온도, 하첨자 3과 4는 각각 터빈입구와 터빈출구를 나타낸다.

메탄이 주성분인 천연가스를 연료로 사용하면 액체연료인 경유를 사용할 때보다 가스터빈 출력이 약 2% 정도 증가한다. 터빈을 통과하는 연소가스의 질량유량은 압축기를 통과하는 공기의 질량유량과 연소기에 공급하는 연료의 질량유량을 합친 값이다. 그런데 동일한 가스터빈에 공급하는 천연가스의 질량유량은 경유에 비해 적다. 그러나 적은 질량유량을 가지는 천연가스를 연료로 사용하는 경우 경유에 비해 더 큰 출력이 생산되는 이유는 연소가스의 비열 차이 때문이다. 비열이란 어떤 단위질량의 물질의 온도를 1℃ 상승시키는 데 필요한 열량이다. 따라서 연소가스의 비열이 크다는 것은 TIT가 동일한 경우 연소생성물에 열에너지가 더 많이 포함되어 있다는 것을 의미한다. 천연가스와 경유 모두 탄화수소계 화석연료이지만 천연가스가 더 높은 수소/탄소 비를 가지기 때문에 천연가스 연소생성물이 비열이 더 큰 수증기를 더 많이 포함한다. 따라서 천연가스 연소생성물이 경유 연소생성물에 비해 더 큰 비열을 가진다. 표 7.2에 하나의 대표적인 발전용 가스터빈의 사용 연료에 따른 성능을 비교하여 나타냈다. 이 자료에서 천연가스를 사용하면 경유를 사용하는 것보다 터빈을 통과하는 질량유량이 작은데도 불구하고 더 큰 출력이 생산된다는 것을 알 수 있다. 이는 연소생성물의 비열에 의한 효과가 질량유량에 의한 효과보다 더 크다는 것을 의미한다. 결론적으로 가스터빈 성능은 연료 종류에 의해

표 7.2 GE 가스터빈 성능

Model	Fuel	ISO Base Rating (kW)	Heat Rate (Btu/kWh)	Exhaust Flow (kg/hr)x10^{-3}	EGT (°C)	Pressure Ratio
PG7251FB	N.G.	184,400	9,245	1613	623	18.4
	D.O.	177,700	9,975	1677	569	18.7

$$C + O_2 = CO_2 + 33.9 \text{ MJ/kg}$$
$$H_2 + 1/2O_2 = H_2O(\text{water}) + 143.0 \text{ MJ/kg (HHV)}$$
$$H_2 + 1/2O_2 = H_2O(\text{vapor}) + 120.6 \text{ MJ/kg (LHV)}$$
$$S + O_2 = SO_2 + 9.28 \text{ MJ/kg}$$

그림 7.42 연소 및 발열량

큰 영향을 받는다는 것을 알 수 있다. 한편, 그림 7.42에 나타나 있는 것처럼 수소는 탄소에 비해서 단위질량당 발열량이 훨씬 크며, 비열이 큰 수증기를 생성한다.

가스터빈 성능은 연료에 포함되어 있는 미량금속(trace metals)에 의해서도 영향을 받는다. 일반적으로 액체연료는 바나듐(V), 나트륨(Na), 칼륨(K), 납(Pb), 그리고 칼슘(Ca) 등과 같은 미량금속을 포함하고 있다. 이들 가운데 칼슘을 제외한 네 가지 성분은 터빈 블레이드를 부식시키는 원인물질이며, 다섯 가지 성분 모두 파울링 원인물질이다. 이들 가운데 특히 나트륨과 바나듐은 석유계 연료에 가장 흔하게 포함되어 있다. 이들 성분은 연소가 진행되는 동안에 연소화합물(sodium sulfate, sodium vanadates, and vanadium pentoxide)을 형성하며, 생성된 연소화합물은 터빈 운전 온도에서 부분용해 상태로 존재하기 때문에 터빈 블레이드에 쉽게 부착하여 파울링을 야기시키며, 터빈 블레이드를 부식시킨다. 터빈 블레이드와 HRSG에 파울링이 발생하면 복합발전 출력과 열효율 모두 낮아진다. 아울러 터빈 블레이드에 부식이 발생하면 수명이 짧아질 뿐만 아니라 이른 시기에 성능저감이 나타난다.

연료에 황(sulfur) 성분이 많이 포함되어 있으면 복합발전 출력과 열효율 모두 낮아진다. 연료에 포함되어 있는 황 성분은 그림 7.42에 나타나 있는 것처럼 연소 후 아황산가스를 형성한다. 온도가 낮아지는 경우 아황산가스는 수증기와 반응하여 부식성이 매우 강한 액체상태의 황산이 된다. 황산의 생성을 방지하기 위해서는 배기가스 온도를 고온으로 유지시켜야 하며, 그러기 위해서는 HRSG 스택을 빠져나가는 배기가스 온도를 높게 유지시켜야 한다. 이 경우 복합발전 출력과 열효율 모두 낮아진다. 한편, 황 성분이 많이 포함되어 있는 액체연료나 H_2S를 많이 포함하고 있는 기체연료를 사용하는 경우 연료계통은 내부식성 재료를 사용하여 제작해야 하기 때문에 발전소 초기 건설비용이 증가한다.

가스터빈 성능은 연료의 저위발열량에 의해서도 영향을 받는다. 이는 연료의 저위발열량에 따라서 가스터빈에 공급해주는 연료의 질량유량이 결정되기 때문이다. 일반적으로 저위발열량이 낮을수록 가스터빈에 공급해주는 연료의 질량유량이 증가하기 때문에 출력과 열효율이 증가하는 것으로 알려져 있다. 그러나 엄밀하게 관찰하면 연료의 저위발열량과 출력 사이에는 뚜렷한 관계를 찾아내기 어렵다. 이는 연료의 저위발열량이 낮아질수록 많은 질량유량을 공급해야 하는데, 연료의 저위발열량이 낮아질수록 연료를 압축시키는 데 소비하는 동력 또한 증가하기 때문이다.

7.4.6 연료 가열

가스연료를 가열하여 가스터빈에 공급하면 복합발전 열효율이 향상되며, 출력은 약간 감소한다. 그림 7.43에 나타나 있는 것과 같이 가스연료를 연소기에 공급하기 전에 가열하여 연료의 저위발열량을 높이면 TIT까지 온도를 상승시키는 데 필요한 연료유량을 줄일 수 있기 때문에 가스터빈 열효율이 향상된다. 열원으로는 대개 HRSG에 있는 IP 이코노마이저에서 추출한 고온의 물을 이용한다. 그러나 가스연료를 가열하면 가스터빈에 공급하는 연료의 질량유량이 줄어들기 때문에 가스터빈 출력은 거의 무시할 정도의 크기지만 감소한다. 한편, 가스연료를 가열하기 위한 열원을 공급하는 하부사이클에서는 출력이 감소하기 때문에 복합발전 출력이 감소한다.

복합발전 출력과 열효율 변화는 연료 온도 상승 정도와 사이클 설계에 의해서 결정된다. 만약 연료성분이 적합하다면 열교환기 표면에 카본 침착이 일어나기 시작하는 직전 온도인 약 370℃(700°F)까지 가열할 수 있다. 복합발전에서 가장 경제적인 연료 온도는 150~230℃(300~450°F)이다. 참고로 F-class 3-압 재열사이클 복합발전은 IP 이코노마이저에서 추출한 고온의 물을 이용하여 연료 온도를 약 185℃(365°F)로 가열하여 사용하고 있다. 이 경우 복합발전 열효율은 약 0.3% 정도 향상된다(Jones and Jacobs III).

가스연료 가열과 관련하여 고려해야 할 요소는 연소기 설계와 가스터빈 압력비에 좌우되는 가스연료 공급압력이다. 만약 가스터빈 압력비가 너무 높으면 연료 압력을 높이기 위해 가스 압축기가 필요하며, 가스연료 온도는 압력비에 비례하여 증가하기 때문에 가스연료 가열에 따른 효과가 줄어든다.

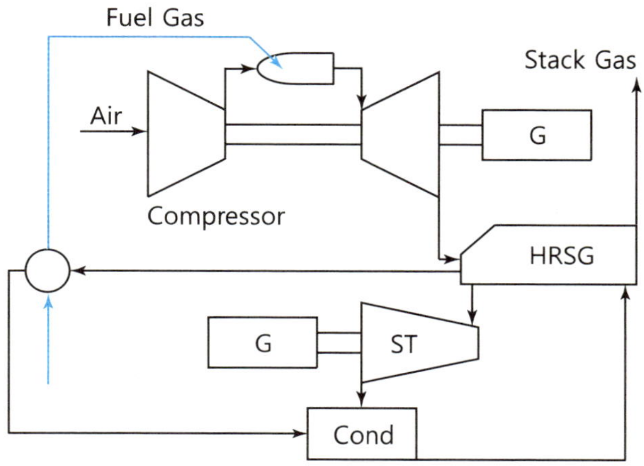

그림 7.43 가스연료 가열 개념도

가스연료 가열과 관련된 증기계통 온도는 가스연료 자동점화온도보다 높기 때문에 가스연료 가열과정에서 가스연료가 증기계통으로 유입되면 안 된다. 따라서 물-연료 열교환기에서 물 압력이 가스연료 압력보다 높게 유지되어야 한다. 그리고 물 계통이 가압되지 않은 동안에도 가스연료가 물 계통으로 유입되지 못하도록 해야 한다.

7.4.7 물/증기 분사

1990년도 이전에는 대부분의 가스터빈에 NOx 발생을 억제하기 위해 물/증기 분사 방법을 적용하였다. 연소영역에 분사된 물/증기는 NOx 형성에 영향을 미치는 가장 중요한 변수인 화염온도를 낮추는 역할을 한다. 화염온도가 낮아지면 그림 7.44에 나타나 있는 것처럼 NOx 생성이 지수함수적으로 줄어든다.

물/증기 분사량이 증가하여 화염온도가 낮아지면 불완전연소에 의하여 발생하는 일산화탄소 발생이 증가한다. 따라서 확산화염연소 시 그림 7.44에 나타나 있는 것과 같이 NOx 발생과 일산화탄소 발생이 교차하는 지점의 온도를 최적의 화염온도로 설정하며, 이로 인해 물/증기 분사량이 제한된다.

가스터빈 제작사들은 열효율이 높은 가스터빈을 개발하기 위해 TIT를 지속적으로 높이고 있다. 그러나 TIT가 높아질수록 화염온도 또한 높아져서 더 많은 NOx가 발생하기 때문에 NOx 배출 수준을 동일한 수준으로 유지하기 위해서는 더욱 많은 양의 물/증기를 분사해야 한다. 그런데 NOx 저감을 위해 물/증기를 분사하면 터빈을 통과하는 연소가스

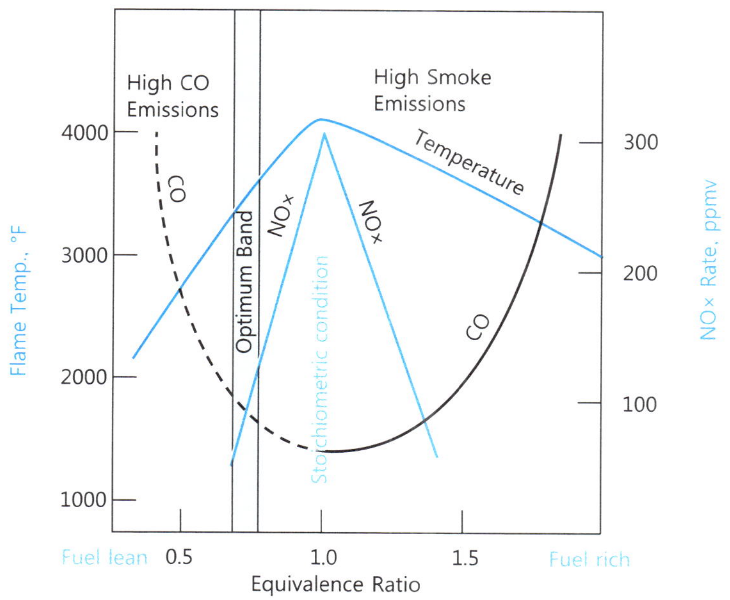

그림 7.44 확산화염연소 시 공해물질 생성(distillate oil 기준)

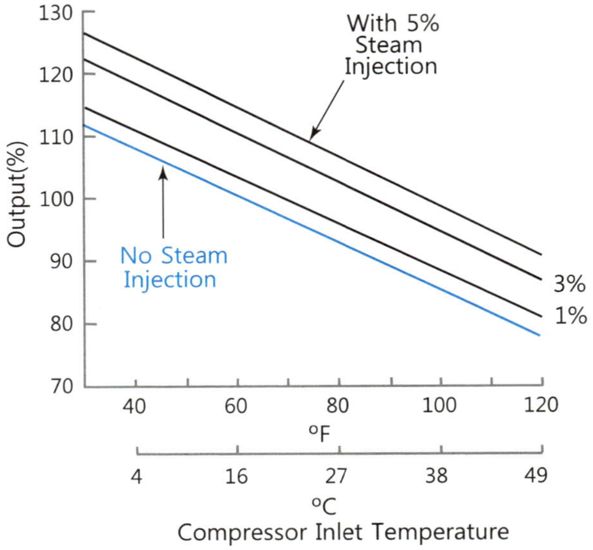

그림 7.45 증기분사에 따른 MS7001EA 가스터빈 출력 변화(from Brooks)

의 질량유량이 증가하기 때문에 가스터빈 출력이 증가하는 부가적인 효과가 얻어진다. 그리고 순수하게 가스터빈 출력증강을 목적으로 물/증기를 분사하는 경우도 있다.

물/증기는 연소기 상류(cap area) 또는 라이너의 연소기 입구방향 끝부분(head end)에서 분사한다. 출력증강을 목적으로 증기를 분사하는 경우에는 연소기 입구 또는 압축기 출구에서 분사한다. GE사 가스터빈의 경우 출력증강을 위해서 분사하는 증기의 최대 허용 질량유량은 압축공기 질량유량의 5%이다. 아울러 증기는 가스연료 압력에 적합한 압력에서 28℃(50℉) 과열시켜 분사한다. 압축공기 질량유량의 5%에 해당하는 증기를 분사하면 출력과 열률이 각각 3.4%와 4.2% 증가한다. 한편, 압축기 질량유량의 2.9%에 해당하는 물을 분사하면 출력과 열률이 각각 5.9%와 4.8% 증가한다. 그러나 그림 7.45에 나타나 있는 GE 발표자료에 의하면 압축공기 질량유량의 5%에 해당하는 증기를 분사하면 가스터빈 출력이 약 14% 증가하는 것으로 나타나 있다. 한편, 물/증기 분사량이 증가할수록 화염온도가 낮아짐에 따라 TIT가 낮아져서 그림 7.46에 나타나 있는 것처럼 가스터빈 열효율이 낮아진다.

물/증기 분사량이 증가하면 연소실 내부에 동압진동(dynamic pressure oscillation)이 증가하여 연소기에서 발생하는 소음이 증가하며, 진동에 의하여 연소기 중요 부품인 라이너, 트랜지션피스, 연료노즐 등의 손상이 증가한다. 따라서 공해물질 생성을 최대한 억제하면서 가스터빈 운전비용을 최소화시킬 수 있는 적정한 양의 물/증기를 분사해야 한다.

물/증기를 분사하는 경우에 EGT를 조절하는 방법에는 그림 7.47에 나타나 있는 것과 같이 두 가지가 있다(Balevic *et al.*). Dry control 방법은 물/증기를 분사하는 동안에 화염온도가 내려간다. 기저부하용으로 운전하는 모든 가스터빈은 대부분 dry control 방법

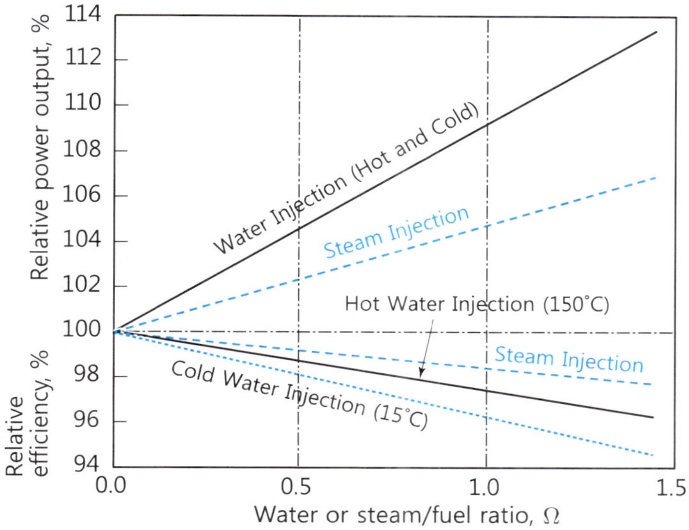

그림 7.46 물/증기 분사에 따른 가스터빈 출력 및 열효율 변화(GE)

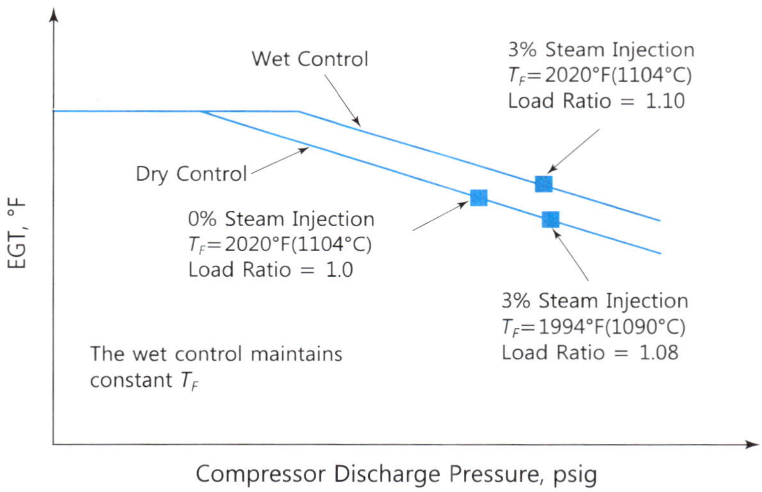

그림 7.47 EGT control curve(MS7001EA, GE)

을 채택하고 있다. 이에 반해 wet control 방법은 물/증기를 분사하는 동안에 화염온도를 물/증기 분사를 실시하지 않을 때와 동일하게 유지한다. 첨두부하용으로 운전하는 가스터빈은 대개 이 방법을 채택한다. 그러나 이 방법을 적용하면 구성품 수명이 현저하게 줄어들기 때문에 이 방법을 적용하기 위해서는 철저한 경제성 검토가 요구된다.

물/증기를 분사하면서 가스터빈을 일정한 화염온도로 운전하면 터빈 블레이드와 같은 고온부품 온도가 상승하여 수명이 줄어든다. 연소가스에 물이나 증기가 분사되어 혼합되면 열전도도와 비열은 증가하고 점성은 변하지 않고 그대로 유지된다. 따라서 물/증기를 분사하면 연소가스의 열전달계수가 커져서 금속온도가 상승하기 때문에 터빈 블레이드와 같은 고온부품의 수명이 줄어든다. 예를 들면, 압축공기 질량유량의 3%에 해당하는 증기를 분사하면 열전달계수가 4% 증가하며, 이로 인해 MS7001EA 가스터빈의 경우 1단 버켓 온도가 8℃(15°F) 상승하며, 이로 인해 버켓 수명이 33% 단축된다(Balvec *et al.*).

7.4.8 압축공기 추출

압축공기는 가스터빈 입구계통에 있는 공기필터 세척과 압축기 입구 방빙 및 제빙 등 다양한 목적으로 사용한다. 이런 목적으로 사용하는 압축공기는 별도의 공급장치를 이용하기도 하지만 대개의 경우 가스터빈 압축기로부터 직접 추출하여 사용한다. 일반적으로 압축공기 질량유량의 5%까지는 케이싱 또는 기초배관(on-base piping)의 변경 없이 압축기배출케이싱으로부터 추출하여 사용할 수 있다. 그리고 가스터빈 및 연소기에 따라서 케이싱, 배관, 제어장치 등을 수정하면 압축공기 질량유량의 6~20%를 추출하여 사용할 수 있다. 그러나 추출하는 압축공기 질량유량이 20%를 초과하는 경우에는 케이싱과 가스터빈 형상에 큰 폭의 수정이 요구된다. 그림 7.48에 압축공기 추출 유량비에 따라서 가스터빈에 나타나는 출력 및 열률 변화가 나타나 있다. 이 그림으로부터 추출하는 압축공기 질량유량 1%당 가스터빈 출력이 2% 이상 저하된다는 것을 알 수 있다.

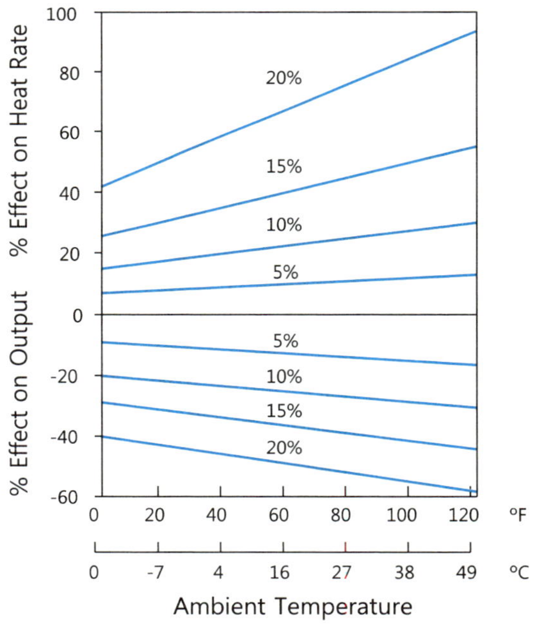

그림 7.48 압축공기 추출에 따른 가스터빈 출력 및 열률 변화

7.4.9 입구 공기 냉각

가스터빈 복합발전의 단점 가운데 하나는 대기온도가 높고 대기압력이 낮은 곳에 설치하면 출력이 크게 줄어드는 것이다. 그런데 전력 수요가 급증하고 전기료가 가장 비싼 무더운 하절기에 그림 7.49에 나타나 있는 것처럼 가스터빈 입구계통에 공기 냉각장치를 설치하면 복합발전 출력을 크게 증가시킬 수 있다. 가스터빈으로 유입되는 공기를 냉각시키면 공기 밀도가 증가하기 때문에 가스터빈을 통과하는 공기의 질량유량이 증가하여 가스터빈 출력이 증가한다. 그리고 무더운 하절기에 가스터빈으로 유입되는 공기를 냉각시키면 가스터빈 정격출력보다 큰 출력을 얻을 수도 있다. 일반적으로 가스터빈으로 유입되는 공기 온도를 1℃ 낮추면 복합발전 출력은 0.4~0.5% 증가하며, 열효율은 거의 변하지 않는다(Jones and Jacobs III). 그리고 단순사이클로 운전하는 경우에도 복합발전과 거의 비슷한 정도로 출력이 증가한다.

입구 공기 냉각이 가스터빈 성능에 미치는 영향을 살펴보기 위해 공기에 대한 기본적인 내용을 먼저 살펴보기로 한다. 상대습도는 공기 중에 포함되어 있는 수증기 양과 그 때의 온도에서 공기 중에 최대로 포함될 수 있는 수증기 양을 백분율로 나타낸 값이다. 건구온도는 일반 온도계로 측정한 온도이다. 이에 반해 습구온도는 온도계 아래 부분 동그란 구면을 거즈로 감싸고 거즈 한쪽 끝을 물이 담긴 그릇에 넣어 그릇에서 빨아올린 물이 끊임없이 온도계 구면에서 증발하도록 한 상태에서 측정한 온도이다. 물은 증발하면서 기화열을 빼앗아 가기 때문에 습구온도는 건구온도보다 낮다. 공기 습도가 낮으면 더 많은 양의 물이 증발할 수 있기 때문에 더 많은 열을 빼앗아 간다. 따라서 이때 건구온도와 습구온도 차이는 더욱 커진다. 일반적으로 습도는 건구온도와 습구온도 차이를

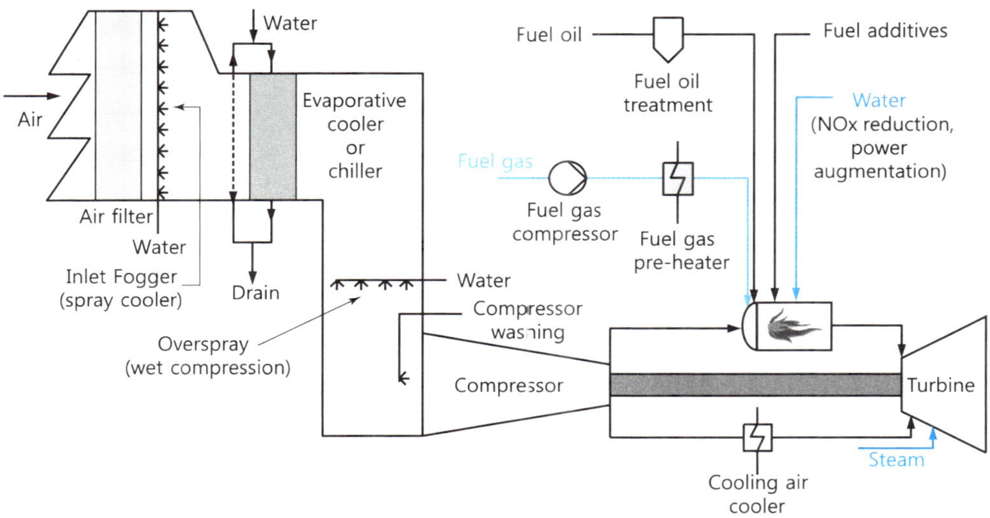

그림 7.49 가스터빈 계통도

이용해서 계산한다. 그러나 건구온도와 습구온도를 측정하여 습도 계산표를 이용하면 습도를 쉽게 찾을 수 있다.

가스터빈으로 유입되는 공기 온도를 낮추기 위해 기본적으로 사용하고 있는 세 가지 장치로는 증발냉각기(evaporative cooler), 분사냉각기(fogger, or spray cooler), 냉각기(chiller) 등이 있다. 이 가운데 가장 많이 사용하고 있는 증발냉각기는 고효율 증발매질을 이용하여 물을 증발시켜 가스터빈으로 유입되는 공기 온도를 낮춘다. 분사냉각기는 분무기를 이용하여 가스터빈으로 유입되는 공기 흐름 속으로 매우 작은 물방울을 직접 분사하여 공기 온도를 낮춘다. 증발냉각기와 분사냉각기는 물의 증발냉각을 이용하는 장치이다. 증발냉각은 대기의 상대습도가 70～80% 이상인 경우에는 효과적이지 못한데, 이는 증발냉각을 통한 온도 강하 크기가 건구온도와 습구온도 차이의 크기에 의해서 지배를 받기 때문이다. 그리고 증발냉각을 이용하여 최대로 낮출 수 있는 공기 온도는 습구온도이다. 이에 비해 냉각기를 이용하면 공기 온도를 습구온도보다 낮은 온도까지 냉각시킬 수 있다. 따라서 냉각기를 이용하면 증발냉각기나 분사냉각기에 비해서 더 큰 출력증강을 얻을 수 있다. 그러나 냉각기는 증발냉각기나 분사냉각기에 비해서 설치비가 크게 증가하는 단점을 가지고 있다. 냉각기는 일종의 열교환기로써 튜브 내부에 차가운 물을 흐르게 해서 가스터빈으로 유입되는 공기 온도를 낮추는 장치이다. 이런 입구 공기 냉각장치를 이용하면 연소와 제어기법에 따라서 NOx 배출이 약간 줄어들 수 있다. 그러나 현재는 대부분 DLN(Dry Low NOx)연소기를 사용하고 있기 때문에 NOx 배출 저감에 대한 효과가 매우 작은 편이다.

증발냉각기는 증발 표면적과 냉각 효율성을 극대화하기 위해 그림 7.50에 나타나 있는 허니컴형 증발매질을 이용한 방법으로써 전통적으로 가장 많이 사용하고 있다. 증발냉각은 물이 증발하면서 공기로부터 기화열을 흡수하여 공기 온도가 낮아지는 원리를 이용한다. 물이 증발하기 위해서는 잠열인 에너지가 필요하다. 물은 증발하면서 이 에너지를 공기로부터 가져오기 때문에 공기 온도는 낮아지고 습도는 증가한다. 따라서 증발냉각기를

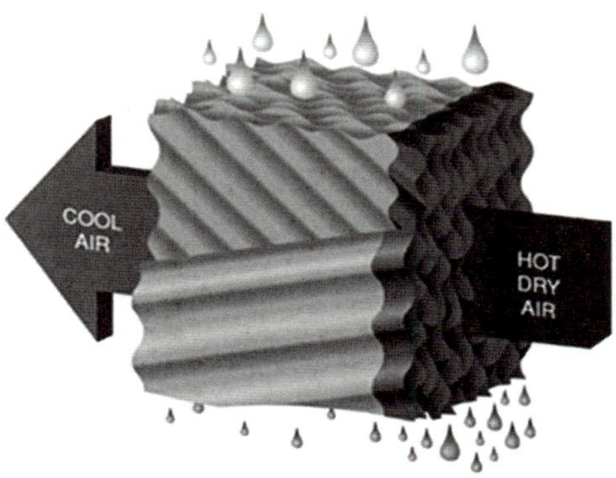

그림 7.50 허니컴형 증발매질을 이용한 증발냉각 개념도

이용하는 경우 최대로 내릴 수 있는 온도는 습구온도로 제한된다. 가스터빈에 사용하는 증발매질 두께는 12인치 이상이며, 필터하우스나 입구덕트 모든 단면적을 덮는다. 일반적으로 증발매질과 물방울 제거장치에서 약 1 in.H_2O의 압력강하가 발생하며, 이로 인해 가스터빈과 복합발전 출력은 각각 0.35%와 0.3% 줄어든다. 증발매질을 이용한 증발냉각장치에는 대기온도 15℃ 이하에서는 작동하지 못하도록 제어장치를 설치하고 있다. 그리고 대기온도가 0℃ 이하로 내려갈 때는 물탱크와 배관 손상을 방지하기 위해 증발냉각장치에 있는 모든 물을 빼내고 작동을 중지한다.

이론적으로 허니컴형 증발매질을 이용한 증발냉각기를 통해서 얻을 수 있는 가장 낮은 온도는 대기온도에 대한 습구온도지만 실제적으로 이 수준까지 냉각시키는 것은 어렵다. 증발냉각기를 이용하여 얻을 수 있는 실질적인 온도강하는 장치의 설계와 대기조건에 의해서 좌우된다. 증발냉각의 경우 냉각되는 온도를 계산하기 위해서는 공기흐름에 노출되는 물의 표면적과 체류시간에 의해 결정되는 효율성을 사용한다. 효율성은 다음과 같이 정의한다.

$$\text{Cooler effectiveness} = \frac{T_{1,DB} - T_{2,DB}}{T_{1,DB} - T_{2,WB}} \tag{7.62}$$

여기서 T는 공기 온도, 하첨자 1과 2는 각각 냉각장치 입구 및 출구, 하첨자 DB와 WB는 각각 건구(dry bulb)와 습구(wet bulb)를 나타낸다.

따라서 효율성이 85%일 때 온도강하는 다음과 같다.

$$\text{Temperature drop} = 0.85(T_{1,DB} - T_{2,WB}) \tag{7.63}$$

증발매질을 이용한 증발냉각기 효율성은 대개 85%이며, 분사냉각기를 이용한 증발냉각 효율성은 증발냉각기보다 약간 더 높은 90~95%이다. 한편, 식 (7.63)으로부터 건구온도와 습구온도 차이가 작은 경우, 즉 습도가 높은 경우에는 증발냉각기를 이용한 온도강하 크기가 작아진다는 것을 알 수 있다. 따라서 증발냉각기는 무덥고 건조한 지역에 설치하는 복합발전에 적합하며, 상대습도가 70~80% 이상인 다습한 경우에는 효과적이지 못하다.

만약에 대기온도가 100°F(37.8℃)이고 상대습도가 20%일 때 그림 7.51에서 습구온도를 찾으면 70°F이다. 따라서 증발냉각기 효율성이 85%라면 식 (7.63)에서 온도강하는 25.5°F(14.2℃)라는 것을 알 수 있다.

증발냉각에 의한 출력증강은 그림 7.52를 이용하여 계산할 수 있다. 참고로, 이 그림은 85% 효율성을 가지는 증발냉각기를 기준으로 작성한 자료이다. 이 그림을 통해 무덥고 건조한 날씨에 증발냉각을 이용하면 가스터빈 출력을 크게 증가시킬 수 있다는 것을 알 수 있다.

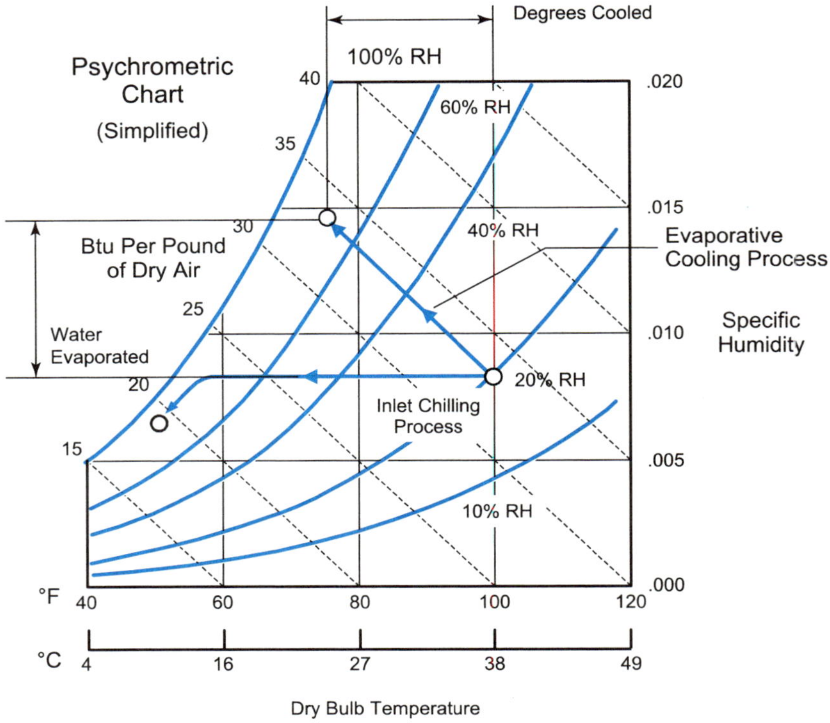

그림 7.51 건습구습도계 차트

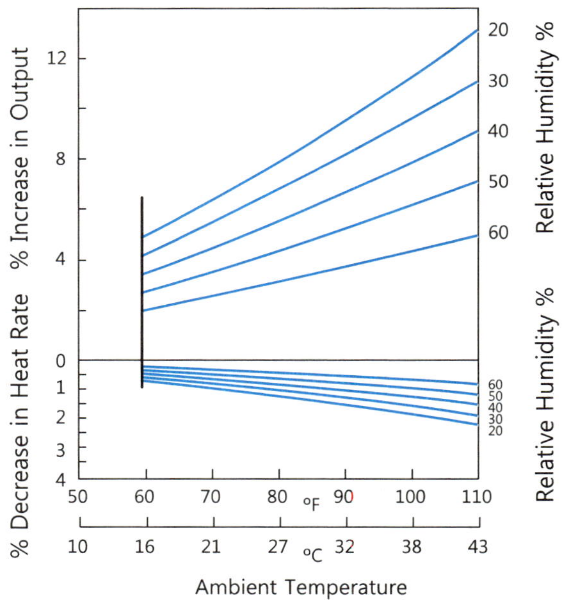

그림 7.52 증발냉각에 따른 가스터빈 출력 및 열률 변화(from Brooks)

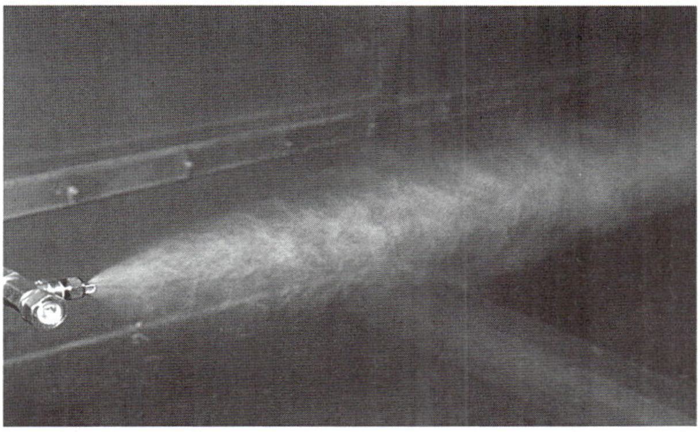

(a) 노즐 분사 형태

(b) 대표적인 분사-충돌 노즐 형상

그림 7.53 물 분사

1980년대 중반부터 그림 7.37에 나타나 있는 것과 같이 입구덕트 입구에 분사냉각기를 설치하는 방법(Molis *et al*., 1997)과 그림 7.49에 나타나 있는 것처럼 압축기 입구 근처에 분사냉각기를 설치하는 방법을 사용하고 있다. 일반적으로 분사냉각기는 공기와 물방울의 원활한 혼합을 위해 가스터빈 입구덕트 전체 면적에 격자 형태로 배치되어 있으며, 그림 7.53(a)에 나타나 있는 것처럼 각각의 분무기는 무수히 많은 아주 작은 물방울을 분사한다. 물의 증발속도는 공기에 노출되는 전체 물방울 표면적에 좌우되기 때문에 물방울 크기는 증발성능에 큰 영향을 미친다. 일반적으로 분무기에서 분사되는 물방울 지름은 20 μm 이하로 제한한다. 분사냉각기에 사용하는 물은 압축기 파울링과 분사노즐 막힘을 방지하기 위해 미네랄을 제거하여 사용한다. 그리고 물과 접촉하는 모든 부품은 부식을 방지하기 위해 고급 스테인리스강을 사용한다.

물 분사방법으로 두 가지를 사용하고 있는데, 하나는 노즐에 압축공기를 이용하는 방법이며, 다른 하나는 고압펌프를 이용하여 물을 강제적으로 작은 오리피스를 통과시키는 방법이다. 두 가지 방법 가운데 노즐을 통하여 분사하는 것이 더 낮은 압력의 물을 사용한다. 그러나 이 방법은 대개의 경우 압축공기를 가스터빈으로부터 추출하여 사용하기 때문에 오리피스를 통과시키는 방법에 비해서 가스터빈 출력이 약 1.3% 낮아진다(EPRI

TR-104612). 일반적으로 공기와 물의 질량비는 0.6, 체적비는 500이다. 고압펌프를 이용할 때 물방울을 매우 작게 쪼개기 위해서 선회기(swirler)를 사용하기도 한다. 이 밖에도 그림 7.53(b)에 나타나 있는 것과 같이 충돌 핀(impingement pin)을 이용하여 물방울이 작게 쪼개지도록 하는 방법도 있다. 일반적으로 고압펌프를 이용한 분사냉각기에 사용하는 물 압력은 1000～3000 psi (6.8～20.4 MPa)이다.

분사냉각기를 설치하면 응축되거나 분무기에서 분사되어 압축기로 이월(carryover)되는 물방울에 의해 압축기 블레이드에 파울링이 심해지고 이로 인해 심각한 성능저하가 나타나기 때문에 세심한 주의를 기울여야 한다. 따라서 분사냉각기를 설치할 때 압축기로의 물방울 이월 가능성을 줄이기 위해 분사냉각기 하류에 물방울 분리기나 병합패드(moisture separators or coalescing pads)를 함께 설치한다. 따라서 압축기 파울링 측면에서 살펴보면, 분사냉각기는 입구덕트 상류인 필터하우스 바로 뒤에 설치하는 것이 바람직하다. 표 7.3에 증발냉각기와 분사냉각기의 장단점을 정리하였다.

증발냉각에 속하는 방법으로 과분사(overspray)가 있다. 습식압축(wet compression)이라고도 불리는 과분사는 공기를 완전히 포화시킬 수 있는 것보다 많은 양의 물을 분사하는 것을 의미한다. 과분사 방법에는 두 가지가 있는데, 하나는 가스터빈 입구턱트 필터하우스 바로 뒤에 설치하는 분사냉각기에서 공기를 포화시킬 수 있는 것보다 많은 양의 물을 분사하는 것이며, 다른 하나는 그림 7.49에 나타나 있는 것처럼 가스터빈 압축기 입구에 직접 물을 분사하는 것이다. 과분사를 하면 물방울이 압축기 내부로 유입되며, 압축기 내부로 유입된 물방울은 압축기 내부에서 증발하면서 증발냉각 효과를 나타낸다. 압축기 내부에서는 공기 압력이 증가하면서 온도가 상승하기 때문에 공기의 습분 함유 능력이 증가하여 증발냉각이 발생한다. 일반적으로 가스터빈으로 유입되는 공기의 질량유량 1%에 해당하는 물을 과분사하면 가스터빈 출력이 약 5% 증가한다. 이는 과분사를 실시하

표 7.3 증발냉각 장단점 분석

	증발매질	분무기
장점	• 분무기보다 완화된 수질의 물 사용 • 간단함 • 신뢰도 높음 • 운전 경력 풍부	• 압력손실이 증발매질에 비해 낮기 때문에 가스터빈 출력 높음 • 냉각 효율성 높음 • 용량격상 시 소규모 덕트 개량으로 비용 저렴 및 신속 설치 가능
단점	• 압력강하 커서 사용하지 않을 때 분무기보다 출력과 열효율 저하 • 냉각 효율성 낮음 • 용량격상 시 덕트 개량 과다	• 미네랄을 제거한 물 사용 • 고압펌프로 인하여 증발매질 방법에 비해 부하가 더 큼 • 압축공기를 이용하여 무화시키면 출력증강 적음 • 제어장치 복잡

는 경우에 압축공기 온도가 낮아져서 압축기 구동동력이 줄어들며, 가스터빈을 통과하는 질량유량이 증가하여 터빈에서 발생하는 출력이 증가하기 때문이다. 한편, 과분사를 실시하면 열률이 감소한다. 이는 과분사를 실시하는 경우에 압축기를 빠져나오는 압축공기 온도가 내려가기 때문에 주어진 TIT까지 올리기 위해 연소기에 더 많은 연료를 공급해야 하지만 과분사에 의해 증가하는 연료보다 출력증가가 더 크기 때문이다. 그러나 과분사 유량은 대기조건에 의해 영향을 받는다. 그리고 압축기 내부로 유입된 물방울은 최대한 신속하게 증발되어야 효과적이다.

냉각기는 그림 7.54에 나타나 있는 것처럼 입구덕트에 설치하는 열교환기로서 가스터빈으로 유입되는 공기에 포함되어 있는 열을 제거하기 위해 냉각기 내부에는 냉매(대개 차가운 물)가 흐른다. 증발냉각은 습구온도에 의해서 제한을 받는 반면에 냉각기를 이용하면 습구온도보다 낮은 온도까지 공기를 냉각시킬 수 있기 때문에 더 많은 출력증가를 얻을 수 있다. 그러나 냉각기 설치비용은 증발냉각기 설치비용보다 약 3배 이상 소요된다(Angello, 2003).

냉각기는 직접식 냉각기와 열저장식 냉각기 두 가지가 있다. 액화천연가스를 사용할 때는 연료공급장치에서 액화가스가 기화하면서 발생하는 냉각열을 이용한다. 열저장식 냉각기는 전력이 남는 시간에 얼음 형태로 열에너지를 저장했다가 전력 수요가 많은 시간에 공기냉각을 위해 사용한다.

냉각코일을 사용한 냉각은 냉각기 설계와 대기조건에 의해 냉각성능이 좌우되며, 증발냉각기와는 달리 공기 온도를 습구온도보다 낮은 온도까지 냉각시킬 수 있다. 실제적으로 온도강하 크기는 냉각기 용량, 압축기가 허용할 수 있는 온도 및 습도, 코일의 효율성

그림 7.54 냉각기가 설치된 입구덕트(from Tillman, 2003)

등에 의하여 영향을 받는다. 그림 7.51에 대기의 건구온도와 상대습도가 각각 100°F(37.8℃)와 20%일 때 냉각기에 의한 냉각과정이 나타나 있다. 이 그림을 통해서 초기에는 일정한 비습도(specific humidity) 선을 따라서 냉각이 진행된다는 것을 알 수 있다. 냉각이 진행되면서 포화상태에 도달하면 응축이 일어나기 시작하고, 이 상태에서 계속해서 냉각시키면 더 많은 응축이 일어난다. 따라서 냉각기를 적용하는 경우에도 응축된 물이 압축기에 유입되지 못하도록 냉각코일 하류에 물방울 제거기를 설치해야 한다. 공기는 습구온도보다 낮은 온도로 냉각될 수 있지만 압축기 입구 온도는 상대습도 95%에서 7.2℃(45°F)보다 높아야 한다. 만약에 공기 온도가 이보다 낮으면 압축기 입구에 결빙이 발생하여 가스터빈에 손상이 발생할 수 있다.

표 7.4에 입구 공기 냉각에 따른 복합발전 성능 모사 결과가 나타나 있다(Tillman, 2003). 성능 모사에 사용된 가스터빈은 MS7001FA, 복합발전 형태는 STAG207FA로서 2-on-1 배치, 대기조건은 95°F(35℃), 상대습도는 40%이고, 프로그램은 GTPro와 GTMaster이다. 그리고 분사냉각기를 이용한 냉각 효율성 값은 95%를 사용했으며, 냉각기를 이용해서 입구 공기 온도를 50°F(10℃)로 낮추었다고 가정하였다. 이 표로부터 냉각기를 이용하면 분무기를 이용한 증발냉각에 비해서 약 2배 정도 출력증강을 얻을 수 있다는 것을 알 수 있다. 그러나 냉각기를 사용하는 경우 분사냉각기를 이용하는 방법에 비해서 건설비가 훨씬 크게 증가하는 것을 알 수 있다. 아울러 분사냉각기를 사용한 증발냉각은 열률이 약간 개선되는 반면에 냉각기를 사용하면 열률이 증가한다. 따라서 냉각 방법의 선택에는 고도의 경제성 분석이 요구된다는 것을 알 수 있다. 한편, HRSG에 보충연소를 적용하면 입구 공기 냉각방법에 관계없이 더 큰 출력증강을 얻을 수 있다. 그리고 입구 공기 냉각과 보충연소를 동시에 적용하면 약 28%의 출력증강을 얻을 수 있다. 그러나 이 경우 건설비뿐만 아니라 열률이 크게 증가하는 단점이 발생한다.

표 7.4 입구 공기 냉각 방식에 따른 복합발전 성능 모사 결과

Case	Inlet Air Cooling	Duct Firing	Net Plant Output, kW	Net Plant Heat Rate, Btu/kWh (LHV)	Incremental Output, kW		Reference Cost, M$	Incremental Cost (to Case 1), M$	Unit Cost, $/kW
1	None	No	452183	6371			212.4		470
2	Fogger	No	481853	6356	29670	6.6%	215.1	2.7	446
3	Chiller	No	505922	6453	53739	11.9%	225.3	12.9	445
4	None	Yes	530203	6668	78020	17.3%	229.5	17.1	433
5	Fogger	Yes	557106	6638	104923	23.2%	231.5	19.0	416
6	Chiller	Yes	579316	6705	127133	28.1%	239.9	27.5	414

7.4.10 중간냉각

중간냉각이란 7.2.4절에서 살펴보았듯이 저압압축기를 빠져나온 압축공기를 냉각시켜 고압압축기에서 소비하는 동력을 줄여줌으로써 가스터빈 출력을 증가시키는 방법이다. 중간냉각 방법으로는 이미 앞에서 살펴본 것과 같이 저압압축기를 빠져나온 압축공기를 가스터빈 외부에 설치되어 있는 열교환기로 보내서 냉각시킨 후 다시 고압압축기로 보내는 방법이 있다. 그리고 또 다른 방법인 증발중간냉각(evaporative intercooling)은 그림 7.55에 나타나 있는 것처럼 저압압축기와 고압압축기 사이에 매우 작은 물방울 형태로 물을 분사하는 것이다. 따라서 중간냉각을 적용하기 위해서는 고압압축기와 저압압축기를 가지는 2-스풀 가스터빈(2-spool gas turbine)이라야 한다. 이 방법을 채택한 가스터빈은 GE사에서 개발한 LM6000-Sprint로서 두 압축기 사이에 24개의 노즐을 설치하여 물을 분사한다. 물은 고압압축기 8단에서 추출한 압축공기를 이용하여 20μm 이하의 크기로 분사한다. LM6000-Sprint는 이 방법을 이용하여 대기온도가 32℃(90°F)일 때 20% 이상의 출력증강과 3.9%의 열효율 향상을 얻는다.

공기가 압축되어 온도가 상승하면 습분 함유능력이 증가하기 때문에 저압압축기 출구에서 분사된 물방울들은 압축기 내부에서 증발한다. 압축기 내부에서 증발이 일어나면 공기 온도가 내려가기 때문에 압축기 구동동력이 줄어들어 가스터빈 열효율이 향상되며, 공기 밀도가 증가하기 때문에 가스터빈 출력이 증가한다.

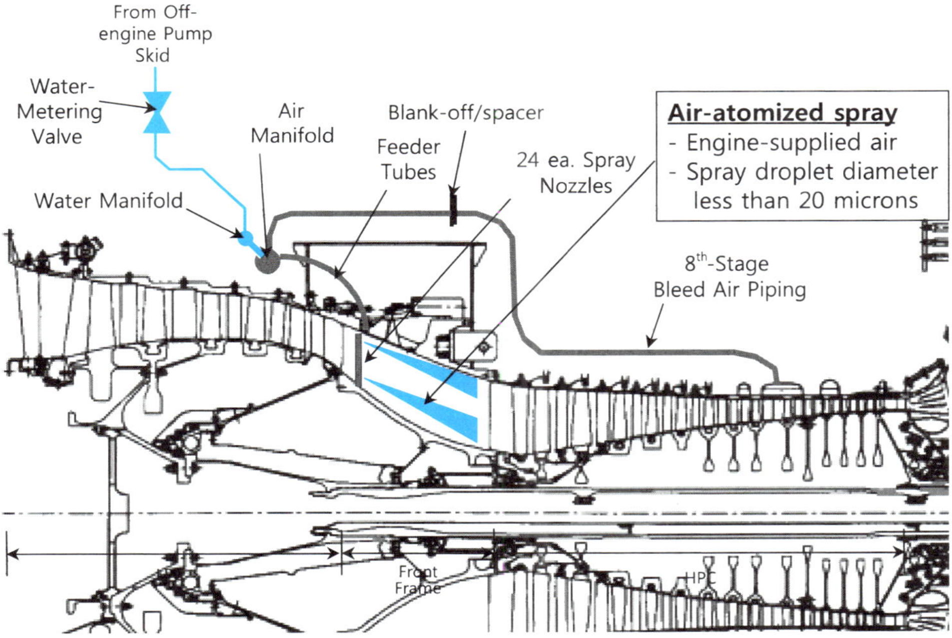

그림 7.55 증발중간냉각 가스터빈(LM6000-Sprint, from Badeer)

7.4.11 피크연소

피크연소(peak firing)란 정격부하 운전 시의 연소온도보다 더 높은 온도로 가스터빈을 운전하는 것을 의미한다. 일부 가스터빈 모델은 피크연소 운전을 할 수 있으며, 이때 가스터빈 및 복합발전 출력과 열효율 모두 증가한다. 피크연소를 이용하면 3～10%의 복합발전 출력증강을 얻을 수 있지만 가스터빈 점검주기가 짧아지고 유지비용이 증가한다. 이런 단점에도 불구하고 단기간의 피크연소 운전은 주변장치를 추가하지 않고도 출력증강을 얻을 수 있는 경제적이면서도 효과적인 방법이다. 대개의 경우 정격부하의 110%로 피크연소 운전을 실시하면 정격부하 운전에 비해서 약 3배의 유지비가 소요된다.

그림 7.56에 피크연소가 버켓 수명에 미치는 영향이 나타나 있다. 이 그림으로부터 E-class 가스터빈의 연소온도를 정격부하에 비해 100°F(56°C) 높이 올리면 유지계수가 6이라는 것을 알 수 있다. 이는 연소온도를 100°F 높은 상태에서 1시간 운전하면 정격부하에서 6시간 운전한 효과와 동일하다는 것을 의미한다. 그런데 동일한 조건에서 F-class 가스터빈의 유지계수는 10이라는 것을 알 수 있다. 이는 F-class 가스터빈이 E-class 가스터빈에 비해서 훨씬 더 가혹한 조건에서 운전되기 때문이다.

연소온도가 상승하면 고온부품 수명이 줄어들지만 낮은 연소온도로 가스터빈을 운전하면 수명이 증가한다. 따라서 낮은 연소온도로 일정 기간 운전하여 피크연소 운전에 따른 고온부품 수명의 부정적인 효과를 보상받을 수 있다. 예를 들면, 정격부하보다 100°F 높은 상태에서 1시간 운전 후에 정격부하보다 100°F 낮은 연소온도로 6시간 운전하면 수명 단축을 보상받을 수 있다(Balevic *et al.*).

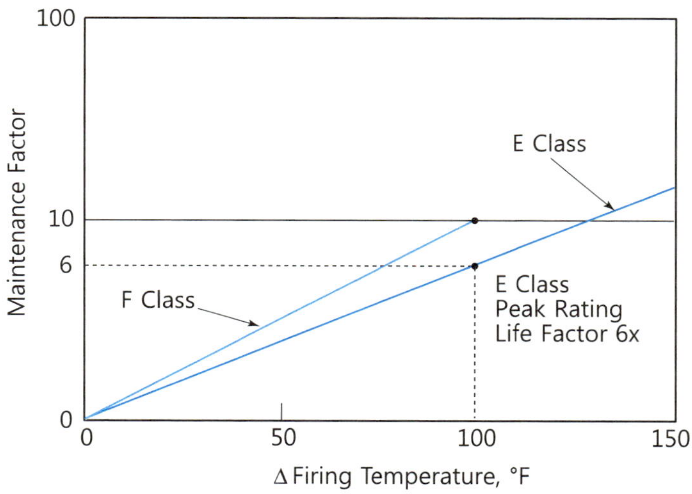

그림 7.56 연소온도 상승에 따른 버켓 수명 영향(from Balevic *et al.*)

7.4.12 HRSG 보충연소

보충연소(supplementary firing)란 그림 7.57에 나타나 있는 것처럼 HRSG 입구덕트에서 덕트버너를 설치하여 평균온도가 1800°F (982°C)를 초과하지 않는 상태로 추가적으로 연소하는 것을 말한다. 가스터빈에 유입된 공기에 포함되어 있는 산소는 일부만 연소에 사용되기 때문에 가스터빈 배기가스는 HRSG 입구에서 보충연소를 실시할 수 있는 충분한 양의 산소를 포함하고 있다. 보충연소를 이용하면 증기터빈 용량을 100%까지 격상시킬 수 있다. 이때 복합발전 출력은 약 25% 증가한다. 그러나 보충연소를 실시하면 복합발전 열효율은 낮아진다. 이는 보충연소를 위해 공급된 연료가 하부사이클에만 이용되기 때문이다. 일반적으로 보충연소는 전기와 증기를 동시에 사용하는 열병합발전에 많이 사용되고 있다.

보충연소 시스템을 갖춘 HRSG에서 보충연소를 실시하지 않으면 보충연소 시스템을 갖추지 않은 복합발전에 비해 약간의 성능 손실이 발생한다(Jones and Jacobs III). 여기에는 두 가지 원인이 있는데, 하나는 보충연소를 실시하지 않으면 하부사이클에서 발생하는 증기유량 및 증기압력이 낮아져서 증기터빈 효율이 낮아지기 때문이며, 다른 하나는 펌프, 보조장비 및 발전기 등이 더 큰 출력에 적합한 크기를 가지고 있기 때문에 낮은 부하로 운전하는 경우 효율이 저하되기 때문이다.

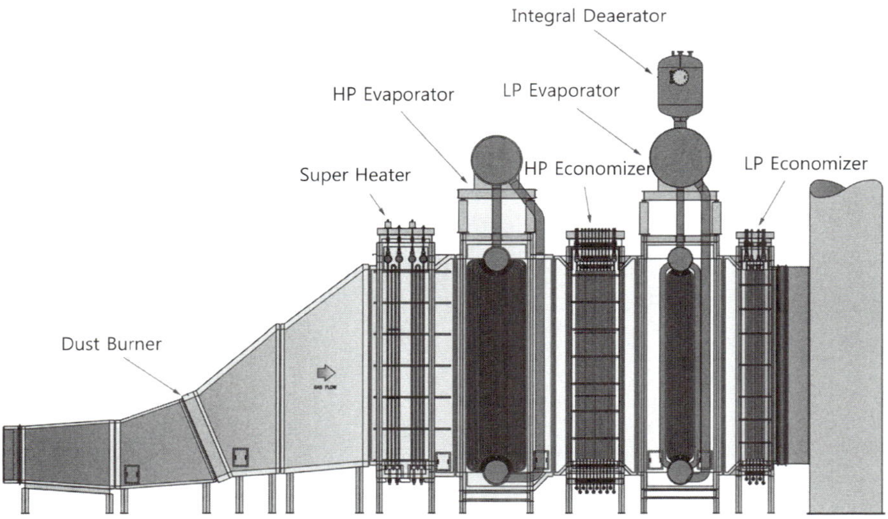

그림 7.57 대표적인 보충연소 HRSG

물의 상태변화

랭킨사이클 일반사항

랭킨사이클 해석

증기선도

랭킨사이클 열효율 향상

랭킨사이클 개선

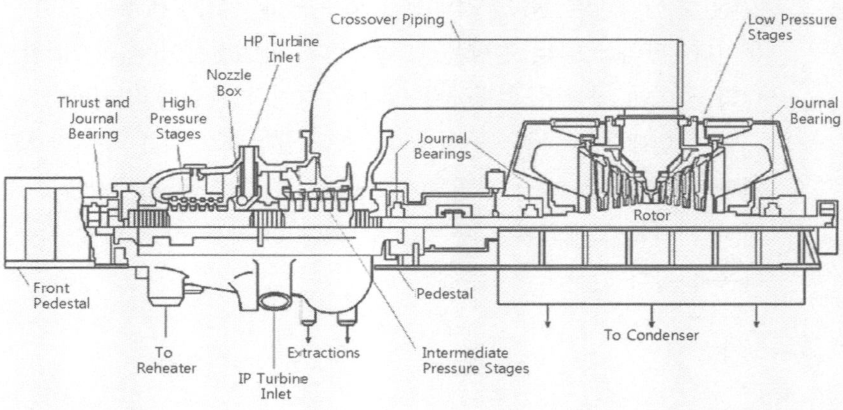

8.1 물의 상태변화

8.1.1 물의 정압가열

어떤 계나 물질에 오직 하나의 일이 존재(작용)할 때 그 물질을 단순물질이라 한다. 그리고 일의 형태가 오직 압축에 의한 것이라면 계를 채우고 있는 물질을 단순압축성물질이라 한다. 열역학에서 다양한 에너지 변환 장치에 사용하는 물질인 작동유체는 일반적으로 단순물질로 취급한다. 그리고 전통적으로 작동유체는 단순압축성물질로 취급하고 있다.

자연계에는 다양한 형태의 가역적인 일이 존재한다. 대표적인 가역적인 일에는 pdv로 정의되는 압축일과 물질의 자력 및 탄성력에 의한 일 등이 있다. 어떤 계나 물질에서 일어날 수 있는 가역적인 일의 총수를 알고 있다면 독립적으로 변하는 열역학적 상태량 수는 가역적인 일의 총수에다 하나를 더한 값이 된다. 예를 들어 가역적인 일의 형태가 하나인 단순물질은 오직 두 개의 강도성 상태량만 독립적으로 변한다. 즉 어떤 단순압축성물질에 대한 임의의 두 개의 강도성 상태량을 알고 있다면 다른 모든 상태량은 그 두 개의 상태량을 통해서 결정된다. 일반적으로 열역학적 상태량 사이의 관계는 표로 정리하여 주어지거나 상태방정식으로 주어진다.

물/증기는 열역학적 에너지 변환 장치에 가장 많이 사용하는 단순압축성물질 가운데 하나이다. 물은 가격이 저렴하고, 항상 풍부하며, 독성이 없고, 비열이 크며, 우리 주변 환경에 적합한 온도와 압력 조건에서 상변화가 일어나는 조건을 갖추고 있다. 물의 상이 변한다는 사실은 에너지 변환 장치에서 일어나는 열역학적 과정에 큰 장점을 가져다준다.

물에 대한 열역학적 특성을 살펴보기 위해 그림 8.1에 나타나 있는 것처럼 물을 정압상태에서 가열하는 실험을 살펴보자. 물을 정압상태에서 가열하는 이유는 화력발전용 보일러 및 원자력발전용 증기발생기 모두 물을 정압상태에서 가열하여 증기를 생산하기 때문이다. 편의상 물의 질량은 1 kg으로서 단위질량이라고 가정한다. 그리고 피스톤과 실린더 사이에 마찰이 존재하지 않아서 가역적인 일이 일어난다고 가정한다.

이 실험에 대한 내용을 열역학적으로 살펴보기 위해 우선적으로 이 실험에 적용할 열역학적 관계식을 먼저 살펴보기로 한다. 이 실험은 밀폐계에서 수행되기 때문에 유동에너지와 역학적 에너지는 무시할 수 있다. 따라서 이 실험에 적용되는 열역학 제1법칙은 다음과 같다.

$$\delta q = du + \delta w \tag{8.1}$$

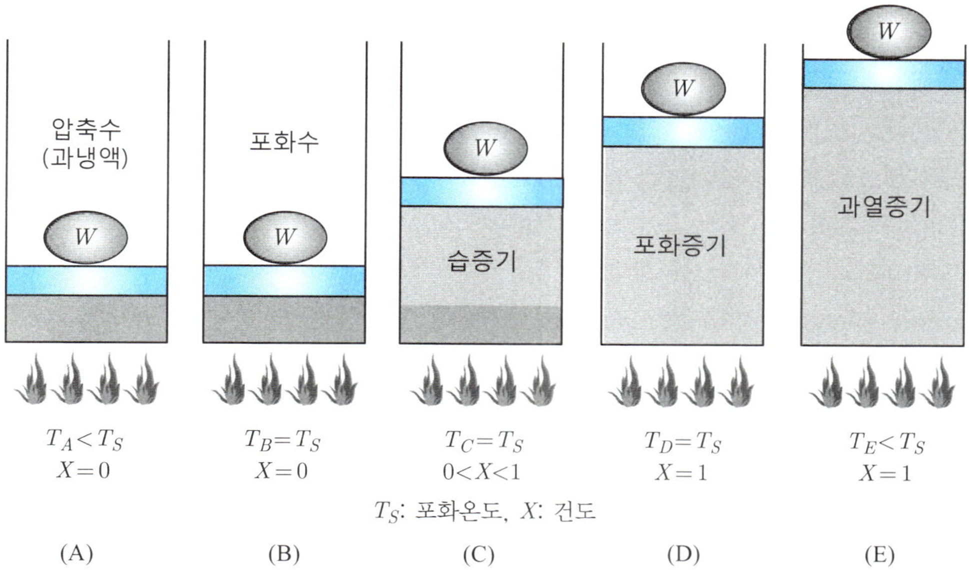

그림 8.1 물의 정압가열

이 실험에서 에너지 변환을 살펴보기 위해 엔탈피 정의식을 이용하여 엔탈피 변화량에 대한 관계식을 유도한다.

$$h = u + pv \tag{8.2}$$

$$dh = du + pdv + vdp \tag{8.3}$$

그런데 이 실험은 정압가열과정이기 때문에 $dp = 0$이다. 따라서 식 (8.3)은 다음과 같이 된다.

$$dh = du + pdv \tag{8.4}$$

식 (8.1)에서 du를 정리하여 식 (8.4)에 대입하면 다음과 같은 관계식이 얻어진다.

$$dh = \delta q - \delta w + pdv \tag{8.5}$$

가역과정이기 때문에 $\delta w = pdv$이므로 식 (8.5)는 다음과 같이 된다.

$$dh = \delta q \tag{8.6}$$

참고로, 식 (8.6)은 열역학 제2기초식을 이용하면 간단하게 구할 수 있다. 식 (8.6)이 의미하는 내용은 정압가열 상태에서 계에 공급하는 열량은 계의 엔탈피 변화량과 정확하게 일치한다는 것이다. 이는 발전설비를 이해하는 데 있어서 매우 중요한 사실이다. 즉 정압가열 특성을 가지고 있는 보일러 및 원자력발전용 증기발생기에서 가열한 열량은 증기의 엔탈피 변화로 나타난다.

어떤 계에 대한 열량 출입은 $T-s$선도를 이용하면 정량적인 개념에서 쉽게 살펴볼 수 있다. 깁스 방정식은 다음과 같다.

$$Tds = du + pdv \tag{8.7}$$

그리고 밀폐계에 대한 열역학 제1법칙은 다음과 같다.

$$\delta q = du + pdv$$

따라서 다음과 같은 관계가 성립한다.

$$Tds = \delta q \tag{8.8}$$

식 (8.8)은 $T-s$선도에서 과정의 s축에 대한 투영면적 크기는 계에 공급한 열량 크기와 같다는 것을 의미한다. 즉 $T-s$선도를 이용하면 계로 공급하거나 계를 빠져나간 열량 크기를 알 수 있다.

그림 8.1에 나타나 있는 실험 내용은 그림 8.2에 나타나 있는 $T-s$선도를 이용하면 쉽게 이해할 수 있다. 정압 상태에서 물을 가열하면 온도가 상승한다. 그러나 물 온도가 상승하여 일정한 수준에 도달하면 물이 증기로 바뀌는 상변화가 일어나기 시작한다. 이렇게 상변화가 시작되는 상태의 물을 포화수 또는 포화액(saturated water, or saturated liquid)이라 한다. 이 포화수 상태가 그림 8.2에 나타나 있는 상태 B이다. 한편, 그림 8.2에 나타나 있는 상태 A와 같이 동일한 압력의 포화수보다 낮은 온도를 가지는 물을 압축수(compressed water) 또는 과냉액(subcooled fluids)이라 한다. 상변화를 흔히 증발이라고도 한다. 한편, 증발이 일어나는 온도를 포화온도라 하는데, 특별히 대기압 상태에서의 포화온도를 비등점(boiling point)이라 한다. 액체가 0℃ 상태에서 상변화가 일어나기 시작할 때까지 공급한 열량을 그림 8.2에 나타나 있는 것처럼 액체열이라 한다. 그리고 액

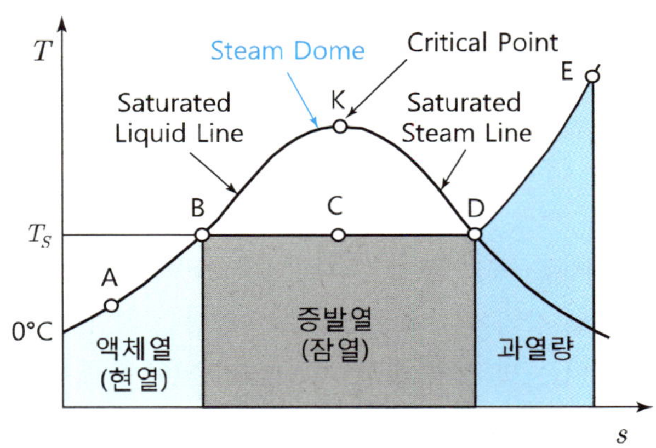

그림 8.2 물 정압가열 시 소요 열량

체열 크기는 $T-s$선도에서 과정의 s축에 대한 투영면적의 크기라는 것을 알 수 있다.

포화수를 가열하면 물이 증발하기 시작하여 물과 증기가 혼재된 습증기(wet steam)가 된다. 습증기를 계속해서 가열하면 물이 지속적으로 증발하여 물이 차지하는 비율은 줄어들고 증기가 차지하는 비율은 증가한다. 그러나 습증기를 가열하는 동안에 습증기 온도는 일정하게 유지되는데, 그 이유는 습증기로 공급되는 열량이 물의 증발에 소요되는 잠열이 되기 때문이다. 그러나 습증기 온도가 일정하게 유지되더라도 습증기 증발이 진행되는 동안에 열량이 지속적으로 공급되기 때문에 습증기 엔탈피는 지속적으로 상승한다. 습증기를 계속해서 가열하면 그림 8.1(D)에 나타나 있는 것처럼 물이 모두 증발하여 100% 증기가 되는데, 이를 포화증기(saturated steam)라 한다. 이 포화증기 상태가 그림 8.2에 나타나 있는 상태 D이다. 이렇게 증발이 시작되어 완료될 때까지 계에 공급한 열량을 증발열이라 한다. 증발열 크기 역시 $T-s$선도에서 과정의 s축에 대한 투영면적 크기이다. 가열이 급격하게 이루어지면 물 자유표면에서 증발하는 현상뿐만 아니라 물의 내부에너지도 급격히 증가하여 기포가 발생하는데, 기포는 물 내부에서 상승하기 때문에 물 자유표면이 격렬하게 요동치게 된다. 이런 급격한 증발현상을 비등이라 한다.

포화증기를 가열하면 과열증기(superheated steam)가 만들어진다. 과열증기는 기체이며, 과열증기를 계속해서 가열하면 그림 8.2에 나타나 있는 것처럼 온도와 부피가 급격히 증가한다. 과열증기는 충분히 높은 온도에서 이상기체 성질을 가진다. 과열증기를 만드는 데 공급한 열량을 과열량이라 하며, 그 크기는 $T-s$선도에서 과정의 s축에 대한 투영면적 크기이다.

물에 작용하는 압력을 다양하게 변화시키면서 가열하면 그림 8.3에 나타나 있는 결과가 얻어진다. 이렇게 다양한 압력상태에서 물을 가열한 실험을 통해 다음과 같은 몇 가지 중요한 사실이 확인되었다.

1) 물에 작용하는 압력이 증가함에 따라 물이 끓는 온도 역시 상승한다.
2) 포화상태의 온도와 압력은 서로 연관되어 있다. 즉 포화압력이 정해지면 그에 대한 포화온도가 결정되고, 또한 포화온도가 정해지면 그에 대한 포화압력이 결정된다.
3) 증기돔(steam dome, or vapor dome)이 존재한다. 증기돔 좌측은 압축수, 우측은 과열증기, 내부는 습증기이다. 그러므로 증기돔은 물을 가열할 때 나타나는 상변화가 시작되는 지점과 종료되는 지점을 알려준다. 즉 증기돔은 압력변화에 따른 포화수 상태와 포화증기 상태의 집합이다. 포화수와 포화증기에 대한 각종 열역학적 상태량을 나타내기 위해서 하첨자 f와 하첨자 g를 각각 사용한다. 예를 들어 h_f는 포화수에 대한 엔탈피, h_g는 포화증기에 대한 엔탈피를 나타낸다.
4) 물에 작용하는 압력이 증가할수록 증기돔 폭이 점차 좁아지며, 포화수와 포화증기의 열역학적 상태량 차이는 점차 작아진다. 증기돔 꼭대기 지점을 임계점(critical

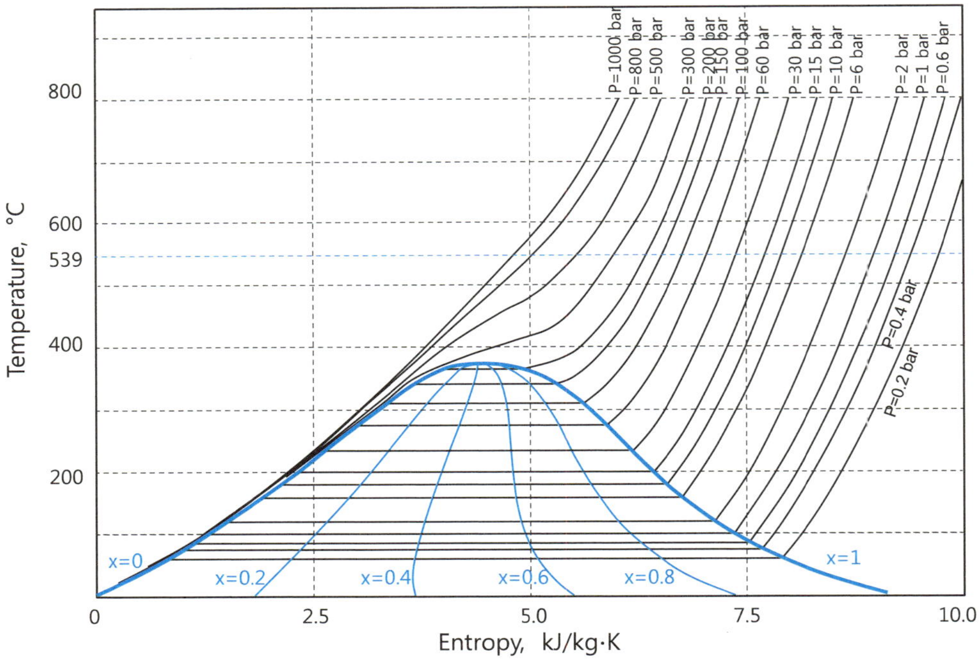

(a) 정압선

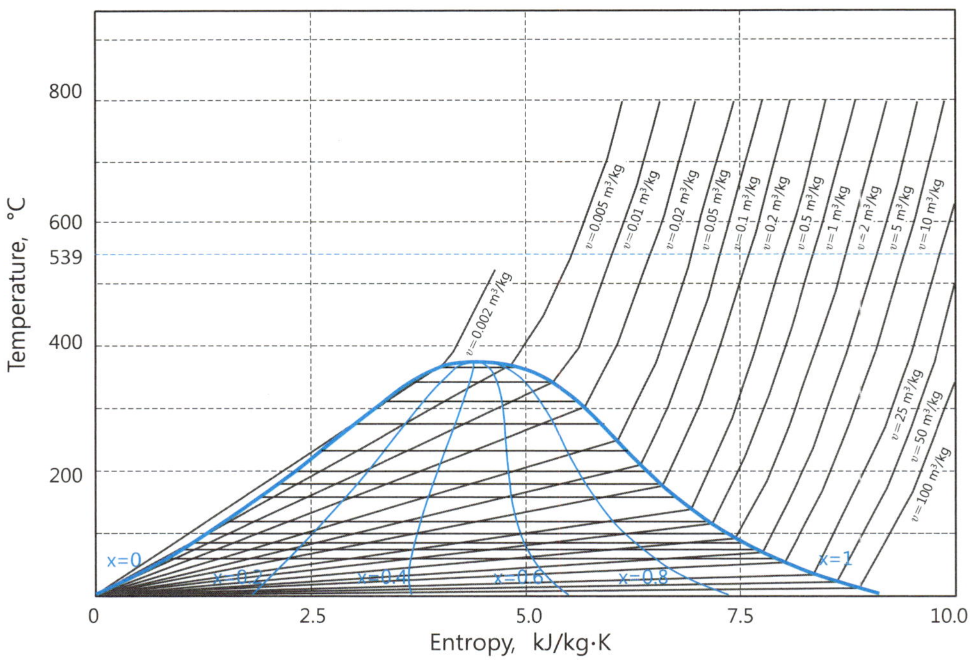

(b) 정적선

그림 8.3 다양한 압력 상태로 물을 가열했을 때의 $T-s$ 선도

point)이라 한다. 물에 대한 임계점에서의 열역학적 상태량은 $p_c = 22.09$ MPa (= 3,206.2 psia), $T_c = 374.14$℃ (= 705.4℉), $s_c = 4.4298$ kJ/kg·K, $h_c = 2099.6$ kJ/kg이다. 임계점을 초과하는 상태를 초임계 상태라고 한다. 임계점에서는 포화수와 포화증기 사이에 차이가 없다. 즉 임계점에서는 물의 표면장력이 없어진다. 따라서 임계압력보다 높은 압력으로 가열하면 물은 증발과정을 거치지 않고 곧바로 과열증기로 바뀐다. 그러므로 초임계 보일러에는 물과 증기를 분리시키는 장치인 드럼이 없다.

그림 8.4와 8.5에 물의 상태변화에 대한 $p-v$선도와 $T-v$선도를 각각 나타냈다. 이 그림들에 나타나 있는 상태 A~E는 그림 8.1 및 8.2에 나타나 있는 상태 A~E와 일치한다.

정압선이 증기돔을 가로지르는 경우 정압선은 습증기 영역에서는 수평을 이룬다. 따라서 습증기 영역에서 온도와 압력은 독립적인 열역학적 상태량이 아니다. 그러므로 습증기 영역에서 열역학적 상태를 명시하기 위해서는 x로 나타내는 건도(quality, or dryness fraction)를 사용한다. 건도는 증기 질량을 물과 증기의 혼합체 질량으로 나눈 값으로 정의한다. 따라서 1 kg 습증기 가운데 x kg이 증기상태로 존재하면 x가 건도이다. 한편 이 습증기는 $(1-x)$ kg의 포화수를 함유하고 있기 때문에 습분(wetness fraction)은 $(1-x)$가 된다. 따라서 그림 8.1에 나타나 있는 것처럼 $x=1$이라는 것은 포화증기(과열증기 포함)를 의미하며, $x=0$은 포화수(압축수 포함)를 의미한다. 건도와 관련하여 습증기에 대한 열역학적 상태량은 포화 상태량의 가중평균을 이용하여 계산한다. 즉 습증기의 열

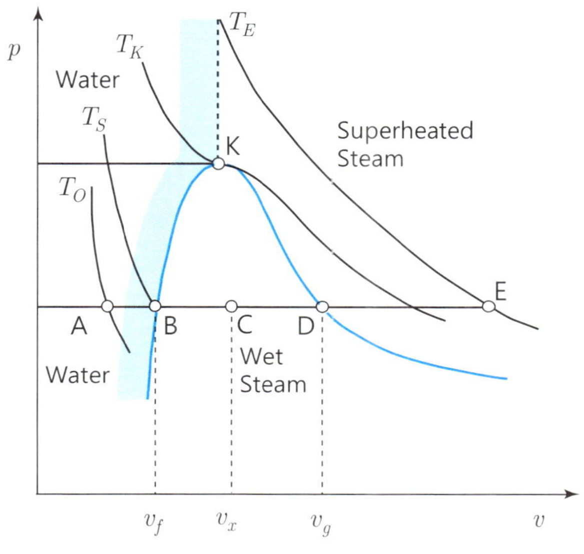

그림 8.4 증기에 대한 $p-v$선도

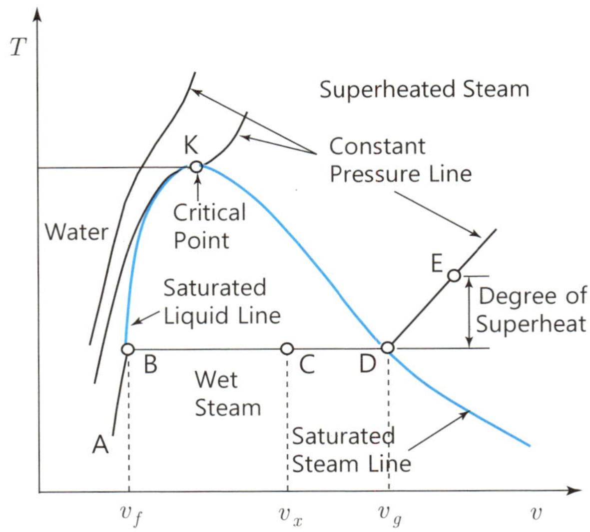

그림 8.5 증기에 대한 $T-v$선도

역학적 상태량은 다음 식으로 계산한다.

$$
\begin{aligned}
h &= (1-x)h_f + xh_g \\
s &= (1-x)s_f + xs_g \\
v &= (1-x)v_f + xv_g
\end{aligned}
\tag{8.9}
$$

한편, 습증기의 열역학적 상태량을 알고 있으면 거꾸로 습증기의 건도를 계산할 수 있다. 예를 들면, 어떤 습증기의 엔트로피를 알고 있다면 그 압력이나 온도에 해당하는 포화수와 포화증기에 대한 엔트로피를 이용하여 식 (8.9)로부터 유도된 다음과 같은 식을 이용하여 건도를 계산할 수 있다.

$$
x = \frac{s - s_f}{s_g - s_f} \tag{8.10}
$$

증기의 열역학적 상태량은 증기표(steam table)를 이용하여 계산하기도 하지만 현재는 컴퓨터 프로그램을 이용하여 쉽게 얻을 수 있다.

8.1.2 증기 상태식

증기 상태는 습증기로부터 이상기체 성질에 가까운 과열증기에 이르기까지 다양한 스펙트럼을 가진다. 증기는 그 상태에 따라 비열이 달라지기 때문에 이상기체 상태방정식을 적용할 수 없다. 이는 기체의 분자운동론으로부터 도입된 이상기체 상태방정식은 다음과 같은 두 가지 가정 하에 만들어진 것이기 때문이다.

1) 이상기체 분자의 크기는 그 기체가 점유하고 있는 체적에 비해서 매우 작다.
2) 분자 사이에는 아무런 힘도 작용하지 않는다.

그런데 증기 분자는 어떤 체적을 가지며, 더욱이 거리에 따른 인력이 작용하기 때문에 더 이상 이상기체 상태방정식을 적용할 수 없다. 이와 같은 사실 때문에 증기 상태를 계산하기 위한 여러 가지 경험식들이 제안되었으며, 그 가운데 가장 대표적인 것이 반데르발스(van der Waals)가 제안한 다음 식이다.

$$\left(p+\frac{a}{v^2}\right)(v-b)=RT \tag{8.11}$$

이 식에서 a와 b는 기체 종류에 따라 정해지는 상수로서 a/v^2는 분자 간 인력이 압력에 미치는 영향을 수정해주는 보정항이며, b는 1 kg의 기체에 포함된 분자가 차지하는 체적이다. 따라서 실제로 분자가 자유롭게 운동할 수 있는 체적은 $(v-b)$가 된다.

8.2 랭킨사이클 일반사항

1884년 파슨스(Charles Parsons)에 의하여 최초의 현대식 고속 증기터빈이 개발된 이후 증기터빈은 현대문명을 유지하는 데 필수적인 전기동력을 생산하는 가장 중요한 수단이 되었다. 증기터빈을 이용한 발전은 증기를 생산하는 방식에 따라 화력발전과 원자력발전으로 구분한다. 그러나 화력발전과 원자력발전은 열역학적 측면에서는 큰 차이가 없으며, 모두 랭킨사이클에 속한다.

랭킨사이클은 이론적으로 열효율이 가장 우수한 카르노사이클에 가장 근접한 사이클이다. 이는 전기를 생산하기 위해 개발된 화력 및 원자력발전 시스템들이 공기를 작동유체로 사용하는 열기관인 내연기관과는 달리 작동유체로서 물을 이용하기 때문에 등온과정으로 열을 흡수 및 방출하기 때문이다. 이런 이유로 랭킨사이클은 효율적인 터빈이 사용될 경우 실질적인 카르노사이클이라고 불리고 있다. 따라서 랭킨사이클을 이해하기 위해서는 6장에 설명되어 있는 카르노사이클에 대한 이해가 선행되어야 한다.

랭킨사이클에 대한 이해를 돕기 위해서 랭킨사이클을 대표하는 화력발전 시스템의 주요 구성품과 그 구성품들에서 발생하는 열역학적 변화를 살펴보자. 이를 위해 그림 8.6에 화력발전 시스템을 구성하는 가장 대표적인 구성품인 보일러, 증기터빈, 복수기, 보일러 급수펌프를 나타냈다.

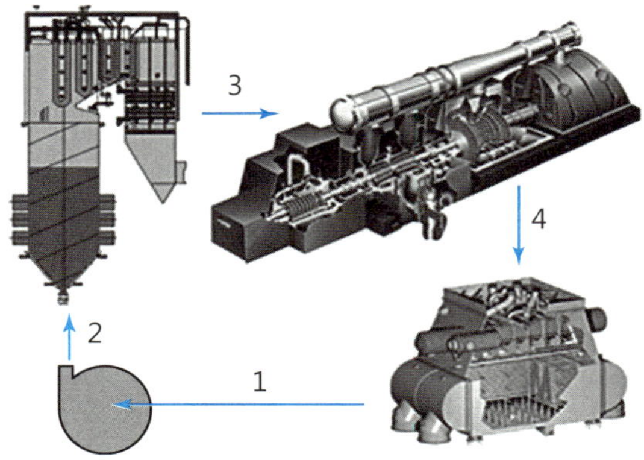

그림 8.6 화력발전 시스템

보일러는 그림 1.2와 1.9에 나타나 있듯이 이코노마이저, 증발기, 과열기로 구성되어 있다. 높은 압력을 가진 보일러급수는 그림 8.7에 나타나 있는 것처럼 이코노마이저에서 정압상태로 가열되어 증발기로 보내진다. 이때 이코노마이저에서는 급수가 끓기 시작하는 온도 직전까지 가열한다. 증발기에서는 급수가 끓기 시작하면서 증기로 바뀌는 상변화가 일어나며, 증발기에서 생성된 포화증기를 추출하여 과열기로 보낸다. 과열기에서는 포화증기를 가열하여 과열증기로 만든다. 과열증기는 높은 수준의 에너지를 포함하고 있는 완전한 기체로서 계속해서 열량을 공급받으면 온도와 비체적이 급격히 증가한다.

보일러에서 생산된 고온고압의 과열증기는 증기터빈으로 보내진다. 고온고압의 과열증기에 포함되어 있는 압력에너지와 열에너지는 노즐과 버켓으로 구성된 터빈 단을 지나면서 기계적 에너지로 변환된다. 터빈 단에서의 에너지 변환은 두 단계로 일어나는데, 일차

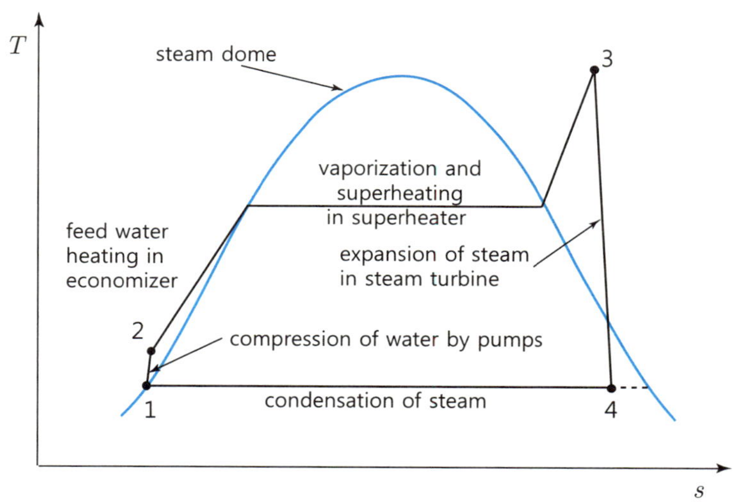

그림 8.7 랭킨사이클

적으로 노즐을 통과하면서 과열증기의 압력에너지 일부가 운동에너지로 바뀐다. 노즐은 하류로 가면서 유동통로 면적이 작아지기 때문에 노즐을 통과하면서 증기 속도는 증가하고 압력은 낮아진다. 노즐을 빠져나온 증기는 버켓으로 유입되어 이차적인 에너지 변환이 일어난다. 즉 버켓은 작동유체가 가지고 있는 열에너지와 운동에너지를 기계적 에너지로 변환시켜 로터축을 회전시킨다. 터빈에서 발생한 회전 구동력은 발전기를 회전시켜 전기를 생산한다.

증기터빈에서는 열역학적으로 압력이 낮아지는 팽창과정이 일어난다. 그런데 증기터빈으로 유입되는 고압의 증기를 복수기에 형성되는 매우 낮은 압력까지 한 개의 단을 이용해서 낮출 수는 없기 때문에 증기터빈은 기본적으로 여러 단의 블레이드로 구성되어 있다. 증기는 각 단 블레이드를 통과하면서 에너지 수준이 점차 낮아져서 온도와 압력이 낮아지고 비체적은 급격하게 증가한다. 대형 화력발전용 증기터빈은 일반적으로 HP터빈, IP터빈, LP터빈으로 분리한다. 이는 증기터빈에서 증기의 팽창이 일어나면서 비체적이 급격히 증가하기 때문에 동일한 터빈에서 팽창된 증기의 체적유량(volume flow rate)을 감당하기 어렵기 때문이다. 그리고 재열사이클을 택하는 경우 터빈을 분리하면 재열증기의 추출 및 재유입 등 증기 재열에 따른 문제를 쉽게 해결할 수 있기 때문이다.

증기터빈을 빠져나오는 에너지 수준이 낮은 저온저압의 증기는 진공에 가까운 압력으로 운전되는 복수기로 보내진다. 복수기에서는 그림 8.7에서 볼 수 있는 것처럼 등온과정으로 상변화가 일어나서 증기가 물로 바뀐다. 복수기는 약 1만 개 정도의 튜브로 구성되어 있으며, 냉각재가 튜브 내부를 통과하면서 튜브 표면을 차갑게 유지시킨다. 복수기로 유입된 증기는 차가운 튜브 표면과 접촉하면서 증기에서 물로 상변화가 일어나는데, 이를 응축이라 한다. 복수기에서 증기 응축을 통해 만들어진 물은 보일러급수로 재사용한다. 이렇게 랭킨사이클은 작동유체가 시스템 내부에서 상변화를 하면서 순환하는 밀폐사이클을 형성한다.

복수기 하부 핫웰(hot well)에 고여 있는 응축수는 응축수펌프(condensate pump)를 이용하여 가압시켜 저압급수가열기(LP feedwater heaters)를 거쳐서 최종적으로 개방형 열교환기인 탈기기(deaerator)로 보내진다. 탈기기에서는 보일러급수와 접촉하는 구성품의 부식 및 침식을 방지하기 위해 보일러급수에 포함되어 있는 용존산소가 제거된다. 탈기된 보일러급수는 보일러급수펌프를 이용하여 다시 가압시킨 후 고압급수가열기(HP feedwater heaters)를 거쳐서 최종적으로 보일러에 공급된다. 펌프는 랭킨사이클에서 작동유체의 압력을 상승시키는 중요한 장치이다. 보일러급수펌프는 외부 동력을 이용하거나 보일러급수펌프터빈(BFPT; Boiler Feedwater Pump Turbine)을 설치하여 자체적으로 동력을 생산하여 구동된다. BFPT는 IP터빈을 빠져나온 증기의 일부를 이용하여 구동되며, 사용된 증기는 복수기로 보내진다.

랭킨사이클 장점 가운데 하나는 사이클 압력을 상승시키는 데 소요되는 펌프 동력 크기가 매우 작다는 것이다. 이는 랭킨사이클이 작동유체로서 비압축성유체인 물을 사용하기 때문이다. 비압축성유체는 압축성유체에 비해서 훨씬 쉽게 압력을 상승시킬 수 있으며, 어떤 높은 압력까지 압력을 상승시킬 때 압축성유체에 비해서 훨씬 적은 에너지가 소요된다. 아울러 비압축성유체인 물은 압축성유체인 공기에 비해서 비체적이 매우 작다. 따라서 비압축성유체를 작동유체로 사용하면 동일한 질량유량을 압축시키기 위해 상대적으로 작은 용량의 펌프를 사용할 수 있다. 실제로 그림 8.7에서 확인할 수 있는 것처럼 압축에 소요되는 동력은 증기터빈에서 생산되는 출력에 비해서 매우 작은 편이다. 참고로 발전용 가스터빈은 사이클 최고압력이 30 bar 정도까지 상승하는 데 비해 화력발전은 가스터빈보다 10배 높은 300 bar에 이르고 있다. 그럼에도 불구하고 랭킨사이클은 작동유체를 압축시키기 위해 증기터빈에서 생산된 출력의 약 4% 정도를 사용하는 데 반해서 가스터빈은 터빈에서 생산된 동력의 약 50% 정도를 압축기를 구동시키기 위한 동력으로 사용한다. 참고로, 한국표준화력 500 MW급 화력발전소에 설치되어 있는 BFPT 출력은 20 MW 이하이다.

8.3 랭킨사이클 해석

랭킨사이클 열효율은 사이클 압력 및 온도에 의하여 큰 영향을 받는다. 아임계압(subcritical pressure) 발전의 전형적인 터빈입구온도는 터빈 블레이드 소재로 사용하는 스테인리스강의 크립 한계인 566°C(1,050°F)보다 낮은 온도인 538°C(1,000°F)이며, 복수기 온도는 대략 30°C이다. 이때 이론적인 카르노사이클의 열효율은 62.6%이다. 현대의 아임계압 석탄화력발전소의 실질적인 열효율은 약 38%이며, 2중 재열방식을 채택한 USC 발전소 열효율은 약 49%에 이르고 있다.

8.3.1 이상적인 랭킨사이클 해석

그림 8.8에 나타나 있는 이상적인 랭킨사이클은 사이클을 구성하는 각 과정에서 발생하는 비가역성을 배제시킨 사이클이다. 랭킨사이클에 대한 열역학적 해석을 위한 열역학 제1법칙은 다음과 같다.

$$q_{12} = (h_2 - h_1) + \frac{1}{2}(c_2^2 - c_1^2) + g(z_2 - z_1) + w_{12} \tag{8.12}$$

해석의 편의를 위해 랭킨사이클 각각의 구성품 입구와 출구에서의 운동에너지 및 위치

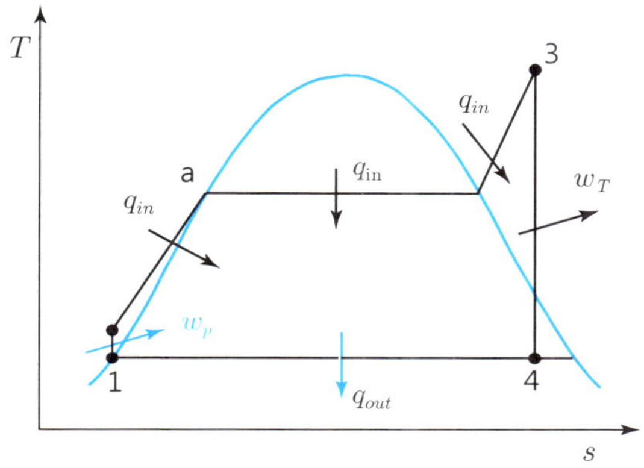

그림 8.8 이상적인 랭킨사이클

에너지 차이는 무시할 수 있을 정도로 작다고 가정하면 식 (8.12)는 다음과 같이 된다.

$$q_{12} = (h_2 - h_1) + w_{12} \tag{8.13}$$

보일러급수펌프가 담당하는 과정은 그림 8.8에서 과정 1 → 2이다. 등엔트로피과정으로 급수를 압축하기 때문에 열량 출입은 없으며, 단위질량유량의 급수를 압축시키는 데 소비하는 일(w_P) 크기는 식 (8.13)으로부터 구할 수 있다. 따라서 펌프에서 일어나는 일과 열량 변화량은 다음과 같다.

$$w_{12} = w_P = -(h_2 - h_1) \tag{8.14}$$

$$q_{12} = 0$$

실제적인 펌프 동력은 단위질량유량의 급수를 압축시키는 데 소비하는 일과 펌프를 통과하는 질량유량을 곱해주면 계산할 수 있다.

$$\dot{W}_P = \dot{W}_{12} = \dot{m}w_P = -\dot{m}(h_2 - h_1) \tag{8.15}$$

펌프 동력 크기는 음(−)의 값을 가지는데, 이는 계 내부로 동력을 공급한다는 것을 의미한다. 실제적으로 펌프는 전기적 동력이나 기계적 동력을 이용하여 만들어진 축 동력을 공급받아 구동된다. 만약 펌프가 물과 같은 비압축성유체를 등엔트로피과정으로 압축시킨다면 깁스 방정식을 이용하여 다음과 같은 관계식을 유도할 수 있다.

$$Tds = dh - vdp$$

$$h_2 - h_1 = v_1(p_2 - p_1) \tag{8.16}$$

식 (8.16)은 다음과 같은 개방계에서의 일인 공업일에 대한 정의식을 이용해서 구할 수도 있다.

$$w_{12} = -\int_1^2 v\,dp \tag{8.17}$$

펌프를 지나는 작동유체가 비압축성유체이면 비체적은 일정하게 유지된다. 따라서 식 (8.17)로부터 다음과 같은 관계식이 얻어진다.

$$w_{12} = -v_1(p_2 - p_1) \tag{8.18}$$

따라서 펌프 동력의 크기는 다음과 같다.

$$\dot{W}_P = \dot{W}_{12} = \dot{m}w_P = -\dot{m}(h_2 - h_1) = -\dot{m}v_1(p_2 - p_1) \tag{8.19}$$

이상적인 랭킨사이클은 보일러(또는 증기발생기)에서 정압상태로 열량을 공급받는다. 보일러는 직선운동이나 회전운동을 하지 않기 때문에 보일러에 공급하거나 보일러로부터 생산되는 일은 없다. 한편, 보일러에서 단위질량유량당 공급받는 열량(q_B)을 열역학 제1법칙을 이용하여 계산할 수 있다. 보일러에서 발생하는 일과 열량의 변화량은 다음과 같다.

$$\begin{aligned} w_{23} &= 0 \\ q_{23} &= q_B = h_3 - h_2 \end{aligned} \tag{8.20}$$

보일러에서 공급받는 총 열량은 단위질량유량당 공급받는 열량과 질량유량의 곱이다.

$$\dot{Q}_B = \dot{Q}_{23} = \dot{m}q_B = \dot{m}(h_3 - h_2) \tag{8.21}$$

보일러에서 공급받는 열량은 양(+)의 값을 가지는데, 이는 계 내부로 열량을 공급했다는 것을 의미한다. 한편, 발전용 보일러는 이코노마이저, 증발기, 과열기에서 세 단계로 열량을 차례로 공급받는다. 즉 작동유체인 물/증기는 이들 구성품을 연속적으로 지나면서 열량을 공급받기 때문에 보일러에서 공급받는 총 열량은 입구와 출구에서의 상태량만으로 나타내진다.

증기터빈은 보일러에서 만들어진 증기를 공급받아 기계적인 동력을 생산한다. 이상적인 랭킨사이클에서 증기터빈에서 일어나는 증기 팽창은 등엔트로피과정이다. 한편, 증기터빈에서 생산되는 단위질량유량당 출력은 식 (8.13)에 나타나 있는 열역학 제1법칙을 이용해서 구할 수 있다. 증기터빈에서 발생하는 출력과 열량 변화량은 다음과 같다.

$$\begin{aligned} w_{34} &= w_T = h_3 - h_4 \\ q_{34} &= 0 \end{aligned} \tag{8.22}$$

터빈에서 생산되는 출력 크기는 단위질량유량당 출력과 질량유량의 곱이다.

표 8.1 이상적인 랭킨사이클에서 단위질량유량당 일과 열

Component	Heat	Work	Thermodynamic Process
Pump	$q_P = 0$	$w_P = -(h_2 - h_1)$	Work in (isentropic process)
Boiler	$q_B = h_3 - h_2$	$w_B = 0$	Heat addition at constant pressure
Turbine	$q_T = 0$	$w_T = h_3 - h_4$	Work out (isentropic expansion)
Condenser	$q_C = -(h_4 - h_1)$	$w_C = 0$	Heat release at constant temperature

$$\dot{W}_T = \dot{W}_{34} = \dot{m} w_T = \dot{m}(h_3 - h_4) \tag{8.23}$$

복수기는 보일러와 마찬가지로 직선운동이나 회전운동을 하지 않기 때문에 복수기로 공급해주는 동력이나 복수기로부터 생산되는 출력이 없다. 한편, 열역학 제1법칙을 이용하여 복수기에서 열교환을 통하여 배출되는 단위질량유량당 열량(q_C)을 계산할 수 있다. 복수기에서 생산되는 출력과 열량 변화량은 다음과 같다.

$$\begin{aligned} w_{41} &= 0 \\ q_{41} &= q_C = h_1 - h_4 = -(h_4 - h_1) \end{aligned} \tag{8.24}$$

복수기에서 배출되는 총 열량은 다음과 같다.

$$\dot{Q}_C = \dot{Q}_{41} = \dot{m} q_C = -\dot{m}(h_4 - h_1) \tag{8.25}$$

위에서 계산한 단위질량유량당 일과 열량을 정리하여 표 8.1에 나타냈다.

연습문제 8.1

그림 8.9에 나타나 있는 두 가지 압력으로 운전하는 간단한 이상적인 랭킨사이클이 있다. 이 사이클을 이용하여 다음을 계산하라. 여기서 작동유체는 물/증기이며, 질량유량은 420 kg/s이다. 단, 각 구성요소에서 발생하는 운동에너지와 위치에너지 변화량은 무시한다.

(1) 펌프 동력
(2) 증기터빈 출력
(3) 보일러에서 공급받는 총 열량
(4) 랭킨사이클 열효율

풀이

증기표를 이용하여 펌프 입구에서의 응축수 상태량을 찾아낸다.

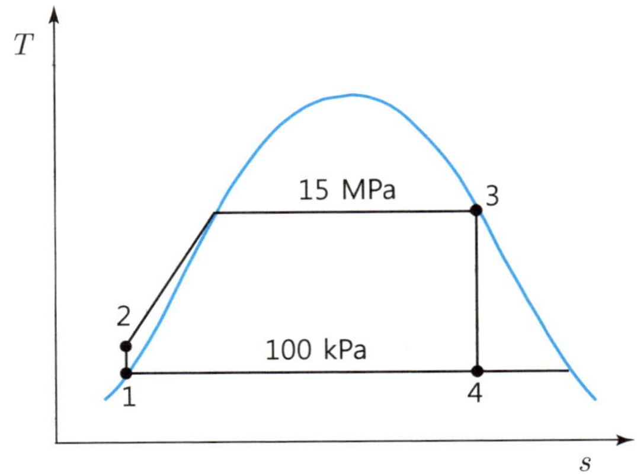

그림 8.9 이상적인 랭킨사이클

$$h_1 = h_f \text{ @ } 100 \text{ kPa}(=14.5 \text{ psia}) = 417.48 \text{ kJ/kg}$$
$$v_1 = v_f \text{ @ } 100 \text{ kPa}(=14.5 \text{ psia}) = 0.001043 \text{ m}^3\text{/kg}$$
$$s_1 = s_f \text{ @ } 100 \text{ kPa}(=14.5 \text{ psia}) = 1.3207 \text{ kJ/kg} \cdot \text{K}$$

식 (8.18)을 이용하여 단위질량유량당 펌프 일을 계산한다.

$$w_P = -(h_2 - h_1) = -v_1(p_2 - p_1) \tag{a}$$
$$w_P = -0.001043 \text{ m}^3\text{/kg} \times (15{,}000 - 100) \text{ kPa}$$
$$= -15.54 \text{ kJ/kg}$$

식 (a)를 이용하여 펌프 출구(보일러 입구)에서의 압축수 엔탈피를 계산한다.

$$h_2 = h_1 - w_P = 433.02 \text{ kJ/kg}$$

증기터빈 입구(보일러 출구)에서의 주증기 엔탈피를 증기표를 이용하여 구한다. 이때 압력은 15,000 kPa이며, 건도는 1이다.

$$h_3 = h_g \text{ @ } 15{,}000 \text{ kPa}(=2175.6 \text{ psia}) = 2615.0 \text{ kJ/kg}$$
$$s_3 = s_g \text{ @ } 15{,}000 \text{ kPa}(=2175.6 \text{ psia}) = 5.3181 \text{ kJ/kg} \cdot \text{K}$$

증기표를 이용하여 증기터빈 출구(복수기 입구)에서의 증기 상태량을 찾아낸다. 증기터빈 출구 압력은 100 kPa이며, 증기터빈에서 증기는 등엔트로피과정으로 팽창하기 때문에 식 (8.10)을 이용하여 출구에서 증기 건도를 계산한다.

$$x = \frac{s - s_f}{s_g - s_f}$$

증기터빈 출구에서의 증기 건도를 계산하기 위해 포화증기에 대한 엔트로피를 증기표를 이용하여 구한다.

$$s_g \ @ \ 100 \ \text{kPa}(=14.5 \ \text{psia}) = 7.3602 \ \text{kJ/kg}\cdot\text{K}$$
$$x_4 = (s_4 - s_f)/(s_g - s_f) = (s_3 - s_f)/(s_g - s_f)$$
$$= (5.3181 - 1.3207)/(7.3602 - 1.3207)$$
$$= 0.6619$$

식 (8.9)를 이용하여 증기터빈 출구에서의 증기 엔탈피를 계산한다.

$$h = (1-x)h_f + xh_g$$
$$h_g \ @ \ 100 \ \text{kPa}(=14.5 \ \text{psia}) = 2675.4 \ \text{kJ/kg}$$
$$h_4 = (1-x_4)h_f + x_4 h_g = (1-0.6619)\times 417.48 + 0.6619\times 2675.4 = 1912.0 \ \text{kJ/kg}$$

식 (8.19)를 이용하여 펌프 동력을 계산한다.

$$\dot{W}_P = -\dot{m}(h_2 - h_1) = \dot{m}w_P = -420 \ \text{kg/s}\times 15.54 \ \text{kJ/kg} = -6.53 \ \text{MW}$$

식 (8.23)을 이용하여 터빈 출력을 계산한다.

$$\dot{W}_T = \dot{m}(h_3 - h_4) = 420 \ \text{kg/s}\times(2615.0 - 1912.0) \ \text{kJ/kg} = 295.3 \ \text{MW}$$

식 (8.21)을 이용하여 보일러에서 공급받은 총 열량을 계산한다.

$$q_B = h_3 - h_2 = (2615.0 - 433.02) \ \text{kJ/kg} = 2181.98 \ \text{kJ/kg}$$
$$\dot{Q}_B = \dot{m}q_B = 420 \ \text{kg/s}\times 2181.98 \ \text{kJ/kg} = 916.43 \ \text{MJ/s}$$

랭킨사이클 열효율은 사이클에서 이루어진 일을 공급한 열량으로 나눈 값으로 정의한다.

$$\eta_{th} = \frac{w_{sys}}{q_{in}}$$

사이클에서 이루어진 일의 크기는 터빈 출력에서 펌프 동력을 빼준 값이다. 그리고 사이클에 공급해준 열량은 보일러에서 공급받은 열량이다. 따라서 열효율은 다음과 같다.

$$\eta_{th} = \frac{w_{sys}}{q_{in}} = \frac{w_T - w_P}{q_B} = \frac{q_{in} - q_{out}}{q_{in}} \tag{8.26}$$

결과적으로 랭킨사이클 열효율은 다음과 같이 정의할 수 있다.

$$\eta_{th} = \frac{w_{sys}}{q_{in}} = \frac{w_T - w_P}{q_B} = \frac{q_{in} - q_{out}}{q_{in}} = \frac{q_B - q_C}{q_B} = 1 - \frac{|q_C|}{q_B} \tag{8.27}$$

복수기를 통해서 빠져나간 열량은 다음과 같다.

$$q_C = -(h_4 - h_1) = 1912.0 - 417.48 = -1494.5 \ \text{kJ/kg}$$

따라서 열효율을 계산하면 다음과 같다.

$$\eta_{th} = 1 - (1494.5/2182.0) = 0.315$$

정답

(1) 펌프 동력 = −6.53 MW

(2) 증기터빈 출력 = 295.3 MW

(3) 보일러에서 공급받은 총 열량 = 916.43 MJ/s

(4) 랭킨사이클 열효율 = 31.5% ■

증기의 열역학적 상태량을 구하기 위해 증기표나 컴퓨터 프로그램을 사용하는 경우 대부분 영국단위계를 사용하고 있다. 따라서 이들 상태량을 국제단위계로 나타내기 위해서는 단위를 환산해야 한다. 표 8.2에 영국단위계를 국제단위계로 환산하기 위한 관계를 나타냈다.

참고로 국제단위계에서 사용하는 열량 단위 1 kcal는 물 1 kg의 온도를 1℃ (14.5℃에서 15.5℃) 상승시키는 데 필요한 열량이다. 한편, 줄은 1 kcal의 열량은 427 $\text{kg}_f \cdot \text{m}$의 일에 해당한다는 사실을 실험을 통해서 밝혔다. 따라서 일과 열량은 다음과 같은 관계를 가진다.

$$1 \ \text{kcal} = 427 \ \text{kg}_f \cdot \text{m} = 4.185 \ \text{kJ} \tag{8.28}$$

이에 반해 영국단위계에서 사용하는 열량 단위 1 Btu는 물 1 lb_m의 온도를 1°F 상승시키는 데 필요한 열량이다. 따라서 Btu와 kJ은 다음과 같은 관계를 가진다.

$$1 \ \text{Btu} = 778 \ \text{lb}_f \cdot \text{ft} = 1.055 \ \text{kJ} \tag{8.29}$$

표 8.2 단위환산

Properties	English Units	International Units
Heat	Btu	= 1.055 kJ
Mass	lb_m	= 0.45359 kg
Length	in	= 0.0254 m
Temperature	R	= 5/9K
Pressure	psia	= 6.89286 kPa(= kN/m^2)
Specific volume	$\text{in}^3/\text{lb}_\text{m}$	= 3.6127×10^{-5} m^3/kg {= $(0.0254 \ \text{m})^3/0.45359 \ \text{kg}$}
Specific enthalpy	Btu/lb_m	= 2.326 kJ/kg(= 1.055 kJ/0.45359 kg)
Specific entropy	$\text{Btu/lb}_\text{m} \cdot \text{R}$	= 4.187 kJ/kg·K{= 1.055 kJ/(0.45359 kg×5/9K)}

8.3.2 펌프 및 터빈 효율

펌프에서는 실제적으로 마찰손실과 누설손실이 발생하기 때문에 펌프에서 작동유체 압축이 진행되는 동안 엔트로피가 증가한다. 따라서 펌프에서 일어나는 실제적인 과정은 그림 8.10에 나타나 있는 과정 $1 \rightarrow 2$이다. 펌프 효율은 작동유체를 이상적인 과정인 등엔트로피과정으로 압축시키는 데 소요되는 동력($h_{2s} - h_1$)을 실제적으로 압축시키는 데 소요되는 동력($h_2 - h_1$)으로 나눈 값으로 정의한다. 따라서 펌프 효율은 다음과 같다.

$$\eta_P = \frac{h_{2s} - h_1}{h_2 - h_1} \tag{8.30}$$

일반적으로 펌프 효율은 65%~90% 정도이며, 펌프용량이 커질수록 효율이 증가한다.

실제적으로 증기터빈에서는 등엔트로피과정으로 팽창이 일어나지 않고 그림 8.10에 나타나 있는 것처럼 엔트로피가 증가하는 방향으로 팽창이 일어난다. 이는 증기터빈의 증기통로에서 발생하는 형상손실, 이차유동손실, 누설손실 등으로 인해 증기가 팽창하면서 엔트로피가 증가하기 때문이다. 아울러 습증기 영역에서 운전되는 증기터빈에서는 습분손실이 발생한다. 이 밖에도 증기터빈 및 발전기 축은 베어링으로 지지되고 있으며, 여기에서도 마찰에 의한 기계적 손실이 발생한다. 증기터빈 효율은 실제적으로 증기터빈에서 생산되는 출력($h_3 - h_4$)을 등엔트로피과정으로 팽창될 때 생산되는 출력($h_3 - h_{4s}$)으로 나눈 값으로 정의한다. 따라서 증기터빈 효율은 다음과 같다.

$$\eta_T = \frac{h_3 - h_4}{h_3 - h_{4s}} \tag{8.31}$$

식 (8.31)에서 분모인 ($h_3 - h_{4s}$)를 이용가능에너지(available energy)라 하며, 분자인 ($h_3 - h_4$)를 이용에너지(useful energy, or used energy)라 한다. 실제적인 증기터빈 효율

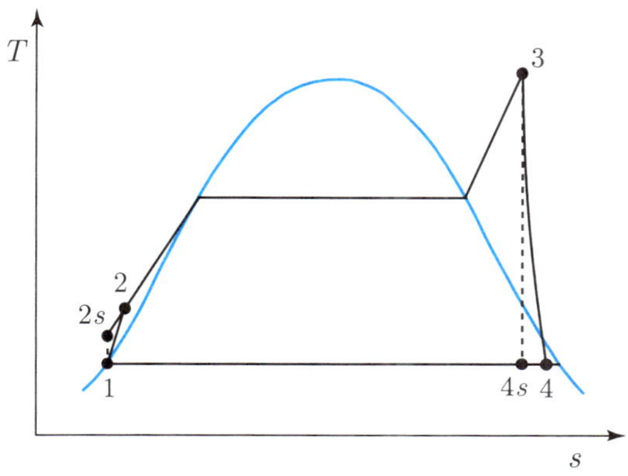

그림 8.10 랭킨사이클에서 펌프와 증기터빈에서의 비가역성

은 약 90% 정도인데, IP터빈과 LP터빈은 이보다 높으며, HP터빈은 이보다 낮다.

연습문제 8.2

그림 8.11에 간단한 랭킨사이클이 나타나 있다. 증기터빈에서 증기가 팽창하는 동안 손실이 발생하며, 증기터빈 출구에서 증기의 건도는 69%이다. 주어진 조건을 이용하여 증기터빈 효율과 랭킨사이클 열효율을 계산하라. 단, 각각의 구성요소에서 발생하는 운동에너지 및 위치에너지 변화량은 무시한다.

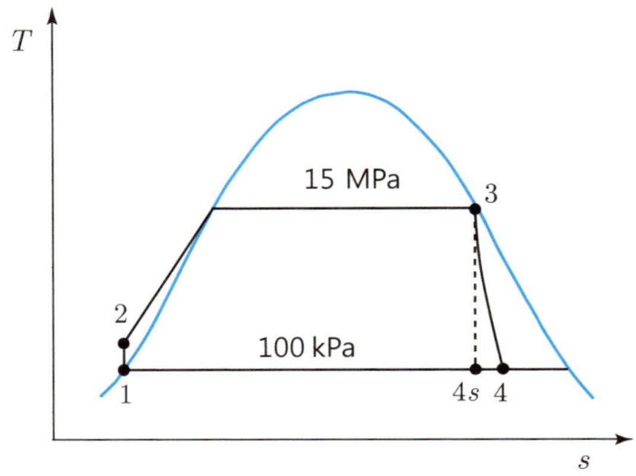

그림 8.11 손실을 수반하는 증기터빈을 포함한 랭킨사이클

풀이

증기표를 이용하여 펌프 입구에서의 응축수 상태량을 찾아낸다.

$$h_1 = h_f \ @ \ 100 \ \text{kPa}(=14.5 \ \text{psia}) = 417.48 \ \text{kJ/kg}$$

$$v_1 = v_f \ @ \ 100 \ \text{kPa}(=14.5 \ \text{psia}) = 0.001043 \ \text{m}^3/\text{kg}$$

$$s_1 = s_f \ @ \ 100 \ \text{kPa}(=14.5 \ \text{psia}) = 1.3207 \ \text{kJ/kg} \cdot \text{K}$$

식 (8.18)을 이용하여 단위질량유량당 펌프 일을 계산한다.

$$w_P = -(h_2 - h_1) = -v_1(p_2 - p_1) \tag{a}$$

$$w_P = -0.001043 \ \text{m}^3/\text{kg} \times (15{,}000 - 100) \ \text{kPa} = -15.54 \ \text{kJ/kg}$$

식 (a)를 이용하여 펌프 출구(보일러 입구)에서의 압축수 엔탈피를 계산한다.

$$h_2 = h_1 - w_P = 433.02 \ \text{kJ/kg}$$

증기터빈 입구(보일러 출구)에서의 주증기 엔탈피를 증기표를 이용하여 구한다. 이때 압력은 15,000 kPa이며, 건도는 1이다.

$$h_3 = h_g \ @ \ 15{,}000 \ \text{kPa}(=2175.6 \ \text{psia}) = 2615.0 \ \text{kJ/kg}$$

$$s_3 = s_g \ @ \ 15{,}000 \ \text{kPa}(=2175.6 \ \text{psia}) = 5.3181 \ \text{kJ/kg} \cdot \text{K}$$

증기표를 이용하여 등엔트로피과정으로 팽창하는 증기터빈 출구(복수기 입구)에서의 상태 (4s)를 찾아낸다. 증기터빈 출구 압력은 100 kPa이며, 증기터빈에서 증기는 등엔트로피과정으로 팽창하기 때문에 식 (8.10)을 이용하여 출구에서 증기 건도를 계산한다.

$$x = \frac{s - s_f}{s_g - s_f}$$

증기터빈 출구에서 증기 건도를 계산하기 위해 포화증기에 대한 엔트로피를 증기표를 이용하여 구한다.

$$s_g \ @ \ 100 \ \text{kPa}(=14.5 \ \text{psia}) = 7.3602 \ \text{kJ/kg} \cdot \text{K}$$

$$x_{4s} = (s_{4s} - s_f)/(s_g - s_f) = (s_3 - s_f)/(s_g - s_f)$$
$$= (5.3181 - 1.3207)/(7.3602 - 1.3207)$$
$$= 0.6619$$

식 (8.9)를 이용하여 등엔트로피과정으로 팽창하는 증기터빈 출구에서 증기 엔탈피를 계산한다.

$$h = (1-x)h_f + xh_g$$

$$h_g \ @ \ 100 \ \text{kPa}(=14.5 \ \text{psia}) = 2675.4 \ \text{kJ/kg}$$

$$h_{4s} = (1 - x_{4s})h_f + x_{4s}h_g = (1 - 0.6619) \times 417.48 + 0.6619 \times 2675.4 = 1912.0 \ \text{kJ/kg}$$

증기터빈 출구에서 주어진 건도($x = 0.69$)와 증기표를 이용하여 증기의 엔탈피를 계산한다.

$$h_4 = (1 - x_4)h_f + x_4 h_g = (1 - 0.69) \times 417.48 + 0.69 \times 2675.4 = 1975.4 \ \text{kJ/kg}$$

식 (8.31)을 이용하여 증기터빈 효율을 계산한다.

$$\eta_T = (h_3 - h_4)/(h_3 - h_{4s}) = (2615.0 - 1975.4)/(2615.0 - 1912.0) = 0.910$$

식 (8.20)을 이용하여 보일러에서 공급받은 단위질량유량당 열량을 계산한다.

$$q_B = h_3 - h_2 = 2615.0 - 433.02 = 2182.0 \ \text{kJ/kg}$$

식 (8.24)를 이용하여 복수기에서 배출된 단위질량유량당 열량을 계산한다.

$$q_C = -(h_4 - h_1) = -(1975.4 - 417.48) = -1557.92 \ \text{kJ/kg}$$

식 (8.27)을 이용하여 랭킨사이클 열효율을 계산한다.

$$\eta_{th} = 1 - 1557.92/2182.0 = 0.286$$

정답

(1) 증기터빈 효율 = 91.0%

(2) 랭킨사이클 열효율 = 28.6% ■

토의

여기서 계산한 사이클 열효율을 연습문제 8.1에서 계산한 이상적인 랭킨사이클에 대한 열효율과 비교하면 증기터빈의 비가역성으로 인해 열효율이 31.5%에서 28.6%로 낮아졌다는 것을 알 수 있다. 한편, 복수기에서 배출된 열량 또한 이상적인 랭킨사이클은 1494.5 kJ/kg이었으나 여기서는 1557.92 kJ/kg으로 증가하였다는 것을 알 수 있다. 이는 증기터빈 효율이 100%에서 91%로 낮아짐에 따라 이용가능에너지의 91%만 증기터빈에서 출력으로 변환되고 나머지 9%는 복수기로 배출되었기 때문이다.

8.3.3 실제 랭킨사이클

현실적인 증기동력 장치는 각 구성품에서 발생하는 과정의 비가역성 때문에 이상적인 랭킨사이클과 차이를 보인다. 이상적인 랭킨사이클에서는 펌프에서 일어나는 압축과정과 증기터빈에서 일어나는 팽창과정을 등엔트로피과정이라고 이상화하고 있으나 앞에서 살펴보았듯이 현실에서는 이것이 옳지 않다. 아울러 보일러에서는 정압상태에서 열량을 공급받는다고 가정하였으나 실제로는 물/증기가 튜브 내부를 흐르면서 마찰손실이 발생하기 때문에 하류로 가면서 압력이 낮아진다. 그리고 열교환기는 필요한 부위에서만 열전달이 이루어져야 하지만, 그 이외의 열손실을 무시하지 못할 때가 많다. 아울러 복수기에서 냉각된 응축수를 펌핑하기 이전에 포화수보다 좀더 낮은 온도로 과냉(subcooling)시켜 응축수펌프에서 발생하기 쉬운 캐비테이션을 방지하도록 하고 있다. 따라서 실제적인 랭킨사이클은 그림 8.12에 점선으로 나타나 있는 것과 같이 이상적인 랭킨사이클과 차이를 보인다.

실제적인 랭킨사이클에서 단위질량유량당 일과 열량 크기를 그림 8.11과 8.12를 참고하여 계산하면 다음과 같다.

과정 1 → 2

$$w_P = -(h_2 - h_1) = \frac{-(h_{2s} - h_1)}{\eta_P} = -\frac{1}{\eta_P}\int_1^{2s} v dp = -\frac{v_1(p_2 - p_1)}{\eta_P} \tag{8.32}$$

여기서 η_P는 펌프효율이다. 따라서 펌프효율을 알고 있으면 보일러에 공급하는 압축수

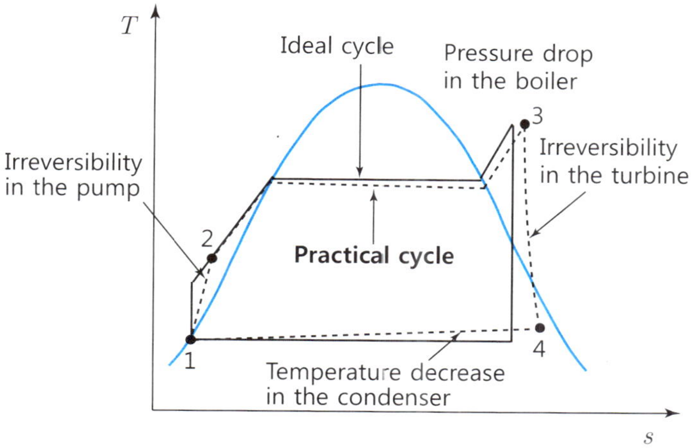

그림 8.12 실제 랭킨사이클

상태량을 역으로 계산할 수도 있다.

과정 2 → 3

$$q_B = q_{23} = h_3 - h_2 \tag{8.33}$$

식 (8.33)에 나타나 있는 결과는 이상적인 랭킨사이클에서 구한 결과와 동일한 것처럼 보인다. 그러나 그림 8.12에서 확인할 수 있듯이 실제적인 랭킨사이클에 대한 보일러 출구에서의 증기 조건은 이상적인 랭킨사이클에서의 그것과 다르다.

과정 3 → 4

$$w_T = h_3 - h_4 = \eta_T(h_3 - h_{4s}) \tag{8.34}$$

여기서 η_T는 증기터빈 효율이다. 따라서 증기터빈 효율을 알고 있으면 이용가능에너지를 이용하여 실제적인 증기터빈 출력을 계산할 수 있다.

과정 4 → 1

$$q_C = -(h_4 - h_1) \tag{8.35}$$

이렇게 도출한 결과들을 이용한 실제적인 랭킨사이클의 열효율은 다음과 같다.

$$\eta_{th} = \frac{w_T - w_P}{q_B} = \frac{\eta_T(h_3 - h_{4s}) - (h_{2s} - h_1)/\eta_P}{h_3 - h_2}$$

$$= \frac{\eta_T(h_3 - h_{4s}) - (v_1/\eta_P)(p_2 - p_1)}{h_3 - h_2} \tag{8.36}$$

발전설비 전체(실제적인 랭킨사이클)에 대한 열효율을 계산하는 것은 각 구성품에서 발생하는 비가역성으로 인해서 매우 어렵다. 따라서 발전설비 전체에 대한 열효율을 나타내기 위해 투입한 열량을 발전기 출력으로 나누어준 열률(heat rate)을 많이 사용하고 있다. 열률은 단위전력(kWh)을 생산하기 위해 필요한 열량을 의미하며, kJ/kWh 또는 Btu/kWh의 단위를 가진다.

$$\text{Heat rate} = \text{heat input} \ / \ \text{generator output} \ [\text{Btu/kWh, or kJ/kWh}] \tag{8.37}$$

한편, 열효율은 다음과 같이 열률과 역수관계를 가진다.

$$\eta_{th} = \frac{3412.14}{\text{heat rate}} \tag{8.38}$$

열률의 단위는 Btu/kWh이다. 따라서 열률이 작아질수록 열효율은 상승한다. 열률을 정확하게 이해하기 위해서는 식 (8.38)의 유도과정을 이해할 필요가 있다. 1 kcal는 물 1 kg의 온도를 1°C 상승시키는 데 필요한 열량이며, 1 Btu는 물 1 lb_m의 온도를 1°F 상승시키는 데 필요한 열량이다. 이제 열량을 일로 변환시키면 다음과 같다.

$$1 \text{ kcal} = 427 \text{ kg}_f \cdot \text{m} = 427 \text{ kg} \cdot 9.81 \text{ m/s}^2 \cdot \text{m} = 4185 \text{ N} \cdot \text{m} = 4.185 \text{ kJ}$$
$$1 \text{ Btu} = 1 \text{ kcal} \cdot 1/2/20462 \cdot 5/9 = 0.252 \text{ kcal} = 1.055 \text{ kJ}$$

이 식에서 1/2.20462는 lb_m을 kg으로, 5/9는 화씨온도를 섭씨온도로 환산하기 위한 숫자이다. 이제 위 식의 양변을 시간(h)으로 나누면 다음과 같은 관계식을 얻는다.

$$1 \text{ Btu/h} = 1.055 \text{ kJ/3600s} = 1.055/3600 \text{ kW}$$
$$\therefore \ 1 \text{ kWh} = 3412.14 \text{ Btu} = 3600 \text{ kJ}$$

즉 1 kWh의 전기를 생산하기 위해서는 100% 열효율을 가지는 경우 3412.14 Btu, 국제단위계를 사용하는 경우에는 3600 kJ에 해당하는 열량이 필요하다. 그러나 발전설비 각 구성품에서 발생하는 과정의 비가역성으로 인해서 실제적으로 1 kWh의 전기를 생산하기 위해서는 이보다 많은 열량을 필요로 한다. 한편, 국제단위계를 사용하는 경우 열률을 이용한 열효율은 다음 식을 이용해서 구할 수 있다. 여기서 열률의 단위는 kJ/kWh이다.

$$\eta_{th} = \frac{3600}{\text{heat rate}} \tag{8.39}$$

실제적인 랭킨사이클을 이해하기 위해서 추가적으로 이해가 필요한 부분을 정리하면 다음과 같다.

1) 랭킨사이클은 고온에서의 열유입을 위해서 매우 높은 압력이 요구된다. 따라서 보일러 튜브는 고온고압에 견딜 수 있도록 우수한 크립 특성을 보유한 소재로 제작된다. 아울러 보일러 튜브는 매우 심각한 부식 환경에 놓이기 때문에 튜브 소재는 내부식성도 동시에 갖추어야 한다.
2) 열 배출온도, 즉 저열원 온도가 낮아질수록 사이클 효율이 증가한다. 그러나 일반적으로 냉각수로 바닷물이나 강물을 사용하기 때문에 이들 온도보다 낮은 온도에서 열을 배출시킬 수 없다. 일반적으로 열 배출온도는 냉각수 온도보다 약 10℃ 높다. 한편, 환경손상을 방지하기 위해 배출하는 냉각수 온도에 엄격한 제한이 따른다.
3) 현재 랭킨사이클의 사이클 최고온도는 약 630°C인데, 이는 가스터빈에 이용되고 있는 최고온도인 1,500°C보다 훨씬 낮은 온도이다. 그럼에도 불구하고 화력발전 열효율은 50%에 이르고 있으며, 이 값은 최근 개발된 대형 발전용 가스터빈 열효율인 33～40%보다 훨씬 높은 값이다. 이렇게 화력발전 열효율이 높은 이유는 작동유체 압축에 소요되는 펌프 동력의 크기가 작을 뿐만 아니라 복수기에서의 열 배출온도가 매우 낮기 때문이다. 이에 반해 발전용 가스터빈의 사이클 최고온도는 매우 높지만 배기가스 온도 또한 매우 높아서 그 온도가 623°C에 이르고 있다.
4) 증기터빈은 압력비(＝터빈입구압력/터빈출구압력)가 매우 높기 때문에 터빈을 통과하면서 증기의 비체적이 급격하게 증가한다. 참고로 한국형 표준화력발전에 사용하고 있는 증기터빈 압력비는 4750(＝3514.7 psia/0.74 psia)이다. 그리고 HP터빈 1단 증기통로의 환형면적은 0.105 m^2이며, LP터빈 마지막 단 환형면적은 6.213 m^2 (33.5 inch LSB 기준)이다. 따라서 면적비는 59배 정도라는 것을 알 수 있다. 면적비가 압력비보다 훨씬 작은 이유는 LP터빈은 4-Flow이며, 보일러 급수의 가열 및 BFPT 구동 등을 위해 증기가 LP터빈 마지막 단에 이르기 전에 여러 군데에서 고압의 증기를 추출하여 사용하기 때문이다. 아울러 LSB를 통과하는 증기는 습분이 6% 정도인 습증기이기 때문에 비체적이 작아진다. 참고로, 대형 화력발전의 경우 LP터빈을 빠져나가 복수기로 유입되는 증기의 질량유량은 보일러에서 증기터빈으로 공급되는 주증기 질량유량의 65% 정도이다.
5) 대개 HP, IP, LP터빈은 직렬로 연결되어 있으며, 이를 tandem compound라 한다. 이들 각각의 효율을 살펴보면, HP터빈은 88～90%, IP터빈은 90～94%, LP터빈은 90～91%이다. 상대적으로 길이가 더 긴 버켓을 사용하는 LP터빈 효율이 IP터빈에 비해 낮은 이유는 LP터빈이 습증기 영역에서 운전되기 때문이다. LP터빈에서 1%의 습도 증가는 약 1%의 효율손실을 수반한다.
6) LP터빈에서 습분이 증가할수록 LP터빈 효율이 낮아지는 데는 두 가지 이유가 있다. 첫째는 증기 중에 물방울이 포함되어 있으면 증기와 물방울 사이에 운동량 전달이 일어나서 증기의 운동량이 작아지기 때문이다. 이런 손실을 inter-phase drag

loss라 한다(Guo *et al.*, 2007). 화력발전 LP터빈 후반부는 습증기 영역에서 운전되며, LP터빈 출구에서 증기의 건도는 약 94% 정도이다. Wilson line에서 응축충격으로 발생하기 시작하는 물방울들은 안개 형태로 존재하며, 지름은 대략 수 마이크론 이내이다. 그러나 이런 물방울들이 강한 난류유동으로 인해 서로 충돌하여 합병되면서 더욱 큰 물방울로 성장하며, 노즐 표면에 충돌하여 수막을 형성한다. 노즐표면에 형성된 수막은 증기유동에 의한 전단력에 이끌려 노즐 뒷전으로 밀려와서 최종적으로는 노즐 뒷전으로부터 지름이 약 200 μm인 빗방울 크기의 물방울 형태로 증기유동 속으로 떨어져 나간다. 증기유동 속으로 떨어져 나가기 시작하는 물방울 속도는 0이기 때문에 물방울은 증기로부터 운동량을 전달받아 급속하게 가속된다. 이렇게 서로 다른 상(phase) 사이에 운동량 전달이 일어나서 증기의 운동량은 작아지고 물방울의 운동량은 증가한다. 습분이 증가할수록 LP터빈 효율이 낮아지는 둘째 이유는 증기 중에 포함되어 있는 물방울들이 버켓과 충돌하여 버켓 회전력을 저하시키기 때문이다. 이런 손실을 braking loss라 한다(Guo *et al.*, 2007). 그림 8.13에 나타나 있는 것처럼 증기유동과 합류한 물방울은 증기와의 미끄림속도(slip velocity = steam velocity - water droplet velocity)에 의한 전단력으로 인해 평균지름 약 30 μm 크기의 작은 물방울로 쪼개진다. 이 물방울들은 그림에 나타나 있는 것처럼 회전하는 블레이드의 회전 반대방향으로 충돌한다. 따라서 블레이드는 물방울 충돌에 의하여 약간의 회전력을 상실한다. 이런 이유 때문에 습분이 증가할수록 LP터빈 효율이 저하된다. 한편, 블레이드에 충돌하는 물방울들은 습분침식을 발생시킨다. 블레이드에 습분침식이 발생하면 블레이드 표면 거칠기가 증가할 뿐만 아니라 블레이드 형상이 바뀌기 때문에 블레이드 효율이 급격히 저하된다. 신규 발전

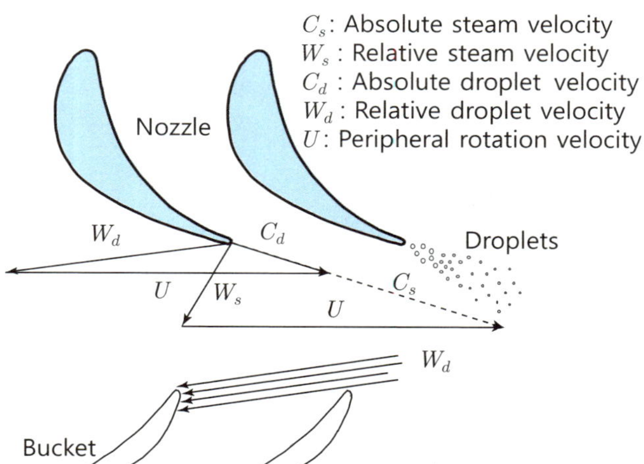

그림 8.13 LP터빈 물방울 충돌 메커니즘

소는 건설 초기에 습분침식에 의한 성능저감이 나타나지 않지만 오랜 기간 동안 운전하면 습분침식이 진전되어 성능저감이 나타난다. 일반적으로 블레이드는 터빈 수명기간 동안 사용할 수 있도록 설계하고 제작하지만 습분침식이 심각하게 진전되면 조기에 교체해야 한다.

8.3.4 카르노 증기사이클

카르노사이클은 고열원 온도와 저열원 온도가 결정되었을 때 두 열원 사이에서 작동하는 사이클 가운데 열효율이 가장 높은 이상적인 사이클이다. 따라서 증기동력 사이클인 랭킨사이클을 카르노사이클처럼 만들 수 있다면 열효율을 극대화시킬 수 있다. 여기서는 이상적인 랭킨사이클을 카르노사이클과 동일한 형상으로 구성할 수 있는지 살펴보기로 한다. 카르노사이클과 동일한 랭킨사이클을 카르노 증기사이클(Carnot vapor cycle)이라 한다. 그러나 카르노 증기사이클을 현실적으로 구현하는 것은 불가능하다.

증기를 포화증기 상태까지만 가열하는 경우에 대한 카르노 증기사이클은 그림 8.14에서 사이클 $1'-2'-3-4-1'$이다. 그러나 이렇게 카르노 증기사이클을 구현하는 것은 불가능하다. 이는 증기터빈을 빠져나온 습증기를 복수기에서 상태 $1'$까지, 즉 어떤 특정한 건도를 가지는 증기상태로 응축시키는 것이 실제적으로 어렵기 때문이다. 그리고 펌프는 물과 증기가 혼재되어 있는 2상유체(two-phase fluid)를 압축시켜야 한다. 그러나 이런 2상유체를 압축시키는 펌프는 존재하지 않는다. 한편, 이런 펌프가 존재한다고 하더라도 상태 $1'$에서의 습증기 비체적은 상태 1에서의 응축수 비체적에 비해서 매우 크기 때문에 더욱 큰 펌프를 사용해야 한다. 아울러 펌프 동력 크기도 순수한 물을 압축할 때보다 증가하기 때문에 사이클 열효율 및 출력 측면에서도 불리하다. 따라서 포화증기 상태까지 가열하는 경우에 카르노 증기사이클을 구성하는 것은 불가능하다는 것을 알 수 있다.

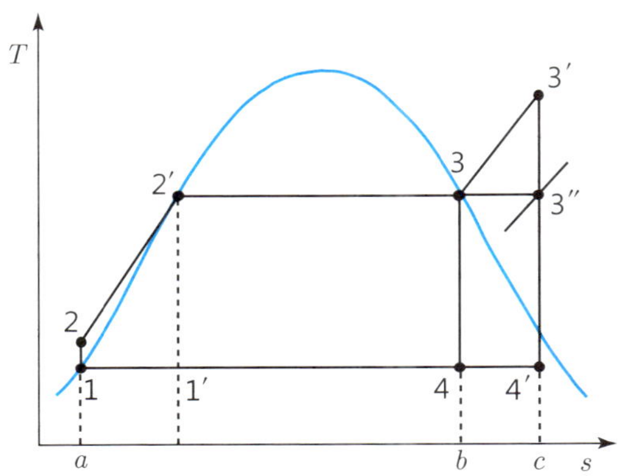

그림 8.14 카르노 증기사이클 개념

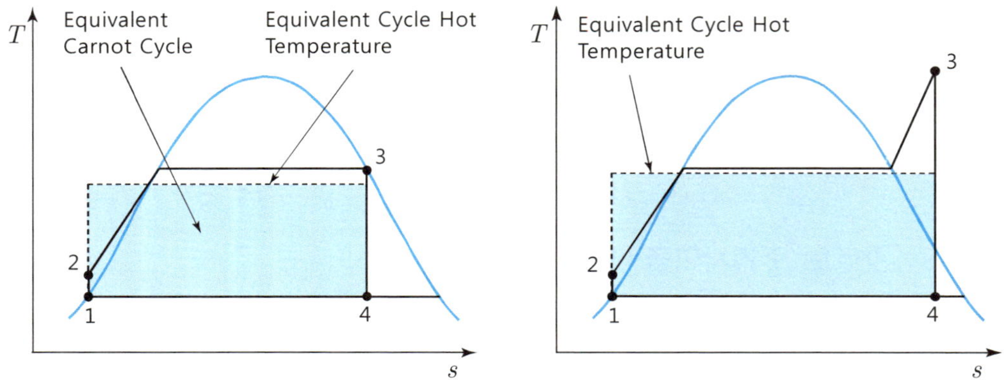

(a) 원자력발전 (b) 화력발전

그림 8.15 등가 카르노사이클

증기를 과열증기 상태로 가열하는 경우에 대한 카르노 증기사이클은 사이클 $1' \to 2' \to 3'' \to 4' \to 1'$이다. 그러나 보일러(과열기)에서 증기를 정압상태에서 가열하기 때문에 과열증기 영역에서 가열과정은 $3 \to 3''$이 아니라 $3 \to 3'$이다. 따라서 증기를 과열증기 상태로 가열하는 경우에도 카르노 증기사이클을 만드는 것은 불가능하다.

이상적인 랭킨사이클에 대한 열효율을 분석할 때 그림 8.15에 나타나 있는 것과 같이 등가 카르노사이클을 만들면 매우 편리하다. 등가 카르노사이클 특징은 보일러에서 열량을 공급받는 평균온도인 등가사이클 고온을 이용하는 것이다. 등가 카르노사이클을 이용하면 랭킨사이클 열효율을 다음과 같은 카르노사이클 열효율 계산식을 이용하여 쉽게 계산할 수 있다.

$$\eta_{th,\,Carnot} = 1 - \frac{T_L}{T_H} \tag{8.40}$$

여기서 T_L은 사이클 저온, T_H는 사이클 고온을 나타낸다.

연습문제 8.3

연습문제 8.1에서 다룬 이상적인 랭킨사이클 열효율은 31.5%이다. 이 랭킨사이클 열효율과 카르노사이클 열효율을 비교하라. 단, 카르노사이클의 고열원 온도는 보일러에서 만들어지는 포화증기 온도와 동일하며, 저열원 온도는 랭킨사이클 저온과 동일하다. 추가적으로 이상적인 랭킨사이클의 등가사이클 고온을 계산하고 보일러에서 만들어지는 포화증기 온도와의 차이를 계산하라.

풀이

증기표를 이용하여 펌프 입구 및 보일러 출구 온도를 구한다.

$$T_1 = T_{sat} \ @ \ 100 \ \text{kPa}(=14.5 \ \text{psia}) = 214.4°\text{F} = 101.3℃ = 374.3 \ \text{K}$$
$$T_3 = T_{sat} \ @ \ 15{,}000 \ \text{kPa}(=2175.6 \ \text{psia}) = 647.9°\text{F} = 342.1℃ = 615.1 \ \text{K}$$

식 (8.40)을 이용하여 카르노사이클 열효율을 계산한다.

$$\eta_{th,Carnot} = 1 - T_L/T_H = 1 - T_1/T_3 = 1 - (374.3/615.1) = 0.391$$

식 (8.40)을 이용하여 랭킨사이클의 등가사이클 고온을 계산한다.

$$0.315 = 1 - 374.3/T_{H,eq}$$
$$T_{H,eq} = 546.4 \ \text{K} = 273.4℃$$
$$T_3 - T_{H,eq} = 68.7℃$$

정답

(1) 카르노사이클 열효율 = 39.1%

(2) 등가사이클 고온 = 273.4℃

(3) 포화증기 온도와 등가사이클 고온 차이 = 68.7℃ ■

토의

연습문제 8.1에서 계산한 랭킨사이클 열효율은 31.5%로, 여기서 계산한 카르노사이클 열효율 39.1%에 비해서 7.6% 낮다. 이는 랭킨사이클의 경우 이코노마이저에서 저온 상태의 압축수를 가열하기 때문에 나타나는 현상이다. 랭킨사이클에서 나타나는 이런 단점을 개선하기 위해 두 가지 방법을 사용하고 있다. 첫째 방법은 보일러에 공급하기 이전에 압축수 온도를 충분히 높게 하여 이코노마이저에서 높은 온도에서 압축수를 가열하는 것이다. 실제적인 랭킨사이클에서는 압축수를 보일러로 보내주기 전에 증기터빈으로부터 추출한 증기를 이용하여 급수가열기에서 가열한다. 이를 위해 복수기와 보일러 사이에 약 7~12개의 급수가열기를 설치한다. 보일러급수 가열에 대한 자세한 내용은 재생사이클 부분에서 살펴볼 예정이다. 둘째 방법은 화력발전에서 사용하고 있는 방법으로써 그림 8.15(b)에 나타나 있는 것처럼 증기를 과열상태까지 가열하는 것이다. 이런 경우 증기는 과열기에서 충분히 높은 온도 상태에서 열량을 공급받는다. 따라서 이코노마이저에서 저온상태로 열량을 공급받기 때문에 효율이 낮아지는 단점을 부분적으로 보완할 수 있다. 이는 그림 8.15(b)에 나타나 있는 화력발전용 랭킨사이클에 대한 등가사이클 고온이 그림 8.15(a)에 나타나 있는 원자력발전용 랭킨사이클에서의 그것에 비해 더 높게 나타나고 있는 것을 통해서 확인할 수 있다. 따라서 동일한 최고압력을 사용할 때 화력발전 열효율이 원자력발전에 비해서 높다는 것을 쉽게 알 수 있다. 아울러 증기를 과열상태로 가열하면 LP터빈을 빠져나가는 증기의 습분이 낮아지기 때문에 습분손실도 줄어든다. 한편, 안전상의 이유로 원자력발전의 사이클 최고압력은 화력발전에 비해서 훨씬 낮다. 따라서 원자력발전 열효율은 화력발전에 비해서 훨씬 낮다. 참고로 재열사이클 원자력발전 열효율은 약 31～36%이며, USC 화력발전 열효율은 45～49%이다.

8.4 증기선도

증기 상태량인 압력, 비체적, 온도, 엔탈피, 엔트로피 가운데 임의의 두 개를 좌표로 설정하여 몇 개의 특성곡선을 구해 놓으면 증기의 상태변화에 따른 특징을 쉽게 이해할 수 있으며, 여러 가지 상태량 변화를 직접 계산하지 않고 그 특성곡선으로부터 쉽게 구할 수 있다. 이와 같은 선도를 증기선도라 하며, $T-s$선도와 $h-s$선도를 많이 사용하고 있으며, $p-v$선도와 $p-h$선도 역시 사용하고 있다.

8.4.1 $T-s$ 선도

$T-s$선도는 온도와 엔트로피를 각각 세로축과 가로축에 나타낸 선도이다. 그림 8.16에 이상적인 랭킨사이클에 대한 $T-s$선도가 나타나 있다. 이 그림에서 각 과정의 엔트로피 축에 대한 투영면적 크기로 정의되는 전달된 열량의 크기를 쉽게 살펴볼 수 있다. 그림 8.17에 물의 상태변화에 대한 $T-s$선도가 나타나 있다. $T-s$선도는 물/증기를 가열할 때 나타나는 각종 상태량 변화뿐만 아니라 전달된 열량을 가시적으로 살펴볼 수 있는 매우 유익한 열역학적인 선도이다.

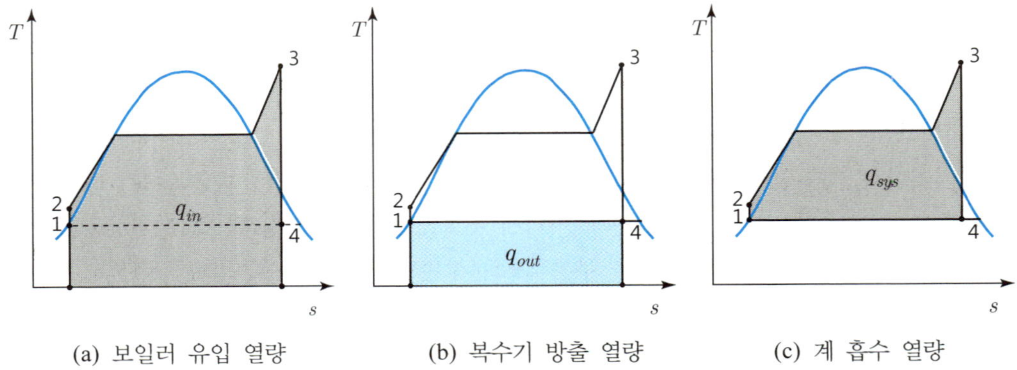

(a) 보일러 유입 열량 (b) 복수기 방출 열량 (c) 계 흡수 열량

그림 8.16 이상적인 랭킨사이클에 대한 $T-s$선도

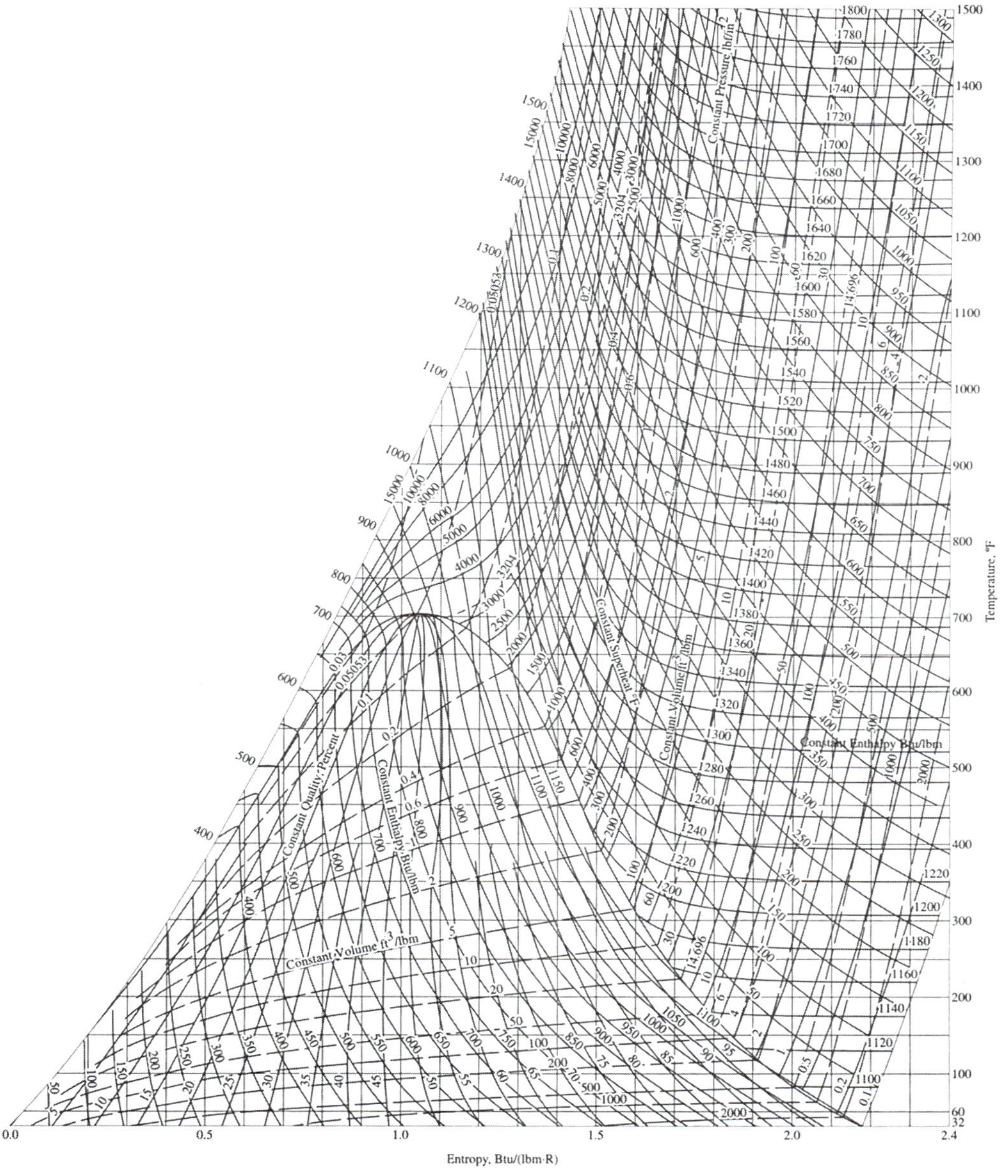

그림 8.17 물의 상태변화에 대한 $T-s$ 선도

8.4.2 $h-s$ 선도

$h-s$ 선도는 복잡하게 변하는 기체의 상태변화를 쉽게 살펴보기 위해 1906년 R. Mollier가 개발하였다. 따라서 $h-s$ 선도는 Mollier선도라고도 불린다. $h-s$ 선도는 $T-s$ 선도와 마찬가지로 이상기체와 실재기체의 상태변화를 미리 실험을 통해 확인하여 이를 선도로 나타낸 것이다. 증기의 상태량은 압력, 온도, 비체적, 엔탈피, 또는 습분 가운데

하나만 바뀌어도 모든 상태량이 동시에 바뀐다. 따라서 엔탈피를 세로축, 엔트로피를 가로축으로 설정한 $h-s$선도를 이용하면 증기의 상태변화를 쉽게 파악할 수 있다. 그림 8.18에 나타나 있는 증기에 대한 $h-s$선도에는 정압선, 등온선, 등습분선, 포화증기선 등이 포함되어 있다. 따라서 증기의 여러 가지 상태량(T, p, x, h, s) 가운데 2개를 알면 $h-s$선도로부터 나머지 상태량을 알 수 있다. $h-s$선도는 주로 증기나 연소가스를 대상으로 하기 때문에 증기터빈 및 가스터빈의 성능 및 운전특성 파악에 주로 이용된다.

증기터빈은 증기에 포함되어 있는 높은 수준의 에너지를 변환시켜 기계적인 동력을 만들고 에너지 수준이 낮은 증기를 복수기로 배출한다. 증기에 포함되어 있는 열에너지와

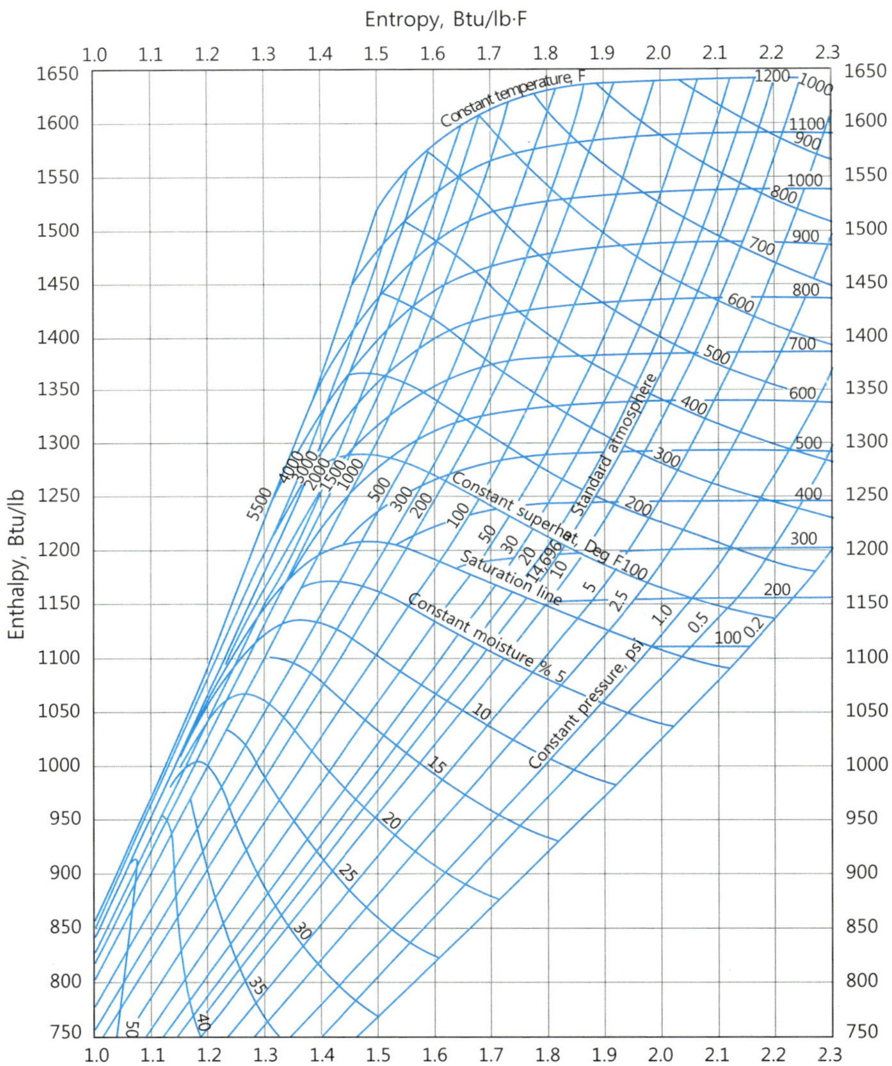

그림 8.18 증기에 대한 $h-s$(Mollier) 선도

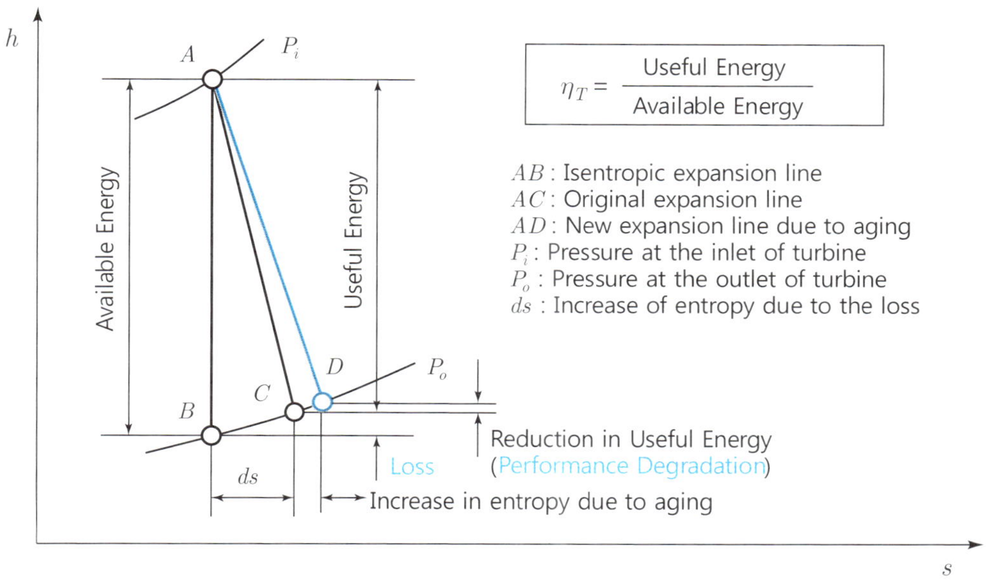

그림 8.19 증기터빈에 대한 $h-s$선도

압력에너지는 내부에너지와 유동에너지의 합인 엔탈피로 대표된다. 따라서 세로축에 엔탈피를 표시하면 증기터빈 입구에서 출구에 이르기까지 에너지 수준 변화를 쉽게 살펴볼 수 있다. 그리고 증기터빈에서 발생하는 손실은 엔트로피 증가에 기여한다.

그림 8.19에 가장 간단한 증기터빈에 대한 $h-s$선도를 나타냈다. 증기터빈에서 이용가능에너지는 손실이 없는 등엔트로피과정으로 팽창이 일어날 때 나타나는 엔탈피 낙차인 (h_A-h_B)이다. 그런데 실제적으로는 증기터빈에서 발생하는 다양한 손실로 인해 엔트로피가 증가하기 때문에 경로 $A \rightarrow C$를 따라 증기 팽창이 일어난다. 이때 (h_A-h_C)를 사용에너지라 한다. 따라서 증기터빈에서 발생하는 손실은 (h_C-h_B)이며, 이 그림으로부터 손실 크기는 엔트로피 증가량과 직접적인 관계를 가진다는 것을 알 수 있다. 참고로 손실 (h_C-h_B)는 신규로 제작한 증기터빈에서 발생하는 피할 수 없는 손실이다. 한편, 증기터빈을 장기간 사용하면 블레이드 표면 상태가 침식 및 파울링 등으로 인해서 거칠어지며, 증기 누설을 방지하기 위해 설치하는 실이 마모되어 추가적인 손실이 발생한다. 이런 경우 엔트로피가 더욱 증가하여 경로 $A \rightarrow D$를 따라 증기 팽창이 일어난다. 따라서 증기터빈에서의 사용에너지 크기는 더욱 줄어든다. 이렇게 신규 증기터빈에서 발생하는 손실 이외에 운전기간이 증가하면서 발생하는 추가적인 손실을 성능저감이라 하며, 그 크기는 (h_D-h_C)이다. 그림 8.20에 실제적인 증기터빈에서의 팽창선이 나타나 있다. 이 그림에서 실제적으로 증기 팽창은 엔트로피가 증가하는 방향으로 진행된다는 것을 확인할 수 있다.

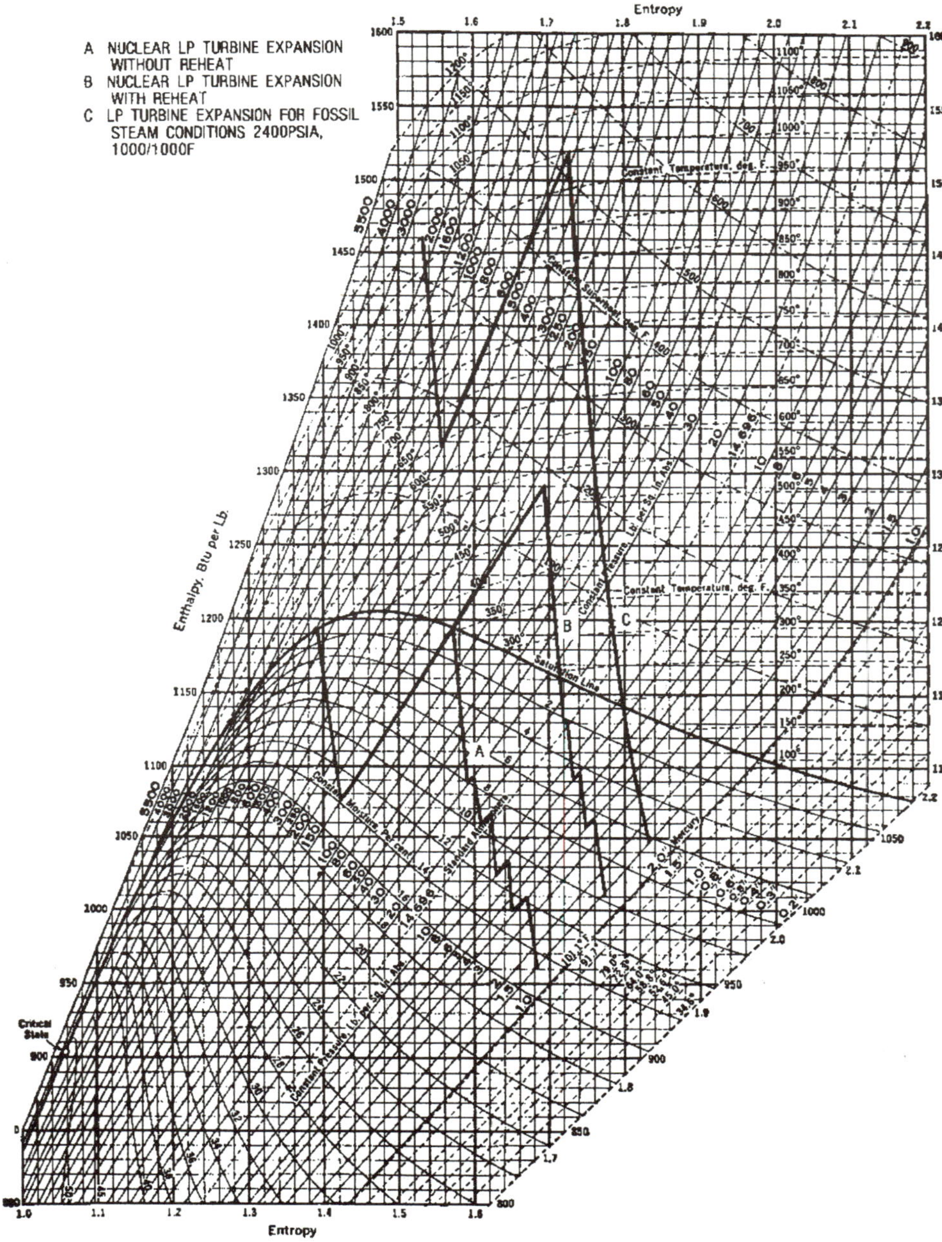

그림 8.20 발전 형태별 증기 팽창선

8.4.3 $p-h$선도

$p-h$선도는 압력과 엔탈피를 각각 세로축과 가로축에 표시한 열역학적 선도이다. 이 선도를 이용하면 발전설비에서의 압력변화 및 엔탈피 변화를 쉽게 이해할 수 있다. 그림 8.21에 USC 발전설비에 대한 $p-h$선도가 나타나 있다. $p-h$선도는 $h-s$선도에 비해서

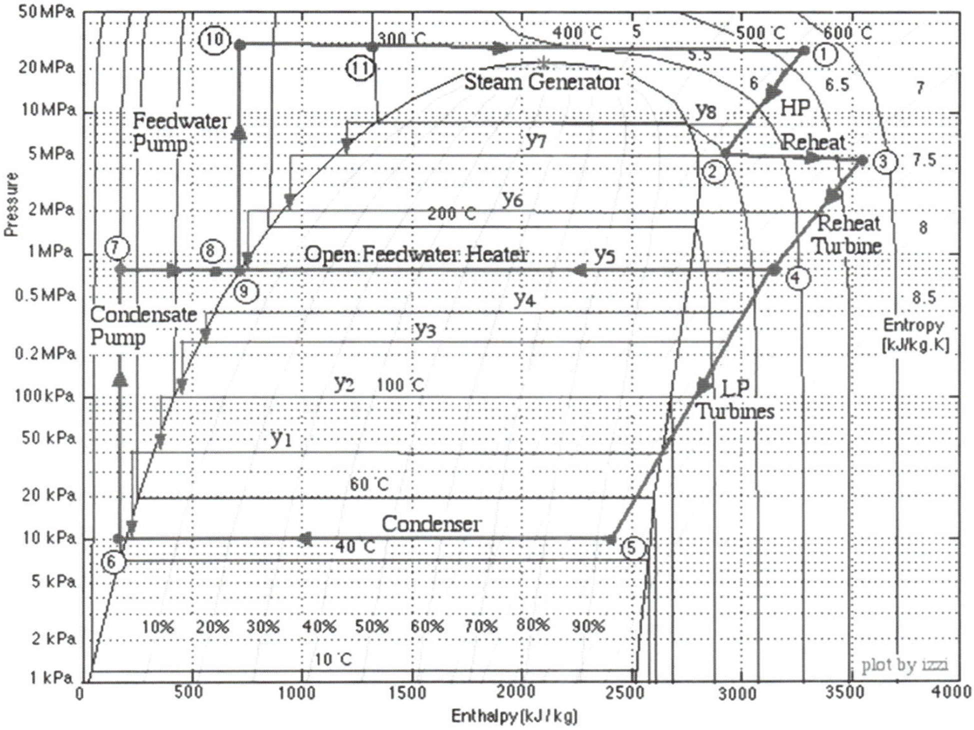

그림 8.21 초임계압 발전시스템에 대한 $p-h$ 선도

활용도는 낮지만 발전설비에 대한 열역학적 특성을 쉽게 파악할 수 있는 유익한 도구이다.

연습문제 8.4

그림 8.22에 나타나 있는 증기 팽창선을 이용하여 HP터빈과 LP터빈 효율을 계산하라. 참고로, 이 그림에서 IP터빈은 LP터빈에 포함되어 있다.

풀이

식 (8.31)에서 증기터빈 효율은 다음과 같다.

$$\eta_T = \frac{h_3 - h_4}{h_3 - h_{4s}}$$

따라서 HP터빈과 LP터빈 효율은 다음과 같다.

$$\eta_{th,HP} = (1460.15 - 1318.54)/(1460.15 - 1280.09) = 0.786$$

$$\eta_{th,LP} = (1520.74 - 1010.00)/(1520.74 - 954.98) = 0.903$$

■

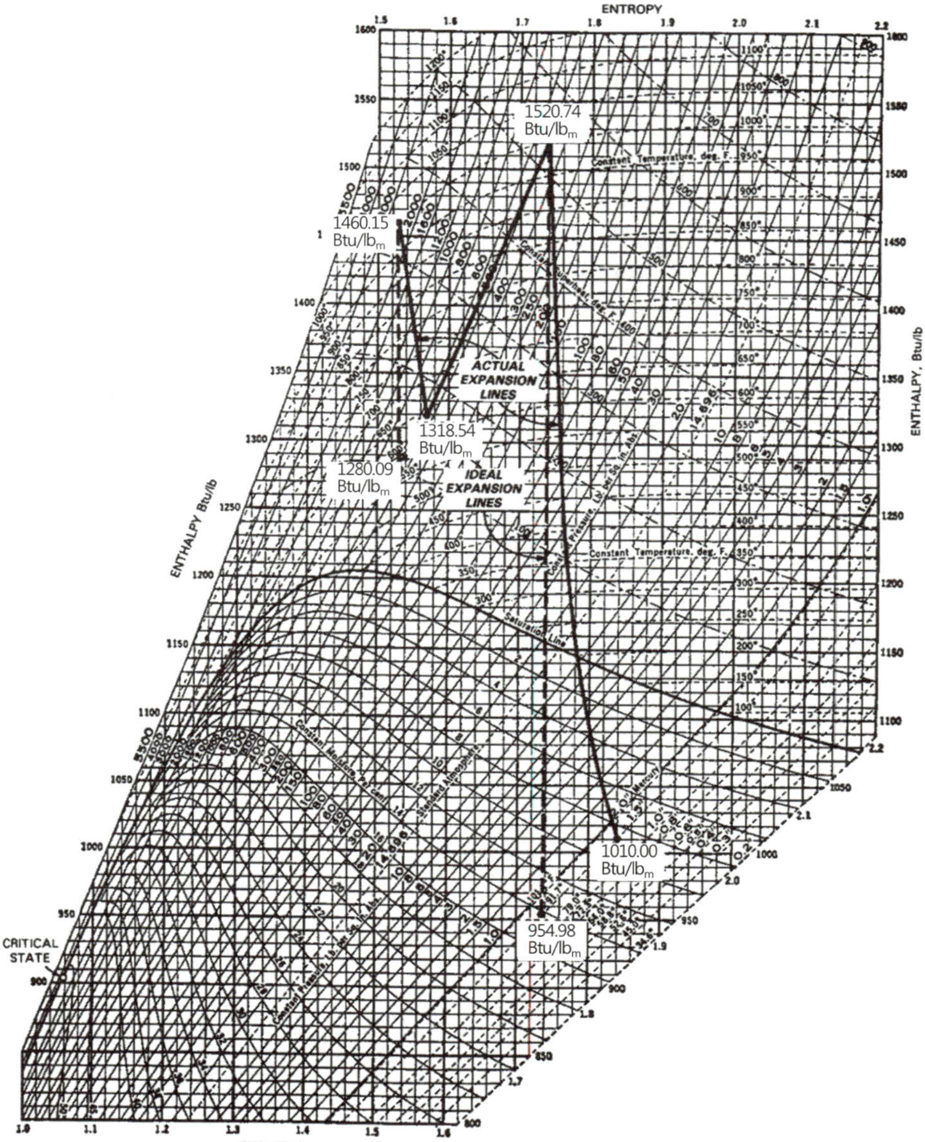

그림 8.22 증기 팽창선

토의

계산결과에 의하면 HP터빈 효율은 IP터빈에 비해서 훨씬 낮은 편이다. HP터빈을 통과하는 증기속도는 IP, LP터빈에서보다 빠르기 때문에 마찰손실이 더 크게 발생한다. 아울러 HP터빈 블레이드는 IP, LP터빈에 비해서 길이가 짧기 때문에 이차유동손실로 인해 블레이드 길이 가운데 효율이 가장 좋은 부분의 비율이 줄어들어 효율이 낮아진다. 그러나 최근 들어 이런 손실들을 줄이기 위한 첨단 블레이드(advanced vortex blade)를 개발하여 적용함으로써 HP터빈 효율이 90%를 초과하기도 한다.

8.5 랭킨사이클 열효율 향상

랭킨사이클 열효율을 향상시키기 위한 방법에는 크게 두 가지가 있다. 첫째 방법은 카르노사이클 열효율을 향상시키는 방법에서 찾을 수 있는데, 이는 랭킨사이클이 카르노사이클과 유사하기 때문이다. 카르노사이클 열효율을 나타내는 식 (8.40)을 살펴보면, 열효율은 열입력부와 열방출부 온도에 의하여 결정된다는 것을 알 수 있다. 그리고 카르노사이클 열효율은 열입력 온도를 높일수록, 그리고 열방출 온도를 낮출수록 향상된다는 것을 알 수 있다. 높은 온도의 열은 높은 수준의 에너지를 포함하고 있어서 더욱 많은 에너지를 일로 바꿀 수 있기 때문에 열효율을 향상시킬 수 있다. 그리고 모든 열을 일로 바꿀 수는 없기 때문에 열의 일부를 버려야만 한다면 에너지 수준이 낮은 저온에서 버리는 것이 열효율 관점에서 유리하다. 그러나 실제장치에서 열입력 온도를 높이기 위해서는 여러 가지 어려움이 따른다. 이는 고온에 견디는 재료의 선택이 경제성에 의해 영향을 받으며, 고온화에 따라 발생할 수 있는 환경문제 등을 고려해야 하기 때문이다. 한편, 낮은 온도에서 열을 방출하는 것도 저온 열저장소가 받아들일 수 있는 경우로 제한된다. 우리 주위에 있는 히트싱크(heat sink)로서의 열저장소는 대기환경이며, 이보다 낮은 온도로 열을 버릴 수는 없다. 따라서 낮은 온도로 열을 버리는 것에도 한계가 있다.

둘째 방법은 재열기 및 급수가열기 같은 현실적인 부가장치를 설치하여 랭킨사이클을 이상적인 카르노사이클과 비슷하게 만드는 것이다. 실제적인 열기관의 열역학적 사이클 가운데 랭킨사이클이 카르노사이클과 가장 유사하다. 그러나 랭킨사이클 열효율은 카르노사이클에 비해서 낮다. 따라서 열효율이 낮아지는 원인을 찾아서 카르노사이클과 유사해지도록 사이클을 개선하면 열효율을 향상시킬 수 있다. 결론적으로 랭킨사이클에서 열효율을 향상시키기 위한 기본원리는 열입력은 고온에서, 그리고 열방출은 저온에서 하며, 부가장치를 사용하여 랭킨사이클을 카르노사이클과 유사하게 만드는 것이다.

8.5.1 복수기 압력강하

그림 8.23에 나타나 있는 것처럼 복수기 압력을 p_4에서 $p_{4'}$으로 강하시키면 랭킨사이클 저열원 온도 또한 내려간다. 이때 시스템에서 생산되는 출력은 면적 $1-4-4'-1'-2'-2-1$에 해당하는 열량만큼 증가한다. 그런데 복수기 압력을 낮추기 위해 추가적으로 공급해주어야 하는 열량은 면적 $a'-2'-2-a-a'$만큼 증가한다. 일반적으로 이 면적의 크기는 면적 $1-4-4'-1'-2'-2-1$과 근사적으로 같다. 이는 복수기 압력을 낮추는데 따른 추가적인 공급 열량이 모두 출력으로 바뀌었다는 것을 의미한다. 따라서 복수기 압력을 낮추면 시스템에서 생산되는 출력이 증가하며, 랭킨사이클 열효율도 향상된다.

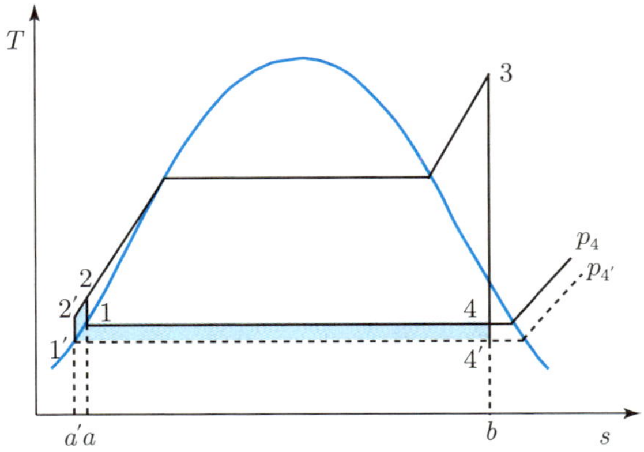

그림 8.23 랭킨사이클 효율에서 복수기 압력 영향

그림 8.23에 나타나 있는 랭킨사이클은 카르노사이클과 매우 유사하다. 따라서 이 사이클을 등가 카르노사이클로 대체시키면, 복수기 운전압력을 낮추는 경우 등가사이클 저온이 낮아지기 때문에 랭킨사이클 열효율이 향상된다는 것을 알 수 있다.

그러나 이 그림에서 확인할 수 있듯이 복수기 압력이 낮아지면 증기터빈을 빠져나가는 증기에 포함되어 있는 습분이 증가한다. LP터빈 출구에서 증기 습분이 증가하면 습분손실이 증가하며, LSB 습분침식이 증가하기 때문에 주의를 기울여야 한다.

앞에서 언급했듯이 습증기 영역에서는 포화온도가 결정되면 그에 상응하는 포화압력이 결정되고, 포화압력이 결정되면 그에 상응하는 포화온도가 결정되기 때문에 복수기 압력을 낮추는 것은 일차적으로 냉각수 온도에 의해서 지배를 받는다. 따라서 랭킨사이클로 운전하는 발전소는 하절기에 비해 상대적으로 냉각수 온도가 낮은 동절기에 더 많은 출력을 생산하고 열효율도 높다.

그림 8.24에 1,000 MW급 원자력 증기터빈의 복수기 운전압력 변화에 따른 출력변화를 나타냈다. 이 그림으로부터 복수기 압력이 낮아질수록 증기터빈 출력이 증가한다는 것을 확인할 수 있다.

그림 8.25에 증기터빈 팽창선이 나타나 있다. 이 그림에서 팽창선끝점(ELEP; Expansion Line End Point)을 읽으면 복수기 압력이 2.5 in.Hga 임을 알 수 있다. 그런데 만약 복수기 압력을 1.5 in.Hga로 낮추면 팽창선끝점은 하방으로 더 내려온다. 이때 사용에너지가 증가하기 때문에 증기터빈 출력이 증가하고 사이클 열효율 또한 향상된다.

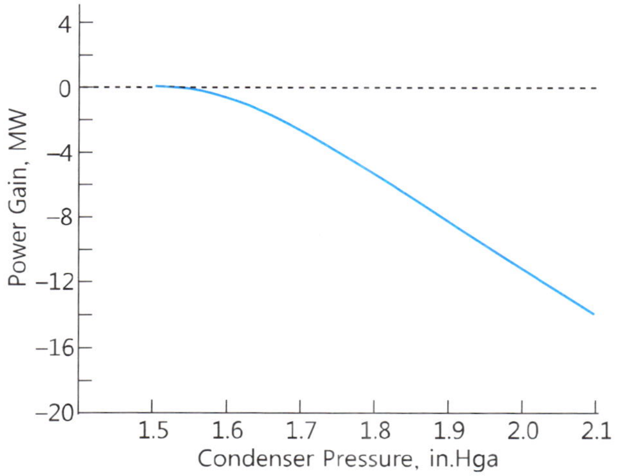

그림 8.24 복수기 운전압력에 변화에 따른 증기터빈 출력 변화(1,000 MW급 원자력발전)

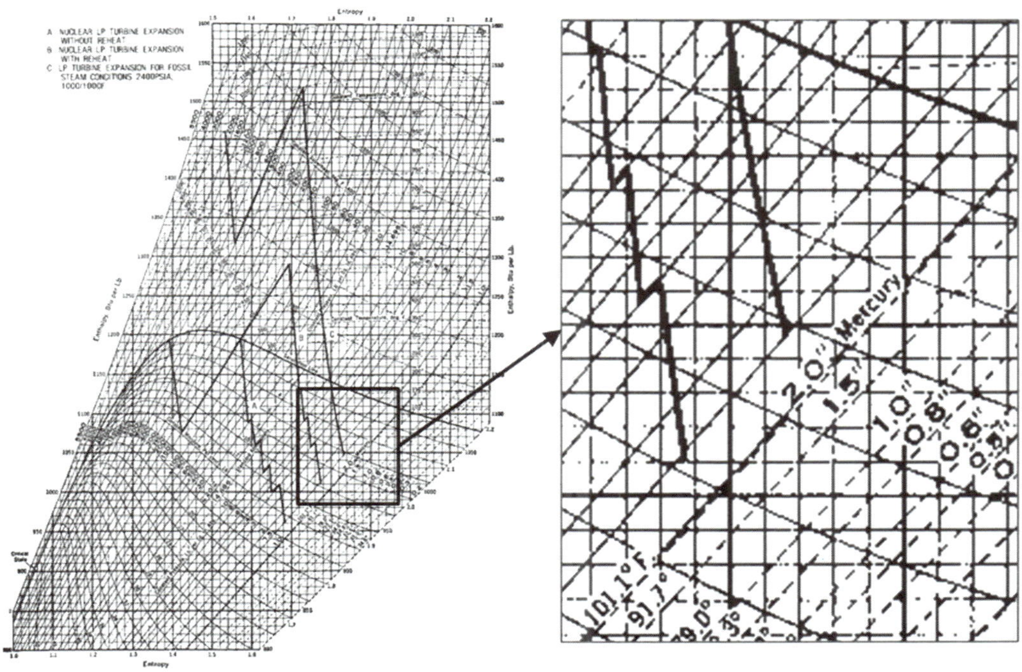

그림 8.25 증기터빈 팽창선

연습문제 8.5

해수 평균온도가 하절기에는 30℃, 동절기에는 10℃이다. 계절변화에 따른 이상적인 랭킨사이클 열효율을 비교하라. 이 랭킨사이클의 등가사이클 고온은 300℃이다. 그리고 사이클 저온은 해수 온도와 동일하다고 가정하라.

풀이

등가사이클 고온이 주어졌기 때문에 카르노사이클 열효율 관계식을 이용하여 이 랭킨사이클 열효율을 계산한다.

$$\eta_{th} = 1 - \frac{T_L}{T_H} = 1 - \frac{T_1}{T_3}$$

$$\eta_{th,S} = 1 - (30+273)/(300+273) = 0.471$$

$$\eta_{th,W} = 1 - (10+273)/(300+273) = 0.506$$

따라서 동절기 열효율($\eta_{th,W}$)이 하절기 열효율($\eta_{th,S}$)에 비해 높다는 것을 알 수 있다. ■

8.5.2 사이클 압력 상승

랭킨사이클 열효율은 사이클 압력이 높아질수록 향상된다. 그림 8.26에 사이클 압력이 서로 다른 랭킨사이클에 대한 $T-s$ 선도를 비교하여 나타냈다. 이 그림에서 사이클 압력이 높아질수록 등가사이클 고온은 증가하지만 등가사이클 저온은 서로 같다는 것을 알 수 있다. 따라서 사이클 압력이 증가할수록 랭킨사이클 열효율이 향상된다는 것을 알 수 있다.

증기를 과열시키는 경우에도 사이클 압력을 증가시키면 랭킨사이클 열효율이 향상된다. 그림 8.27에 과열증기 최고온도를 동일하게 유지시킨 상태에서 사이클 압력이 서로 다른 두 개의 이상적인 랭킨사이클을 비교하여 나타냈다. 이 그림에서 사이클 압력이 3에서 3′로 증가하면 방출열량은 $b'-4'-4-b-b'$만큼 감소하며, 시스템 출력은 $2-c-3'-2'-2$에 해당하는 열량만큼 증가하고 $4'-c-3-4-4'$에 해당하는 열량만큼 감소한다. 일반적으로 사이클 압력 증가에 따른 시스템 출력 증가분과 감소분 크기는 서로 같다. 따라서 사이클 압력 상승에 따른 시스템 출력 크기는 변하지 않으나 방출열량이 감소

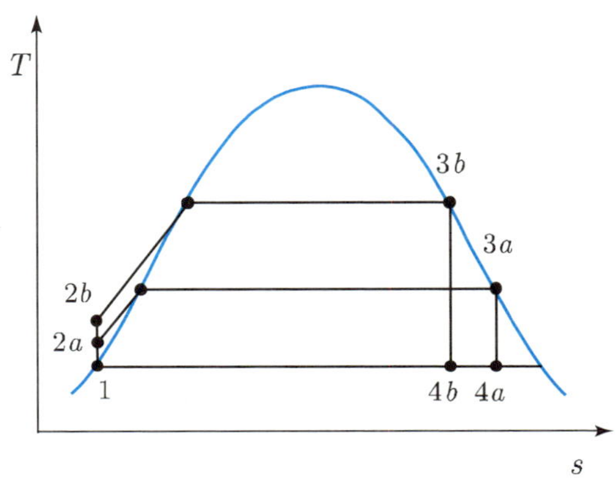

그림 8.26 증기압력 상승에 따른 랭킨사이클 효율 향상

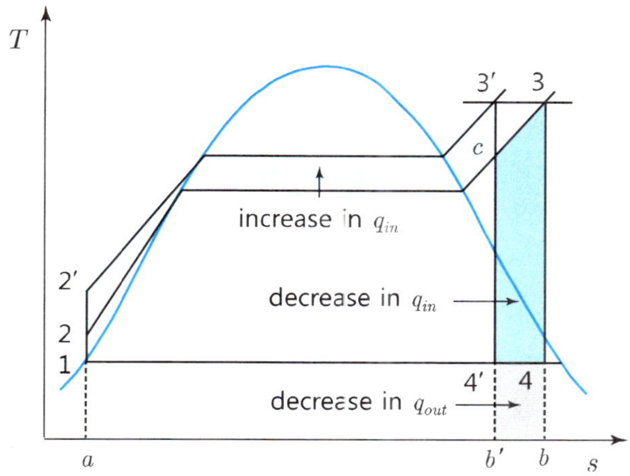

그림 8.27 랭킨사이클 효율에 대한 보일러 압력 영향

하기 때문에 랭킨사이클 열효율이 향상된다. 한편, 등가 카르노사이클 개념을 이용하면, 사이클 압력이 증가하면 등가사이클 고온은 증가하고 등가사이클 저온은 일정하기 때문에 열효율이 향상된다는 것을 알 수 있다.

사이클 압력을 증가시키면 열입력 구간인 증발이 일어나는 온도가 높아진다. 사이클 압력을 계속해서 증가시키면 임계점에 도달하며, 그 이상의 압력인 초임계압력 상태로 증가시킬 수 있다. 초임계압력 상태에서 물(압축수)을 가열하면, 등온의 증발과정 없이 액체 상태에서 곧바로 기체 상태(과열증기)로 변한다. 따라서 초임계압 발전은 물과 증기를 분리시키는 드럼이 필요 없는 관류형 보일러(once-through boiler)를 사용한다. 한편, 초임계압 보일러는 높은 온도와 압력을 견딜수 있는 크립 특성이 우수한 두꺼운 튜브를 사용하여 제작해야 한다. 이로 인해 보일러 가격이 비싸지며, 열저항성이 증가하여 보일러 열효율이 약간 낮아진다.

그림 8.28에 초임계압 랭킨사이클과 아임계압 랭킨사이클을 비교하여 나타냈다. 이 그림으로부터 초임계압은 아임계압에 비해 더 높은 고온상태에서 열을 흡수하기 때문에 더 높은 사이클 열효율을 가진다는 것을 알 수 있다. 결론적으로 사이클 압력 범위에 관계없이 사이클 압력이 증가하면 랭킨사이클 열효율이 증가한다는 것을 알 수 있다. 이런 이유로 인해서 최근에 설치하고 있는 고성능 대형 화력발전의 경우 대부분 초임계압 발전이다.

사이클 압력이 증가할수록 그림 8.28에서 확인할 수 있듯이 증기터빈 출구에서 증기 습분이 증가한다. 따라서 초임계압 발전과 높은 아임계압 발전은 증기의 재열을 통하여 증기터빈 출구에서 증기 습분을 낮추고 있다. 증기의 재열에 대해서는 뒤에서 자세하게 살펴볼 예정이다.

그림 8.29에 나와 있는 것처럼 랭킨사이클 작동압력은 1920년대 주로 사용하던 2.7 MPa에서부터 지속적으로 증가되어 왔으며, 1970년대 이후에는 30 MPa급 초임계압 랭킨사

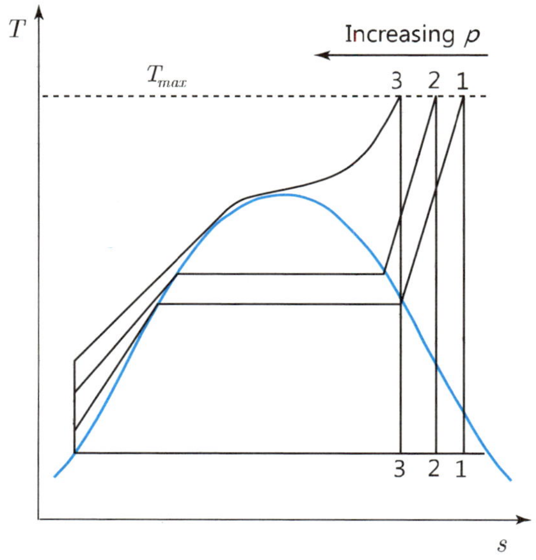

그림 8.28 랭킨사이클 효율에 대한 보일러 압력 영향

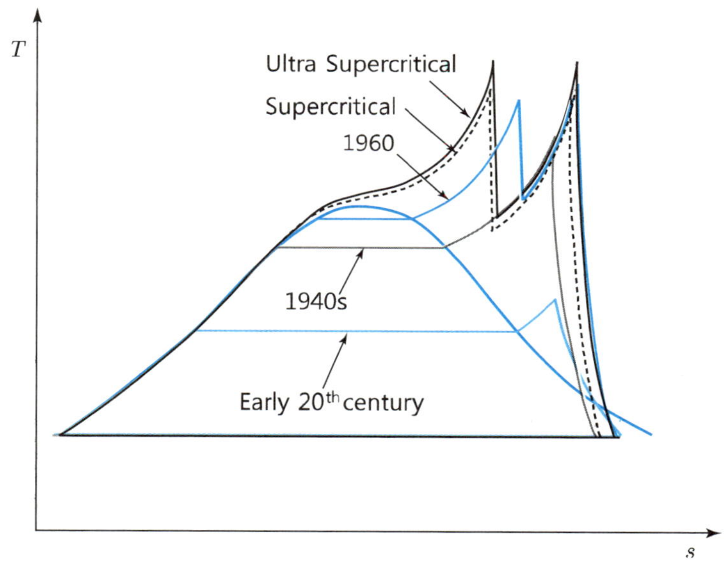

그림 8.29 랭킨사이클 발전 역사

이클이 주로 채택하고 있다. 상업적 동력사이클의 작동온도 및 압력은 열효율과 설비 가격을 비교하는 고도의 경제성 평가에 의하여 결정된다.

연습문제 8.6

그림 8.30에 주어진 압력으로 작동하는 두 개의 이상적인 랭킨사이클이 있다. 두 사이클의 열효율을 계산하라. 아울러 압력 상승에 따른 열효율과 플랜트 설비 가격에 대해서 토의하라. 단, 랭킨사이클 각각의 구성요소에서 발생하는 운동에너지와 위치에너지 변화는 무시한다.

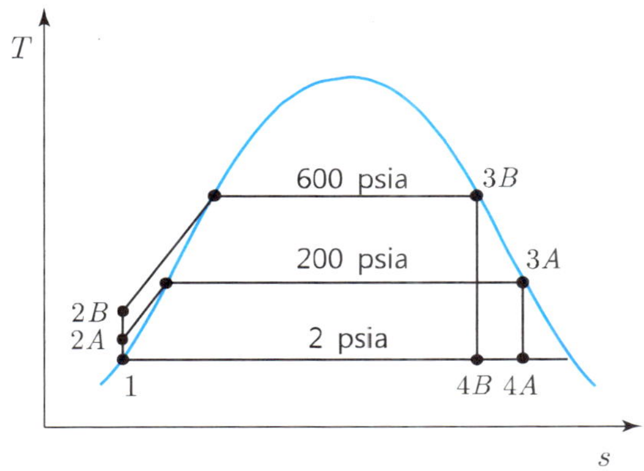

그림 8.30 랭킨사이클

풀이

증기표를 이용하여 펌프 입구에서 압축수 상태량을 찾아낸다.

$$h_1 = h_f \ @ \ 2 \ \text{psia} = 94.036 \ \text{Btu/lb}_\text{m} = 218.73 \ \text{kJ/kg}$$

$$h_g \ @ \ 2 \ \text{psia} = 1116.151 \ \text{Btu/lb}_\text{m} = 2596.17 \ \text{kJ/kg}$$

$$v_1 = v_f \ @ \ 2 \ \text{psia} = 0.001013 \ \text{m}^3/\text{kg}$$

$$s_1 = s_f \ @ \ 2 \ \text{psia} = 0.175 \ \text{Btu/lb}_\text{m} \cdot \text{R} = 0.7327 \ \text{kJ/kg} \cdot \text{K}$$

$$s_g \ @ \ 2 \ \text{psia} = 1.920 \ \text{Btu/lb}_\text{m} \cdot \text{R} = 8.0390 \ \text{kJ/kg} \cdot \text{K}$$

식 (8.18)을 이용하여 단위질량유량당 펌프 동력을 계산한다.

$$w_P = -(h_2 - h_1) = -v_1(p_2 - p_1) \tag{a}$$

$$w_{P,A} = -0.001013 \ \text{m}^3/\text{kg} \times (200-2) \times 6.89286 \ \text{kPa} = -1.383 \ \text{kJ/kg}$$

$$w_{P,B} = -0.001013 \ \text{m}^3/\text{kg} \times (600-2) \times 6.89286 \ \text{kPa} = -4.176 \ \text{kJ/kg}$$

식 (a)를 이용하여 펌프 출구(보일러 입구)에서 압축수 엔탈피를 계산한다.

$$h_{2,A} = h_1 - w_{P,A} = 220.13 \ \text{kJ/kg}$$

$$h_{2,B} = h_1 - w_{P,B} = 222.93 \ \text{kJ/kg}$$

증기터빈 입구(보일러 출구)에서 증기 엔탈피를 계산한다. 이때 증기표를 이용하여 각각의 압력에 대한 포화증기 상태량을 찾아내면 된다.

$$h_{3,A} = h_g \text{ @ 200 psia} = 1198.334 \text{ Btu/lb}_m = 2787.32 \text{ kJ/kg}$$

$$s_{3,A} = s_g \text{ @ 200 psia} = 1.54544 \text{ Btu/lb}_m \cdot \text{R} = 6.4708 \text{ kJ/kg} \cdot \text{K}$$

$$h_{3,B} = h_g \text{ @ 600 psia} = 1203.657 \text{ Btu/lb}_m = 2799.71 \text{ kJ/kg}$$

$$s_{3,B} = s_g \text{ @ 600 psia} = 1.44610 \text{ Btu/lb}_m \cdot \text{R} = 6.0548 \text{ kJ/kg} \cdot \text{K}$$

보일러에서 공급받은 열량을 계산한다.

$$q_{B,A} = h_{3,A} - h_{2,A} = 2787.32 - 220.13 = 2567.19 \text{ kJ/kg}$$

$$q_{B,B} = h_{3,B} - h_{2,B} = 2799.71 - 222.93 = 2576.78 \text{ kJ/kg}$$

증기표를 이용하여 등엔트로피과정으로 팽창하는 증기터빈 출구(복수기 입구)에서 증기 상태량을 찾아낸다. 증기터빈 출구 압력은 모두 2 psia이며, 증기터빈에서 증기는 등엔트로피과정으로 팽창하기 때문에 식 (8.10)을 이용하여 출구에서 증기 건도를 계산할 수 있다.

$$x = \frac{s - s_f}{s_g - s_f}$$

증기터빈 출구에서 증기 엔탈피를 계산한다. 엔탈피는 증기 건도를 이용하여 계산한다.

$$s_{4,A} = s_{3,A}$$

$$s_{4,B} = s_{3,B}$$

$$x_{4,A} = (s_{4,A} - s_f)/(s_g - s_f) = (6.4708 - 0.7327)/(8.039 - 0.7327) = 0.7854$$

$$h_{4,A} = (1 - x_{4,A})h_f + x_{4,A}h_g = (1 - 0.7854) \times 218.73 + 0.7854 \times 2596.17 = 2085.97 \text{ kJ/kg}$$

$$x_{4,B} = (s_{4,B} - s_f)/(s_g - s_f) = (6.0548 - 0.7327)/(8.039 - 0.7327) = 0.7284$$

$$h_{4,B} = (1 - x_{4,B})h_f + x_{4,B}h_g = (1 - 0.7284) \times 218.73 + 0.7284 \times 2596.17 = 1950.46 \text{ kJ/kg}$$

복수기에서 배출된 단위질량유량당 열량을 계산한다.

$$q_{C,A} = -(h_{4,A} - h_1) = -(2085.97 - 218.73) = -1867.24 \text{ kJ/kg}$$

$$q_{C,B} = -(h_{4,B} - h_1) = -(1950.46 - 218.73) = -1731.73 \text{ kJ/kg}$$

사이클 열효율을 계산한다.

$$\eta_{th,A} = 1 - q_{C,A}/q_{B,A} = 1 - (1867.24/2567.19) = 0.273$$

$$\eta_{th,B} = 1 - q_{C,B}/q_{B,B} = 1 - (1731.73/2576.78) = 0.328$$ ■

토의

랭킨사이클 열효율은 압력이 증가함에 따라 동반하여 증가한다. 이런 이유로 그림 8.29에 나타나 있는 것처럼 랭킨사이클 작동압력이 지속적으로 증가하고 있다. 그런데 보일러 작동압력이 증가하면 크립 특성이 우수한 고가의 튜브를 사용해야 하기 때문에 설비 가격이 증가한다. 그리고 보일러 압력이 증가하면 상대적으로 열저항성이 큰 두꺼운 튜브를 사용해야 하기 때문에 보일러 효율이 약간 낮아진다.

8.5.3 과열

증기를 과열증기 상태까지 가열하면 랭킨사이클 열효율이 향상된다. 이런 사실을 확인하기 위해 그림 8.31에 나타나 있는 과열 랭킨사이클에 대한 $T-s$선도를 포화증기 상태까지 가열하는 기본적인 랭킨사이클(1－2－3－5′－1)과 포화증기 상태로부터 과열증기를 만드는 사이클(3－4－5－5′－3)로 분리하여 살펴보자. 이때 포화증기 상태로부터 과열증기를 만드는 사이클이 기본적인 사이클에 비해 평균적으로 더 높은 온도에서 열량을 공급받으며, 동일한 온도에서 열량을 방출시키기 때문에 더 높은 열효율을 가진다. 과열 랭킨사이클은 이 두 사이클을 합치는 것과 마찬가지기 때문에 증기를 과열시키면 랭킨사이클 열효율이 향상된다.

아울러 이 그림에서 증기를 과열시키면 등가사이클 고온이 상승하기 때문에 랭킨사이클 열효율이 향상된다는 것을 쉽게 이해할 수 있다.

증기 온도를 높이는 것은 한계가 있다. 우선적으로 가열원 온도보다 높게 증기를 가열시킬 수 없다. 따라서 열기관 효율을 높일 수 있는 한계는 열원과 같은 온도까지 열기관 작동온도를 높이는 것이다. 일반적인 화석연료의 연소온도는 약 1,800～2,000℃ 정도이다. 따라서 랭킨사이클 작동온도를 높일 여지는 충분하다. 그러나 온도가 높아지면 장치의 제작 및 운전에 한계가 따른다. 특히 증기터빈 블레이드 및 보일러 튜브와 같이 고온

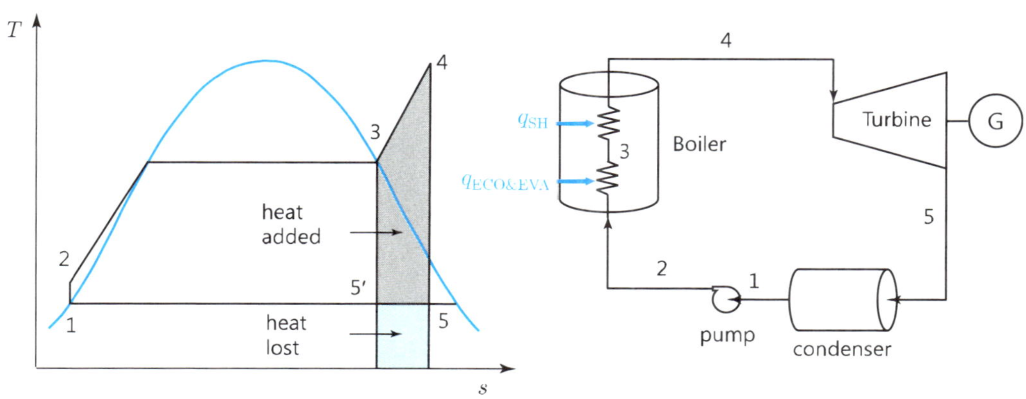

그림 8.31 과열 랭킨사이클 $T-s$선도 및 기기 구성도

고압 상태에서 작동되는 소재는 우수한 크립 특성이 요구된다. 그런데 화력발전설비에 사용하는 대부분의 소재는 약 566℃(1050°F) 이상에서 크립 특성이 급격히 저하된다. 그리고 이 보다 높은 온도에서 우수한 크립 특성을 가지는 니켈합금 소재는 매우 고가이다. 따라서 실제 대규모 발전용 랭킨사이클에서 흔히 적용하는 최고 작동온도는 538~593℃(1000~1100°F) 범위이며, 현재 700℃까지 작동온도를 상승시키기 위한 노력이 진행되고 있다.

증기를 과열시키면 포화증기 상태까지 가열하는 경우에 비해서 증기터빈 출구에서 증기 습분을 낮게 유지시킬 수 있다. 따라서 그림 8.29에서 확인할 수 있듯이 실제적으로 화력발전에 사용된 초기의 랭킨사이클도 과열증기를 이용하였다.

연습문제 8.7

그림 8.32에 1,000°F까지 증기를 과열시키는 이상적인 랭킨사이클이 나타나 있다. 이 랭킨사이클과 연습문제 8.6에서 다룬 동일한 최고압력으로 작용하는 사이클의 열효율을 비교하라. 단, 랭킨사이클 구성요소에서 발생하는 운동에너지와 위치에너지 변화는 무시한다.

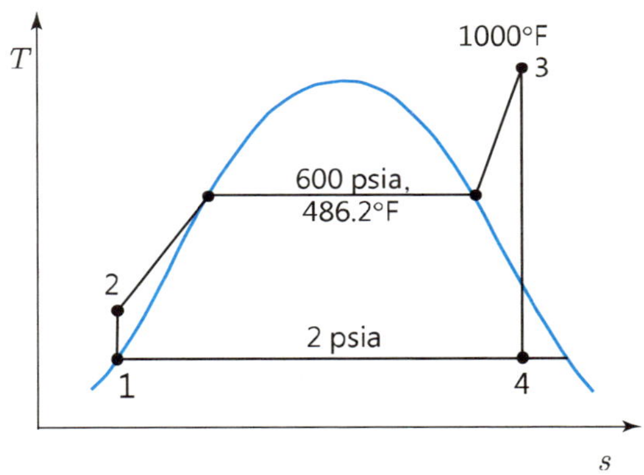

그림 8.32 과열증기를 사용하는 랭킨사이클

풀이

증기표를 이용하여 펌프 입구에서 압축수 상태량을 찾아낸다.

$$h_1 = h_f \ @\ 2\ \text{psia} = 94.036\ \text{Btu/lb}_\text{m} = 218.73\ \text{kJ/kg}$$

$$h_g \ @\ 2\ \text{psia} = 1116.151\ \text{Btu/lb}_\text{m} = 2596.17\ \text{kJ/kg}$$

$$v_1 = v_f \ @\ 2\ \text{psia} = 0.001013\ \text{m}^3\text{/kg}$$

$$s_1 = s_f \ @\ 2\ \text{psia} = 0.175\ \text{Btu/lb}_\text{m} \cdot \text{R} = 0.7327\ \text{kJ/kg} \cdot \text{K}$$

$$s_g \ @\ 2\ \text{psia} = 1.920\ \text{Btu/lb}_\text{m} \cdot \text{R} = 8.0390\ \text{kJ/kg} \cdot \text{K}$$

식 (8.18)을 이용하여 단위질량유량당 펌프 일을 계산한다.

$$w_P = -(h_2 - h_1) = -v_1(p_2 - p_1) \qquad \text{(a)}$$
$$w_P = -0.001013 \text{ m}^3/\text{kg} \times (600-2) \times 6.89286 \text{ kPa} = -4.176 \text{ kJ/kg}$$

식 (a)를 이용하여 펌프 출구(보일러 입구)에서 압축수 엔탈피를 계산한다.

$$h_2 = h_1 - w_P = 222.93 \text{ kJ/kg}$$

증기터빈 입구(보일러 출구)에서의 온도와 압력을 이용하여 주증기 엔탈피와 엔트로피를 찾아낸다.

$$h_3 \text{ @ } 600 \text{ psia, } 1000°\text{F} = 1517.38 \text{ Btu/lb}_\text{m} = 3529.43 \text{ kJ/kg}$$
$$s_3 \text{ @ } 600 \text{ psia, } 1000°\text{F} = 1.71551 \text{ Btu/lb}_\text{m} \cdot \text{R} = 7.1828 \text{ kJ/kg} \cdot \text{K}$$

보일러에서 공급받은 열량을 계산한다.

$$q_B = h_3 - h_2 = 3529.43 - 222.93 = 3306.5 \text{ kJ/kg}$$

증기표를 이용하여 등엔트로피과정으로 팽창하는 증기터빈 출구(복수기 입구)에서 증기 상태량을 찾아낸다. 증기터빈 출구 압력은 2 psia이며, 증기터빈에서 증기는 등엔트로피과정으로 팽창하기 때문에 식 (8.10)을 이용하여 출구에서 증기 건도를 계산할 수 있다.

$$x = \frac{s - s_f}{s_g - s_f}$$

증기터빈 출구에서 증기 엔탈피를 계산한다. 엔탈피를 계산하기 위해서는 증기 건도가 필요하며, 증기 건도를 계산하기 위해서는 포화증기에 대한 엔트로피가 필요하므로 증기표를 이용하여 엔트로피를 구한다.

$$s_4 = s_3$$
$$x_4 = (s_4 - s_f)/(s_g - s_f) = (7.1828 - 0.7327)/(8.039 - 0.7327) = 0.8828$$
$$h_4 = (1 - x_4)h_f + x_4 h_g = (1 - 0.8828) \times 218.73 + 0.8828 \times 2596.17 = 2317.54 \text{ kJ/kg}$$

복수기에서 배출된 단위질량유량당 열량을 계산한다.

$$q_C = -(h_4 - h_1) = -(2317.54 - 218.73) = -2098.81 \text{ kJ/kg}$$

사이클 열효율을 계산한다.

$$\eta_{th} = 1 - q_C/q_B = 1 - (2098.81/3306.5) = 0.365$$

따라서 과열증기 상태로 가열하면 포화증기 상태까지만 가열하는 경우(열효율 32.8%)에 비해 열효율이 약 3.7% 향상되는 것을 알 수 있다. ■

8.6 랭킨사이클 개선

8.6.1 재열사이클

앞에서 살펴보았듯이 랭킨사이클 열효율은 사이클 압력이 증가할수록 향상되지만 증기터빈 출구에서 증기 습분도 증가하여 LP터빈에서 발생하는 습분손실과 LSB 습분침식이 증가하는 단점이 발생한다. 이런 문제들은 재열사이클(reheat Rankine cycle)을 이용하면 쉽게 개선할 수 있다. 아울러 재열사이클을 적용하면 시스템 출력이 증가하며, 사이클 열효율도 향상되기 때문에 대부분의 화력 및 원자력발전은 재열사이클을 채택하고 있다.

재열사이클을 적용하는 경우 화력발전 HP터빈을 빠져나온 냉재열증기(cold reheat steam)를 그림 8.33에 나타나 있는 것처럼 재열기로 보내서 재열시킨다. 재열을 통해 에너지 수준이 높아진 온재열증기(hot reheat steam)는 IP터빈으로 공급하며, IP터빈을 빠져나온 증기를 cross-over pipe를 거쳐서 LP터빈으로 공급한다. 따라서 재열사이클을 적용하는 경우 증기터빈 출구 증기조건이 4′(비재열사이클)에서 6(재열사이클)으로 바뀌기 때문에 증기터빈 출구에서 증기의 습분이 크게 감소한다. 아울러 비재열사이클의 습분 생성구간은 A → 4′인 반면에 재열사이클은 B → 6으로서 크게 줄어든다. 따라서 재열사이클을 적용하면 LSB의 습분침식이 줄어들어 내구성이 증가하며, LP터빈에서 발생하는 습분손실이 줄어들기 때문에 LP터빈의 효율이 향상된다.

재열사이클을 적용하면 사이클 열효율이 약 2~3% 정도 향상된다. 그림 8.33에 나타나 있는 $T-s$선도에서 비재열사이클 1－2－3－4′－1과 재열에 따른 추가적인 재열사이클인 4－5－6－4′－4를 분리하여 살펴보자. 이 추가적인 재열사이클은 비재열사이클에 비해 더 높은 온도에서 열량이 유입(q_H)되며, 비재열사이클과 동일한 온도에서 열량

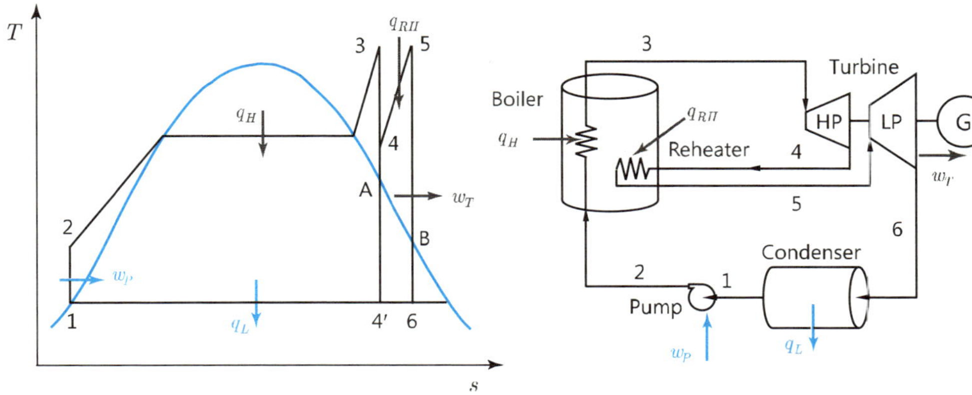

그림 8.33 재열 랭킨사이클 $T-s$선도 및 기기 구성도

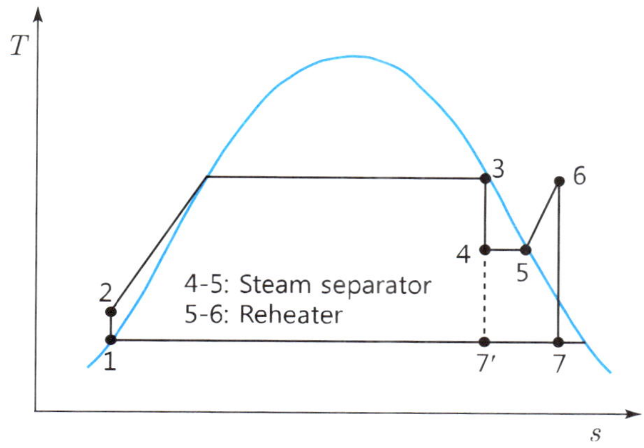

그림 8.34 원자력발전 재열사이클

을 방출하기 때문에 더 높은 열효율을 가진다. 따라서 이 두 사이클이 결합된 재열사이클은 비재열사이클에 비해 높은 열효율을 가진다. 한편, $T-s$ 선도에서 재열을 통해 등가사이클 고온이 높아지는 것을 확인할 수 있으며, 이를 통해 재열사이클 열효율이 비재열사이클에 비해서 높다는 것을 알 수 있다. 이상적인 재열사이클 열효율은 다음과 같다.

$$\eta_{th} = \frac{(h_3 - h_4) + (h_5 - h_6) - (h_2 - h_1)}{(h_3 - h_2) + (h_5 - h_4)} \tag{8.41}$$

재열사이클 열효율은 재열압력에 큰 영향을 받는다. 재열압력이 높으면 높은 온도에서 열량을 공급받을 수 있지만 공급받는 열량 크기가 작아지기 때문에 향상되는 열효율 크기가 작아진다. 재열압력이 낮으면 재열 평균온도가 낮아져서 사이클 효율 향상을 기대하기 어려워진다. 일반적으로 최대의 열효율 향상을 위한 최적의 재열압력은 주증기 압력의 약 1/4 정도이다.

재열기 및 재열에 관련된 배관에서 약 7～10%의 압력손실이 발생한다. 이런 압력손실은 약 0.7～1.0%의 열효율 저하를 초래한다. 화력발전의 경우 1% 압력손실은 약 0.1% 효율저하를 초래하는 반면에 원자력발전의 경우에는 약 0.15%의 효율저하가 나타난다.

원자력발전 재열사이클은 그림 8.34에 나타나 있는 것처럼 화력발전과 크게 다르다. 원자력발전 HP터빈은 증기발생기로부터 포화증기를 공급받기 때문에 화력발전과 달리 습증기 영역에서 운전된다. 따라서 그림 8.35에 나타나 있는 것처럼 HP터빈을 빠져나온 증기를 습분분리기로 보내서 습분을 제거하여 다시 포화증기로 만든다. 이 포화증기를 곧바로 LP터빈으로 보내는 것이 원자력 비재열사이클이다. 그러나 원자력 비재열사이클은 LP터빈에서 발생하는 과도한 습분으로 인해 습분손실이 크게 증가하기 때문에 많이 채택하지 않고 있다. 한편, 습분분리기를 통과시켜 만든 포화증기를 재열시켜 과열증기로 만들어서 LP터빈으로 보내주는 것이 원자력 재열사이클이다. 2단으로 구성되어 있는 원

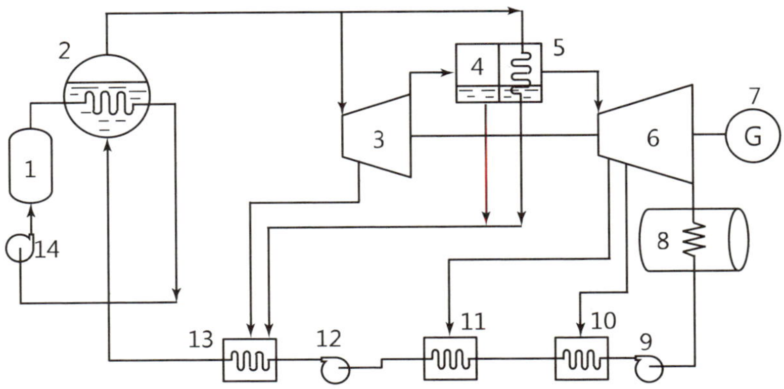

1-nuclear reactor, 2-steam generator, 3-HP turbine, 4-moisture separator, 5-reheater, 6-LP turbine, 7-generator, 8-condenser, 9-condensate pump, 10-LP FWH, 11-LP FWH, 12-BFP, 13-HP FWH, 14-main circulating pump

그림 8.35 원자력발전 작동유체 흐름도

자력발전용 재열기는 그림 8.36에 나타나 있는 것처럼 습분분리기와 결합되어 하나의 케이싱 내부에 설치된다. 이렇게 습분분리기와 재열기가 결합되어 있는 것이 MSR (Moisture Separator Reheater)이다. 재열기 열원으로는 증기발생기에서 생성된 포화증기를 사용한다. 따라서 LP터빈으로 공급되는 재열증기 온도(T_6)는 주증기 온도(T_3)보다 낮다. 이렇게 MSR을 이용하여 증기를 재열시키면 그림 8.20에서 확인할 수 있듯이 LP터빈 증기통로 및 출구에서 증기 습분을 크게 낮출 수 있다. 참고로, 복수기 운전압력 2.5 in.Hga를 기준으로 했을 때 LP터빈 출구에서 증기 습분을 비교하면, 그림 8.20을 통해서 알 수 있듯이 원자력 재열사이클과 비재열사이클에 대하여 각각 10%와 15% 정도이다. 다만 이 값들은 LP터빈 후반부 여러 단에 습분제거용 그루브를 가지는 버켓을 설치하여 증기통로에서 부분적으로 습분을 제거했을 때 나타나는 값이다.

그림 8.34에 나타나 있는 $T-s$선도에 의하면 원자력 재열사이클 열효율은 비재열사이클에 비해서 낮다. 그러나 재열을 통해서 LP터빈에서 발생하는 습분손실을 크게 줄일 수 있기 때문에 실제적으로는 열효율이 향상된다. 아울러 재열을 통해서 LSB 습분침식도 줄일 수 있기 때문에 원자력발전에서도 재열사이클을 적용하는 것이 일반화되어 있다.

재열사이클을 채택함으로써 LP터빈 출구에서 증기의 건도를 높일 수 있는 것은 큰 장점이다. 일반적으로 보일러 작동압력이 증가할수록 증기터빈 출구에서 증기의 건도를 일정수준 이상으로 유지하기 위해 재열의 필요성이 크게 나타난다. 이런 이유로 인해 최근에 설치하고 있는 USC 화력발전은 2중재열사이클을 채택하기도 한다. 일반적으로 2중재열사이클을 채택하면 단일재열사이클에 비해서 약 1.6% 정도 열효율이 향상된다. 그러나 열효율을 향상시키기 위해 여러 차례 재열시키는 것은 다음과 같은 문제들로 인해서 바

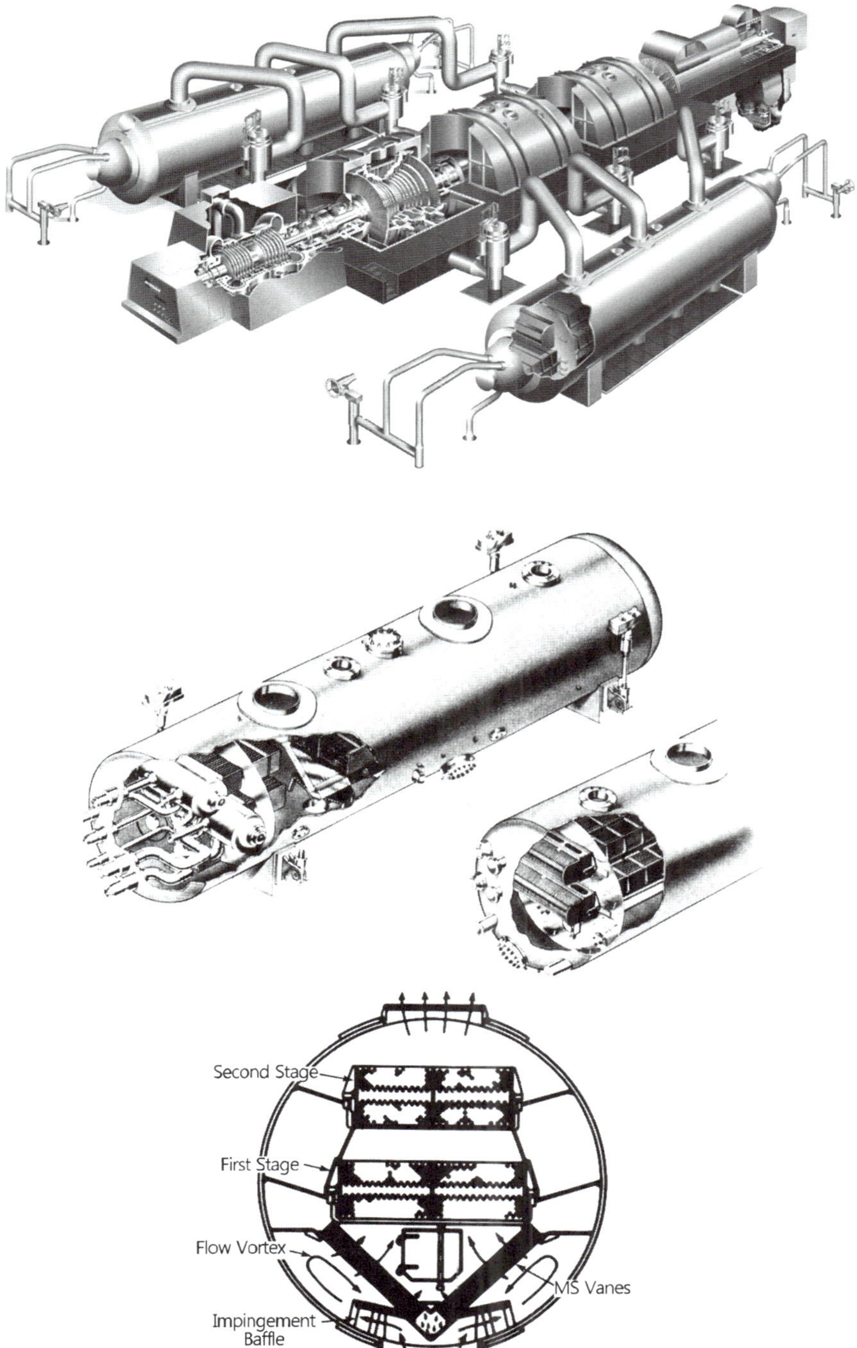

그림 8.36 Moisture separator reheater(GE)

표 8.3 2중 재열사이클 열효율 비교

Country	Plant	Rating MWe net (gross)	Press (bar)	Steam Temp (°C)	RH1 Steam Temp (°C)	RH2 Steam Temp (°C)	Effi. (%)
Denmark	Avedorevaerket 2	390	300	580	600	–	48.3
Denmark	Nordjyland 3	411	285	580	580	580	47
Denmark	Skaebaek 3	411	290	582	580	580	49
Holland	Hemweg 8	630	260	540	568	–	42
Finland	Meri Pori	550	244	540	560	–	45
Germany	Staudinger	509	262	545	562	–	43
Germany	Niederaussem K	965	275	580	600	–	45.2
Japan	Tachibanawan	1050	250	600	610	–	43.5
Japan	Isogo	600	266	600	610	–	?
China	Changshu	600	259	569	569	–	42
China	Wangqu	600	247	571	569	–	43
USA	Tanners Creek	580	241	538	552	566	39.8
USA	Duke Power	(1120)	241	538	538	–	?

람직하지 못하다.

1) 터빈 출구 증기조건이 증기돔 밖에 위치하기 때문에 증기의 비체적이 증가하여 더 큰 복수기가 요구되며, 이로 인해 설치공간이 늘어나고 제작비가 증가한다.
2) 복수기로 과열증기가 유입되면 증기의 비체적이 증가하기 때문에 터빈출구에서 증기속도가 빨라져 배기손실이 증가한다.
3) 증기의 비체적 증가에 따른 배기손실 증가를 피하기 위해 더 큰 LSB 사용을 검토할 수 있다. 그러나 이 경우 제작비가 증가한다.

표 8.3에 화력발전소 열효율을 비교하였다. 이 가운데 2중재열사이클을 채택한 덴마크의 발전소를 살펴보면, 단일 재열사이클을 채택한 발전소에 비해서 열효율이 더 높다는 것을 확인할 수 있다.

8.6.2 재생사이클

재열사이클의 핵심은 랭킨사이클 $T-s$선도 오른쪽에서 열역학적으로 과정을 개선하여 사이클 효율을 향상시키는 것이었다. 그런데 랭킨사이클을 살펴보면, 사이클 왼쪽에서 열효율 손실이 크게 발생한다는 것을 알 수 있다. 즉 그림 8.37에서 확인할 수 있듯이 급수펌프를 통해 보일러에 공급된 급수는 이코노마이저에서 압축수 상태에서 포화수가 될

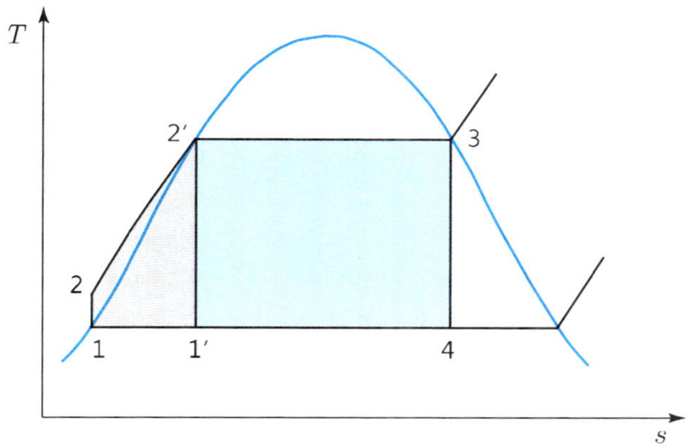

그림 8.37 카르노사이클 vs. 랭킨사이클 $T-s$선도

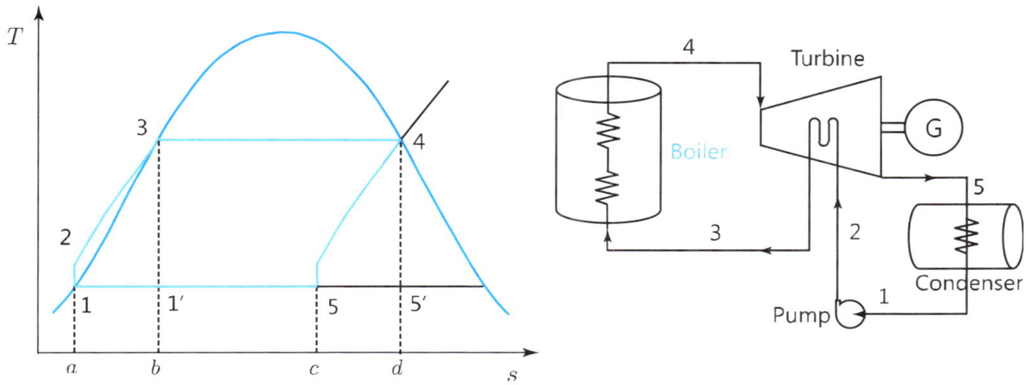

그림 8.38 이상적 재생사이클

때까지 가열(과정 $2 \rightarrow 2'$)된다. 그런데 이코노마이저에서 열량을 공급받는 평균온도는 증발기(과정 $2' \rightarrow 3$)에서의 평균온도에 비해 현저하게 낮다. 이런 이유 때문에 랭킨사이클 열효율이 카르노사이클에 비해 현저히 낮아진다. 이런 사실은 동일한 압력으로 작동하는 이상적인 랭킨사이클과 카르노사이클을 비교하면 확인할 수 있다. 즉 연습문제 8.6에서 다루었던 이상적인 랭킨사이클(주증기 압력 600 psia, 복수기 압력 2 psia)의 열효율은 32.8%였다. 그러나 이와 동일한 압력 조건을 가지는 카르노사이클(그림 8.39에서 $1'-2'-3-4$)의 열효율은 38.1%로 이상적인 랭킨사이클에 비해서 5.3% 높다. 따라서 랭킨사이클을 카르노사이클처럼 만들 수 있다면 사이클 열효율을 크게 향상시킬 수 있다는 것을 알 수 있다.

앞에서 카르노 증기사이클을 만드는 것은 불가능하다는 것을 살펴보았다. 그러나 랭킨사이클을 그림 8.38에 나타나 있는 것과 같이 이상적인 재생사이클($1-2-3-4-5-1$)로 만들 수 있다면, 랭킨사이클 열효율은 카르노사이클과 동일해진다. 이런 이상적인 재생사이클은 그림에 나타나 있는 것처럼 압축수와 터빈을 통과하는 증기의 가역적인 열전달을 이용하면 만들 수 있다.

이상적인 재생사이클의 특징은 그림 8.38에 나타나 있는 것처럼 펌프를 빠져나온 압축수가 증기터빈 케이싱 둘레를 증기 흐름방향과 반대로 흐르면서 증기터빈 내부를 흐르는 증기로부터 압축수로 가역적인 열전달이 일어나도록 하는 것이다. 즉 각각의 위치에서 증기 온도는 압축수 온도에 비해서 높지만 그 차이는 극히 작은 값이다. 이때 터빈 각 지점에 있어서 증기 온도는 펌프를 빠져나와 반대방향으로 흐르는 압축수 온도와 같다고 할 수 있다. 따라서 $T-s$선도에서 터빈 내부를 흐르는 증기 상태를 표시하는 과정 4 → 5는 과정 1 → 2 → 3과 정확히 평행을 이룬다. 그 결과 면적 2 − 3 − b − a − 2와 면적 5 − 4 − d − c − 5는 각각 압축수로의 열전달량과 증기로부터의 열전달량을 나타내며, 이들 면적은 형상뿐만이 아니라 크기도 동일하다. 따라서 급수가열을 통해서 최종적으로 얻어지는 사이클 1 − 2 − 3 − 4 − 5 − 1은 카르노사이클 1′ − 3 − 4 − 5′ − 1′와 같아져서 랭킨사이클 열효율이 카르노사이클 열효율과 같아진다.

그러나 이상적인 재생사이클은 실제적으로 구현하는 것이 불가능하며, 실용적이지도 못하다. 그 이유는 증기터빈 내부를 흐르는 증기로부터 압축수로의 가역적인 열전달이 불가능하며, 가역적인 열전달이 일어난다고 하더라도 증기터빈에서 배출되는 증기에 포함되어 있는 습분이 크게 증가하기 때문이다.

실질적인 재생사이클은 그림 8.39에 나타나 있는 것처럼 증기터빈을 통과하는 증기의 일부분을 중간 단에서 추출하여 압축수를 가열하는 급수가열기를 이용하여 완성되었다. 이렇게 압축수를 미리 가열하여 보일러로 보내주면 보일러에서는 압축수를 고온상태에서 가열할 수 있기 때문에 사이클 열효율이 향상된다. 참고로 그림 8.39에는 1기의 급수가열기가 설치되어 있지만 만약에 다수의 급수가열기가 설치되어 있다면 실제적인 랭킨사이클은 그림 8.38에 나타나 있는 이상적인 사이클과 유사해질 것이다. 따라서 그림 8.40

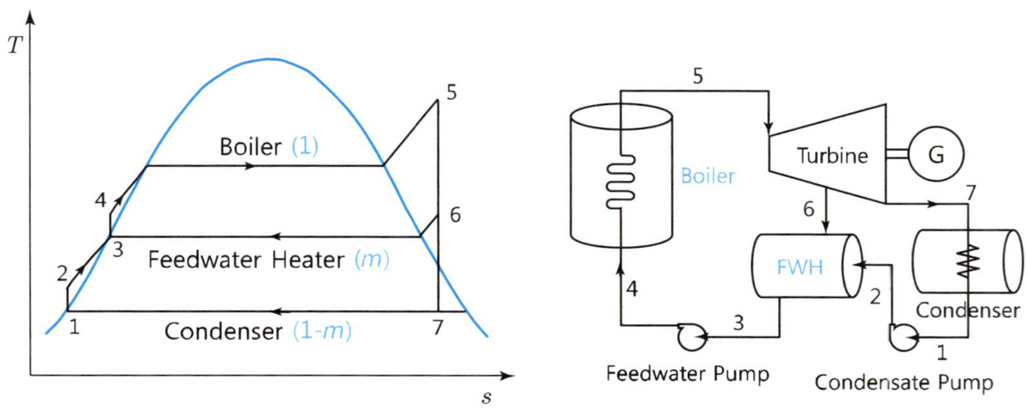

그림 8.39 한 개의 급수가열기가 설치된 이상적인 재생사이클

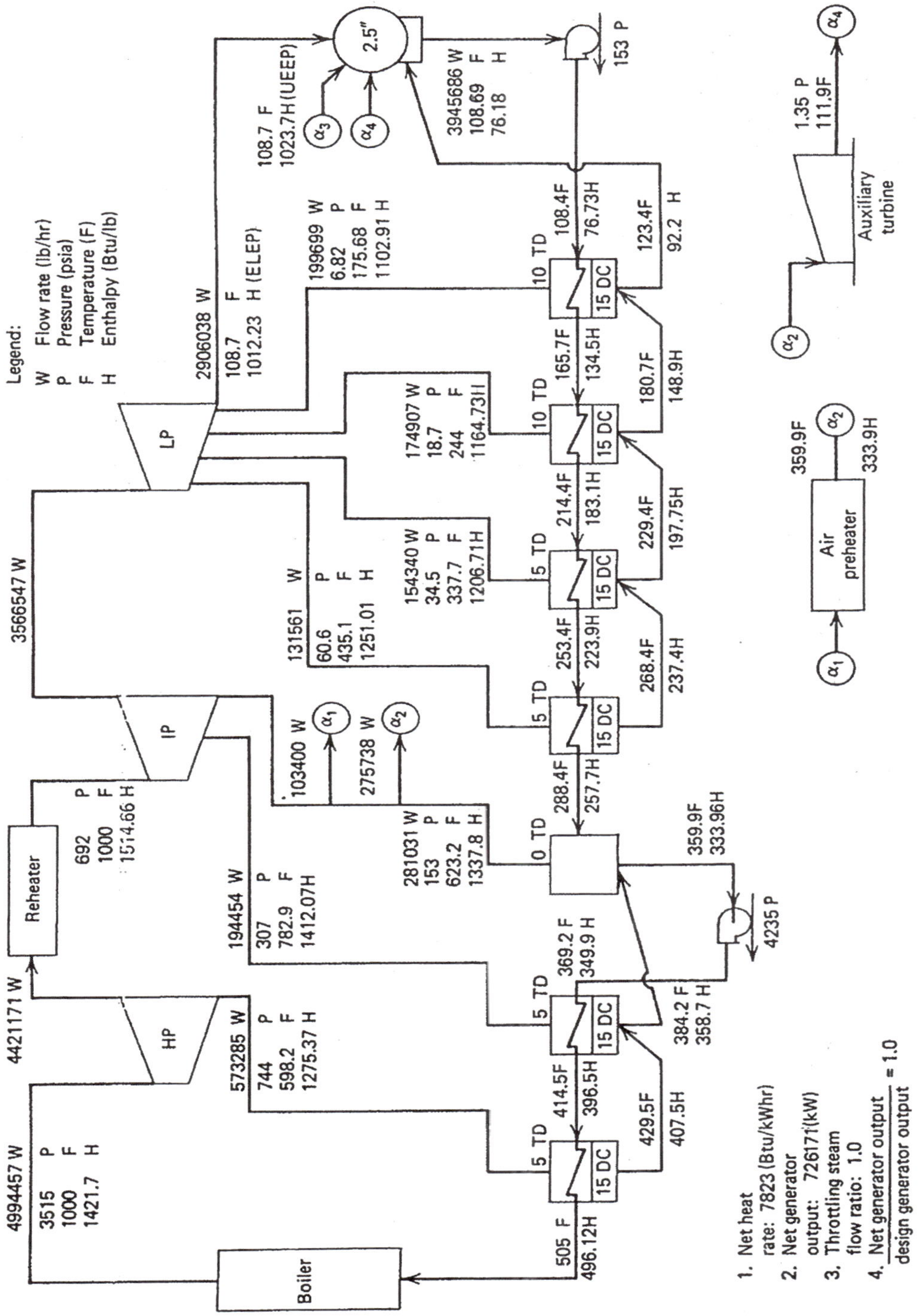

그림 8.40 Heat balance diagram–Fossil 700 MW, 3500 psig/1000°F/1000°F

에 나타나 있는 것과 같이 실제적인 대형 화력발전소에는 7~12개의 급수가열기를 설치하고 있다. 그리고 이는 원자력 발전소도 마찬가지다.

다수의 급수가열기를 설치하는 경우 이를 $T-s$ 선도 상에 표시하기 쉽지 않다. 그 이유는 터빈 중간 단에서 증기를 추출하기 때문에 사이클을 흐르는 작동유체의 질량유량이 일정하지 않기 때문이다. 이론적으로 무한히 많은 수의 급수가열기를 설치한다면 이상적인 재생사이클을 얻을 수 있다. 그러나 급수가열기 대수가 증가하면 증기터빈 추기 지점, 급수펌프, 배관 등도 동시에 증가하기 때문에 발전설비 제작비가 증가한다. 따라서 급수가열기 대수를 결정하기 위해서는 고도의 경제성 평가가 요구된다.

재생사이클을 적용하면 LP터빈 최종 단을 통과하는 증기의 질량유량을 줄일 수 있기 때문에 증기터빈 제작비를 크게 줄일 수 있다. 그림 8.40에 나타나 있는 700 MW급 초임계 화력발전의 heat balance diagram에 의하면 순수하게 급수가열을 위해 사용한 증기의 질량유량은 주증기 질량유량의 34.2%에 해당한다. 따라서 재생사이클을 적용하면 LP터빈 한 기(unit)를 줄일 수 있으며, 또는 LSB 길이를 단축시켜 증기터빈 제작비 절감에 기여할 수 있다는 것을 알 수 있다.

연습문제 8.8

그림 8.41에 이상적인 재생사이클이 나타나 있다. 증기터빈으로 600 psia의 압력을 가진 포화증기가 유입되어 팽창한 후에 2 psia의 압력을 가진 복수기로 유입된다. 한편, 급수가열을 위해 증기터빈 중간 단에서 100 psia의 압력을 가진 증기를 추출하여 사용한다. 이렇게 작동하는 이상적인 재생사이클의 열효율을 계산하라.

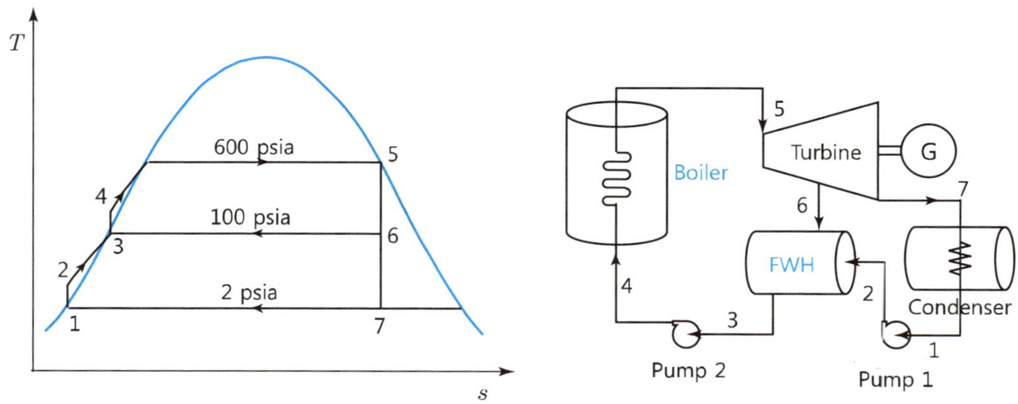

그림 8.41 한 개의 급수가열기가 설치된 이상적인 재생사이클

풀이

증기표를 이용하여 증기터빈 입구에서 주증기 상태량을 구한다.

$$h_5 = h_g \;@\; 600\ \text{psia} = 1203.657\ \text{Btu/lb}_\text{m} = 2799.71\ \text{kJ/kg}$$

$$s_5 = s_g \;@\; 600\ \text{psia} = 1.44610\ \text{Btu/lb}_\text{m} \cdot \text{R} = 6.0548\ \text{kJ/kg} \cdot \text{K}$$

증기터빈 출구(복수기 입구)에서 증기 상태량을 계산한다. 증기터빈 출구 압력은 2 psia이며, 증기터빈에서 증기는 등엔트로피과정으로 팽창하기 때문에 식 (8.10)을 이용하여 출구에서 증기 건도를 계산할 수 있다.

$$x = \frac{s - s_f}{s_g - s_f}$$

$$s_7 = s_5$$

$$h_1 = h_f \;@\; 2\ \text{psia} = 94.036\ \text{Btu/lb}_\text{m} = 218.73\ \text{kJ/kg}$$

$$h_g \;@\; 2\ \text{psia} = 1116.151\ \text{Btu/lb}_\text{m} = 2596.17\ \text{kJ/kg}$$

$$s_1 = s_f \;@\; 2\ \text{psia} = 0.175\ \text{Btu/lb}_\text{m} \cdot \text{R} = 0.7327\ \text{kJ/kg} \cdot \text{K}$$

$$s_g \;@\; 2\ \text{psia} = 1.920\ \text{Btu/lb}_\text{m} \cdot \text{R} = 8.0390\ \text{kJ/kg} \cdot \text{K}$$

$$x_7 = (s_7 - s_f)/(s_g - s_f) = (6.0548 - 0.7327)/(8.039 - 0.7327) = 0.7284$$

$$h_7 = (1 - x_7)h_f + x_7 h_g = (1 - 0.7284) \times 218.73 + 0.7284 \times 2596.17$$

$$= 1950.46\ \text{kJ/kg}$$

추기하는 증기에 대한 상태량을 구한다.

$$h_3 = h_f \;@\; 100\ \text{psia} = 298.539\ \text{Btu/lb}_\text{m} = 694.40\ \text{kJ/kg}$$

$$h_g \;@\; 100\ \text{psia} = 1187.166\ \text{Btu/lb}_\text{m} = 2761.35\ \text{kJ/kg}$$

$$s_3 = s_f \;@\; 100\ \text{psia} = 0.47429\ \text{Btu/lb}_\text{m} \cdot \text{R} = 1.9859\ \text{kJ/kg} \cdot \text{K}$$

$$s_g \;@\; 100\ \text{psia} = 1.60274\ \text{Btu/lb}_\text{m} \cdot \text{R} = 6.7107\ \text{kJ/kg} \cdot \text{K}$$

$$s_6 = s_5$$

$$x_6 = (s_6 - s_f)/(s_g - s_f) = (6.0548 - 1.9859)/(6.7107 - 1.9859) = 0.8612$$

$$h_6 = (1 - x_6)h_f + x_6 h_g = (1 - 0.8612) \times 694.40 + 0.8612 \times 2761.35$$

$$= 2474.46\ \text{kJ/kg}$$

단위질량유량당 펌프 동력을 계산한다. 펌프에서 등엔트로피과정으로 압축이 일어나기 때문에 열역학 제1법칙을 이용하여 단위질량유량당 펌프 동력을 계산하면 다음과 같다.

$$w_P = -(h_e - h_i)$$

여기서 하첨자 e와 i는 각각 펌프 출구와 입구를 나타낸다. 한편, 펌프는 개방계이기 때문에 펌프 동력은 다음과 같이 구할 수도 있다.

$$w_P = -\int_i^e vdp$$

따라서 다음과 같은 관계식이 얻어진다.

$$w_P = -(h_e - h_i) = -v_i(p_e - p_i)$$

펌프 1과 펌프 2 입구에서 비체적은 증기표를 이용하여 구한다.

$$v_1 = v_f \ @ \ 2 \ \text{psia} = 0.001013 \ \text{m}^3/\text{kg}$$
$$v_3 = v_f \ @ \ 100 \ \text{psia} = 0.001107 \ \text{m}^3/\text{kg}$$

펌프 1과 펌프 2에서 소비하는 단위질량유량당 동력을 계산한다.

$$w_{P,1} = -0.001013 \ \text{m}^3/\text{kg} \times (100-2) \times 6.89286 \ \text{kPa} = -0.684 \ \text{kJ/kg}$$
$$w_{P,2} = -0.001107 \ \text{m}^3/\text{kg} \times (600-100) \times 6.89286 \ \text{kPa} = -3.836 \ \text{kJ/kg}$$

펌프 출구에서 압축수 엔탈피를 계산한다.

$$h_2 = h_1 - w_{P,1}$$
$$h_4 = h_3 - w_{P,2} \text{이므로}$$
$$h_2 = 218.73 \ \text{kJ/kg} - (-0.684 \ \text{kJ/kg}) = 219.414 \ \text{kJ/kg}$$
$$h_4 = 694.40 \ \text{kJ/kg} - (-3.836 \ \text{kJ/kg}) = 698.236 \ \text{kJ/kg}$$

이제 추출하는 증기의 질량유량 비율을 계산한다. 에너지보존법칙과 질량보존법칙에 의하여 다음과 같은 관계식이 성립한다.

$$\dot{m}_6 h_6 + \dot{m}_2 h_2 = \dot{m}_3 h_3$$
$$\dot{m}_6 + \dot{m}_2 = \dot{m}_3$$
$$\frac{\dot{m}_6}{\dot{m}_3} h_6 + \left(1 - \frac{\dot{m}_6}{\dot{m}_3}\right) h_2 = h_3$$

이 식에 위에서 구한 엔탈피를 대입하면 추출하는 증기의 질량유량 비율을 구할 수 있다.

$$\text{RES} = \frac{\dot{m}_6}{\dot{m}_3} = 0.2106$$

여기서 RES는 급수가열기를 빠져나가는 압축수 질량유량에 대한 급수가열기로 공급하기 위해 추출하는 증기의 질량유량비(ratio of extracted steam)이다. 이제 단위질량유량당 생산되는 터빈 출력을 계산한다.

$$w_T = h_5 - h_7 - \text{RES}(h_6 - h_7)$$
$$w_T = 738.9 \text{ kJ/kg}$$

이제 단위질량유량당 요구되는 펌프 동력을 계산한다.

$$w_P = -(h_4 - h_3) - (1 - \text{RES})(h_2 - h_1)$$
$$w_P = -4.38 \text{ kJ/kg}$$

여기서 부호 (−)는 동력을 계에 공급해주어야 한다는 것을 의미한다. 보일러에서 공급받은 총 열량은 다음과 같다.

$$q_B = h_5 - h_4$$
$$q_B = 2101.474 \text{ kJ/kg}$$

사이클 열효율을 계산한다.

$$\eta_{th} = \frac{w_{sys}}{q_B} = \frac{w_T + w_P}{q_B}$$
$$\eta_{th} = 0.350$$

■

토의

연습문제 8.6에서 다루었던 이상적인 랭킨사이클의 열효율은 32.8%이다. 이 문제에서는 단지 한 개의 급수가열기를 설치하였으며, 이에 따른 열효율 향상은 2.2%이다. 그런데 여기서 구해진 재생사이클 열효율은 동일한 압력으로 운전하는 카르노사이클의 열효율인 38.1%에 비해서 크게 낮은 편이다. 그러나 더 많은 급수가열기를 설치하면 랭킨사이클 열효율을 카르노사이클과 비슷한 수준까지 향상시킬 수 있다.

급수가열기에는 급수와 급수를 가열하기 위한 증기의 직접적인 혼합이 일어나는 개방형 급수가열기와 직접적인 혼합이 일어나지 않는 밀폐형 급수가열기가 있다. 저압 및 고압 급수가열기는 밀폐형이며, 탈기기는 개방형 급수가열기이다. 참고로, 저압 급수가열기는 복수기와 탈기기 사이에 설치하는 밀폐형 급수가열기를 말하며, 고압 급수가열기는 탈기기와 보일러 사이에 설치하는 밀폐형 급수가열기를 말한다. 그림 8.40에 나타나 있는 700 MW급 화력발전에는 총 7개의 급수가열기가 설치되어 있으며, 이 가운데 1개는 개방형이고 나머지 6개는 밀폐형 급수가열기이다. 그리고 이 가운데 4개는 저압 급수가열기이며, 2개는 고압 급수가열기이다. 실질적인 증기동력장치에는 대개 1개의 개방형 급수가열기를 설치한다. 그림 8.42에 나타나 있는 밀폐형 급수가열기는 셸-튜브 열교환기로서 튜브 내부를 흐르는 저온 압축수와 고온 증기 사이에 열교환이 일어나며, 증기는 튜브 외부 표면에서 냉각되면서 응축된다. 밀폐형 급수가열기에서 증기와 급수는 직접적으로 접촉하지 않기 때문에 서로 다른 압력을 가진다.

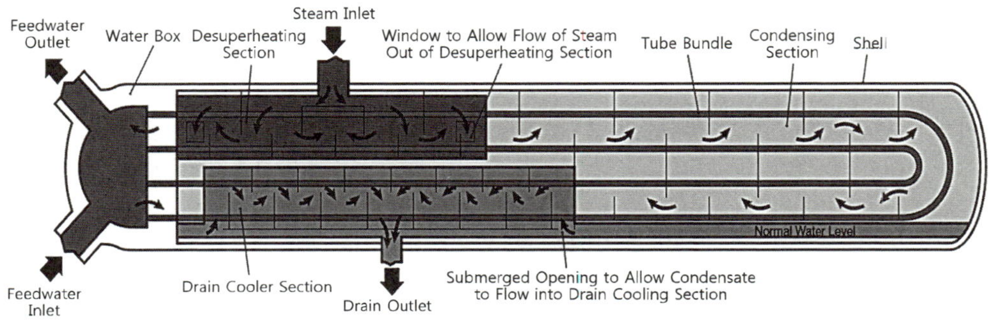

그림 8.42 밀폐형 급수가열기(3-zones)

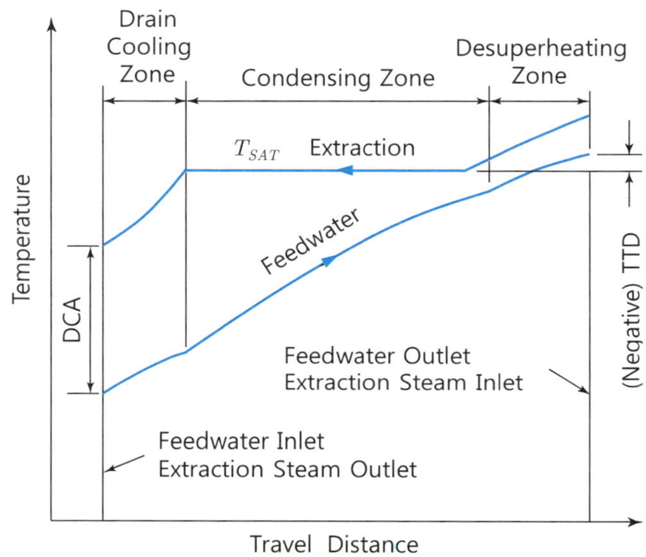

그림 8.43 밀폐형 급수가열기 온도 분포

밀폐형 급수가열기는 그림 8.42와 8.43에 나타나 있는 것처럼 세 개의 영역, 즉 과열저감영역, 응축영역, 배수냉각영역으로 구성되어 있다. 모든 밀폐형 급수가열기는 가열증기의 응축에 의해서 급수가 가열되는 응축영역을 가지고 있다. 과열도가 높은 과열증기를 공급받는 급수가열기는 과열증기를 응축영역에 공급하기 전에 포화온도보다 약 50°F 높은 온도로 낮추기 위해 과열저감영역을 가지고 있다. 그러나 과열도가 100°F 이하인 과열증기를 공급받는 급수가열기에는 과열저감영역이 없어도 된다. 대개의 경우 사이클 열효율을 향상시키기 위해 급수가열기 내부에 배수냉각기를 설치한다. 배수냉각기는 배수가 가열기를 빠져나가기 전에 배수에 포함되어 있는 열을 회수하여 급수를 가열하는 장치이다.

그림 8.43에 밀폐형 급수가열기에서 나타나는 급수와 가열증기의 온도 변화 특성이 나

타나 있다. 급수가열기 성능은 DCA(Drain Cooler Approach)와 TTD(Terminal Temperature Difference)에 의해서 결정된다. 따라서 이들은 그림 8.40을 통해서 확인할 수 있는 것처럼 heat balance diagram에 반드시 표시된다. 한편, 그림 8.44에 설명되어 있듯이 DCA는 급수가열기를 빠져나가는 배수 온도와 급수가열기로 유입되는 급수 온도 차이를 말한다. TTD는 응축영역의 작동압력에 대한 포화온도와 급수가열기를 빠져나가는 급수 온도의 차이를 말한다.

DCA를 줄이면 사이클 효율이 증가하지만 급수가열기 열교환 표면이 증가하기 때문에 제작비가 증가한다. 배수냉각기를 급수가열기 내부에 설치하는 경우 DCA에 대한 실질적인 최솟값은 10°F이며, 외부에 설치하는 경우에는 5°F이다.

그림 8.43에 나타나 있는 TTD는 과열저감영역을 가지는 급수가열기에 대한 것이다. 과열저감영역이 존재하면 급수가열기를 빠져나가는 급수 온도가 응축영역의 포화온도보다 높아질 수 있으며, 이런 경우에 TTD는 음(−)의 값을 가진다. 그러나 과열저감영역을 가지지 않는 급수가열기는 급수가열기를 빠져나가는 급수 온도가 포화온도보다 낮기 때문에 TTD는 양(+)의 값을 가진다. 과열저감영역이 없는 급수가열기의 실질적인 TTD 하한선은 +2°F이다. 과열저감영역을 가지는 급수가열기의 TTD에 대한 음(−)의 값 한계는 급수가열기로 유입되는 가열증기의 과열도에 의해서 결정된다.

밀폐형 급수가열기는 그림 8.44에 나타나 있듯이 TTD, DCA, 에너지식 등 세 개의 식으로 나타낼 수 있다. 일반적으로 TTD는 약 5°F이며, 10°F까지 높아지기도 한다. 한편, DCA는 약 10°F이며, 20°F까지 높아지기도 한다. 밀폐형 급수가열기에서 응축수를 배출하는 방법에는 두 가지가 있다. 첫째는 응축수를 저압의 급수가열기나 복수기로 보내는 방법인데, 이 경우 증기트랩을 이용하여 저압부로 응축수는 흐르게 하고 증기는 흐르지

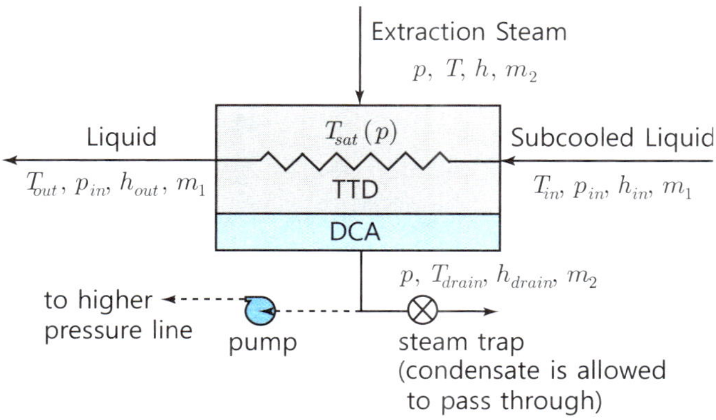

Terminal Temperature Difference: TTD = $T_{sat} - T_{out}$
Drain Cooler Approach: DCA = $T_{drain} - T_{in}$
Steady Flow Energy: $m_1(h_{out} - h_{in}) = m_2(h - h_{drain})$

그림 8.44 밀폐형 급수가열기 열정산 개략도

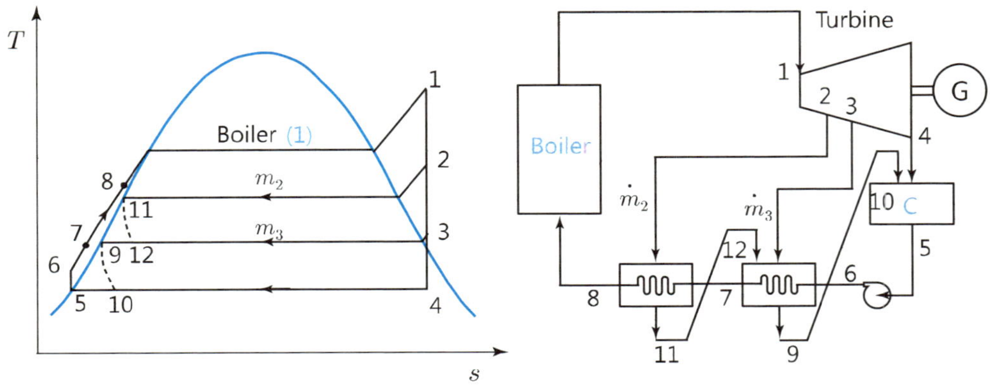

그림 8.45 밀폐형 급수가열기 및 $T-s$ 선도

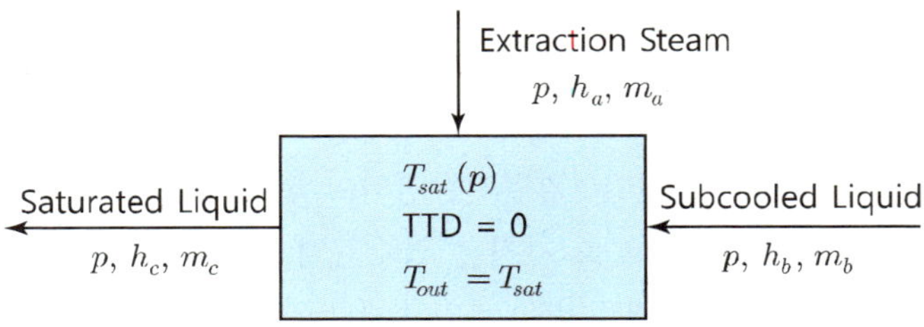

Continuity Equation: $m_c = m_a + m_b$
Energy Equation: $m_c h_c = m_a h_a + m_b h_b$

그림 8.46 개방형 급수가열기 열정산 개략도

못하도록 한다. 둘째는 소형 펌프를 이용하여 응축수를 상류 압축수관에 합류시키는 방법이다. 이 두 가지 방법 모두 널리 사용하고 있다. 그림 8.45에 밀폐형 급수가열기가 설치되어 있는 랭킨사이클에 대한 $T-s$ 선도가 나타나 있다.

개방형 급수가열기는 그림 8.46에 나타나 있는 것과 같이 압축수와 증기터빈으로부터 추출한 증기가 직접 접촉하면서 열교환이 이루어진다. 따라서 개방형 급수가열기로 유입되는 압축수와 증기터빈으로부터 추출하는 증기는 동일한 압력을 가져야 한다. 개방형 급수가열기는 접촉식 열교환기이기 때문에 밀폐형에 비하여 우수한 전열특성을 가진다. 그러나 각각의 개방형 급수가열기 사이에는 펌프를 설치해야 한다는 단점도 가지고 있다. 개방형 급수가열기에 대한 열정산은 그림에 나타나 있는 것과 같이 연속방정식과 에너지방정식을 이용하여 계산한다. TTD는 급수가열기 내부 압력에 해당하는 포화증기와 급수가열기를 빠져나가는 압축수의 온도 차이를 나타낸다. 개방형 급수가열기에서 급수가열기를 빠져나가는 액체가 포화수라야만 된다는 법칙은 없다. 그러나 개방형 급수가열기의 경우 일반적으로 TTD는 0이다. 그림 8.47에 개방형 급수가열기가 설치되어 있는 랭킨사이클에 대한 $T-s$ 선도가 나타나 있다.

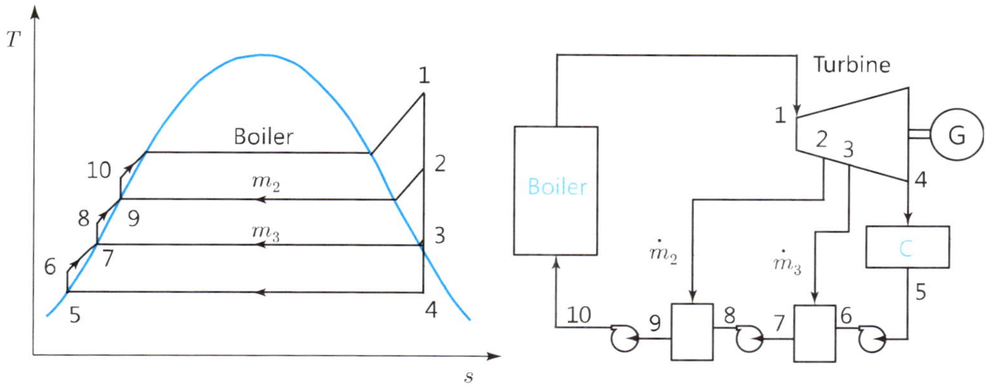

그림 8.47 개방형 급수가열기 및 $T-s$ 선도

개방형 급수가열기의 또 다른 중요한 기능은 탈기(deaerating)이다. 탈기란 급수 속에 포함되어 있는 산소와 비응축 가스를 제거하는 것을 말한다. 따라서 개방형 급수가열기는 흔히 탈기기(deaerator)라고도 불린다. 급수에 고농도 산소가 포함되어 있으면 급수와 접촉하는 구성품 및 배관에 부식 및 침식이 발생한다. 대개의 경우 급수 온도가 17℃ 상승할 때마다 부식성이 2배 이상 강해진다. 따라서 급수는 매우 낮은 농도의 산소를 포함해야 한다. 일반적으로 급수는 20 ppb 이하의 산소를 포함하도록 규정하고 있다.

탈기는 물을 분무시켜 가열하면 작은 물방울에 포함되어 있던 용존가스가 방출되는 특성을 이용하여 이루어진다. 일반적으로 압축수는 그림 8.48에 나타나 있는 것처럼 탈기기 상부에서 분무된다. 탈기기 하부로 공급되는 고온 증기는 상승하면서 분무된 물방울을 포화온도까지 가열한다. 이때 물방울에 포함되어 있는 비응축 가스가 방출되어 탈기기 상부에서 제거된다. 따라서 압축수 탱크는 포화상태에서 탈기된 물로 채워져 있으며, 그 위에는 증기를 채워서 공기가 재흡수되는 것을 방지한다. 일반적으로 플랜지와 펌프 실(seal)에서 발생하는 작은 양의 공기누설은 피할 수 없기 때문에 탈기는 지속적으로 이루어진다.

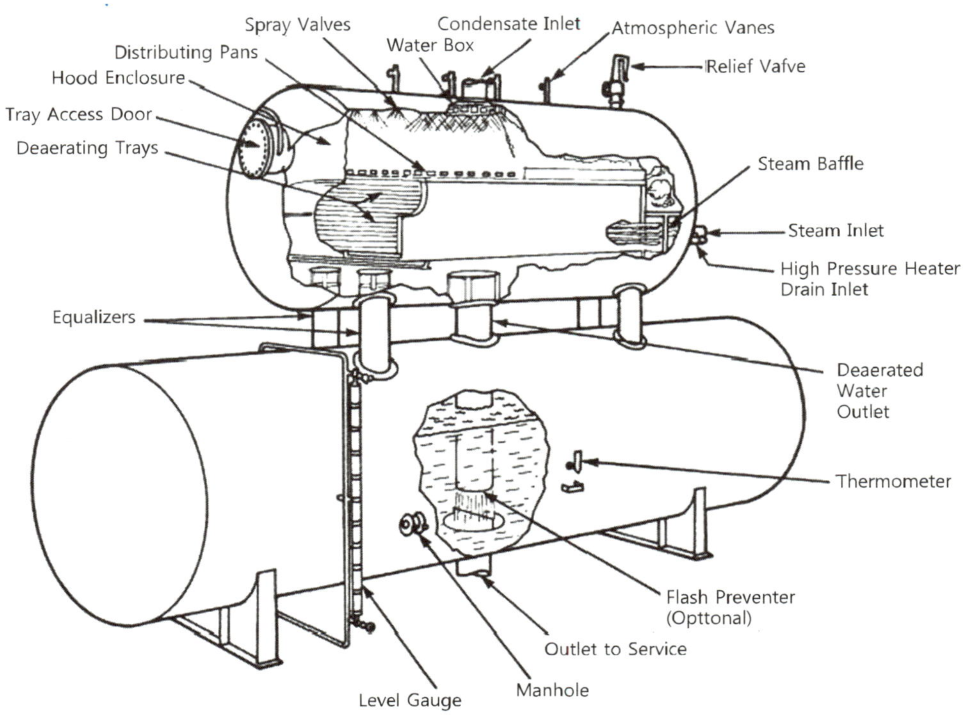

그림 8.48 개방형 급수가열기(deaerator)

연습문제 8.9

그림 8.49에 나타나 있는 화력발전 열평형도(heat balance diagram)를 완성하라. HP터빈으로 유입되는 증기 압력과 온도는 각각 2,400 psig, 1,000°F이며, 복수기 압력은

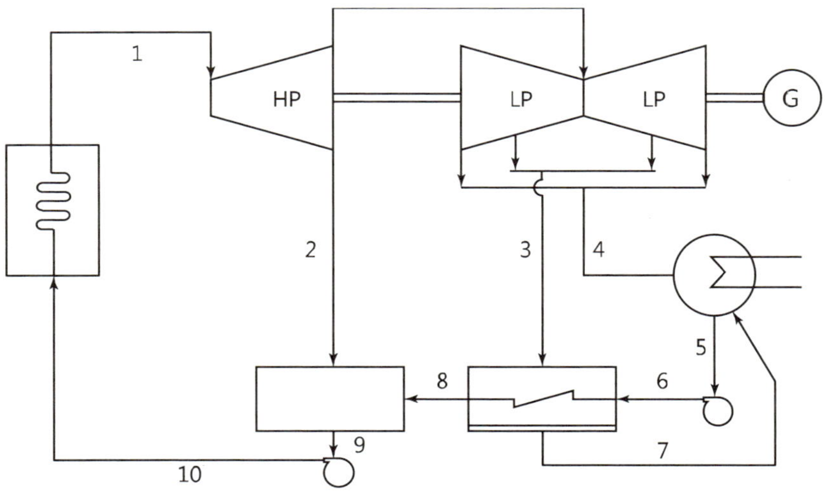

그림 8.49 열평형도

1.5 in.Hga이다. 급수 가열을 위해 증기터빈 두 군데에서 각각 500 psia와 50 psia 압력을 가지는 증기를 추출한다. 이 가운데 높은 압력으로 추출하는 증기는 개방형 급수가열기, 낮은 압력으로 추출하는 증기는 밀폐형 급수가열기로 공급한다. 이 밖에 터빈 효율은 0.9, 펌프 효율은 0.85, 급수가열기에서 TTD는 10°F, DCA는 16°F, 터빈 입구에서 증기의 질량유량은 3,400,000 lb_m/hr이다.

풀이

증기터빈 효율이 전 구간에 걸쳐서 일정하다고 가정하면, 증기는 그림 8.50에 나타나 있는 것처럼 비례적으로 팽창한다.

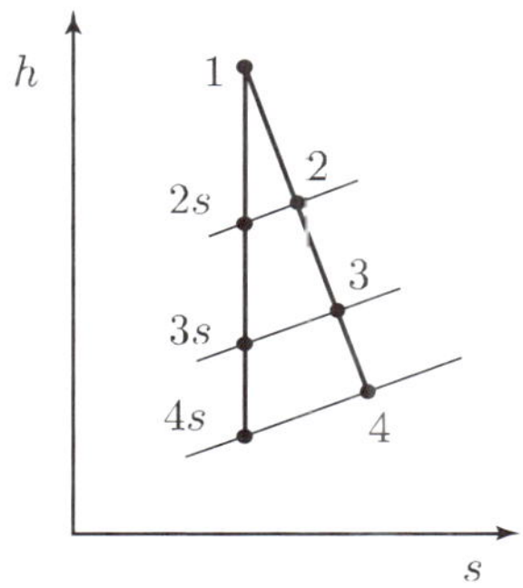

그림 8.50 증기 팽창선

문제에서 주어진 증기터빈 입구에서의 주증기 압력과 온도는 다음과 같다.

$$p_1 = 2414.7 \text{ psia}$$
$$T_1 = 1000°\text{F}$$

증기표를 이용하여 증기터빈 입구에서의 주증기 엔탈피와 엔트로피를 구한다.

$$h_1 = 1460.39 \text{ Btu/lb}_m$$
$$s_1 = 1.53225 \text{ Btu/lb}_m \cdot \text{R}$$

등엔트로피과정으로 팽창할 때 상태 $4s$에서의 증기 엔트로피는 입구에서의 그것과 동일하다. 따라서 증기터빈 출구에서 증기 압력과 엔트로피는 다음과 같다.

$$p_{4s} = 0.74 \text{ psia}$$
$$s_{4s} = 1.53225 \text{ Btu/lb}_m \cdot \text{R}$$

증기표를 이용하여 상태 $4s$에서 증기 엔탈피와 온도를 구한다.

$$h_{4s} = 841.58 \text{ Btu/lb}_m$$
$$T_{4s} = 92°\text{F} \text{ (습분 24.96\%)}$$

증기터빈 효율 관계식인 $\eta_T = (h_1 - h_4)/(h_1 - h_{4s})$를 이용하여 증기터빈 출구인 상태 4에서 증기 엔탈피를 계산한 후 증기표를 이용하여 온도를 구한다.

$$h_4 = 903.46 \text{ Btu/lb}_\text{m}$$
$$T_4 = 92°\text{F} \ (\text{습분 } 19.02\%)$$

고압터빈 추기점에서 증기 상태량을 계산한다. 상태 $2s$에서 증기 압력과 엔트로피는 다음과 같다.

$$p_{2s} = 500 \text{ psia}$$
$$s_{2s} = 1.53225 \text{ Btu/lb}_\text{m} \cdot \text{R}$$

증기표를 이용하여 높은 압력으로 추출하는 증기의 엔탈피와 온도를 구한다.

$$h_{2s} = 1270.96 \text{ Btu/lb}_\text{m}$$
$$T_{2s} = 556°\text{F} \ (89°\text{F 과열})$$

증기터빈 효율을 이용하여 상태 2에서 증기 엔탈피를 계산한 후 증기표를 이용하여 증기 온도를 구한다.

$$h_2 = 1289.90 \text{ Btu/lb}_\text{m}$$
$$T_2 = 585.2°\text{F} \ (118.2°\text{F 과열})$$

상태 3에서의 증기조건을 상태 2에서 계산한 것과 동일한 방법으로 구하면 다음과 같다.

$$p_{3s} = 50 \text{ psia}$$
$$s_{3s} = 1.53225 \text{ Btu/lb}_\text{m} \cdot \text{R}$$
$$h_{3s} = 1080.50 \text{ Btu/lb}_\text{m}$$
$$T_{3s} = 281°\text{F} \ (\text{습분 } 10.13\% \text{ 포함})$$
$$h_3 = 1118.49 \text{ Btu/lb}_\text{m}$$
$$T_3 = 281°\text{F} \ (\text{습분 } 6.02\% \text{ 포함})$$

복수기를 빠져나가는 물은 복수기에 작용하는 압력에 상응하는 온도를 가지는 포화수이다. 따라서 상태 5에서의 응축수 상태량을 증기표를 이용하여 구한다.

$$p_5 = 0.74 \text{ psia}$$
$$h_5 = 59.88 \text{ Btu/lb}_\text{m}$$
$$v_5 = 0.0161 \text{ ft}^3/\text{lb}_\text{m} \ (\text{습분 } 100\%)$$

상태 6은 응축수 펌프를 빠져나온 압축수이며, 열역학 제1법칙을 이용하여 계산한다. 개방계에 대한 열역학 제1법칙은 다음과 같다.

$$q_{56} = (h_6 - h_5) + \frac{1}{2}(c_6^2 - c_5^2) + g(z_6 - z_5) + w_{56} \tag{a}$$

펌프에서는 단열압축과정이 일어나기 때문에 $q_{56} = 0$이다. 펌프에는 비압축성유체인 물이 흘러가기 때문에 펌프 동력은 다음과 같다.

$$w_{56} = -\int_5^6 v\, dp = -v_5(p_6 - p_5)$$

펌프 효율을 반영하면 위 식은 다음과 같이 된다.

$$w_{56} = -\frac{v_5(p_6 - p_5)}{\eta_P}$$

그리고 운동에너지와 위치에너지 변화를 무시하면 식 (a)로부터 다음과 같은 식을 구할 수 있다.

$$h_6 = h_5 - w_{56} = h_5 + \frac{v_5(p_6 - p_5)}{\eta_P} \tag{b}$$

식 (b)를 이용하여 펌프 출구에서의 압축수 엔탈피를 계산하고 증기표를 이용하여 온도를 구한다.

$$h_6 = 61.63 \ \text{Btu/lb}_\text{m}$$
$$T_6 = 92.3°\text{F}$$

그림 8.45에 나타나 있는 DCA에 대한 정의를 이용하여 상태 7에서의 응축수 온도를 계산하고 증기표를 이용하여 엔탈피를 구한다.

$$T_7 = 108.3°\text{F}$$
$$h_7 = 76.41 \ \text{Btu/lb}_\text{m}$$

그림 8.45에 나타나 있는 TTD에 대한 정의를 이용하여 상태 8에서의 압축수 온도를 계산하고 증기표를 이용하여 엔탈피를 구한다.

$$T_8 = 271°\text{F}$$
$$h_8 = 240.88 \ \text{Btu/lb}_\text{m}$$

개방형 급수가열기를 빠져나가는 상태 9에서의 압축수 상태량을 계산한다. 압축수 온도는 개방형 급수가열기 압력에 해당하는 포화온도이기 때문에 증기표를 이용하여 여러 가지 상태량을 구한다.

$$T_9 = 467°\text{F} \ \ (= T_{sat} \ \ @p_2)$$

$$h_9 = 449.52 \ \ \text{Btu/lb}_\text{m}$$

$$v_9 = 0.01975 \ \ \text{ft}^3/\text{lb}_\text{m}$$

상태 6에서의 압축수 상태량을 구한 방법과 동일한 방법으로 상태 10에서의 압축수 엔탈피를 계산하고 증기표를 이용하여 온도를 구하면 다음과 같다.

$$h_{10} = 457.75 \ \ \text{Btu/lb}_\text{m}$$

$$T_{10} = 474°\text{F}$$

이제 추출하는 증기의 질량유량을 계산한다. 우선 개방형 급수가열기로부터 시작한다. 이를 위해 다음과 같이 질량보존법칙과 에너지보존법칙을 이용한다.

$$\dot{m}_2 + \dot{m}_8 = \dot{m}_9 \tag{c}$$

$$\dot{m}_2 h_2 + \dot{m}_8 h_8 = \dot{m}_9 h_9 \tag{d}$$

식 (c)와 (d)를 이용하여 $\dot{m}_2$와 $\dot{m}_8$을 계산하면 다음과 같다.

$$\dot{m}_2 = 702{,}902 \ \ \text{lb}_\text{m}/\text{hr}$$

$$\dot{m}_8 = 2{,}697{,}098 \ \ \text{lb}_\text{m}/\text{hr}$$

이제 밀폐형 급수가열기로 유입되는 저압터빈 추출 증기의 질량유량을 계산한다. 급수가열기에서 증기와 급수의 열교환 양은 동일하기 때문에 다음과 같은 관계가 성립하며, 추기증기 질량유량을 계산하면 다음과 같다.

$$\dot{m}_3(h_3 - h_7) = \dot{m}_8(h_8 - h_6)$$

$$\dot{m}_3 = 463{,}933 \ \ \text{lb}_\text{m}/\text{hr}$$

이제 터빈 출력 및 펌프 동력을 계산한다. 그림 8.48에 주어진 터빈 출력은 다음과 같다.

$$\dot{W}_T = \dot{m}_1 h_1 - \dot{m}_2 h_3 - \dot{m}_3 h_3 - \dot{m}_4 h_4$$

복수기로 유입되는 증기의 질량유량은 다음과 같다.

$$\dot{m}_4 = \dot{m}_1 - \dot{m}_2 - \dot{m}_3$$

따라서 증기터빈 출력은 다음과 같다.

$$\dot{W}_T = 1{,}522{,}173{,}038 \ \ \text{Btu/hr} = 446{,}081 \ \ \text{kW}$$

그리고 펌프 동력은 다음과 같다.

$$\dot{W}_P = -\dot{m}_6(h_6 - h_5) - \dot{m}_{10}(h_{10} - h_9)$$

$$\dot{W}_P = -32,701,922 \ \text{Btu/hr} = -9,584 \ \text{kW}$$

보일러에서 공급받은 열량은 다음과 같다.

$$\dot{Q}_B = \dot{m}_1(h_1 - h_{10}) = 3,408,976,000 \ \text{Btu/hr}$$

사이클 열효율은 다음과 같다.

$$\eta_{cy} = \frac{\dot{W}_T - \dot{W}_P}{\dot{Q}_B} = 43.7\%$$

여기서 계산된 상태량을 표 8.4에 정리하였다. ■

표 8.4 열평형도 상태량 정리

Lacation	Pressure (psia)	Temperature (°F)	Enthalpy (Btu/lb_m)	Flow Rate (lb_m/hr)
1	2414.7	1000	1460.39	3,400,000
2	500	585.2	1289.90	702,902
3	50	281	1118.49	463,933
4	0.74	92	903.46	2,233,165
5	0.74	92	59.88	2,697,098
6	500	92.3	61.63	2,697,098
7	50	108.3	76.41	463,933
8	500	271	240.88	2,697,098
9	500	467	449.52	3,400,000
10	2414.7	474	457.75	3,400,000

9장 연료 및 연소

9.1 연료
9.2 연소 이론
9.3 공해물질 생성
9.4 NOx 생성
9.5 가스터빈에서 NOx 생성 억제방법

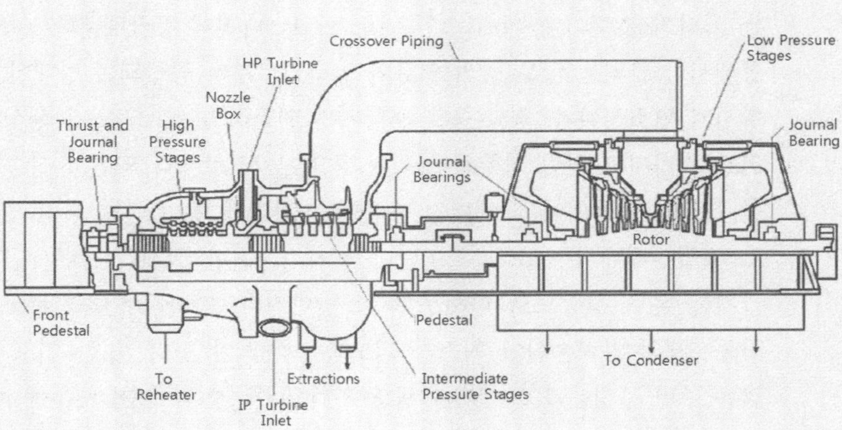

모든 열기관의 공통적인 특징은 연료가 가지고 있는 화학적 에너지를 연소를 통하여 열에너지로 변환시킨 후 최종적으로 기계적인 에너지로 변환시켜 동력을 얻는 것이다. 그런데 열에너지를 직접적으로 기계적인 에너지로 변환시킬 수 없기 때문에 작동유체에 열에너지를 공급하여 작동유체의 에너지 수준을 충분히 높인 후 작동유체의 열역학적 상태변화를 이용하여 기계적인 에너지로 변환시켜 동력을 얻는다. 따라서 각종 열기관에서 작동유체의 에너지 수준을 높이기 위한 연소는 매우 중요하다. 그런데 각종 열기관에 발생하는 연소를 조절하는 것은 매우 어렵다. 우선적으로 대부분의 열기관에 사용하는 화석연료는 약 1800～2000°C의 연소온도에서 화염이 안정적으로 형성되는데, 이 온도는 연소기 구성품 소재의 용융온도보다 훨씬 높은 온도이다. 따라서 연소기 주요 구성품은 냉각을 고려해야 한다. 아울러 이렇게 높은 온도에서는 환경오염 원인물질인 NOx가 많이 발생하기 때문에 NOx 발생을 억제하거나 발생한 NOx를 대기중으로 배출하기 전에 제거하기 위한 기술이 요구된다. 왕복엔진과 같은 밀폐계 열기관에서 연소가 일어나면 온도상승과 더불어 압력도 상승한다. 그러나 가스터빈과 같은 개방계 열기관의 경우 연소가 일어나면서 압력상승이 일어나지 않도록 설계해야 한다. 만약에 연소에 의해서 압력상승이 일어나면 화염이 역류하여 개방계 열기관은 연속적인 작동이 이루어지지 않게 된다. 개방계 열기관에 있어서 가장 중요한 것 가운데 하나는 연속적인 연소이다. 이는 열기관에서 발생하는 동력의 크기가 연소온도에 의해서 결정되기 때문이다. 그러므로 일정한 크기의 동력이 연속적으로 발생하기 위해서는 연속적인 연소가 반드시 이루어져야 한다. 아울러 연소기에서 연속적인 연소가 일어나는 동안에 연소과정에서 압력손실이 발생하지 않아야 한다. 그리고 가장 중요한 것 가운데 하나는 연소효율로서 연소기에 공급된 연료가 모두 연소되어야 한다는 것이다. 만약 일부 연료가 연소되지 않은 상태로 연소기를 빠져나간다면 경제적으로 큰 손실이 발생한다. 그리고 연소되지 않고 대기중으로 배출되는 연료는 공해물질이다.

가스터빈 연소기에서는 작동유체에 열에너지를 공급함으로써 작동유체의 에너지 수준을 높이는 동시에 온도 상승을 통하여 작동유체의 비체적을 증가시킨다. 따라서 연소기는 에너지 수준이 높은 고속의 연소가스를 터빈에 공급해준다. 연소기는 연료분사노즐을 통해서 공급되는 많은 양의 연료와 압축기로부터 공급되는 방대한 체적의 압축공기를 혼합시켜 연소시킨다. 연료-공기 혼합기가 연소하면 연소가스가 생성되며, 연소가스 온도는 연료가 가지고 있던 화학적 에너지가 열에너지로 변환되면서 상승한다. 따라서 연소과정을 통해서 작동유체의 에너지 수준이 높아지게 된다. 가스터빈 연소기의 경우 이론적으로 정압상태에서 연소가 일어난다고 가정하지만 실제적으로는 유체마찰과 연소에 의한 급격한 온도 상승으로 인해 압력이 낮아진다. 따라서 연소기는 연소과정에서 발생하는 작동유체의 압력손실이 최소가 되도록 설계해야 한다. 또한 연소기는 압축기 및 터빈과 같은 주변 구성품과 크기 면에서도 조화를 이루어야 하기 때문에 매우 작은 편이다. 따라서 연소기는 제한된 내부 공간에서 최대한 많은 열량을 발생시킬 수 있도록 설계되어야 한다. 압력이 일정한 상태에서 연소가 일어나면 연소가스 온도가 상승함에 따라 연소가스 비체적이 증가하는데, 연소기 출구 유동단면적은 항상 일정하게 유지되기 때문에 작동유체의 가속이 일어난다. 따라서 연소기는 큰 압력에너지, 열에너지, 운동에너지를 가진 작동유체를 터빈으로 공급해주는 역할을 수행한다. 그리고 이렇게 높은 수준의 에너지를 포함하고 있는 작동유체는 터빈을 구동시켜 압축기 및 발전기 같은 부하장치를 구동시키는 동력을 발생시킨다.

연료와 공기의 혼합은 공해물질 배출 최소화와 화염 안정성을 유지하기 위해 최대한 균일하게 이루어져야 한다. 확산연소기의 경우 라이너는 연료와 공기의 혼합을 촉진시키기 위해 다공판 형태로 많은 구멍이 뚫려있는 구조로 되어 있다. 연료의 혼합과 연소에 관한 상세사항은 매우 복잡하기 때문에 새로운 연소기를 개발하기 위해서는 방대한 실험적 연구가 요구된다.

연소기로 공급해주는 연료량은 연소기에서 올려야 하는 작동유체의 온도상승 크기에 의해서 결정된다. 예를 들면, 터빈 블레이드 소재에 의해서 결정되는 사이클 최고온도가 1500°C이며, 압축기에서의 공기 압축에 의하여 압축공기 온도가 이미 500°C가 되었다면 연소를 통해서 압축공기 온도를 1000°C 상승시키면 된다. 따라서 연료량은 압축공기 온도를 1000°C 상승시킬 수 있는 양을 공급하면 된다. 가스터빈 출력은 작동유체 온도에 의해서 결정되기 때문에 연소기 내부에서는 넓은 운전영역에 걸쳐서 안정적이면서 효율적인 연소가 일어나야 한다.

연소기 일차영역에서 연소가 일어날 때의 연소가스 온도는 약 1800~2000°C인데, 이는 터빈 1단 노즐로 유입되기에는 너무 높은 온도라서 연소가스를 냉각시켜야 한다. 일반적으로 압축기를 빠져나온 압축공기 가운데 약 40%는 연료와 혼합되어 연소에 사용되며, 약 20%는 연소가스 냉각에 사용되며, 나머지 약 40%는 연소기 라이너와 터빈 냉각에 사용된다.

9.1 연료

연료란 가연물질을 말한다. 넓은 의미에서 핵분열이나 핵융합에 의해 열을 발생시키는 핵연료도 연료에 포함된다. 그러나 여기서는 핵연료는 배제시키고 산소(또는 공기)와 산화반응을 일으켜서 우리에게 유익한 열과 빛을 발생시키는 가연물질을 연료로 취급하기로 한다.

9.1.1 석유계 연료

원유를 증류하면 비점이 다른 다양한 성분의 연료가 얻어지는데 이를 분류라 한다. 비점이란 연료가 1기압에서 액화되는 온도를 의미한다. 분류된 각각의 성분은 정제과정을 거쳐서 제품화된다. 표 9.1에 분류된 연료를 탄소 수를 기준으로 나타냈다.

석유계 연료 가운데 천연가스 주성분인 메탄(CH_4)은 비점이 가장 낮으며, 가장 가벼워서 자연상태에서 기체 상태로 존재한다. 프로판과 부탄은 가스연료로 취급되지만 일반적으로 취급이 용이하도록 액화시켜 액화석유가스(LPG; Liquified Petroleum Gas)로 만들어 사용한다.

석유계 연료 가운데 가장 가벼운 액체연료는 나프타(naphtha)이다. 일반적으로 나프타는 원유를 증류할 때 35~180°C의 끓는점 범위에서 유출(溜出)되는 탄화수소의 혼합체로서 중질(重質) 가솔린이라고도 한다. 끓는점의 범위, 성분, 탄화수소의 구성으로 보아 가솔린 유분(溜分)과 실질적으로 동일하며, 이 유분을 내연기관 연료 이외의 용도로, 특히 석유화학 원료 등으로 사용할 경우에 나프타라고 한다. 넓은 뜻으로는 원유를 증류할 때와 혈암유(頁岩油)·석탄 등을 건류할 때 생성되는 광물성 휘발유를 일괄해서 나프타라고 한다.

등유는 비점이 150~250°C이며, C_9~C_{15} 성분을 함유하고 있다. 등유에는 두 가지 종류가 있는데, 하나는 난방용으로 사용되는 백등유이며, 다른 하나는 공업용 등유로 주로 농업용 및 어업용 엔진의 연료로 사용된다. 경유는 원유를 증류할 때에 등유 다음으로 200~350℃ 범위에서 유출되는 담갈색 또는 적갈색유이며, C_{12}~C_{22} 성분을 함유하고

표 9.1 석유계연료 분류 성분

탄소수	분류	제품	비점(°C)	밀도(kg/l)	발열량 MJ/kg(kcal/kg)
2 이하	천연가스	메탄(CH_4) 에탄(C_2H_6)	−162 −89	0.3 0.37	52 (12,425) 48 (11,470)
3~4	LPG	프로판(C_3H_8) 부탄(C_4H_{10})	−42 −0.5	0.51 0.58	48 (11,470) 48 (11,470)
5~11	나프타	가솔린	35~180	0.6~0.74	44 (10,513)
9~12	등유	등유	150~250	0.74~0.82	43 (10,275)
12~22	경유	경유	190~350	0.82~0.88	42 (10,036)
23 이상	중유	A중유 B중유 C중유 윤활유 아스팔트	190~600	0.89 이상	42 (10,036)

표 9.2 연료 조성(percent by weight)

Gas	Molecular weight	No.2 oil	No.4 oil	No.5 oil	No.5 oil	Coal	Wood (dry)
H_2	2.02	11.8～13.9	10.6～13.0	10.5～12.0	9.5～12.0	5.0	5.7
C	12.01	86.1～88.2	86.5～89.2	86.5～89.2	86.5～89.2	75.0	54.9
N_2	28.02	0.0～0.1	–	–	0.0～0.5	1.5	25.3
O_2	32.00	–	–	–	0.0～1.5	6.7	13.1
S	32.06	0.05～1.0	0.2～2.0	0.5～3.0	0.7～3.5	2.3	trace
Ash	–	–	0.0～0.1	0.0～0.1	0.0～0.5	7.0	2.0

있다. 경유는 주로 가스터빈 및 고속디젤엔진에 사용된다. 중유는 원유에서 가솔린, 등유, 경유를 분류시켜 제거한 중질(重質) 탄화수소 연료이다. 중유는 주로 발전용 연료 및 선박용 디젤엔진의 연료로 사용된다. 한편, 석유계 연료는 표 9.2에 나타나 있는 것처럼 분류하도 한다.

9.1.2 천연가스

천연가스는 가장 대표적인 기체연료이다. 천연가스는 원유와 같이 존재하기도 하고 단독으로 존재하기도 한다. 천연가스의 주성분은 메탄과 에탄이며, 표 9.3에 나타나 있는 것처럼 생산지에 따라 조성이 약간씩 다르다. 그리고 천연가스에는 상당한 양의 질소와 이산화탄소가 포함되어 있기도 한다. 천연가스는 주로 발전용 가스터빈 연료로 사용되며, 도시가스용으로도 사용된다.

천연가스는 매우 적은 양의 황 성분을 포함하고 있으며, 포함되어 있는 황 성분은 비교적 제거하기 쉽다. 아울러 천연가스는 나트륨 및 칼륨과 같은 부식 원인물질을 포함하지 않고 있기 때문에 고온에서 운전되는 가스터빈의 가장 이상적인 연료이다. 일반적으로 가스터빈 제작사들은 터빈 블레이드 소재의 고온부식을 방지하기 위해 천연가스에 포함되어 있는 H_2S, SO_2, SO_3의 최대허용농도를 명기하고 있다. 천연가스의 평균적인 고위발열량은 1,030 Btu/ft^{3}이며, 저위발열량은 930 Btu/ft^{3}으로 약 10% 정도 차이를 가진다.

표 9.3 천연가스 조성 예(from Babcock & Wilcox, 1972)

Analysis		A	B	C	D	E
Constituents, % by vol.	H_2 (Hydrogen)	–	–	1.82	–	–
	CH_4 (Methane)	83.40	84.00	93.33	90.00	84.10
	C_2H_4 (Ethylene)	–	–	0.25	–	–
	C_2H_6 (Ethane)	15.80	14.80	–	0.50	6.70
	CO (Carbon monoxide)	–	–	0.45	–	–
	CO_2 (Carbon dioxide)	–	0.70	0.22	–	0.80
	N_2 (Nitrogen)	0.80	0.50	3.40	0.50	8.40
	O_2 (Oxygen)	–	–	0.35	–	–
	H_2S (Hydrogen sulfide)	–	–	0.18	–	–
Ultimate, % by wt.	S (Sulfur)	–	–	0.34	–	–
	H_2 (Hydrogen)	23.53	23.30	23.20	22.68	20.85
	C (Carbon)	75.25	74.72	69.12	69.26	64.84
	N_2 (Nitrogen)	1.22	0.76	5.76	8.06	12.90
	O_2 (Oxygen)	–	1.22	1.58	–	1.41
Specific gravity (rel to air)		0.636	0.636	0.567	0.600	0.630
HHV, Btu/ft^3 @ 60°F & 30 in.Hg		1,129	1,116	964	1,002	974
Btu/lb of fuel		23,170	22,904	22,070	21,824	20,160

9.1.3 가스터빈용 액체연료

가스터빈 연료로 사용하는 액체연료로는 유출물(distillate)과 회분함유연료(ash-bearing fuels)가 있다. 유출물은 나프타와 휘발유 같은 경질유(light distillates; 輕質油), 등유나 경유 같은 중질유(middle distillates; 中質油), 벙커-A, B, C유 같은 중질유(heavy distillates; 重質油)로 구분한다. 회분함유연료란 유출물, 정제되지 않은 원유, 또는 파울링 및 부식 원인물질인 회분을 상당량 함유하고 있는 잔유 등을 말한다. 경질유는 대부분의 대기조건에서 충분히 낮은 유동점을 가지기 때문에 예열하지 않은 상태로 가스터빈 연료로 사용한다. 그러나 중질유(重質油)는 왁스 함유 비율이 높아서 높은 유동점을 가지기 때문에 가스터빈 연료로 사용하기 위해서는 필터 막힘 방지를 위해 예열이 요구된다. ASTM은 액체연료 등급을 다음과 같이 다섯 가지 등급으로 분류하고 있다.

- Grade 0-GT는 나프타와 케로신에 비해서 낮은 인화점과 낮은 점도를 가지는 경질 탄화수소 액체연료이다.
- Grade 1-GT는 거의 모든 가스터빈에 사용하기 적합한 경질유를 나타낸다.

- Grade 2-GT는 Grade 1-GT보다 약간 중질유에 가까우면서 Grade 1-GT의 청정연소 특성이 요구되지 않는 가스터빈에 사용한다.
- Grade 3-GT는 Grade 2-GT보다 더욱 중질유에 가까우며, 회분 함량이 낮은 잔유나 낮은 회분 함량을 가지도록 유출물과 잔유를 혼합한 연료이다.
- Grade 4-GT는 잔유이다. 잔유는 다양한 특성을 가지기 때문에 가스터빈 제작사는 연료 특성의 허용한계를 제시해야 한다.

일반적으로 Grade 3-GT와 Grade 4-GT는 연료 예열이 요구된다. 아울러 석유계 연료에는 나트륨(sodium), 칼륨(potassium), 바나듐(vanadium) 같은 미량금속이 포함되어 있을 수 있는데, 이들 미량금속은 가스터빈 고온부품 부식에 영향을 미치기 때문에 가스터빈 제작사는 이들 미량금속에 대한 최대허용한계를 설정해야 한다. 특히 부식성이 매우 강한 화합물인 5산화 바나듐(vanadium pentoxide; V_2O_5)과 연료에 나트륨과 바나듐이 공존하는 경우에 생성되는 부식 원인물질인 소듐바나데이트(sodium vanadate)는 가스터빈 고온부품 운전온도에서 부분용해(semi-molten) 상태의 입자로 존재하기 때문에 가스터빈 고온부품에 충돌하는 경우 그 표면에 쉽게 부착하여 파울링과 부식을 야기한다. 대개의 경우 바나듐에 의한 부식을 방지하기 위해 다양한 마그네슘 화합물 가운데 하나를 첨가한다. 마그네슘은 5산화 바나듐과 반응하여 가스터빈 연소온도보다 높은 용융온도를 가지는 $Mg_3V_2O_8$(magnesium orthovanadate)를 생성한다. 그러나 연료에 첨가되는 마그네슘 화합물이 너무 많으면 가스터빈 블레이드에 파울링 발생이 증가한다. 이와 같은 이유 때문에 일부 가스터빈 제작사는 고온부품에 발생하는 파울링을 최소화하기 위해 바나듐에 대한 마그네슘 비율이 무게 기준으로 3.5배를 초과하지 않도록 권고하고 있다. 그리고 연료에 포함되어 있는 나트륨과 칼륨 함유량은 물세척(water washing) 방법을 이용해서 낮출 수 있다.

연료 유연성과 관련된 가장 핵심적인 내용은 연료에 포함되어 있는 미량금속에 대한 가스터빈의 내구성 유지 여부이다. 연료에 포함되어 있을 수 있는 다섯 가지 미량금속, 즉 바나듐, 나트륨, 칼륨, 납, 칼슘에 대해서는 세심한 주의가 필요하다. 이는 이들 다섯 가지 미량금속 모두 파울링 원인물질이며, 칼슘을 제외한 나머지 네 가지 미량금속은 터빈 블레이드 부식 원인물질이기 때문이다. 일반적으로 석유계 연료에는 나트륨과 바나듐이 가장 흔하게 포함되어 있다. 원유는 나트륨 함유량을 1 ppm 이하로 낮추기 위해 2단 정전담수장치(two-stage electrostatic desalter)를 사용하여 세척하며, 바나듐 함유량을 3 ppm 이하로 유지시키기 위해 지용성 마그네슘 첨가제를 혼합한다. 원유, 잔유, 혼합유 또는 중질유(重質油)와 같이 회분을 함유한 연료를 사용하면 가스터빈과 HRSG에 파울링이 발생하기 때문에 복합발전 출력과 효율이 모두 낮아진다. 한편, 중질유(重質油)를 가스터빈 연료로 사용하는 경우 가스터빈 시동 시 점화가 어렵다. 따라서 가스터빈 시동과 정지 시에 경질유를 사용해야 하며, 이로 인해 경질유 저장 탱크, 운송장치, 그리고 연료 전환 장치가 추가로 필요하게 된다.

액체연료를 연소시키는 방법으로는 등심(燈芯)연소, 액면연소, 증발연소, 분무연소 등이 있다. 등심연소(심화연소)의 예로는 램프를 들 수 있는데, 석유난로 심지의 모세관 현상으로 연료가 올라와 연소되는 것을 말한다. 풀(pool)연소라고도 불리는 액면연소는 증기압이 낮고 열분해가 일어나기 쉬운 액체에서 발생한 기체가 공기와 확산연소하는 것을 말한다. 일반적으로 연료탱크의 폭발은 액면연소에 의한 경우가 있다. 액체표면에서 발생한 가연성 증기가 기체와 같이 연소하는 것을 증발연소라 한다. 가스터빈의 경우 연료증발관을 통하여 연료를 기화시켜 연소실로 보내서 고부하연소를 시키는 경우도 있다.

분무연소는 액체연료를 사용하는 열기관에 가장 많이 사용하는 방법으로 연료를 노즐을 통과시켜 액적으로 만들어 연소실로 분사시켜 연소시키는 방식이다. 분사된 액적은 공기 중에 떠 있으며, 떠 있는 동안에 시간이 경과하면서 연료 중의 저비점 성분으로부터 기화되기 시작하여 액적 주위는 연료증기층으로 둘러싸이게 된다. 그리고 이 증기층과 공기와의 경계면에서 화염이 형성되기 시작한다. 일반적으로 액적의 크기는 연소특성에 따라 제어되는데, 분무되는 액적의 지름이 작은 경우 관통력이 작아지며, 액적의 지름이 큰 경우에는 액적이 기화되는 시간이 길어지기 때문에 연소시간이 길어진다.

9.1.4 황 성분 함유 연료

고농도의 황이 함유된 연료(sulfur-bearing fuels)를 사용하면 복합발전 출력과 효율이 모두 낮아지는데, 이는 부식성이 매우 강한 황산의 응축을 방지하기 위해 HRSG 스택을 빠져나가는 배기가스 온도를 높게 유지해야 하기 때문이다. 연소 시 생성되는 황산나트륨(sodium sulfates)은 부식성이 강한 화합물로서 가스터빈 운전 시에 나타나는 터빈 블레이드 소재 온도에서 부분용해 상태로 존재하기 때문에 터빈 블레이드에 쉽게 부착하여 터빈 블레이드를 빠르게 부식시킨다.

NOx 저감을 위해 HRSG에 SCR 모듈이 설치되어 있는 경우 연료에 포함되어 있는 황은 촉매인 암모니아와 반응하여 중황산암모늄(ammonium bisulfate; NH_4HSO_4)과 황산암모늄(ammonium sulfate; $(NH_4)_2SO_4$)을 생성한다. 이 두 가지 화합물 모두 파울링 원인물질이기 때문에 HRSG 배기가스 통로가 막힐 수 있으며, 지름이 10 다이크론 이하인 초미세 먼지입자를 지칭하는 PM-10 배출이 증가한다. 중황산암모늄은 강한 부식성을 가지고 있는 반면에 황산암모늄은 부식성이 없다. 암모늄염(ammonium salts)에 의한 먼지입자 배출은 SO_2의 SO_3로의 변환에 의해서 다섯 배까지 증가한다. 연료에 포함되어 있는 황 성분으로부터 생성되는 SO_2의 일부는 SO_3로 변환되며, SO_3는 물과 암모니아와 반응하여 암모늄염, 중황산암모늄, 황산암모늄을 생성한다. 이런 화합물 생성은 연료에 포함되어 있는 황 성분의 양, 암모니아 슬립, 그리고 배기가스 온도에 의해서 큰 영향을 받는다.

9.1.5 발열량

발열량에는 고위발열량(HHV; Higher Heating Value)과 저위발열량(LHV; Lower Heating Value) 두 가지가 있다. 미국에서는 HHV를 표준으로 사용하고 있으며, 유럽에서는 LHV를 표준으로 사용하고 있다. HHV는 산소 봄베 열량계를 이용한 실험실 분석을 통해서 얻는다. 연료의 LHV는 HHV에서 연료에 포함되어 있는 수소가 연소하면서 발생하는 물과 연료에 포함되어 있는 수분이 기화하는 데 필요한 잠열을 빼주어서 계산한다. LHV를 계산하는 식은 다음과 같다.

$$\mathrm{LHV} = \mathrm{HHV} - H_{fg}(M + 8.94 \times H_2)/100 \qquad (9.1)$$

여기서 M은 무게를 기준으로 연료에 포함되어 있는 수분 %, H_{fg}는 기준온도인 25°C에서 물의 잠열, H_2는 무게를 기준으로 연료에 포함되어 있는 수소 %이다.

연습문제 9.1

HHV를 기준으로 어떤 발전소의 열효율을 계산하였더니 45%이다. 이 발전소의 열효율을 LHV를 기준으로 계산하라. 이 발전소에 사용하는 석탄의 HHV는 12,540 Btu/lb이며, 석탄은 5.2%의 수분과 4.83%의 수소를 포함하고 있다.

풀이

열률과 열효율 관계식은 다음과 같다.

$$\eta_{th} = 3412.14/\mathrm{HR}$$

여기서 HR은 열률(heat rate)을 의미하며, 단위는 Btu/kWh이다. 이제 HHV를 기준으로 문제에서 주어진 열효율을 이용하여 열률을 계산한다.

$$\eta_{th,HHV} = 3412.14/\mathrm{HR}_{HHV} = 0.45$$

$$\mathrm{HR}_{HHV} = 7{,}582.5 \ \ \mathrm{Btu/kWh}$$

식 (9.1)을 이용하여 LHV를 계산한다.

$$\mathrm{LHV} = 12540 - 1049.7(5.2 + 8.94 \times 4.83)/100 = 12032.15 \ \ \mathrm{Btu/lb}$$

LHV/HHV를 계산한다.

$$LHV/HHV = 12032.15/12540 = 0.9595$$

LHV를 기준으로 했을 때 열률은 다음과 같다.

$$HR_{LHV} = HR_{HHV} \times 0.9595 = 7275.41 \text{ Btu/kWh}$$

따라서 LHV를 기준으로 열효율은 다음과 같다.

$$\eta_{th,LHV} = 3412.14/HR_{LHV} = 0.469$$

그러므로 LHV를 기준으로 계산한 열효율은 46.9%이며, HHV를 기준으로 계산한 열효율보다 큰 값을 가진다는 것을 알 수 있다. ■

9.2 연소 이론

연소는 연료를 구성하고 있는 수소와 탄소가 공기 중에 포함되어 있는 산소와 결합하는 화학반응을 의미하며, 화학반응이 일어나면서 열량이 방출되는 발열반응이다. 일반적으로 연료는 탄화수소로 분류할 수 있는데, 이는 연료가 대부분 탄소와 수소로 구성되어 있기 때문이다. 산소는 산화제라 불리는데, 산화제는 고체, 액체, 또는 기체상태일 수 있으나 가스터빈에는 기체인 공기가 사용된다. 연소가 일어나면 연료와 산화제가 반응하여 새로운 화학물질이 생성되는데, 이 연소생성물질을 배기가스(exhaust)라 한다. 배기가스의 대부분은 연료와 산소의 화학적 결합을 통해서 생성된다. 가솔린과 같은 탄화수소 연료가 연소하면 배기가스는 물과 이산화탄소로 구성된다. 그러나 산화제 단독으로 화학적으로 결합된 물질을 포함하기도 한다. 만약 가솔린이 공기와 함께 연소되면 배기가스는 NOx를 포함하게 된다. 연소는 열을 발생시키는 발열반응이기 때문에 배기가스 온도가 상승하여 배기가스는 대개 기체상태로 존재한다.

연소가 시작되기 위해서는 열원이 필요하다. 즉 연료탱크에 가솔린과 공기가 모두 존재하더라도 열원이 없으면 연소가 일어나지 않는다. 열은 연소가 시작되기 위해서 필요한 동시에 연소에 의해서 생성되기 때문에 연소반응은 급격히 진행된다. 아울러 일단 연소가 시작되면 연소에 의해 발생하는 열에 의해 계속해서 연소가 진행되기 때문에 열원은 더 이상 필요하지 않게 된다. 따라서 연소가 일어나기 위해서는 연료, 산화제, 열원이 필요하며, 이들을 연소반응 3대 요소라 한다. 그리고 완전연소가 이루어지기 위해서는 충분한 온도, 충분한 체류시간, 산화제와 연료의 완전한 혼합이 요구된다. 완전연소가 일어나면 다음과 같은 화학반응이 일어난다.

$$C + O_2 = CO_2 + 33.9 \text{ MJ/kg} \tag{9.2}$$

$$H_2 + 1/2O_2 = H_2O(\text{water}) + 143.0 \text{ MJ/kg} \tag{9.3}$$

$$H_2 + 1/2O_2 = H_2O(\text{vapor}) + 120.6 \text{ MJ/kg} \tag{9.4}$$

$$S + O_2 = SO_2 + 9.28 \text{ MJ/kg} \tag{9.5}$$

수소는 완전연소 후에 H_2O를 생성한다. 그런데 이 H_2O 상태는 물이 될 수도, 증기가 될 수도 있다. 물이 증기로 변환되기 위해서는 일정한 크기의 열량이 필요하며, 이 열량을 잠열이라 한다. 따라서 연소생성물이 증기가 되면 물이 될 때에 비하여 발열량이 줄어든다. 이는 연소반응에서 발생한 열량의 일부를 사용해서 연소생성물인 물이 증기로 변하기 때문이다. 따라서 H_2O가 물이 될 때의 발열량을 고위발열량, 증기가 될 때의 발열량을 저위발열량이라 한다. 일반적으로 가스터빈에서 배출되는 배기가스 온도는 물이 끓는 온도보다 높다. 따라서 가스터빈 연료로 사용하는 연료는 저위발열량이 이용되는 편이다.

불완전연소는 산소가 충분한 상태에서 가연분이 불완전하게 산화되는 반응이다. 불완전연소는 연소온도가 낮은 경우에 주로 발생한다. 불완전연소가 일어나면 아래와 같이 탄소는 산소와 반응하여 일산화탄소를 생성한다. 일산화탄소는 유독성가스로서 그 배출이 엄격히 규제되고 있다.

$$C + O = CO + 10.3 \text{ MJ/kg} \tag{9.6}$$

연소 시 발생한 일산화탄소는 다시 산소와 반응하여 완전연소될 수 있다.

$$CO + 1/2O_2 = CO_2 + 10.1 \text{ MJ/kg} \tag{9.7}$$

공기와 연료의 중량기준 혼합비를 공연비(공기-연료 비율)라 하며, 연료가 완전하게 연소되기 위해 이론상 과부족이 없는 공기와 연료의 비율을 이론 공연비(fuel-air ratio for complete combustion)라 한다. 연료가 연소되기 위해서는 일정한 양의 산소가 필요하며, 산소는 공기로부터 얻어진다. 따라서 일정한 양의 연료가 완전하게 연소되기 위해서는 그에 적합한 양의 공기가 필요하다. 이런 공기-연료 비율을 이론 공연비라 한다. 공연비를 이해하기 위해서는 우선 공기조성에 대해서 살펴볼 필요가 있다. 표 9.4에 공기조성을 나타냈다. 일반적으로 산화제로써 공기가 사용된다. 그러나 공기는 산소 이외의 성분들을 포함하고 있으며, 질소의 경우 산소에 비해 중량 대비 3.312배가 포함되어 있다. 따라서 산소 1이 필요한 경우 대략 공기 4.312(= 산소 1 + 질소 3.312)가 필요하게 된다.

연소에 있어서 공연비는 매우 중요하다. 만약 연소영역에 연료가 공기에 비해 상대적으로 많으면 연료농후(fuel rich) 상태가 되어 연소온도가 낮아지며, 연소반응을 일으키는 산화제가 부족하여 일부 연료는 연소되지 못하고 배기가스와 함께 대기중으로 배출된다. 이와 반대로 공기에 비해 연료가 너무 적으면 연료희박(fuel lean) 상태가 되어 연소온도

표 9.4 공기조성

Gas	Chemical symbol	Ratio compared to dry air (%)			Molecular mass (kg/kmol)	Boiling point (°C)
		by volume	by weight	weight ratio		
Oxygen	O_2	20.95	23.20	1	32.00	−182.95
Nitrogen	N_2	78.09	75.47	3.312	28.02	−195.79
Carbon dioxide	CO_2	0.03	0.046		44.01	−78.5
Hydrogen	H_2	0.00005	~0		2.02	−252.87
Argon	Ar	0.933	1.28		39.94	−186
Neon	Ne	0.0018	0.0012		20.18	−246
Helium	He	0.0005	0.00007		4.00	−269
Krypton	Kr	0.0001	0.0003		83.8	−153.4
Xenon	Xe	0.000009	0.00004		131.29	−108.1

가 낮아져서 일산화탄소 생성이 급격하게 증가하며, 연소온도가 심각하게 낮은 경우에는 화염이 형성되지 못한다. 따라서 공연비는 연소에 있어서 매우 중요한 요소이다.

탄화수소계 연료에 대한 연소기초식은 다음과 같다.

$$C_nH_m + (n + m/4)O_2 = nCO_2 + (m/2)H_2O \tag{9.8}$$

이 식은 연료 1분자와 산소 $(n+m/4)$분자가 반응하면 연료 및 산소 모두 연소에 과부족이 생기지 않고 완전연소가 일어난다는 것을 나타낸다. 공연비는 질량비로 나타낸다. 탄소의 원자량은 12, 수소는 1, 산소는 16이기 때문에 연료와 산소의 질량은 다음과 같다.

$$연료의\ 질량 = 12n + 1m$$
$$산소의\ 질량 = 32(n + 4/m)$$

따라서 탄화수소계 연료에 대한 공연비를 구하면 다음과 같이 된다.

$$\text{Fuel} - \text{air ratio} = \frac{\text{weight of air}}{\text{weight of fuel}} = \frac{4.312 \times 32 \times (n + m/4)}{12n + m} \tag{9.9}$$

식 (9.9)에서 4.312는 앞서 설명한 것처럼 산소 1을 얻기 위해 공기 4.312가 필요하다는 것을 반영하기 위한 숫자이다. 식 (9.9)에 가솔린을 대표하는 옥탄(C_8H_{18})을 대입하면, $n=8$, $m=18$이므로 이론 공연비는 약 15 : 1이다. 그리고 천연가스 주성분인 메탄을 대입하면 이론 공연비는 약 17 : 1이다.

9.3 공해물질 생성

대기중에 존재하는 오염물질 대부분은 연료의 연소에 의하여 생성된 연소생성물이다. 연소에 의해 생성되는 대표적인 오염물질로는 일산화탄소, 황산화물(SOx), 질소산화물(NOx), 탄화수소(HC, hydrocarbon), 부유입자물질(particulate) 등이 있다. 이런 오염물질들은 인체뿐만 아니라 동식물에 이르기까지 광범위하게 영향을 미치기 때문에 배출기준이 엄격하게 규제되고 있다.

9.3.1 일산화탄소

일산화탄소는 혈액 중의 헤모글로빈과 결합하여 체내로의 산소 공급을 방해한다. 그 결합력은 산소의 200배 정도로 만약 사람이 호흡하는 공기 중에 CO 1,000 ppm이 포함되어 있는 경우 1시간 이내에 사망에 이른다. 일산화탄소는 연료-공기 혼합비가 낮은 연료희박 상태에서 연소온도가 낮아질 때 불완전연소에 의해 생성된다. 가스터빈 연소기나 발전용 보일러 같은 연속연소장치는 연료-공기비를 적정하게 유지시키면 일산화탄소 발생을 매우 낮은 수준으로 유지할 수 있다.

9.3.2 황산화물

SO_2와 SO_3를 통칭하여 황산화물이라 한다. 황산화물은 연료에 포함되어 있는 황 성분이 연소과정에서 산화되어 발생한다. 연소과정에서 대부분의 황 성분은 SO_2가 되지만 일부는 SO_3가 된다. 대기중으로 배출된 SO_2는 시간이 지나면서 SO_3로 변하고 H_2O와 결합하여 황산(H_2SO_4)이 되기 때문에 매우 위험하다. 황산은 산성비 원인물질이다.

대기중에 SO_2 농도가 3～5 ppm이면 냄새르 느낄 수 있다. 아울러 농도가 그 이상이면 눈과 코에 자극이 느껴진다. 그리고 농도가 100 ppm 이상이면 기관지나 폐에 장애를 일으켜 호흡에 지장을 받게 된다.

9.3.3 탄화수소

앞에서 살펴본 것처럼 석유계 연료는 모두 탄화수소이다. 이 가운데 메탄은 반응성이 낮아서 환경기준을 평가하는 요소에서 제외된다. 탄화수소는 연료가 연소되지 않고 배출되는 경우와 불완전연소가 일어나는 경우 중간물질 형태로 배출된다. 탄화수소는 눈과 호흡기에 나쁜 영향을 미친다. 아울러 탄화수소는 NOx와 더불어 광화학반응을 일으킨다.

9.3.4 질소산화물

NO와 NO_2를 통칭하여 질소산화물(NOx)이라 한다. 대기중에서 NO는 서서히 NO_2로 전환되어 호흡기에 영향을 미친다. NO_2는 대기중에서 자외선에 의해 분해되어 탄화수소와 광화학반응을 일으켜 광학스모그의 원인물질을 생성한다. 한편, NOx가 대기중에서 수분과 반응하면 질산(HNO_3)이 생성된다. 질산은 산성비 원인물질이다.

산성비는 고농도의 황산과 질산 따위의 산성을 강하게 포함하는 수소이온농도지수(pH)가 5.6 이하의 비를 말한다. 아황산가스나 질소산화물이 수분과 반응하면 쉽게 강산인 황산이나 질산으로 변하여 구름이나 빗물에 스며들어 산성비, 산성안개, 산성눈 형태로 지표면에 떨어진다. 산성비는 토양과 물을 산성화시키고 삼림을 말라 죽게 하는 등 생태계에 나쁜 영향을 미친다.

9.3.5 오존

성층권에 존재하는 오존(O_3)은 지구에 존재하는 생명체를 보호하는 보호막 역할을 한다. 그리고 대류권에 오존이 적당량 존재하는 경우 오존은 강력한 산화력으로 살균 및 탈취작용을 한다. 그러나 대류권에 오존농도가 일정기준 이상 높아지면 호흡기나 눈이 자극을 받아 기침이 나고 눈이 따끔거리며, 심한 경우 폐 기능저하를 가져오는 등 인체에 피해를 주기도 하며, 농작물 수확량 감소를 가져오는 유독물질이 된다.

오존은 배기가스를 통해서 배출되는 공해물질이 아니라 대기중으로 배출된 배기가스에 포함되어 있는 질소산화물에 의해서 생성되는 물질이다. 공기중에 존재하는 NO_2는 자외선에 의해서 오존과 NO를 생성한다. NO는 대기 중에서 활성산소(free radicals)와 반응하여 다시 NO_2로 재생된다. 이렇게 재생된 NO_2는 또 다시 오존과 NO 분자를 생성시키기 때문에 각각의 NO 분자는 여러 차례 오존을 생성시킨다.

표 9.5에 나타나 있듯이 오존 경보제에 의해 각 자치단체장이 권역별로 시간당 오존농도가 0.12 ppm에 달하면 주의보, 0.3 ppm으로 오르면 경보, 0.5 ppm 이상으로 치솟으면 중대경보를 내리게 된다. 오존농도가 주의보 발령 수준일 때 1시간 이상 노출되면 호흡기와 눈에 자극을 느끼며, 기침을 유발한다. 따라서 주의보가 발령되면 호흡기 환자나

표 9.5 오존 주의보 및 주의보 수준에 따라 나타나는 인체 증상

오존농도	0.12 ppm/h 이상 (오존주의보)	0.3 ppm/h 이상 (오존경보)	0.5 ppm/h 이상 (오존중대경보)
인체 증상	• 눈과 코 자극 • 불안감/두통 유발 • 호흡 수 증가	• 호흡기 자극 • 가슴 압박 • 시력 감소	• 폐 기능 저하 • 기관지 자극 • 패혈증 유발

노약자 및 5세 이하의 어린이는 외출을 삼가고 운전자도 차량 이용을 자제해야 한다. 경보가 발령되면 소각시설과 자동차의 사용 자제가 요청되며, 해당지역 유치원과 학교는 실외학습을 자제해야 한다. 중대경보가 발령되는 0.5 ppm에서 6시간 노출되면 숨을 들이마시는 기도가 수축되면서 마른기침이 나오며, 가슴이 답답해지면서 통증을 느끼게 된다. 특히 물에 잘 녹지 않는 오존이 장시간 폐 깊은 곳까지 들어가면 염증과 폐수종을 일으키며, 심하면 호흡곤란을 일으켜 실신하는 경우도 있다. 중대경보가 발령되면 소각시설 사용과 자동차 통행이 금지되며, 주민의 실외활동 금지가 요청된다.

9.4 NOx 생성

NOx는 NO(nitrogen monoxide), NO_2(nitrogen dioxide), N_2O(di-nitrogen oxide)를 통칭한다. NOx 구성비를 살펴보면, 약 95%는 NO이며, 나머지는 NO_2와 N_2O인데 N_2O는 매우 적게 포함되어 있다. 따라서 산성비와 스모그 원인물질인 NO와 NO_2만 NOx로 분류하기도 한다. N_2O는 산성산화물이 아니지만 기체 상태로 존재하며, 성층권 오존을 파괴하는 물질이다. NO는 최종적으로 대기중에서 NO_2로 변환되기 때문에 NOx 배출한계는 등가의 NO_2 양으로 정의된다.

9.4.1 Thermal NOx

가스터빈 연소기에서 발생하는 NOx 생성 메커니즘에는 두 가지가 있다. 첫째는 연소에 사용되는 공기에 포함되어 있는 질소가 연소 중에 산화되어 생성되는 NOx로서 thermal NOx와 prompt NOx가 이에 해당된다. 둘째는 연료에 화학적으로 결합되어 있는 질소가 연소 중에 변환되어 생성되는 NOx로서 fuel NOx가 이에 해당된다.

Thermal NOx는 연소되는 공기에 포함되어 있는 산소와 질소가 일련의 화학반응에 의해서 해리된 후에 반응하여 생성되는 NOx를 말한다. Prompt NOx는 thermal NOx의 한 형태로써 HCN, N, 그리고 NH와 같은 중간연소생성물이 화염전면(flame front) 근처에서 형성되어 산화되면서 생성되는 NOx이다. Prompt NOx는 확산연소기의 연료가 농후한 화염영역과 DLN(Dry Low NOx)연소기에서 모두 생성된다. 전통적인 확산연소기에서는 prompt NOx가 비교적 적게 생성되지만 DLN연소기에서는 상당히 많은 양이 생성된다. 따라서 희박 혼합기를 이용하여 NOx 생성을 최소화시키고 있는 DLN연소기 설계에 있어서 prompt NOx 생성이 중요하게 고려되고 있다. Thermal NOx는 그림 9.1에 나타나 있는 것처럼 화염온도가 약 1,800K(1,523°C) 이상에서 주로 생성되며, 이 온도보다

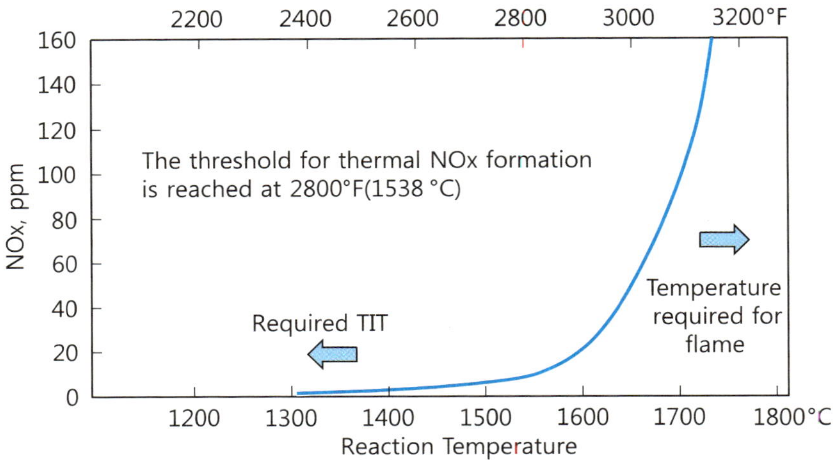

그림 9.1 화염온도와 NOx 생성 관계

낮은 경우에는 NOx 생성을 위한 열적 반응이 느려져서 NOx가 비교적 적게 생성된다. 따라서 NOx 생성을 제어하기 위한 일반적인 방법은 연소온도를 줄여서 thermal NOx 생성을 억제하는 것이다.

NOx 생성 메커니즘은 다음과 같다.

- Extended Zeldovich mechanism:
  - (1) $O + N_2 \leftrightarrow NO + N$
  - (2) $N + O_2 \leftrightarrow NO + O$
  - (3) $N + OH \leftrightarrow NO + H$
- Nitrous oxide:
  - (4) $N_2 + O + M \leftrightarrow N_2O + M$ (M은 N_2, O_2, CO_2 같은 제3의 물질)
  - (5) $N_2O + O \leftrightarrow NO + NO$
  - (6) $N_2O + H \leftrightarrow NO + NH$
- Prompt:
  - (7) $N_2 + CH \leftrightarrow HCN + N$

Thermal NOx가 생성되지 않는 경우에는 다른 메커니즘이 NOx 생성에 중요한 역할을 한다. 화염영역에 산소와 수소 원자 농도가 평형을 이루지 못하는 경우에는 (1)~(3) 반응에 의해서 NOx가 생성되며, 이렇게 생성되는 NOx를 Zeldovich NOx라 한다. Prompt 메커니즘은 HCN이 NO로 변화되는 반응 후속으로 일어나는 메커니즘이다. 따라서 반응 (7)은 단지 시작에 불과하다. Prompt NOx는 연소과정에서 CH와 N_2의 상호작용에 의해서 짧은 시간에 생성되며, 이렇게 생성되는 NOx량은 비교적 적은 편이다.

Thermal NOx 생성 비율은 이론적으로 다음과 같다.

$$\frac{d[NOx]}{dt} = \frac{6.0\times 10^{16}}{T^{0.5}} \cdot \exp\left(\frac{-69090}{T}\right) \cdot [N_2] \cdot [O_2]^{0.5} \quad (9.10)$$

여기서 $d[NOx]/dt$는 NOx 생성 비율로 단위는 mol/cm^3/s, $[N_2]$와 $[O_2]$는 각각 질소와 산소 농도로 단위는 mol/cm^3, T는 절대온도로 단위는 K이다. 그리고 t는 체류시간을 나타내며, 식 (9.10)으로부터 체류시간이 짧아질수록 NOx 생성량이 줄어든다는 것을 알 수 있다.

9.4.2 Fuel NOx

Fuel NOx는 연소 시 연료와 유기적으로 결합되어 있는 질소가 산소와 반응하여 생성된다. 연료에 유기적으로 결합되어 있는 질소는 석탄에는 많은 양이 포함되어 있으며, 액체연료에는 적은 양이, 그리고 천연가스에는 매우 적은 양이 포함되어 있거나 전혀 없다. 따라서 석탄은 다른 연료에 비해서 fuel NOx 발생량이 상대적으로 많은 편이다. 그러나 천연가스에 N_2 상태로 존재하는 질소분자는 fuel NOx 생성에 큰 영향을 미치지 못한다. 이는 연료에 포함되어 있는 질소성분이 다른 원소와 화학적으로 결합되어 있을 때 fuel NOx 생성에 기여하기 때문이다. 낮은 발열량을 가지는 일부 합성연료는 암모니아 형태로 질소를 함유하고 있다. 그리고 폐수와 산업 폐가스에서 채취한 낮은 발열량을 가지는 연료들도 다른 원소와 결합된 질소를 함유하고 있다. 이런 연료들이 연소하면 질소 결합이 깨지면서 그 일부가 자유질소가 되며, 산화되어 fuel NOx가 생성된다.

연료결합질소(fuel-bound nitrogen) 함유량이 증가하면 절대적인 fuel NOx 발생량은 증가하지만 질소가 fuel NOx로 변환되는 비율은 줄어든다. 예를 들면, 연료결합질소 0.01%가 포함되어 있는 연료는 연료결합질소의 100% 모두 fuel NOx로 변환되지만 연료결합질소 1.0%를 함유하고 있는 연료는 연료결합질소의 40% 정도만이 fuel NOx로 변환된다. 대개의 경우 천연가스는 연료결합질소를 매우 적게 함유하고 있거나 함유하고 있지 않다. 따라서 천연가스를 연료로 사용하면 연소 시 발생하는 대부분의 NOx는 thermal NOx이고 fuel NOx는 극히 일부를 차지한다.

9.5 가스터빈에서 NOx 생성 억제방법

가스터빈 연소기에서 발생하는 NOx를 억제하기 위해서 기술적으로 큰 발전이 이루어졌으며, 다음과 같은 네 가지 방법이 사용되고 있다.

1) 희석제 주입
2) 예혼합연소기(DLN연소기) 사용
3) 촉매연소기 사용
4) 연소 후 처리

이들 방법을 이해하기 위해서 우선적으로 가스터빈에 전통적으로 사용되던 확산연소기에서의 NOx 생성에 대해서 살펴볼 필요가 있다.

9.5.1 확산연소기에서의 NOx 생성

압축공기 흐름 속으로 연료를 분사시켜 연소시키는 연소기를 확산연소기라 하며, DLN 연소기가 출현하기 전까지 대부분의 가스터빈은 확산연소기를 사용하였다. 분사된 연료는 난류확산에 의하여 공기와 혼합되며, 화염전면은 이론 공연비를 가지는 혼합기 상태로 화염온도가 약 2,000°C에 달한다. 이렇게 생성된 고온의 연소가스는 잉여공기로 희석시켜 연소기 라이너와 터빈 블레이드에 적합한 온도로 냉각시킨다. 확산연소기에서의 연소는 세 단계로 일어나는데, 우선적으로 연료가 열을 공급받아 연료 분자가 분리되며, 이어서 매우 빠르게 연소가 진행되어 CO와 H_2O가 생성되면서 열이 발생하고, 최종적으로 약간 느리게 CO가 산화되어 CO_2로 바뀌면서 추가적으로 열이 발생한다. 약 80%의 열은 둘째 단계에서 CO가 생성되는 동안에 발생하며, CO는 비교적 느리게 연소되기 때문에 연소영역 길이의 75%를 흘러가는 동안 CO_2가 된다.

화염온도는 공연비에 따라 달라지기 때문에 NOx 생성은 공연비에 따라 크게 달라진다. 그림 9.2에 No.2 oil을 연료로 사용한 확산연소기에서 생성되는 공해물질을 나타냈다. 이 그림에서 이론 공연비 조건(stoichiometric condition)에서 화염온도가 최고가 된다. 그러나 연료희박 상태가 되면 화염온도가 낮아져서 NOx 생성량이 크게 줄어드는 것을 확인할 수 있다. 이런 현상은 연료농후 상태가 되더라도 마찬가지다. 그러나 화염온도가 낮아지면 NOx 생성량이 크게 줄어드는 반면에 일산화탄소 생성은 증가하는 것을 알 수 있다. 이는 저온 상태에서 탄소가 불완전연소하기 때문이다. 일산화탄소는 강력한 독성물질 가운데 하나이기 때문에 대기중으로 배출이 엄격히 제한되고 있다. 따라서 연료희박 쪽에 NOx 배출 규제값과 일산화탄소 배출 규제값을 기준으로 최적의 밴드가 설정된다. 등가비(Φ)는 다음과 같이 실제 조건에서의 공연비를 이론 공연비로 나누어준 값으로 정의한다.

$$\Phi = \frac{(f/a)\text{actual}}{(f/a)\text{stoichiometric}} \tag{9.11}$$

공해물질 배출규제를 만족시키기 위한 최적 밴드 설정에 대한 이해를 돕기 위해 일산

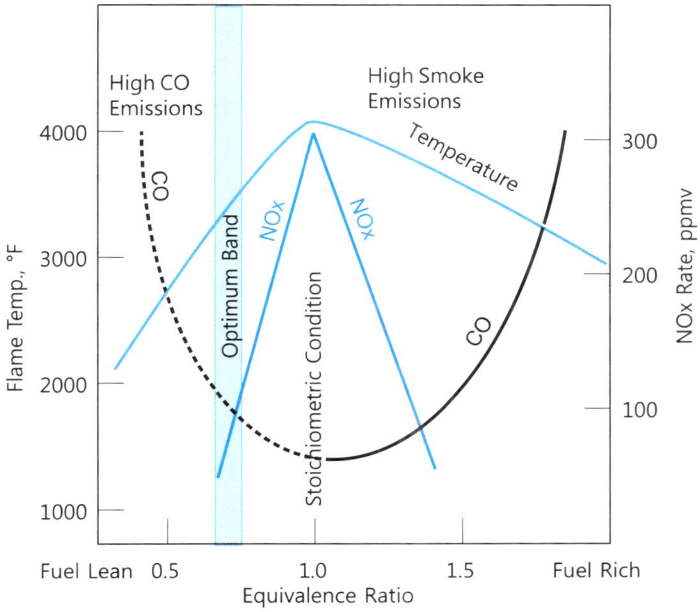

그림 9.2 No.2 oil을 연료로 사용한 확산연소기에서의 공해물질 생성

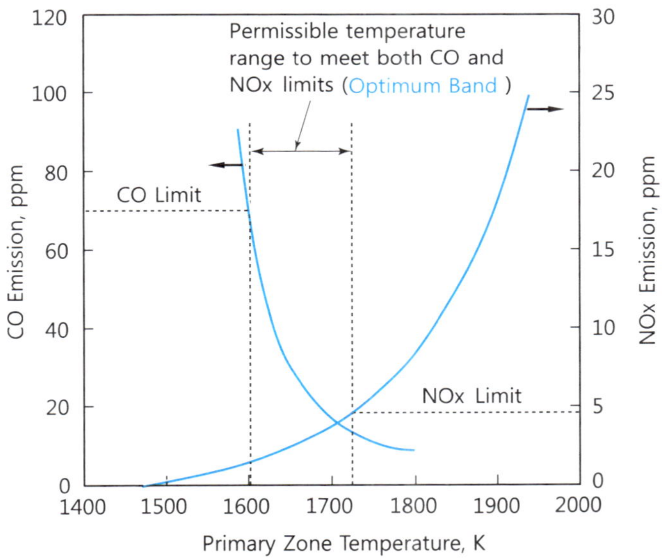

그림 9.3 최적 밴드 설정 예

화탄소 배출한계가 70 ppm이며, NOx 배출한계가 5 ppm인 경우에 대한 최적의 밴드를 그림 9.3에 나타냈다.

9.5.2 희석제 주입

NOx 배출규제가 75 ppmvd로 강화된 1979년부터 거의 모든 가스터빈에 물/증기 분사 방법이 적용되었다. NOx 생성은 식 (9.10)과 그림 9.2에서 확인할 수 있는 것처럼 화염 온도의 함수이기 때문에 가스터빈 확산연소기 연소영역에 물이나 증기 같은 희석제를 주입하여 화염온도를 낮추면 NOx 발생이 크게 줄어든다. 그러나 물/증기 분사량이 증가함에 따라 화염온도가 낮아져서 일산화탄소 배출이 증가한다. NOx를 저감하기 위해 물/증기를 분사하면 부가적으로 가스터빈 출력이 증가한다. 따라서 첨두부하 운전이 요구되는 경우 물/증기 분사 방법을 매우 경제적으로 이용할 수 있다. 그러나 물/증기를 분사하는 경우 블레이드 부식 또는 파울링 그리고 냉각공기 구멍 막힘을 방지하기 위해 사용하는 수질은 최소한 보일러급수 정도는 되어야 한다.

한편, 물을 분사하는 경우에 연소와 관련된 압력교란이 증가하여 음향공진이 야기되어 연소기 수명이 짧아진다(Molis, 1997). 그러나 증기를 분사하는 경우 물 증발에 따른 냉각효과가 낮아져서 그림 9.4에 나타나 있는 것처럼 NOx 배출 저감효과가 줄어들기는 하지만 물 분사에 비해서 혼합이 잘되고 동압 수준이 낮아진다. 물/증기를 분사하는 경우에 천연가스를 연료로 사용하는 경우 NOx 배출을 25 ppm까지 낮출 수 있으며, 액체연료의 경우 42 ppm까지 낮출 수 있다.

그림 9.5에 물 분사에 따른 NOx 저감 실험결과가 나타나 있다(Molis, 1997). 실험에

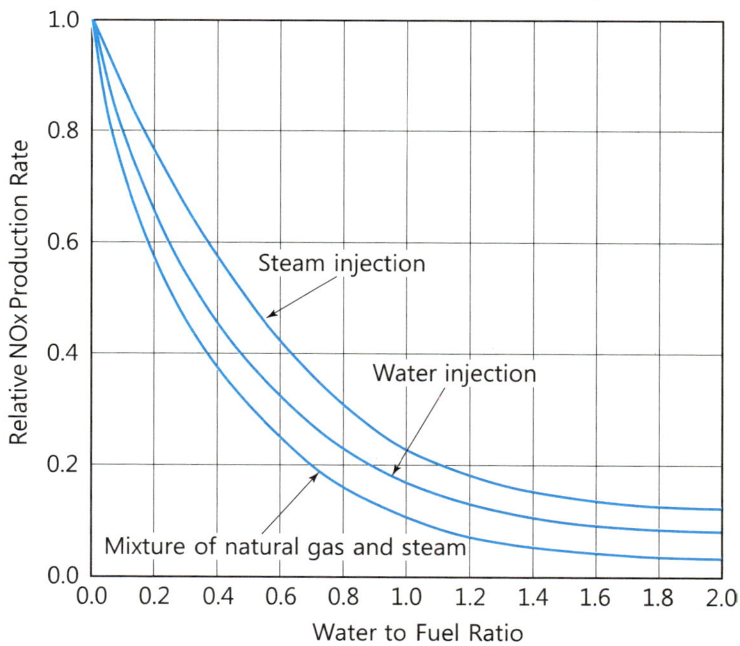

그림 9.4 물-연료 비율에 따른 NOx 저감 비율

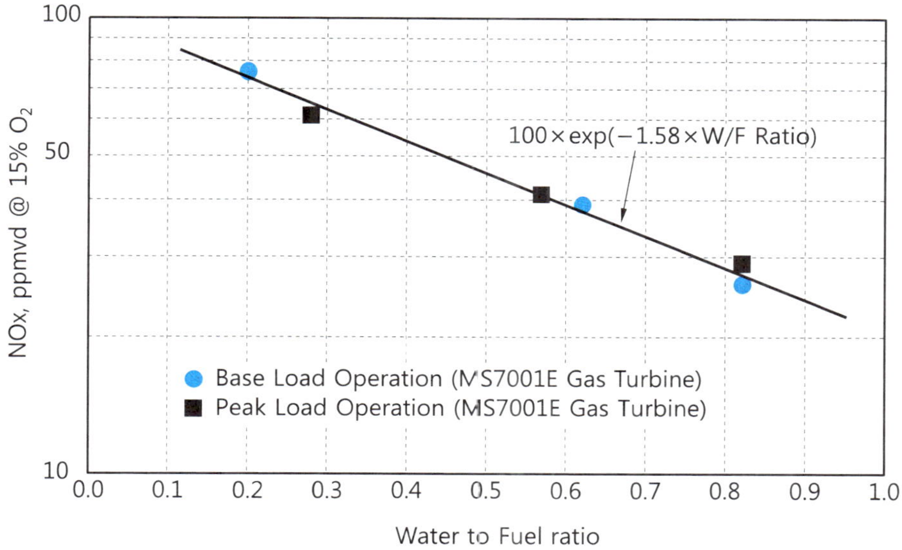

그림 9.5 물 분사에 따른 NOx 저감 실험결과(from Molis, 1997)

사용된 가스터빈은 MS7001E이다.

9.5.3 예혼합연소기 사용

흔히 DLN연소기라 불리는 예혼합연소기(premixed combustor)는 연료와 공기를 연료 희박 상태에서 완전히 혼합시킨 후 연소기로 공급하여 연소시킨다. 이렇게 연료와 공기를 예혼합시키면 그림 9.6에 나타나 있는 것처럼 확산연소기에서 사용하는 것보다 낮은 공연비에서 연소가 가능하기 때문에 화염온도를 낮출 수 있어서 NOx 발생을 크게 줄일 수 있다. 이 같은 이유 때문에 대부분의 가스터빈 제작사는 기존에 사용하고 있던 확산연소기를 DLN연소기로 교체하였으며, 신규로 개발된 가스터빈에도 DLN연소기를 적용하고 있다. DLN연소기를 적용한 15 MW 이하의 신규 소형 가스터빈에서 NOx 배출은 25 ppm 이하로 유지시킬 수 있으며, 75 MW 이상의 신규 대형 가스터빈은 9 ppm 이하로 NOx 배출을 유지할 수 있다.

확산연소와 예혼합연소 시 발생하는 공해물질을 그림 9.7에 비교하여 나타냈다. 이 그림으로부터 다음과 같은 중요한 내용을 파악할 수 있다.

1) 순수한 예혼합연소는 잉여공기비(excess air ratio)가 증가함에 따라 NOx 발생이 급격히 줄어들며, 잉여공기비가 2 이하일 때 CO 발생은 매우 적다.
2) 순수한 예혼합연소는 운전영역이 매우 좁은데, 이는 잉여공기비가 2에 가까워지면 화염이 꺼지기 때문이다.

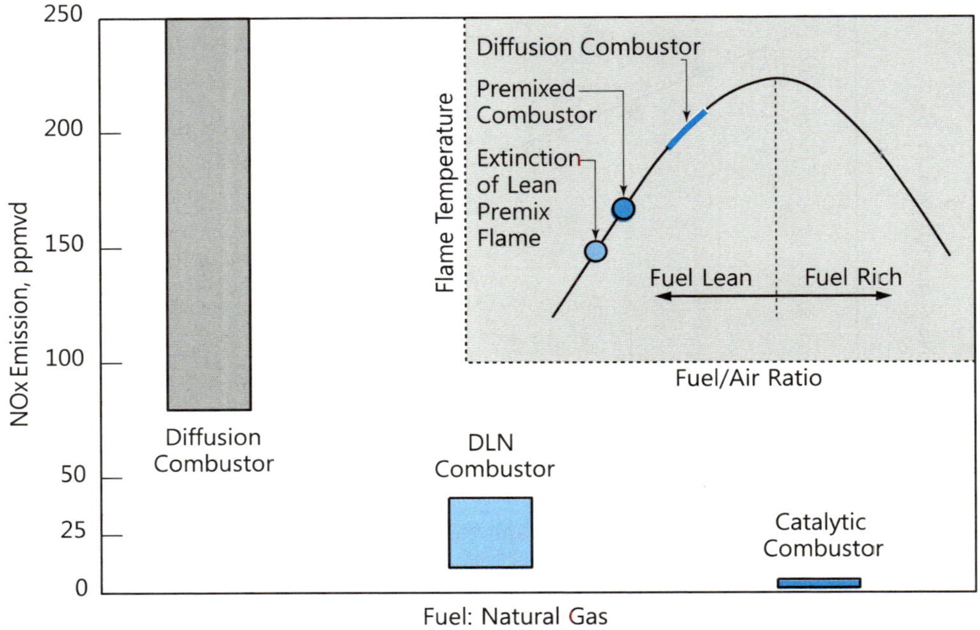

그림 9.6 연소기 형태별 NOx 배출 비교

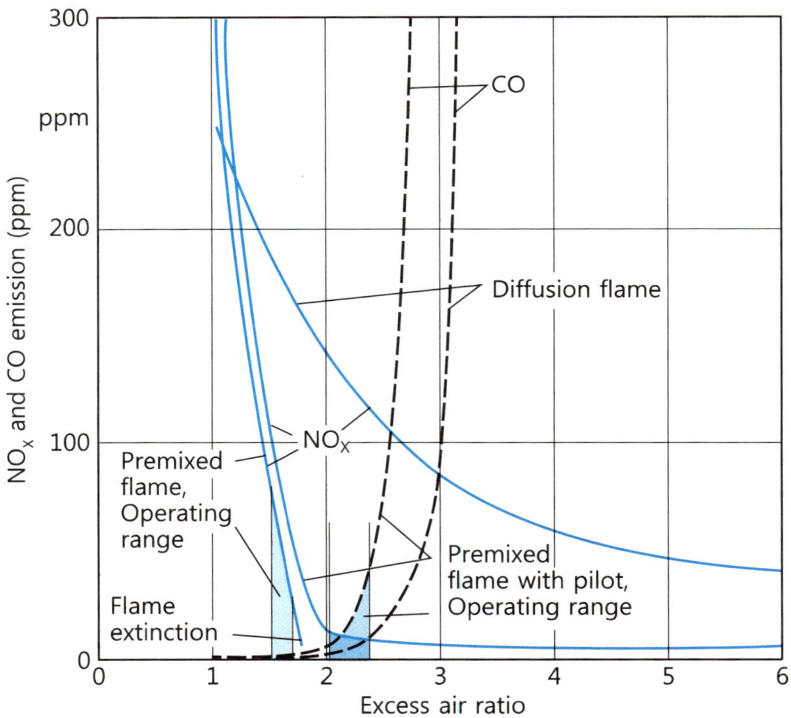

그림 9.7 예혼합연소기에서의 공해물질 생성

3) 예혼합연소에 파일럿 화염을 적용하면 화염이 꺼질 염려가 없기 때문에 넓은 잉여 공기비에 걸쳐서 운전이 가능하다. 이와 같은 이유 때문에 GE사와 Siemens사 모두 파일럿 화염을 적용한 예혼합연소기를 개발하여 사용하고 있다.
4) 파일럿 화염을 적용한 예혼합연소는 NOx와 CO의 발생을 최소화하기 위해서 운전 영역을 NOx와 CO 발생이 교차하는 지점으로 제한한다.
5) 확산연소는 잉여공기비 전 영역에 걸쳐 예혼합연소에 비해서 NOx 발생량이 많다.
6) 확산연소의 운전영역은 예혼합연소에 비해 더 큰 잉여공기비를 가지는 부분에서 형성되며, NOx와 CO의 배출량도 훨씬 많다.

9.5.4 촉매 연소기 사용

촉매는 연료와 산소의 결합과 같은 화학반응을 촉진시키는 물질로써 화학반응에 의해서 소멸되지도 생성되지도 않는다. 연료와 산소가 완벽하게 혼합되어 있더라도 열원이 없으면 연소가 일어나지 않는다. 그러나 연료-공기 혼합기가 연소 촉매를 만나면 연소가 진행되며, 이때 화염온도는 예혼합연소 화염온도보다 낮아서 thermal NOx 발생이 줄어든다. 촉매연소기 내부에 있는 연소 촉매는 저온에서 연료-공기 혼합기의 완전연소가 가능해지도록 해주기 때문에 촉매연소기는 1525°C 이하에서도 화염이 안정적으로 형성된다. 아울러 촉매연소기를 사용하는 경우 연소에 의한 촉매연소기 내부 동압진동이 줄어들어 연소기 수명이 짧아지는 문제가 개선된다.

완전히 예혼합된 연료-공기 혼합기를 연소시켜 화염온도가 1525°C가 되는 경우 NOx 배출은 3 ppm을 초과한다. 그러나 비록 대형 발전용 가스터빈에는 아직 촉매연소기가 채택되지 못하고 있지만 최근 연구결과에 의하면 촉매연소기를 이용하여 NOx 배출 수준을 2~3 ppm으로 유지할 수 있는 것으로 밝혀지고 있다.

9.5.5 연소 후 처리

연소 후에 NOx를 줄이는 가장 대표적인 방법으로 선택적촉매저감(SCR; Selective Catalytic Reduction) 방법이 있다. SCR은 NOx 배출을 90% 이상 줄이기 위한 가장 효과적이면서 검증된 기술로, SCR을 설치한 복합발전에서는 15% 산소 조건에서 NOx 배출 한도를 9 ppmvd 이하로 유지할 수 있다. SCR은 가스터빈 배기가스에 포함되어 있는 NOx를 촉매베드에서 암모니아와 반응시켜 무해한 질소분자와 물로 변환시켜 NOx를 제거한다.

SCR을 이용한 NOx 제거 화학반응은 300°C~400°C(570°F~750°F) 범위에서 일어나기 때문에 그림 9.8에 나타나 있는 것처럼 HRSG 중간 부분에 모듈 형태로 설치한다.

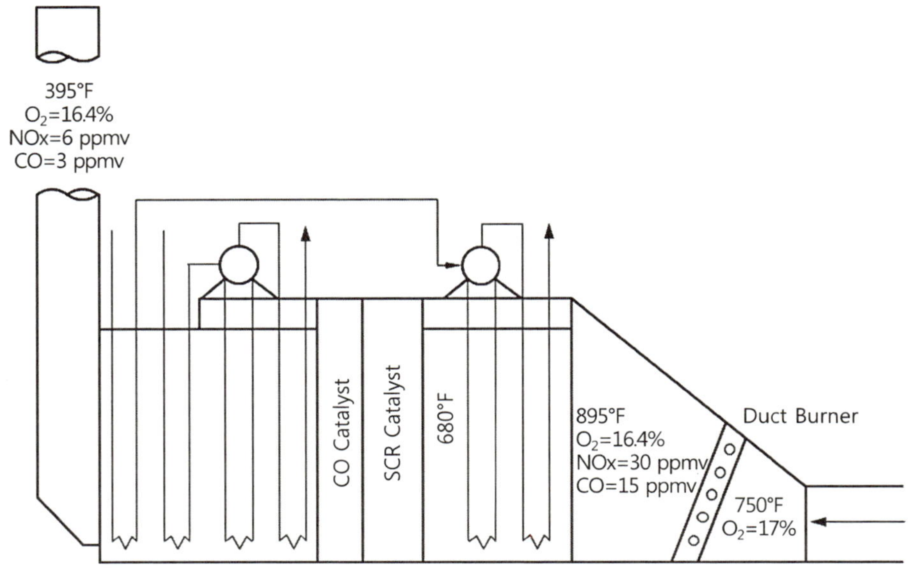

그림 9.8 SCR이 설치된 HRSG

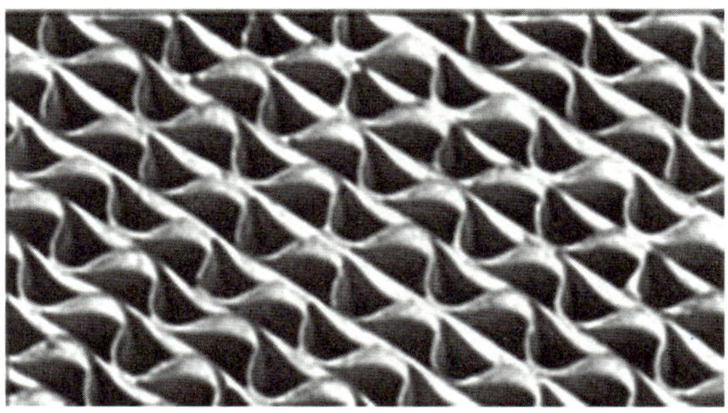

그림 9.9 벌집 형태로 적층되어 설치되어 있는 SCR 모듈

SCR은 그림 9.9에 나타나 있는 것처럼 벌집 형태의 조각들을 적층시켜 만든다. 그리고 각 조각들을 유동 방향으로 정렬하여 설치한다. 이 벌집 형태의 표면에는 5산화 바나듐과 같은 촉매가 부착되어 있다. GE사 가스터빈 MS7001EA의 경우 발생한 NOx의 90%를 제거하기 위해 설계된 SCR 모듈은 부피가 175 m^3이며, 무게는 111톤이다. 그러나 SCR을 설치하는 데 따른 단점은 발전소 건설비 및 유지비용 증가, SCR 모듈에서 발생하는 압력손실에 의한 발전효율 손실, 그리고 암모니아 슬립 가능성 등이다. SCR을 설치하지 않은 HRSG에서 발생하는 압력손실은 약 25 mbar이지만 SCR을 설치하면 35 mbar로 증가한다. 암모니아 슬립이란 촉매와 반응하지 않고 대기중으로 배출되는 암모니아로서 일반적으로 초과되어 주입된 양의 암모니아를 말한다. NOx와 암모니아는 강렬한 독성을 띠고 있으며, 미세입자 생성에 기여하고 산성화된 침전물을 만드는 데 기여한다. 따

라서 암모니아는 위험한 물질이기 때문에 암모니아 슬립은 배출한계가 15% 산소 조건에서 5 ppm 또는 10 ppm 이하로 제한되고 있다.

티타늄으로 구성되어 있는 벌집 형태에 수산화암모늄(ammonium hydroxide)을 분무하면 산화바나듐 촉매와 반응하여 NOx가 제거되면서 질소분자와 물이 생성된다. 이 반응은 약 350°C에서 가장 활발하게 일어난다. 그러나 NOx 배출을 10 ppm 이하로 유지시켜야 하는 경우에는 물 분사와 SCR을 함께 사용할 수 있다. 물과 결합하지 않는 무수 암모니아(anhydrous ammonia; NH_3)는 가장 저렴하다. 암모니아수(aqueous ammonia; NH_4OH)는 무수 암모니아에 비해서 운반성이 뛰어나며, 처리 및 저장이 용이하기 때문에 많이 사용하고 있다.

SCR은 1000 ppm 이상의 황 성분을 포함하고 있는 연료를 사용할 때 주의를 기울여야 한다. 이는 암모니아와 황은 화학반응을 통하여 점착성이 강한 중황산암모늄(ammonium bisulfate)을 생성시켜 HRSG 저온부인 이코노마이저에 파울링을 발생시키기 때문이다. 점착성이 강한 중황산암모늄이 HRSG 튜브에 부착하면 제거하기 어렵기 때문에 HRSG에서 발생하는 압력손실이 현저하게 증가한다.

참고문헌

Albert, P., "Steam turbine thermal evaluation and assessment", GE Power Systems, GER-4190.

Angello, L., "Assesment of emerging combustion turbine capacity enhancement technologies", EPRI Report 1005039, 2003.

Balevic, D., R. Burger, and D. Forry, "Heavy-duty gas turbine operating and maintenance considerations", GE Power Systems, GER-3620K.

Badeer, G.H., "GE aeroderivative gas turbines - design and operating features", GER-3695E.

Brooks, F.J., "GE gas turbine performance characteristics", GE Power Systems, GER-3567H.

EPRI RT-104612, "Gas turbine and combined-cycle capacity enhancement", EPRI, TR-104612, 1995.

Cofer, IV, J.I., J. K. Reinker, W.J. Sumner, "Advances steam path technologies", GE Power Systems, GER-3713E.

Guo, T., W.J. Sumner, and D.C. Hofer, "Development of highly efficient nuclear steam turbines using physics based moisture loss models", Proc. GT2007, ASME Turbo Expo 2007, GT2007-27960, 2007.

Havakeechian, S and R. Greim, "Aerodynamic design of 50 per cent reaction steam turbines", Proc Instn Mech Engrs, Vol. 213, Part C, 1999.

Jones, C. and J.A. Jacobs III, "Economic and technical considerations for combined-cycle performance-enhancement options", GE Power Systems, GER-4200.

Kehlhofer, R., F. Hannemann, F. Stirnimann, B. Rukes, "Combined-cycle gas & steam turbine power plants.", 3rd ed., PenWell, 2009.

Lampart, P, "Investigation of endwall flows and losses in axial turbines. Part I. Formation of endwall flows and losses", Journal of Theoretical and Applied Mechanics, Vol. 47, No. 2, pp. 321-342, Warsaw 2009.

Lampart, P, "Investigation of endwall flows and losses in axial turbines. Part II. The effect of geometrical and flow parameters", Journal of Theoretical and Applied Mechanics, Vol. 47, No. 4, pp. 829-853, Warsaw 2009.

Molis, S.J., P. Levine, and R. Frischmuth, "Capacity enhancement for simple and combined cycle gas turbine power plants.", Power-Gen International '97, 1997.

Molis, S.J., "Inlet air spray cooler for gas turbine power augmentation", EPRI Report TR-108057, 1997.

Reinker, J.K. and P.B. Mason, "Steam turbines for large power applications", GE Power Systems, GER-3646D.

Singh, S. and R. Kumar, "Ambient air temperature effect on power plant performance",

International Journal of Engineering Science and Technology, Vol. 4, No. 08, pp. 3916-3923, 2012.

Tillman, T.C., "Comparison of power enhancement options for Greenfield combined cycle power plants", PowerGen International 2003, Las Vegas, NV, USA, 2003.

찾아보기

제2판

실무 발전설비 열역학

지은이 이병은
펴낸이 박문규
펴낸곳 경문사
펴낸날 2012년 3월 5일 1판 1쇄
2014년 9월 5일 2판 1쇄
등 록 1979년 11월 9일 제313-1979-23호
주 소 121-818, 서울특별시 마포구 와우산로 174
전 화 (02)332-2004 팩스 (02)336-5193
이메일 kyungmoon@kyungmoon.com

값 20,000원

ISBN 978-89-6105-811-7